涨本事的**数学**密码书

U0229359

藏在旅行中的

数学密码

曹亮吉 著

九州出版社
JIUZHOUPRESS

图书在版编目（CIP）数据

藏在旅行中的数学密码 / 曹亮吉著 . —— 北京 ：九
州出版社 ，2021.10

（涨本事的数学密码书）

ISBN 978-7-5108-8170-1

Ⅰ . ①藏… Ⅱ . ①曹… Ⅲ . ①数学－少儿读物 Ⅳ .
① O1-49

中国版本图书馆 CIP 数据核字 (2019) 第 130036 号

本书由台湾远见天下文化出版股份有限公司正式授权

涨本事的数学密码书

作　　者　曹亮吉　著
责任编辑　陈春玲
出版发行　九州出版社
地　　址　北京市西城区阜外大街甲 35 号 (100037)
发行电话　(010)68992190/3/5/6
网　　址　www.jiuzhoupress.com
印　　刷　固安兰星球彩色印刷有限公司
开　　本　880 毫米 ×1230 毫米　32 开
印　　张　33.375
字　　数　545 千字
版　　次　2021 年 10 月第 1 版
印　　次　2021 年 12 月第 1 次印刷
书　　号　ISBN 978-7-5108-8170-1
定　　价　188.00 元（全四册）

专家推荐

　　数学是自然科学的基础，是打开自然科学大门的钥匙。数学是抽象的。然而本书的作者曹亮吉教授却在他周游列国的足迹中，将数学生动地具体化了，让人耳目一新。在旅行中，既欣赏了美丽的大自然、各国的风土人情和各具特色的建筑，从中发现数学无处不在。他通过讲述各种各样的数学故事，引领人们走进数学。比如，用三角知识推算塔高，用代数和级数估算饭店的税金，用几何知识观察教堂很有特色的建筑艺术，等等，从而激发了人们对数学的兴趣和爱好。

清华大学教授　顾丽珍

　　这套书让读者从生活中的点点滴滴来获取数学知识，探索数学，理解数学，让读者在潜移默化中感受数学的美妙。在仰望星空、俯察地理中遨游数学太空，在旅行中追寻数学美景，在历法研习中培养数学思维，沿着美妙的琴声寻找数学圣杯。整套书以新奇的写作方式吸引读者，精彩绝伦的构思使人眼前一亮，使人在欢悦轻松的阅读中，体会、思考数学的本质，是一套值得推荐的数学读物。

中国科学院大学副教授　韩丛英

名师推荐

这是一套涉猎面广，素材丰富，叙述生动，设计精美的好书。作者通过妙趣横生的数学故事，在课内与课外之间铺了一条路，在现实与数学之间架了一座桥，让数学学习变得有"温度"有"深度"，让我们真正感受到数学世界的美妙与神奇！

北京市数学特级教师，全国自主教育联盟副理事长　钱守旺

我认为好的数学科普书要具备两个特点：一是"通俗易懂"，受众群体为儿童和普通人而不是数学专业的人；二是"好玩有趣"，让看书的人对数学产生兴趣并受到启发。按照这两个标准，我推荐曹亮吉先生的这套数学科普书：

《涨本事的数学密码书》是一套非常独特的分门别类介绍数学文化、传播数学知识、激发大众对数学热情的科普丛书，这套引人入胜的书从别具一格的视角解释为什么学数学、怎样学数学，让读者在有趣的故事中接触数学、开阔视野、启迪人生智慧，并从此喜欢上数学。

当你旅行时或者在茶余饭后和孩子打开这套书，会给孩子展现一个广阔数学天地，让孩子插上数学梦想的翅膀，并开出美丽的数学素养之花！

中学数学高级教师，特级教师，华杯赛高级教练员　李俊平
曾获国家基础教育司教学一等奖，主研并参与多项重点课题研究和获奖

破解数学密码，大涨高超本事

小朋友们，你是否想过数学是什么？数学是研究数量关系与空间形式的科学。数学作为对于客观现象抽象概括而逐步形成的科学语言与工具，是自然科学和技术科学的基础。

《涨本事的数学密码书》将数学中最纯粹、有趣的"本事"呈现在你的面前，将数学最博大的胸襟纳川于你眼中。这是一套普适性极强、视野极广的数学科普读物，是一套以数学为根，以人文、科学、社会知识为干的花繁叶茂的百科全书。

这套书，打破时间与空间的界限，涵盖从古至今，从天到地的数学智慧，以一个个妙趣横生的视角，引人入胜，引导你走近数学的本源，窥探数学的本质，引领你在阅读、探究、思考中碰撞思维、涤荡情怀、衍生兴趣、锤炼方法，见微知著，逐步构建数学素养。

数学作为一种工具，不仅能帮你解决一些衣、食、住、行的基本问题，更带你去见证不同国家的风土人文，规矩习俗，去享受闻所未闻的饕餮美食，而数学正是其间最美味的一道精神食粮。如，解开了旅行中的数学密码，你会发现，数学成为我们面对世界、解锁世界的有力工具，同时也是将文化、生物、物理、地理等等有机融合的重要媒介。阅读这套书后，你会感觉到解决生活中方方面面问题的本事疯长。从此携数学行走，丰满思想，丰盈胸怀，兼容并蓄，点石成金。

在经历了一次次发现问题、提出问题、分析问题、解决问题的酣畅淋漓与豁然开朗，你会发现，原来数学深藏于生活和万物之中。生活中处处有数学，而数学最大的魅力便是寻根溯源解其味，学以致用、举一反三，当你用学习到的数学知识解决了生活中的大大小小、深深浅浅的问题，便是在习得数学真知的同时，触碰了数学学习的真正意义，不知不觉成为了一个有许许多多"数学本事"的人。

这套书，藏蓄着提升数学成绩的法门，当你解开各种有趣数学的密码，你的本事便是助你数学提高最快乐、最新奇、最有效的方式与方法。当你将其间的奥秘揭晓，打通数学学习的"任督二脉"，数学本领已然造就，数学素养自然提升，数学见地高屋建瓴，数学成绩自然显著提高。因为予你一把数学火种，只需点燃爱的星星之火，便可燎遍数学的苍茫广原。

数学中藏着很多奥秘等着你去解码！开心地阅读这套书吧，相信你会成就本事非凡的自己！

张岩峰：

数学特级教师、全国优秀教师、全国中小学优秀德育课教师、全国教育科研先进工作者、深圳市龙华区高层次人才、首席教师名师工作室主持人。

目录

第  篇

序篇

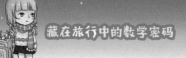

序言

666 不见了

曹亮吉

去过世界上不少的地方，有人就半开玩笑要我写一本旅行的书。我并不是没有这样的念头，不过我比较理性，对于旅行中遇到的人、事、地、物并不敏感，写不出感性而能吸引人的旅游文章。

当然，我在旅行中也碰到过一些有趣的事情，在我写过的数学科普书中，也引述过一些。譬如，西班牙人入侵前，南美的印加帝国只有静态的圆（没有车轮）；公元前六世纪，工程师在毕氏的家乡，利用三角学，成功挖了山洞引泉水来饮用。譬如，淡水祖师庙墙上的题字是哪一年撰书的；缅甸一星期有 8 天，与 8 个方位、8 个星球、8 种动物相对应。譬如，陆龟"孤独的乔治"所引起的 $\frac{7}{8} = 1$ 的疑问；在东京，就算有地址也不一定找得到地方。又譬如，厄瓜多尔南部大城匡卡的旧天主堂，是一批科学家测量赤道附近一纬度长的起点；在巴塞罗那的港口有座哥伦布的铜像，所面对的方向（东方）以及右手所指的方向（南方），都不是他西航的方向。

当然，这些旅行所遇到的故事都和数学有关，才会出现在数学科普书里。其实回想起来，在我的旅行经历中，碰到过不少与数学有关的故事，值得说出来，和大家分享。

旅行中最常碰到的数学，是和数字或数量有关的。换钞票、讨价还价等场合固然会遇到数字或数量，但它们在文化领域中担任的角色也值得一提。

维也纳旧城区的地标圣史蒂芬大教堂，它的墙上有半个圆弧及其圆心的刮痕，旁边还钉有两根铁杆，这些是古时此地的规与矩；"规"用来规范面包的大小，"矩"用来规范长度的大小。大家遵照这样的规矩，市场交易就不会混乱。

在津巴布韦的维多利亚市有一间旅馆，有665号及667号房间，但居然没有666号房间，却多出了665A号房间。拿到666号房间钥匙的旅行团友，找不到六六六大顺的房间，却打开了665A号房间。我知道在《圣经》中，666是个"野兽数"，想不到这间旅馆真的避开不用。

俗话说"入境问俗"，跟团旅行，领队、导游都会事

藏在旅行中的数学密码

先叮咛。譬如参加伊朗团，领队会事先再三提醒，在公共场合，女士要包着头巾。下了飞机，导游来迎，马上送给女性团员一人一条头巾。

如果自助旅行，除了注意特殊的风俗礼仪外，还要注意当地的节庆。有一年去加拿大东部赏枫，没注意到他们正在过劳动节假期，大家都出门度假，害得我们差一点租不到车子，差一点找不到投宿的地方，狼狈不堪。

我曾经看过我的飞航时间表上，从里斯本到摩洛哥卡萨布兰卡的国际航线，只要飞 10 分钟的怪事。仔细一想，才想到这是时差在作怪。这些都是在不同的时空背景中所产生的问题。

在伊斯兰国家，看得最多的是清真寺。除了墙面及圆顶的华丽镶嵌外，下方上圆的造型也让我着迷。仔细看其内部，原来在下方与上圆之间还经过正八边形、正十六边形，甚至正三十二边形、正六十四边形的逐渐转变，这不就是数学中"以正多边形逐渐趋近于圆"的想法吗？

到了英国，你敢租车上路靠左走吗？开车靠左走和靠右走，纯粹是左右对称、左右互换的几何问题吗？不尽然。驾驶者不能左右脚互换，只能双脚平移。左右对称及平移，是使问题变得有点复杂的关键。这些都是旅

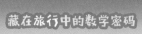
行中，遇到的几何与规范的例子。

除了数字与数量、时间与空间、几何与规范这三类旅行中会碰到的数学问题外，还有一类是与人物有关的。我曾在法国普罗旺斯地区的大城亚维侬附近，追寻法国诗人、昆虫学家法布尔的足迹，只因他常用数学的眼光描述昆虫的行为；我曾在瑞士的伯尔尼造访爱因斯坦住过的公寓，只因他在那里写下了 $E=mc^2$；我曾在中亚乌兹别克斯坦的古城基发，离队跑到城外，与花刺子模这位古代伟大数学家的铜像合影；我曾在墨西哥去保护区欣赏皇蝶，对它们在春秋两季迁移的故事深为着迷，回来后勤读文献，发现它们是天生的天文学家。追随名家的足迹，也是旅行的一大乐趣。

阿草的《藏在旅行中的数学密码》，就以这四个面向，和大家见面。

第  篇

数字与数量

美女与国王的算术

在京都乘坐东西线地铁，到东南方山科地区的小野站下车，步行不到 10 分钟，在住宅区中找到了随心院。

九世纪时，日本出现了一位美女小野小町，擅长诗歌舞蹈，名列六诗仙之首，也成为宫廷内的舞姬，得宠于仁明天皇。

仁明天皇死后，小野小町曾长期住在山科地区，随心院就建在旧址上。以筑地塀围起来的随心院，里头有库里、表书院、本堂、奥书院等建筑可以参观。另外，院子里有梅园，有井户（小町的化妆井），有"文琢"，充满美人文学气息。

随心院有座小町年老时的雕像，及一张想象中小町百年时的画像（她实际活到 92 岁），表示美人也终会有迟暮的时候。

随心院院子里还有一道路，称为"少将通路址"，它述说了一段小町的情史。话说隔着一个山头的伏见深草地区，有一位名叫深草少将的男子，爱慕小町，每夜翻山而来，出现在小町住处的窗外。小町预定在第一百夜，少将出现时接见他。不幸到了九十九夜，少将却倒地死在窗外的雪地中。随心院里有一片榧树林，相传小町就用榧树果，来计数少将到来的次数。

小町为什么要以百夜为期呢？如果预定改为九十九夜，那么整个故事是否就有完全不同的结局？只是少数几夜，不足以表示少将的诚心；次数要够多，一百是个适当的选择。"百"的说法简单，且有圆满完整之意。改用九十九，不但复杂，而且马上产生"为什么不是九十八"的困扰。

俗语说"行百里者半九十"，"百"是目标，九十实在不够看。"百"之为完整，之为目标，已深入语言，成为文化的一部分。百年画像的"百"也是这种意义下的设定。

一个榧树果对应一夜，小町的故事呈现了人类最原始的计数方法。不过用这种方法，小町还是要把榧树果弄成 5 个或 10 个一堆，一五一十才可能数到一百。那么小町难道不会进一步用画"正"字之类的方法来数夜数？

也许小町画过"正"字以数夜数，不过这就太数学，太没情调了。还是让小町数着一颗颗的榧树果，等着百夜的到来吧！这样就增强了少将故事的可信度，后人到访随心院，也多了一份亲切感。

小町数数目用的是十进制。大多数的民族用十进制的方法数数目，原因是人类有 10 根手指头。不过有 10 根手

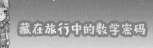

随心院的庭园

小野小町的"文塚"

指头，也不必然就用十进位来数数目。北美印第安人有很多族，有用三进位的、四进位的、六进位的、八进位的、甚至十二进位的，但他们不是怪人，都有 10 根手指头。

八进位版的小町故事就会变成：以 8 个 8 夜（六十四夜）为期。那么故事的男主角在还没有倒地死于雪地之前，早就获得美女的接见。或者，故事要说，他在 7 个 8 夜又 7 夜（六十三夜）时就倒地不起了。

小町用榧树果数夜数的故事，使我想起了在非洲肯尼亚看到的风俗：住在那里的马赛族女孩，每年都要往脖子上套一个铜环。她们是以铜环数着年龄的。

我又想起了伊朗国王的故事。

"居鲁士二世是古代波斯帝国的开创者。在 1971 年，前巴列维王朝的国王就在这个广场，举办了波斯建国 2500 周年纪念大会。"在居鲁士的首都帕萨尔加德（Pasargadae）的居鲁士陵墓前，导游说起了波斯的光荣历史。

大家忙着照相，我却在回味 2500 周年的意义。1971 年庆祝建国 2500 周年，那么哪一年建国的？公元前 529 年（或公元前 530 年，如果算实岁的话）！在那之前的公元前 546 年，居鲁士二世已经在帕萨尔加德建城了，公元前 539 年已经攻下古巴比伦王国的巴格达。在公元前 529 年之前，波斯帝国早已威震四方，而公元前 529

年正是居鲁士二世逝世之年，怎么会成为建国之年呢？

巴列维国王在位时，力求伊朗西化及现代化，但为了不与传统历史脱节，才兴起了建国纪念大会的念头，用来肯定现代伊朗是承继古代波斯的。他要广邀世界各国领袖与会，总不能说建国 2517 年（以公元前 546 年起算）或 2510 年（以公元前 539 年起算）。大家对"零碎"数目的兴趣不大。

人是很奇怪的：创造了十进位制，对 10 及其倍数就特别重视。10 周年比 9 周年重要，100 周年比 10 周年更重要，2500 周年更更重要。用 2500 这个数目，可说动各国政要来与会；2517 和 9 一样，没有什么特别，恐怕客人就来得少了。所以舍零成整，就用约数 2500。

在伊朗首都德黑兰机场附近的路口，中间有一大圆环，立有一巨大的纪念塔，就是 1971 年为纪念建国 2500 周年而建的。

尾巴带 0 的数目往往是约数，这成了语言的一个特色。你说某人活了一百岁，听者会认为大约一百岁；你要说活了刚好一百岁，他才会相信一百不是个约数，一定是准确的数目。

不过，有人说 101 其实没有 101 层楼，果真如此，数目的变相用法又多了一招。

德黑兰机场附近大圆环中的纪念塔，庆祝波斯建国 2500 周年。

阿拉伯数字，东西大不同？

　　第一次到印度及尼泊尔地区旅行，我就注意到他们的汽车车牌，有的用我们熟悉的阿拉伯数字，有的则用另一种数字；我猜应该是梵文数字，它是阿拉伯数字的前身。幸好有的车挂两个车牌，一左一右，一是阿拉伯数字，一是梵文数字。经过几次的做笔记，几次的核对，不久我就有了两种数字的对照，如下表中一、三两行所示：

阿拉伯数字	1	2	3	4	5	6	7	8	9	0
东阿拉伯数字	١	٢	٣	٤	٥	٦	٧	٨	٩	٠
梵文数字	१	२	३	४	५	६	७	८	९	०
婆罗门数字	—	=	≡	∓	ͱ	Ϭ	ͷ	Ϩ	Ϛ	?

　　回家后查了资料，大致了解了阿拉伯数字的历史。印度在公元前三世纪的阿育王时代，就有了1至9的婆罗门数字（表中的第四行），后来逐渐演变成梵文数字。不过依据现有文献，代表零的符号，要迟至九世纪才出现在瓜廖尔（Gwalior）地方小庙的墙上。

瓜廖尔位于以泰姬陵出名的阿格拉（Agra）正南方约 100km 的地方。一般旅客会到那里，是去看雄伟的瓜廖尔城堡，及堡内富丽堂皇的庙宇与宫殿。大概很少人会去注意那个小庙及那个小小的 0。

公元七世纪阿拉伯人兴起，到九世纪时，吸收了印度（梵文）数字，逐渐发展成东阿拉伯数字（前面表中第二行）及西阿拉伯数字两种写法。西阿拉伯数字再传到欧洲，就是现在所说的阿拉伯数字。东阿拉伯数字现在仍然流行于埃及、叙利亚、阿拉伯、波斯等地区，你可在这些地区的机场看到东、西阿拉伯数字的并列使用，来验证东阿拉伯数字的写法。（伊朗的儿童电影《天堂的孩子》中，参加马拉松赛跑的小朋友，胸前的号码布条上所写的就是东阿拉伯数字。）

从婆罗门数字到阿拉伯数字，我们可以观察其演变。有些演变有迹可循，譬如 1、2、3；有些像 5 的变化，就看不出所以然。阿拉伯数字还会演变吗？我猜不会，因为现在计算机通行全世界，这些数字写法已经标准化了；我相信手写的变体 4 及 7 逐渐会消失。

不过从表中，我们看出最特别的是婆罗门数字没有 0，梵文数字才有 0，这是阿拉伯数字能够征服世界的秘密所在。想想看，没有 0 会怎么样？ 102 要写成为 12，

120 的写法也一样，两者连同 12 就分辨不出来。也许 102 该写成为 12，1 与 2 之间空一格；而 120 该写成 12，后面空一格，传统的筹算记法就是如此（丨‖ 或 丨＝）。

不过空几格不容易写清楚、看清楚，于是中文就有了位名：一百二（102）或一百二十（120）。没有 0，就要生出十、百等位名，才能解决问题。计算时，幸而有位置定值的筹算或算盘，才不会受到位名的干扰。欧洲人原来用的记数系统也都需要位名的帮忙（计算时则用类似于算盘的算板）。有了阿拉伯数字，用十个符号就能写下任何的数目，而且可以直接用来计算。

有人说 0 是数学中最伟大的发明，它原本代表没有，但它在位值表法的系统中，往往无中生有，确切表示出数目来。

阿拉伯数字通行全世界，让我们出门在外买东西杀价，不怕弄不清楚：用阿拉伯数字笔谈可也。

野兽的房间

旅行团来到非洲津巴布韦维多利亚市，准备观赏维多利亚瀑布及邻国博茨瓦纳的丘比（Chobe）国家公园。在象丘饭店（Elephant Hills Hotel）里，领队依例让团员自选房间钥匙，有对夫妇很高兴抢到了 666 号房间的钥匙——六六大顺，六六六大大顺了！

到了六楼，从电梯旁的房间开始，660、661……665，再隔壁一间，奇怪了，居然是 665A，再隔壁一间是 667。666 在哪里啊？回头找柜台，柜台说 665A 就是 666，但说不出为什么。

《圣经·启示录》13:18 节说 666 是"野兽数"，聪明的人可算出谁有"野兽数"，就知道谁是那头害人的野兽。我知道在基督教的世界里，666 成了邪恶的数目，但房间号码避开不用，倒是开了眼界。

古代的希腊借用字母来表数目：第一个到第九个字母依序表 1 到 9；第十到第十八字母依序表 10、20 到 90；第十九到第二十七字母依序表 100、200 到 900。在这个系统中，至多用三个字母就可以表 1 到 999 的任一个数目。如果要表 1000，则在表 1 之字母 a 的前面加一逗点成 ", α"，以此类推。

希腊原有 24 个字母，再借用三个外来的字母 ς、Ϙ、ϡ。字母、发音及相应数目如表所示：（希腊字母无法正常显示）

数目	1	2	3	4	5	6	7	8	9
字母	α	β	γ	δ	ε	ς	ζ	η	θ
发音	alpha	beta	gamma	elta	epsilon	vau	zeta	eta	theta
数目	10	20	30	40	50	60	70	80	90
字母	ι	κ	λ	μ	ν	ξ	o	π	ϙ
发音	iota	kappa	lambda	mu	nu	xi	omicron	pi	koppa
数目	100	200	300	400	500	600	700	800	900
字母	ρ	σ	τ	υ	φ	χ	ψ	ω	ϡ
发音	rho	sigma	tau	upsilon	phi	chi	psi	omega	sampi

拉丁的字母就是从希腊字母演变来的，所以英文取

希腊头两个字母，而称字母为 alphabet。西方数学源自希腊，所以常用希腊字母作为数学符号。

"阿门"（Amen）的希腊文为 $\alpha\,\mu\,\eta\,\nu$，这 4 个字母各表 1、40、8、50，相加得 99，所以希腊祈祷文的最后会写上代表 99 的两个字母 $\varrho\,\theta$。

把一个人名字的字母，改成相应的数目再加起来，就是这个人的"数目"。占卜者可用每个人的"数目"来预卜其前途。这种想法还传到其他地方，成了西方的一种"术数"。

譬如两个人决斗，可先算这两个人的"数目"，譬如各得 503 及 718，然后算其 9 余数，各为 8 及 7，那么 9

余数大者决斗会赢。

一个人的"数目"如果是"野兽数"666，他就是野兽了。那么《圣经·启示录》13:18节所指的野兽是谁呢？当然，一再尝试，可让很多人现形，其中最有名的是罗马皇帝尼禄。这是犹太人把尼禄皇帝（Caesar Nero）用希伯来字母写出来后，依据字母换数目，再相加所得的结果。用拉丁文、希腊文，尼禄不是野兽，但杀害犹太人的尼禄，用了希伯来文就算出了真面目。

数本来是用来数东西的多少，或表示量的多寡，但东西文化都一样，会把数神秘化，而衍生了种种的"术数"。

到维多利亚瀑布，可顺道过边界，到博茨瓦纳的丘比国家公园，近距离看象群。

解读罗马数字

有些大建筑在其墙面上会留下建造的年代。在欧美通常用公元年代，有的用阿拉伯数字，有的用罗马数字来表示。所以看得懂罗马数字，在欧美旅行会增加一些乐趣。

不出国，偶尔能看到罗马数字的地方，是有些大钟的钟面上。我们就从这种钟面上的 1 至 12，I、II、III、IV、V、VI、VII、VIII、IX、X、XI、XII，来开始认识罗马数字。

1 是 I，2 是两个 I：II，3 是三个 I：III。4 照理说应该是四个 I，但却写成 IV，它的意义从 5（V）与 6（VI）就可看得出来：显然 5 用了一个新的字母 V 来代表，6（VI）当然就是 5+1 了。那么 4（IV）就可以解释成 5-1。相对于 I 摆在 V 的右边表 5+1（加法原理），I 摆在 V 的左边就是 5-1（减法原理），如此一来 VII 表 7，VIII 表 8 就很自然，而认定新出现的字母 X 表 10，则 IX 表 9，XI 表 11，XII 表 12 也就理所当然。

罗马数字以 L 表 50，C 表 100，D 表 500，M 表 1000，加上已经知道的 I 表 1，V 表 5，X 表 10，再用上

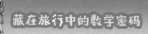
述的加法原理及减法原理，则用这些字母就可表示 4000 以下的数目了。

那么 4000 怎么表示？引用前面的原理，就先要有一个字母表 5000。但罗马人没用一个字母表 5000，而是用 MMMMM 来表示；当然 4000 就用 MMMM 表示了。简单说，有多少个千，就用多少个 M 来表示。大概罗马人很少用到 5000 以上的大数目吧！

建筑上有 MCMLX，表示它是 1960 年建造的。可不可以把 MC 看成 1100，加上 MLX（1060），就是 2160？不可以，因为 C 在第二个 M 的左边，而 C 比 M 小，所以就表示 M–C，就是 900。

用希腊字母表数目，字母的顺序是无关紧要的，代价是要用较多的字母。用罗马字母表数目，所用的字母较少，但顺序就得注意点。用阿拉伯数字，顺序变成绝对重要，因此用十个数字符号，就可表任何数目。这十个数字中，0 最重要了。古希腊或罗马都没有代表 0 的数字符号，60 就用 LX 表示，601 就用 DCI 表示。古代的中国也没有 0，60 就用"六十"表示，601 就用"六百一"表示；"六百一"不是 610，"六百（一）十"才是 610。

　　罗马数字与阿拉伯数字不同，不是位置定值的，因此数目之间的四则运算就无法有效进行。譬如两数相乘，你如果将乘数与被乘数的数字字母成对相乘，其后并不能把各乘积就相加，因为表一个数时，字母之间有时用的是减法。

　　罗马人虽然用字母的组合表数目，但做四则运算时，则用算板。算板上画着几条平行的直线，就像五线谱那样：第一线是表 1 的位置，第一间是表 5 的位置，第二线是 10，第二间是 50，以此类推。将 4 颗石头摆在第一线上就代表 4；第一间放着 1 颗石头就代表 5，若再加进

古老的大钟面常用罗马数字。此为瑞士伯尔尼市区内的牢狱塔。

第 2 颗石头，5×2 得 10，可把这两颗石头拿掉，代之以 1 颗石头放在第二线上。

算板上的摆法与算法，其实和算盘很类似。两者数目的表法其实是阿拉伯式的位置定值法（只是多了 5、50 等辅助值），而不是罗马式的。位置定值法所需表空位的 0，算板（或算盘）只在相应的位置不摆石头就好了。

罗马人的记数法和算术的计算无关，而阿拉伯的记与算则是合二为一的。西方人一开始没有马上接受阿拉伯数字，不过到底记与算合一是非常方便的，所以阿拉伯数字终于征服了西方人，乃至全世界的人。

阿拉伯数字是排列式的，罗马数字是半组合、半排列的，希腊数字是组合式的，于是，排列征服了组合。

不过罗马数字还是挣扎着留在建筑的墙面上、大钟的钟面上，因为人有怀旧的心理，就像家里挂着甲骨文的字帖那样。

规矩

维也纳旧城区有一条环状大道（Ring），是拆了旧城后建立的大马路。大道之内就是旧城区，而旧城区内的主要地标就是圣史蒂芬大教堂（Stephansdom），于十三世纪

维也纳圣史蒂芬大教堂

后半叶开始兴建，历时三百年才完工。大教堂看起来是哥特式的建筑，但建造时间拉长，有些部分不免也呈现罗马式或文艺复兴式的影响。

  大教堂宽 35 米，长 65 米，哥特式的尖塔高 137 米，高耸入云。教堂内的彩色玻璃、石造宣教坛最引人注意。但我最感兴趣的却是，大门一侧墙面上钉着的两条铁杆，以及刮出来的半个圆弧及其圆心的痕迹。

  导游说铁条是古时当地的标准长度，圆弧则用来作为面包大小的标准。你可以想象这两者在此地古代人民互市之间，扮演了多么重要的角色。如果你怀疑面包店的面包太小了，你可以拿到教堂来检验；如果你怀疑布店所用的尺有问题，可要求店主把尺拿到教堂来，与铁杆比一比。要在当地生活，就要接受当地的"规矩"。

在"米"出现之前，各地、各时都各有自己的标准尺，譬如有周尺、汉尺，有台尺、日尺、英尺等。英尺（foot）是某位英国国王的脚长，日尺则是某位人士一手张开，从拇指指尖到中指指尖的距离。

1 英尺长 30.48 厘米，比 1 英尺短得多或长得多的距离不好用英尺来量度，于是 1 英尺的十二分之一成为较短的长度单位，称为英寸（inch，长 2.54 厘米）。至于较长的长度单位，3 英尺的称为码（yard，长 0.9144 米），5.5 码称为杆（rod，长 5.0292 米），4 杆称为链（chain，长 20.1168 米），10 链称为浪（furlong，长 201.168 米），8 浪称为英里（mile，长 1609.344 米）。

码、杆、链、浪、英里这些度量单位，大都是应临时的需用而设置的，毫无规则可寻，所以现在除了码与英里还常用之外，中间的杆、链、浪，只有在字典中还有记载。码比米略小，在英制国家买布或丈量住家庭院时用得着；英里约为 1.6 千米，美国的公路就用英里来标明距离。

二百多年前法国革命时非常讲求科学，他们创立了度量衡的十进位公制，大部分的国家为了方便，纷纷采用。不过科学发达的美国却非常保守，公用事务仍然采用非十进制的英制。

有一阵子，美国想改采公制，于是在公路上依距离竖立了路牌，来教导民众认识米（m）及千米（km）。第一张路牌标明："起点，0mile，0km"。第二张路牌写着："0.6mile，1km"。第三张路牌："1mile，1.6km"。不久，这三张路牌又依序再度出现。教导了几次之后，"1.2mile，2km"的路牌、"1.8mile，3km"的路牌、"2mile，3.2km"的路牌也出现了。一路就在教导 1 千米等于 0.6 英里，1 英里等于 1.6 千米。

公制十进制的教法，则是第一张路牌：0km；第二张路牌：100m；第三张路牌：200m……第十张路牌：900m；第十一张路牌：1000m=1km。也有以 200 米为单位的。

教了几年后，美国就放弃了。公制的好处是，十进制不同单位之间的换算很方便。不过一般美国民众只要知道 1 英尺有 12 英寸，3 英尺为一码，买布、丈量庭院就没有问题。开车不必知道 1 英里是 1760 码，更不必做英里与码之间的换算，而速度表是以英里 / 小时来标定的，所以何必那么麻烦把英制改为公制？

英国原来的币制也不是十进制的：1 英镑（pound）可换 20 先令（schilling），1 先令可换 12 便士（pence）。上市场一定头昏脑涨，因为你必须在英镑、先令、便士之间换来换去。英国人受不了，终于在 1970 年 7 月，把币制从英制改成公制：1 英镑等于 10 先令，1 先令等于 10 便士。美国的币制，早早就使用了十进制的公制。

说起币制，我想起二十年前的缅甸，当时他们为了避免新钞与旧钞混着用引起的困扰，居然没有十元、五十元或一百元的新钞票，而改印五元、四十五元的新钞票。你可以想象买卖东西有多么不方便，但缅甸人自然能应变：他们把 1 张四十五元新钞及 1 张五元新钞，折叠在一起作为五十元，把 2 张四十五元新钞及 2 张五元新钞，折叠在一起作为一百元。五十元及一百元绝不拆开来用。

除了了解旅游地方的币制外，买东西的计价单位也要特别注意。有一次在荷兰的一家中餐厅吃饭，侍者问我们是否喝茶，我们就要了一壶茶。侍者很殷勤，只要茶杯空了，马上帮忙注满。饭后递来的账单让我们目瞪口呆：茶资和饭钱一样多！柜台说，茶资是按杯计价的。

缅甸原来的首都仰光，市中心的观光焦点为大黄金塔，其广场上还有许多金碧辉煌的寺庙。

还有一次在意大利的一家小餐厅吃面，侍者问我们是否铺桌巾。问要多少钱，侍者说了一个价，我们认为还可以，就要了。结果付了三倍的桌巾钱，因为我们有三人用餐。

　　回到丈量的正题。丈量土地的大小要用到面积的单位。形容一个国家有多大，我们通常用平方千米，它是长为 1 千米（1000 米）的正方形。英制则用平方英里，约相当于 2.6 平方千米。比平方千米小的为公顷，每边长 100 米；再小一号的是公亩，每边长 10 米。在英制方面，比平方英里小一号的是英亩（acre），为平方英里的 640 分之 1，约相当于 0.4 公顷或 40 公亩（约相当于边长为 64 米的正方形）。

　　中国台湾所用的坪，是沿用日本人的面积单位，每边 6 日本尺，相当于 1.8 米（多一点点），或两个并在一起的榻榻米大。

　　到国外旅行，还会碰到重量与容积的问题。像美国，重量单位为磅（pound），差不多相当于 450 克，或者说 1 公斤大约为 2.2 磅。磅之下的单位为英两（ounce，或音译为盎司），1 磅有 16 盎司，1 盎司相当于 28.35 克。磅之上当然还有较大的重量单位，不过关于重量，上面的常识就够用了。

至于容积，在美国是以加仑（gallon）为单位的。1
加仑有 4 夸脱（quart；quarter 是四分之一的意思），1 夸
脱有 2 品脱（pint）。买汽油以加仑计，饮料就有可能用
到夸脱、品脱。美制加仑等于 3.7853 公升，英制则稍
大些。

赤道国家为什么不热？

跟朋友说九月去了肯尼亚，朋友看到我发黑的皮肤，
第一个反应是：肯尼亚一定热死了。我回应说：很晒但
不热。很晒但不热？朋友一脸狐疑。很晒，因为肯尼亚

赤道通过厄瓜多尔的加拉巴哥群岛，有许多可爱的动物。这是水下的海狮。

跨过赤道，太阳几乎直射；不热，因为我们去的地方是个高原。

一般而言，温度随着高度而下降。阳明山的温度一定比台北低个几度；台湾平地不会下雪，合欢山上就会。

温度随高度而降低，大概每升高 100 米，温度就会降低 0.6 摄氏度。坐国际线飞机时，你可实际验证这样的关系。国际线飞机座位前屏幕上，呈现着飞行的资料，譬如起飞地的时间、现地的时间、目的地的时间、预定到达时间、余程里数、飞行高度、速度、机外温度等。无聊时，你可以从这些资料，做些统计，其中之一是高度与温度的关系。

假定目的地的地面温度为 15 摄氏度。将要到达目的地时，飞机大约从 11000 米高度开始下降，温度大约从零下 51 摄氏度开始爬升。大约降到 2500 米高时，温度爬升到摄氏零度。

标高每升高 100 米，温度就下降 0.6 摄氏度，这样的关系在海平面到 12000 米之间的对流层中，大约是对的。地面的温度当然随地点及季节而不同。

肯尼亚的首都内罗毕，标高 1700 米，年均温度为 17.5 摄氏度，而其东边印度洋海岸城市蒙巴萨（Mombasa）的年均温度为 26 摄氏度。这两地的高度差及温度差大抵符合我们所说的规律。

更久之前去过厄瓜多尔（Ecuador）。因为 Ecuador 西班牙文的原意就是赤道（equator）。朋友的反应也一样，认为厄瓜多尔是个酷热难耐的地方（甚至以为厄瓜多尔一定是在非洲，因为有赤道通过）。其实这就要看是到了厄瓜多尔的哪个地方。首都基多标高 2850 米，一年的温度变化从 8 摄氏度到 21 度，但在太平洋岸边的第一大城瓜亚基尔（Guayaquil）或是低标高的亚马逊流域，温度为 22 度到 33 度。温度的差异也可用高度的差异来解释。

日落时的基多。

就在厄瓜多尔这一带，十九世纪初的日耳曼旅行科学家洪堡（A.Humboldt），发现了气温不但要看纬度，而且也要看高度，因此写了一本《植物地理学》，书中还提出等温线的观念。洪堡还发现，南美洲的太平洋岸有冷流从南极北上。这条冷流在 7 月到 12 月间，流到赤道上的加拉巴哥群岛，使其海面温度只有 20 摄氏度，同时造成了群岛的逆温现象：愈往高处气温反而愈高，使得群岛的植被跟着起了变化。

加拉巴哥群岛有赤道通过，但它却不热，不是因为地势高，而是因为有冷流的缘故。不过每隔三到五年，冷流会不来，而群岛就只受巴拿马暖流的影响，从 12 月下旬开始，变成高温多雨，这就是厄尔尼诺现象（厄尔尼诺诞生于 12 月 25 日）。厄尔尼诺现象会影响整个太平洋地区的气候。

洪堡在南美洲的旅行，让他写了许多观察报告，成为了解南美洲的知识宝库。如今在基多市的公园中，立有一座他的铜像，作为纪念。

最近要到越南旅行，想要知道当地的气温，以便准备衣服。偶然看到《国家地理杂志》介绍河内的一篇文章说，进入了 11 月，河内的气温降到 70 华氏度以下……70 华氏度约为 21 摄氏度。我最关心的是河内西北山区

越南少数民族的市集

的温度，那里的少数民族市集是此次行程的重点。中越边界的老街标高 1600 米，约比平地应低 10 摄氏度，看来御寒衣服一定不可少。

居鲁士的陵墓有多高？

"居鲁士二世是古代波斯帝国的开创者……"导游在居鲁士首都帕萨尔加德的居鲁士陵墓广场上，说了古代波斯的历史后，停顿了一下，又说："居鲁士二世虽然很

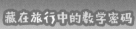

伟大，但他的陵墓却很简单。"导游转过头面对陵墓继续说："这座陵墓的底座是由六层长方形石板叠成的金字塔型平台，上面则是呈长方体形的石屋。整个陵墓宽11米，深16米，高也是16米。"

陵墓的背后是荒野之地，附近留下一些断垣残壁，是居鲁士皇宫的遗迹。

再看陵墓一眼，突然想起导游说陵墓高16米，和纵深一样。我不太相信，再怎么看都觉得高度没那么高。导游说，他记得的资料就是如此。记忆不一定可靠，目视也可能有错，高度又直接量不得，于是想到了古希腊人泰勒斯（Thales）测量金字塔高度的故事。

活跃于公元前600年前后的泰勒斯，是古希腊第一位用科学的态度，探索这个世界的人。有一次，他来到埃及，被金字塔有多高的问题困住了。

泰勒斯体认到，金字塔的高与其日影长，可看成为一直角三角形的两股，而一竹竿的高与其日影长，一样成为另一直角三角形的两股，而且这两个直角三角形是相似的，因为两直角三角形的斜边是平行的日光。于是

塔高∶塔影长＝竿高∶竿影长

居鲁士二世的陵墓由石板及石屋堆成，简简单单。

而塔影长、竿高、竿影长都可直接量得，如此就可推得塔高。

我就依样画葫芦，用陵墓代替了金字塔，某团友代替了竹竿，量得团友的身影长，刚好和身高差不多；由此就可推得陵高要大约等于陵墓的影长。一量陵墓的影长，得 11 米。原来导游把陵高与陵宽相等，误记成为与陵深相等。

我露了这么一招，导游也佩服。我想他再也不会记错了。

税金兜不拢

和朋友在台东吃了一餐保持原味又不失美味的晚饭，朋友去付账。好一会儿，朋友回到座位说，税金兜不拢，还要等一下。

餐费 1330 元，加税百分之五，马上心算一下，66.5元，那就是加 67 元，有这么难吗？

朋友说，不是这样。菜单上的价目都是含了税的，含税餐费共 1330 元，柜台的人要算出税金是多少，好填在统一发票上。哦，那么 1330 元除以 1.05 就是不含税金的餐费，再乘以 0.05，不就是税金吗？

柜台一定不是这样算的，否则打一下计算器不就得了。所谓兜不拢，我猜柜台一定是先把 1330 元乘以 0.05，得 67 元，而根据经验，真正的税金应该比 67 元少些，于是试少一点的数目，譬如 60 元，那么 1330 元减 60 元，得 1270 元，1270 元乘以 0.05 得 63.5 元，不是假定的 60元，税金就兜不拢。于是再试其他的数目，一直到能兜拢起来为止。

我马上把这样的困境转成有趣的问题：如果不想或不知道除法，而且也不想猜答，可有其他的方法？简单！

$$1330\,元 \times 0.05 = 66.5\,元$$

$$66.5\,元 \times 0.05 = 3.325\,元$$

$$66.5\,元 - 3.325\,元 = 63.175\,元 \approx 63\,元$$

这就是税金。

为了解释这样的算法，我把税率 5% 一般化为 x，要问不含税金的餐费为多少，就是要算 $\frac{1330}{1+x}$。

暂且不管乘数 1330 元，先处理除式 $\frac{1}{1+x}$。从无穷等比级数公式可知：

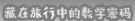

$$\frac{1}{1+x} = 1-x+x^2-x^3+\cdots$$

如果以 $1-x$ 代替 $\dfrac{1}{1+x}$，则误差为：

$$x^2 - x^3 + x^4 - \cdots = x^2(1-x+x^2-\cdots) = \frac{x^2}{1+x}$$

以 $x=0.05=\dfrac{1}{20}$ 为例，则误差约为 $x^2=\dfrac{1}{400}$，而乘以乘数 1330 元，就得 3.325 元。

如果以 $1-x+x^2$ 代替 $\dfrac{1}{1+x}$，则误差为：

$$-x^3 + x^4 - x^5 + \cdots = -x^3(1-x+x^2-\cdots) = \frac{-x^3}{1+x}$$

以 $x=0.05=\dfrac{1}{20}$ 为例，则误差约为 $-x^3=\dfrac{-1}{8000}$，而乘以乘数 1330 元，就不到半元，可略去不计。这就是前面提到的算法：

$$不含税金之餐费 = \frac{1330}{1+0.05} \approx 1330(1-0.05+0.05^2)$$

$$税金 = \frac{1330}{1+0.05} \times 0.05 \approx 1330(1-0.05+0.05^2) \times 0.05$$
$$= 1330(0.05-0.05^2) \ (0.05^3\,可略去)$$

除了可以把税率一般化外，也可以把餐费一般化为 a，而得：

$$不含税金之餐费 = \frac{a}{1+x} = a(1 - x + x^2 - \cdots)$$

$$\approx a(1 - x + x^2 - \cdots \pm x^n)$$

$$税金 = \frac{a}{1+x}x \approx a(x - x^2 + \cdots \pm x^n)$$

至于要取怎样的 n，端看是否小于 0.5。

结语

　　提起数，也许脑子里是一些阿拉伯数字在跳动，虽然天天接触不陌生，但总有冰冷的感觉。其实我们可从文化的观点来看，会发现数有许多的内涵，玩赏久了，自然就亲切起来。

　　数的原始功能是用来数数目的，多少颗苹果、多少只羊、多少个人……但数数目要有一套系统，譬如十进制的系统、二进制的系统等，我们称之为计数的方法。

　　同样是十进制的系统，中文是一、二、三……十一、十二、十三……；英文是 one、two、three……eleven、twelve、thirteen……两个系统不但发音有异，命名的想法也不同：十一、十二是十及一、十及二，eleven、twelve 是十余一、十余二，thirteen 才是十及三。这些是命数，反映各语言使用者的想法。

　　除了计数及命数，数还有四则运算的问题，我们称之为算数。提到算数，通常想到的是，用阿拉伯数字做运算的算术。这样的算术是一种狭义的算数；其他还有，运用算筹计算，拨算盘计算，按计算器计算等，算数的方法可多呢。有了算数，让人类可经营相对复杂的生活。

人类文化的跃进，语言是一大因素，文字更是不容忽视。语言用于实时的沟通，文字用于长期的留存，怎样把数字留存下来，自然也是有趣的话题。这是记数的问题。希腊人用字母的组合，罗马人用字母的排列与组合，阿拉伯人则用 10 个数字的排列，就能把任何数目记录下来。记数方法也是多种多样。

　　计数、命数、算数及记数是数的四个面向，我们只提及它们的几个特色。我们还可以举出很多的例子，看其深层的文化内涵。譬如新几内亚的部落人民把 99 说成"4 人 2 手 1 足 4 趾"，充分显示他们是用具体对象来数数目的，没有成熟的进位想法。法语把 99 说成 9 及 4 个 20 再加 10，这是法国人祖先用二十进制数数目而留下的命数方法。

　　从前是用称为"筹"的竹片来计算，所以中文的"算"字从竹字头，而且算得快速就说是"运筹如飞"。早期的西方则用石头计算，所以英文的计算一字 calculate，就是由拉丁字表示小石头的 calculi 演变而来的。

　　在很多记数法中，零的出现比其他的数字晚了非常久。零是个奇妙的符号，它代表没有，如 01 就是没有十

只有一。10则没有个位数，但0使1升值10倍成为10。记数系统还未出现零时，有的用空位的方法，有的用位名（十、百、千、万……）的方法来补其不足，造成许多不便。有的甚至没有零的观念。譬如公元有纪元前或后1年，但没有0年。有人认为"零"在计算史上、在观念史上都值得大书而特书。

我们说中国台湾现在有二千三百万人口，它不是个精确的数，只是个约数，大约的数。正确的人口数关系到"现在有"如何定义，如何算得。

对于大的数目，掌握约数往往比追求确数要有意义，要有可能。所以估算的方法、统计的方法就应运而生，大数目的科学表法，如台湾人口约有 2.3×10^7 人，也成了有用的记数法。

除了可以一个个去数的东西外，人类也喜欢数不可一个个数的东西，长度、重量、容积就是最常见的这类东西。此时就要设置人为的标准量，如一米、一公斤、一公升等，然后再拿想要度量的东西与这些标准量相比，看它是标准量的几倍。此时倍数未必是整数，于是分数、小数就出现了。

数与量往往是相连的，但数也会与量脱钩，而有其他的意义。譬如月份，它是标序而不是标量的；名次也是如此。法律条文的序数大体有先后的顺序，但不是绝对的。公交车的号码数可就不是标序的，只是当作标签用。

标量当然是数学的，标序牵涉到多寡前后的比较，也与数学相关。至于作为标签，数字只当作符号使用而已。而将一些数字及其排列组合赋予人事相关的意义，则完全超出数学的范围，而成了各种术数。

高度与温度是不同的量，但彼此间有简单的关系。建立量与量之间的关系，是科学努力的目标之一。几何中的长度与角度是量化的想法，使得我们可用数的观点来处理一些几何的问题。譬如两个相似三角形的对应边成比例，就是一个典型的例子。有了成比例的关系，我们想办法确定了其中的三边长，第四边就确定，这是代数的方法。

在"税金兜不拢"的例子里，原来只是探讨该次消费中，餐费、税金、餐费含税金三者之间的关系，但是我们把餐费、税金（税率）一般化，而用代数的方法来处理，不但局面厘清，而且适用于一般的消费。代数方法把算数的境界大为拓展。

平面几何中，关于三角形有所谓的 ASA 及 SAS 两个定理，它们是定性而非定量的。把 ASA 定量化，就得到三角学中的正弦定理，因为由正弦定理

$$\frac{a}{\sin A} = \frac{b}{\sin B} = \frac{c}{\sin C}$$

可知如果三角形的两个角 A、B 及其公共边 c 的量度确定了，第三个角 C（即 180° −A−B）及其他两边 a、b 的量度也跟着确定。

另一方面，把 SAS 定量化，就得到三角学中的余弦定律，因为由余弦定理：

$$c^2 = a^2 + b^2 - 2ab\cos C$$

可知如果三角形的两边 a、b 及其夹角 C 的量度确定了，第三边 c 的量度也跟着确定，而再用正弦定律，另外两个角 A、B 的量度也没问题。

我们知道三角学的最大用途是测量，而测量基本上

靠着的是正、余弦定理。所以除了量度边长与角度外，还需要三角函数值表，而正余弦函数值表是从特殊角的函数值出发，一再使用和差角公式及半角公式就可以得到的。

三角学是将几何量化的数学。三角学的基本内容就是边角的量度，其技术方面就是上面提到的正余弦定理、正余弦函数的和差角及半角公式，这是我们在高中时学到的。高中时没学到的是，三角学如何运用到测量日月大小、星球远近及方位，还有地球大小、地表的测量，以及地图制作等等的历史故事。缺少了这方面的人文素养，三角学只剩下冰冷的计算。

几何坐标化也是几何量化的一种方法，它可以处理的几何问题更为广泛。不过因为距离公式含有平方根，所以如果限于三角形等与长度相关的问题，通常还是用能方便处理平方根的三角函数较为方便。

第 **2** 篇

时间与空间

入境问俗

有一年春天到法国南部的普罗旺斯租车游玩，第一天就来到尼斯西北边山区中的小镇旺斯（Vence）。第二天早晨在老街闲逛，黄蓝色系地中海特有的桌巾很吸引人，不过更引起我注意的却是店里墙上的挂钟，它比我的表快了一个钟头，而且连续几家商店都一样。赶忙问了店家，果然从当天4月1日开始，法国用了夏令时间，时钟拨快一小时。

还好，如果这一天要回家，可能就误了火车或飞机。店家又提醒我们，这一天是复活节，镇里有踩高跷游行活动。

夏令时间，还有复活节，都属于历法，到一个国家自助旅游前都应该注意到。我们好久不用夏令时间，所以根本就没想到外国是否会有夏令时间的问题。至于复活节，是基督教国家的重要节日，我们的日历上不会有。

每年的复活节规定为春分后第一个月圆之后的第一个星期日（如果月圆刚好就是星期日，则顺延一个星期）。复活节在阳历上是会变动的，每年需要事先推算。至于是否使用夏令时间，夏令时间的实施期间，各国自己会订。总之，夏令时间与复活节都没有简单的规则可循，若想要事先知晓，大概只能上网查询。

类似的经验还不少，再举几个例子。有一年八月我来到罗马，8 月 15 日那天想好好参观罗马，却发现所有的商店、公家机构都关了门。原来这一天是圣母升天日，是天主教国家的大节日。还好有几家面包店开着，于是买了面包，改变行程到比萨，在斜塔前的草地上野餐。

又有一次，到了挪威的奥斯陆，碰到星期日，所有的店都关门了，包括餐厅。还好，民宿的老板想起了一家中餐厅是不关门的，还画了一张详图给我们。我们那天的行程变成：先逛公园，后去中餐厅用午餐，走回民宿休息后，再去用晚餐。那一天奥斯陆炎热无比，破了两百年的纪录。在中餐厅，发现所有的侍者、厨子都在外面透气，而我们这仅有的两个客人，却在闷热的房间里吃饭——挪威人是不装冷气的。

有一年九月，我们到加拿大东部新斯科舍省的首府哈利法克斯（Halifax），下飞机租车，结果租到的是最后一部车，因为隔天为 9 月的第一个星期一——劳动节，大家都出外旅游。原来以为到加拿大东部乡下看枫叶，一定很悠哉，想不到竟碰上了大节日，只好往更乡下的地方跑，沿途找旅馆。

人们用跳舞等方式庆祝复活节。

一直到晚上七点多，才碰到一家已客满旅馆的好心主人夫妇，帮忙打电话找别的旅馆。打了好几通都没有好消息，最后两夫妇商量半天，说愿意把他们的主人房让出来。我们欣然接受，虽然房间价钱高了一些。

历的作用是"使民以时"，而这里"民"是本国人民；外来游客入境得问俗，没有讨价还价的余地。要自助旅行，入境一定要问俗。

有人在 8 月中旬去日本旅游，到了才发现铁路旅客多到买不到车票。打听了，才知道 8 月 15 日是日本的盂兰盆节，大家都回老家团聚，就像我们的中秋节。不过盂兰盆节是在阳历的 8 月 15 日，而中秋节则是在阴历的八月十五日。

中秋的月亮特别圆，所以有中秋团聚的习俗，但阳历 8 月 15 日的月亮可就不一定了，甚至可能是朔日，连月亮都看不见。

日本在七世纪时，经由遣唐使，吸收了大量的中国文化，其中之一就是采用了中国的农历，以及节庆，如七夕、中秋等。1873 年（明治六年），日本改采西洋阳历，原来农历中以阴历标记的节庆就改用阳历来标记。于是，中秋移到阳历 8 月 15 日，七夕移到阳历 7 月 7 日。

改采阳历当然是明治维新学习西洋文化的具体表现。不过有一说认为 1873 年农历是闰年，当时的维新政府为了财政的困难，决定改采阳历，就可以少发一个月的薪水。

日本人用农历一千多年，许多节庆就渐渐有了日本人自己的风味。像日本的中秋称为盂兰盆，原来是佛教的普度节庆，在农历中是七月十五日的中元节。但中元节现在在日本不算是大节日，其中普度鬼魂的祭典移到了八月中旬。八月十三日有迎火仪式，欢迎祖先的鬼魂回来团聚；八月十六日又有送火仪式，欢送鬼魂回到常住的地方。京都有名的大文字祭，就是在八月十六日举行的。

　　伊朗的波塞波里斯（Persepolis）为古代波斯帝国的冬都，每年春分万国来朝，其情景就雕塑在阶梯两旁的墙壁。

阳历 8 月 15 日虽然少了圆月，但团聚的意义仍在，不但活着的亲人团聚，而且用扫墓及迎送火的方式，也与逝去的亲人团聚，中秋变成了盂兰盆。

伊朗有三种历法！

2004 年 1 月中旬，我们准备去伊朗旅游。行前特别推算一下，2004 年 1 月的后半月会不会碰上伊斯兰历的 9 月。穆斯林在伊斯兰历 9 月每天的白天要断食，许多商店都关门。虽然外人不受断食的限制（可留在房间内用食），但旅行会变得很不方便。还好，推算的结果，那时候应该是伊斯兰历的 11 月下旬到 12 月初。

伊斯兰历从公元 622 年 7 月 16 日开始起算，因为那一年穆罕默德在麦加受到压迫，于是迁往麦地那。这一"圣迁"是伊斯兰教史上的大事。伊斯兰历是纯阴历，完全不管太阳。此纯阴历一年有 12 个月，大月 30 日，小月 29 日，间隔排列，一年共有 354 日。另外，以每 30 年为周期，中间有 11 年置闰 1 日，放在年底，是为闰年，有 355 日。这样的阴历，和月亮的盈亏变化大致是吻合的。

伊朗大部分的人信仰伊斯兰教，宗教上的大小事全

照伊斯兰历来安排。譬如伊斯兰历的 1 月 9 日及 10 日，是什叶派第三任伊玛目（Imam）侯赛因（Hossein）的殉教日，有盛大的游行活动，有些教徒以铁链鞭打自己出血，表示对侯赛因的敬爱与哀悼。

不过不是所有伊朗人都为穆斯林。伊朗在公共事务及日常生活用的是波斯历。波斯历承继的是传统的古波斯阳历，每年由春分日起算，而开始的 6 个月都是大月 31 日，再来的 5 个月都是小月 30 日，第 12 个月平年 29 日，闰年 30 日。虽然用的是古历的基本结构，不过它的纪元却从公元 622 年，伊斯兰历的元年开始起算。

此波斯历最重要的节日就是春分日新年，大家都回家乡与亲友过年。这使人想起了古时候大流士大帝，在冬都波塞波里斯（Persepolis）的皇宫里，在新年日（No Ruz）接见各国使节，一幅万国来朝的景象。冬至日（波斯历的 10 月 1 日），也是伊朗人亲友团聚围炉的节日。

另外，伊朗与外国人来往，也会用到西方的阳历（格历）；有些历史课本谈及外国事务，用的也是格历。不过公务上还是用波斯历，譬如你护照上的签证日期就是这样的。

二阳一阴，伊朗的历法好不热闹。二阳的大差别在于新年日不一样，大小月安排不一样，纪元年数不一

（相差 621 年）。伊斯兰历虽然与波斯历的起始年是相同的，但因前者一年的日数较少，所以纪元年数就跑得快些。

有些伊朗的报纸，三种历的日期一起出现在首页的页眉上。譬如公元 2000 年 12 月 31 日的报纸，除了印上这个格历的日期，还印上波斯历日期 1379 年 10 月 10 日，以及伊斯兰历日期 1421 年 10 月 4 日。你看伊斯兰历比格历晚了 621 年开始，如今已追赶了 42（=1421-1379）年！

伊朗还有少数的拜火教徒，他们用的是阳历，也是从春分日起算 1 年的日子，不过 12 个月都是 30 日，在年底才加上 5 日或 6 日。月份都用天使的名字命名，而波斯历的月名基本上是承继拜火教的用法的——拜火教曾是古代波斯的国教。

波斯数学家偏爱五边形？

在清真寺里，大圆顶之下，导游指着大圆顶说："你们看，它铺砖样式的基调是五边形，用五边形铺满了圆顶。"接着对我说："你也知道，五边形和我们古代的数学家欧玛尔·海亚姆的关系。"我一下子愣住了，我不知道有什么关系，只好微笑含混过去。

我知道海亚姆（Omar·Khayyam）是一千年前波斯有名的诗人，还是数一数二的数学家。但我记不得他和五边形有什么关系。也许是他建议圆顶可用五边形来覆盖，而一日五次祈祷又是穆斯林的课业？世界数学史的观点，往往着重于数学观念的演变、技术的进步；但看一个社会的数学人才，往往可加入文化的观点。

海亚姆（1048—1131 年）生于现今伊朗东部的尼夏浦（Nishapur），他在那里学习，后来虽然曾经到过撒马尔罕，死后还是葬在出生地。姓海亚姆的，表示是以制造帐篷为职业的。不过欧玛尔并没有继承父业，而是成了诗人及数学家。

伊朗人喜欢用五边形做铺砖装饰；复杂一些的，还用到两个正五边形斜交的图形（上图）。

左图为伊朗清真寺的圆顶装饰。

他写四行诗，其著作《鲁拜集》（Rubaiyat）经人翻译成英文后，在西方出了大名，对西方的文学有很大的影响。他在数学方面的成就是解三次方程式，以及提出更精准的历法。

他读了古希腊的几何学，知道诸如三次方程式 $x^3=2$ 的根 $\sqrt[3]{2}$，可以看成为两条锥线 $y=x^2$（抛物线）及 $xy=2$（双曲线）交点的 x 坐标。所以利用锥线作图（此非为尺规作图所能做的），可以得到 $\sqrt[3]{2}$ 的长度。他把这样的想法，推广到更一般的三次方程式，试图对三次方程式的解法做分类。譬如，两锥线 $xy=1$（双曲线）及 $x^2-2x+y^2+2y-2=0$（圆）交点的横坐标，就是消去 y 之后，所得方程式 $(x+1)(x^3-2x^2+x+1)=0$ 的根，亦即三次方程式 $x^3-2x^2+x+1=0$ 的根也可以经由他的方法来求解。

不过，以几何方法求解方程式的根，未能成为显学；后来的发展是用微积分的方法，求得根的近似值——可达到任何想要的准确度。

欧玛尔的出生地尼夏浦，是为了纪念波斯第三帝国萨珊王朝（Sassan）的第一任国王夏浦（Shapur）而命名的。萨珊王朝最后一位国王雅德哲三世（Yazdegerd III）于公元 632 年就任时，曾颁布了雅德哲历。此历采用拜火教历法的基本架构，即一年有 12 个月，每月有 30 日，

另外一年加上 5 或 6 日。拜火教把外加的日子放在年底，雅德哲历很奇怪，却放在 9 月底。萨珊王朝以拜火教为国教，历法采用拜火教历法的基本架构并不令人意外。

不久，新兴势力阿拉伯就入侵波斯，消灭了萨珊王朝，但并没有要求波斯地区使用伊斯兰历。到了欧玛尔·海亚姆的时代，波斯地区是由塞尔柱突厥人所统治，其苏丹要海亚姆制作一个更准确的阳历。

在波塞波里斯附近的罗斯坦（Rostam）山崖，有几个石洞坟墓是属于第一波斯帝国（公元前 550–330 年）的几位皇帝的，其下方刻有波斯第三帝国（公元 224–637 年）几位皇帝的故事。此为第三帝国萨珊王朝第一任国王夏浦的建国故事。

由于文献欠缺，我们不知道海亚姆历的真正内容。不过有推测说，他提出的是 33 年加 8 闰的阳历，如此则一年平均有 365.2424（即 $365+\frac{8}{33}$）日，比拜火教历的 365.25 日，或现在阳历的 365.2425 日，都更接近回归年的平均日数 365.2422 日。只是不知海亚姆历哪一年要闰的置闰规则是什么。海亚姆历在波斯用了一段时间，后来才改用伊斯兰的纯阴历。

从文化的观点，欧玛尔·海亚姆在波斯历史上自有其地位，怪不得导游一有机会就跟我提及他。

时差换算

好不容易吃完午饭，上完洗手间，就上了游览车，等着出发。下午的行程包括维多利亚纪念堂、德瑞莎孤贫院、卡利庙等加尔各答的观光景点。

领队上车来清点人数，结果少了一位。一阵子嚷嚷，确定谢先生还没到。过了五分钟，还看不到他的身影，领队只得回饭店的柜台打电话，把睡梦中的谢先生吵醒了。

谢先生上了车，忙着道歉，口中还喃喃说道："时差两个半钟头真难算，害我算错了。"好一阵子后，我才弄清楚发生了什么事。

印度和中国台湾的时差是两个半钟头。大部分的团员就把表拨回两个半钟头，完全入境问俗。但谢先生戴了新表，不知道怎样调拨时间，所以就用台湾时间；遇到印度时间，就算回台湾时间来因应。

中午吃饭时，领队宣布下午 2 时 45 分出发，并说先吃完饭有时间的人，可回房间休息一下。谢先生看了自己的表，是 4 时 15 分。他就把这个时间减去 2 时 30 分，想知道印度时间是多少，结果竟算错了：他以为当时应该是 12 时 45 分；而出发时间为 2 时 45 分，所以还有 2 小时才出发（还真有时间呢）。当时他的表是 4 时 15 分，加上 2 小时，所以发车时间应该在他的表为 6 时 15 分的时候，于是设定 6 时闹铃响，就放心上床休息了。

其实我也没有把表回拨 2 小时 30 分钟，我也是用算的，只是算法和谢先生的大不相同。领队宣布时，我就把领队说的 2 时 45 分，加上时差 2 时 30 分，得 5 时 15 分；它就是用我的表时，要出发的台湾时间。

谢先生的算式为：

2 时 45 分 –（4 时 15 分 –2 时 30 分）+4 时 15 分

此即

出发的印度时间 – 现在的印度时间 + 现在的台湾时间

亦即

等待出发的时间 + 现在的台湾时间

这就是出发的台湾时间。

然而把谢先生算式中的第二、第四两项相消，就得

2 时 45 分 +2 时 30 分＝ 5 时 15 分

其意义为

出发的印度时间＋时差＝出发的台湾时间

正是我用的算式。

我的算法是把印度时间加上 2 时 30 分，直接算成我的表所使用的台湾时间。而谢先生则在印度时间与台湾时间之间换来换去，算式一长，不免就会算错了。

印度加尔各达作家大厦前的马哈卡兰花园。

飞行时间只有10分钟？

有一年四月初，从伦敦转机飞往里斯本，总算就要踏上此次旅行的第一个目的地——葡萄牙。在那里要玩三天，然后再转到摩洛哥的卡萨布兰卡（Casablanca），再坐火车往南到马拉喀什（Marrakesh），坐汽车往东到费斯（Fes），再坐火车往北，到海港丹吉尔（Tangier）。花十天的时间把摩洛哥的精华区绕一圈后，从那里坐飞机前往马德里、伦敦，再转机回台北。

我拿出飞行时间表，想看看这几趟飞机每次要飞多少时间，结果一对数字，马上引起了我的注意。略去日期，飞行时间表如下：伦敦—里斯本，09：35-12：10；里斯本—卡萨布兰卡，11：55-12：05；丹吉尔—马德里，10：50-14：35；马德里—伦敦，16：55-18：15。引起我注意的是，11时55分从里斯本出发的飞机，12时05分就到达卡萨布兰卡，只花10分钟，怎么可能？我马上警觉到这中间一定有时差。也许摩洛哥比葡萄牙晚1小时，那么里斯本到卡萨布兰卡就要1小时10分钟，这比只要10分钟合理多了。

我决心只用飞行时间表，来推测相关各地之间的时差，及飞机实际的飞行时间。于是我就画个简图，把各地相对的位置及距离画出来，并在两地之间的联机上，标示纯按飞行时间表所得的飞行时间，暂时不管两地的时差，如图1。

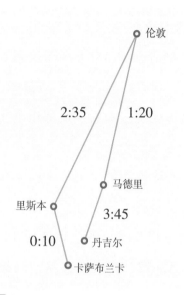

图1

首先，如前所述，摩洛哥与葡萄牙应该有1小时的时差。另外，我相信图中两地之间的相对距离不会有很大的误差，所以丹吉尔与马德里之间的3:45也该调整：摩洛哥也比西班牙晚1小时，那么丹吉尔与马德里之间的实际飞行时间为2:45，而西班牙与葡萄牙之间就没有时差（都比摩洛哥早1小时）。但这么一来，丹吉尔与马德里之间的2:45，和里斯本与卡萨布兰卡之间的1:10，就距离而言，实在不成比例。

所以我推测西班牙与摩洛哥应有2小时的时差，因此丹吉尔与马德里之间的飞行时间应为1:45，而西班牙比英国早1小时，所以马德里与伦敦之间的飞行时间要调

摩洛哥古城费斯的传统市集

摩洛哥古城费斯的染革场

卡萨布兰卡的大清真寺

整为 2:20。结论是：西班牙早英国 1 小时，英国与葡萄牙没有时差，葡萄牙早摩洛哥 1 小时。另外，两地之间的实际飞行时间如图 2 所示，大致与两地之间的距离成比例。

然而马德里位于西班牙的中部，西经约 4 度，比伦敦（0 度）稍微靠西边，西班牙顶多和英国同一时区，怎么还会早 1 小时呢？里斯本的西经有 9 度，葡萄牙的东西向很窄，应该比英国晚 1 小时才对，怎么没有时差呢？还有，摩洛哥的精华区大都在葡萄牙南方，两者应在同一时区才对。

想了半天，突然灵光一闪，准没错：西班牙和葡萄牙实施了夏令时间，提早 1 小时；但英国、摩洛哥并没有。西班牙与英国原来没时差，现在西班牙就早了 1 小时。葡萄牙本来晚英国 1 小时，现在就没时差。而摩洛哥本来

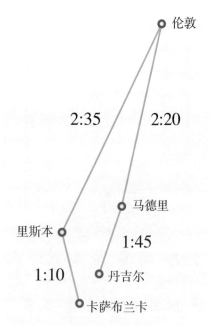

图2

与葡萄牙没时差，现在就晚了 1 小时。

宿与驿

对日本东京有点认识的人都知道，东京有个叫新宿的热闹区。"宿"就是晚上睡觉的地方，通常指的是旅店，那么新宿就是新的旅店了。这又是怎么说的？

从前的日本设置有官道，在官道上设有宿场，让旅行者在晚上有落脚的地方。1603 年德川幕府成立，幕府的所在地江户（现在的东京）成为交通的中心，共有五条官道从日本桥辐射出去。其中往正西方向延伸的甲州街道，在日本桥之后的第一个宿场高井户，离日本桥有 16 千米之远，使得较晚出发、走得较慢的旅客，无法在日落之前赶到，造成许多不便。于是在离日本桥 8 千米处的内藤家门前，添置了新的宿场，称为内藤新宿。内藤新宿位于现今新宿御苑，此为新宿地名的由来。

从江户（东京）到 500 多公里外天皇所在的京都，共有东海道及中山道两条街道（一为沿海道路，一为山中道路），沿途各设有 53 及 67 个宿场，所以平均 8 到 10 公里就有一个宿场。这样的距离，大概是有行李走得慢的旅客一天所能走的。

日本古官道中山道上的妻笼宿，街道较宽且平。妻笼宿及马笼宿为中山道相邻的两个宿场。

现在的铁路东海道本线及中央本线，大致是沿着这两条官道兴建的。过去要花一至两个月来往于东京与京都之间，现在一天不到就够了。铁路的兴起取代了过去的官道，不在铁路沿线上的宿场大部分就没落了。不过有些宿场刻意保持古意，吸引观光客前来沉浸于江户时代的宿场风味，像长野县的妻笼宿及马笼宿就是有名的观光景点。

日本古官道中山道上的马笼宿，街道狭窄弯曲又有坡度。马笼宿在今长野县的南端。

日本的官道以日本桥为起点，现代的铁路网则以东京站为汇集点。不过日本话不叫东京站，叫东京驿。"驿"本意就是官道上的馆舍，为政府的派出所，官方人员或信件，可在此住宿或转接。官道上的公务往来以马或马车为主要交通工具，所以"驿"字以马为偏旁。铁道代替了官道，驿变成了火车站，仍有转接的意义。

伊朗丝路上，六角形商旅客栈的内部。

马可·波罗的游记中也提到蒙古人的宿与驿，大致如下：在官道上，每隔 40 到 50 公里都会设有旅店接待过往商旅；这就是宿。除此之外，在这些旅店之间，每隔约 5 公里就有小村落,住着信差,徒步往隔壁一站送信;遇有急件则骑马接力,这可不就是驿了吗?

马可·波罗谈到路程的远近,常常以走了多少天来表示。我们可用旅店的间距 40 到 50 公里表示一天的路程,这是马或骆驼一天所走的距离。

马可·波罗一路走来,经过安纳托利亚、波斯等地的丝路,也都住在称为 Caravansaray 的商旅客栈。它是独栋、有中庭的巨大两层楼建筑,牲口住楼下,人员住楼上。日本的宿场则是道路两旁各有一排木制房舍,风味完全不一样。

玄奘去取经,很多时候都是用走路的。他一天能走多远?我不敢乱说,不过粗估应在 20 公里至 30 公里之间,因为徒步要比骑马累,而我们中部横贯公路大禹岭、慈恩、洛韶、天祥各住宿之间的距离约 20 公里,而且有太多人已经完成了中横的徒步旅行。再瞧瞧玄奘的标准画像,一副很会走路的样子。

英国作家亚兰·布斯(Alan Booth)写了一本书《The Roads to Sata:A 2000-mile walk through Japan》(中译《纵走日本二千哩》,马可·波罗出版),描写他从北海道的最北角宗谷岬,一直走到九州的最南角佐多(Sata)岬的过程。他一共走了 128 天,估计走了 3300 公里,平均一天走 25 公里。

五百年前，南美的安第斯山为印加帝国的势力范围，他们设置了许多官道，官道上平均每 2 公里就设有驿站，备有称为 Chasquis 的信差。不过 Chasquis 的交通工具纯靠双脚跑路，因为安第斯山没有驮兽。这是一个纯信件传递系统，不作为商旅之用，当然也没有宿场。

印加帝国最重要的两个都市库司科（Cuzco，在现今秘鲁境内）与基多（Quito，在现今厄瓜多尔境内），相距 2000 公里，据说只花 5 天，信息就可以通达。因此 Chasquis 接力，一天可跑 400 公里，如此每位 Chasquis 的 2 公里，平均只花 7.2 分钟就可以完成，属于选手级的表现。首都库司科距海边 200 公里，每天都可享用海鲜，就是靠这些 Chasquis 的传递。身在长安的杨贵妃，可吃到从广东送来的新鲜荔枝，当然也是要靠良好的驿站制度。

想用哪条路线绕世界一周？

2005 年春天，有位名字叫作福塞特（Steve Fossett）的美国大富豪，创造了一个人驾着飞机、不落地、不加油，用 67 小时环绕世界一周的纪录。

他采取的路线为：美国堪萨斯（Salina 机场）→伦敦→开罗→喀拉蚩→上海→夏威夷→堪萨斯，全程 37013 公里。

最早绕世界一周的是麦哲伦的舰队，路线是：西班牙→南美南端麦哲伦海峡→关岛→菲律宾→帝汶→好望角→西班牙，全程为 52000 公里。麦哲伦在菲律宾就遇难了，是他的手下 El Cano 舰长率残部返回西班牙的。

同样是绕世界一周，这两次的里程居然差了 15000 公里。理由当然是，一为航空可走捷径，一为航海要绕路，更何况当时苏伊士及巴拿马两运河都还没有开辟。

利用这两条运河，从西班牙出发，全走海路绕世界一周，可走西班牙→巴拿马→东南亚→印度洋→红海→地中海→西班牙，全程 40000 公里，正是通常所说地球一周的长度。

小说《环游世界八十天》所采用的路线是海上、陆上兼具：伦敦→英吉利海峡→（火车）马赛→地中海→苏伊士运河→阿拉伯海→孟买→（火车）加尔各答→香港→上海→横滨→旧金山→（火车）纽约→爱尔兰→利物浦→（火车）伦敦，全程约为 37000 公里。

《环游世界八十天》中的男主角，可以选更短的路线吗？可以，譬如走：欧亚大陆→西伯利亚→阿拉斯加→

印度的孟买是《环游世界八十天》中的一站，照片中为欢迎宾客的印度门。

加拿大→英国，大致沿着北纬 50 度，全程只有 26000 公里，路程短得多，但很难走，80 天大概是没办法绕世界一周的。不过，现在这条路线的陆地上都有很好的铁路，可作为环游世界的新舞台。欧亚大陆可由伦敦坐火车到符拉迪沃斯托克，北美大陆可由温哥华坐火车到哈利法克斯，大陆之间则用轮船，保证 80 天绰绰有余。

什么样的路线可称为绕世界一周呢？对我所提的北纬 50 度会有些疑虑吧？否则北纬 60 度、70 度、80 度如何？

说到绕世界一周，总是想到东西向、穿越所有经线的旅行。南北向、穿越所有的纬线又如何？

1979 年 9 月 2 日，由英国人范恩斯（Ranulph Fiennes）领军的探险队，从泰晤士河上的格林威治出发，出海渡过英吉利海峡，上陆后，大致沿着零度经线，直达巴塞罗那。然后渡海到北非的阿尔及利亚，一样大致沿着零度经线，到达科特迪瓦的首都阿比让（Abidjan）。从那里走海路，经南非的开普敦，然后转到零度经线与南极洲之交点的南非国家南极探险基地（SANAE）。

接着是横越南极洲之旅。先沿着零度经线，到达在南极的美国南极工作站，再大致沿着 180 度经线，到南极洲的另一端，新西兰的史考特（Scott）基地。从那里开始南北纵渡太平洋之旅，经新西兰、澳大利亚悉尼、美国洛杉矶、加拿大温哥华，最后到达阿拉斯加的育空河口（约西经 160 度）。

再来则溯育空河而上，再走陆路，才抵达北冰洋的麦肯锡（Mackenjie）湾。从那里开始穿梭于加拿大北海岸沿岸所谓的西北航线，最后抵达埃历斯梅尔（Ellesmere）岛的阿勒特（Alert），这是西经 62 度、北纬 82.5 度的地方。

　　从阿勒特，探险队坐雪车及步行，到达北极，然后从那里，大约沿着零度经线，走海路，回到格林威治。

　　因为通过南北两极，这样的旅程自然超过 4 万公里。而从南极到北极，并没有沿着 180 度经线前进，且在加拿大的北部横走了一大段，所以旅程实际达 58000 公里。

　　在极地旅行，遇到太冷或融雪的日子，都动弹不得。这个探险队一共花了三年的时间，于 1982 年 8 月 29 日才又回到起点。

　　想要绕世界一周，你的路线如何？

孟买的维多利亚火车站，是横越印度至加尔各答火车的起点站。

哪两国的首都距离最近？

怎样到斯洛伐克？简单，坐飞机到奥地利的首都维也纳，而维也纳的机场离位于边境的斯洛伐克首都布拉提斯拉瓦（Bratislava），只有 45 公里的路程。布拉提斯拉瓦不是没有机场，但几乎没有国际航线。

旅游书上说，布拉提斯拉瓦与维也纳有够近，把维也纳当作进入斯洛伐克的大门，没有什么不好。书上还特别说，这两国首都的距离只有 60 公里，世界上任何两

斯洛伐克有许多城堡；位于首都布拉提斯拉瓦的城堡曾是奥匈帝国的皇居。

布拉提斯拉瓦的著名街景：正要从人孔盖钻出来的工人塑像。

101

国的首都都不会比这更近。

是吗？我想到西印度群岛那些小国家，彼此之间的距离，仔细计算，也许可以找到比这更近的两个首都。突然之间又想到非洲中部有两个国家以刚果河为界，两国的首都又刚好隔河相望，那么这才是距离最接近的两个首都。查了地图，知道一个国家叫刚果，首都为布拉萨（Brazzaville）；另外一个国家叫扎伊尔，首都为金夏沙（Kinshasa）[1]。两者的界河以前称为刚果河，现在改称扎伊尔河。这两个相邻的城市之间会有国际航线吗？

隔了几天，我突然拍了自己的脑袋：梵蒂冈国就在意大利首都罗马的里面，两者的距离有多少？

我们到维也纳的飞机分两段飞行。第一段，从台北到阿布达比，休息一个小时后，第二段从阿布达比再飞往维也纳。从台北起飞后，我就注意到座位前电视荧幕的飞航图，发现阿布达比和台北几乎同纬度，而航线大致就是沿着纬线。第一段航程大约为6900公里；第二段先向北偏西，后转向西偏北，大致沿着阿布达比与维也纳之间的最短航线飞行，航程约为4200公里。两段航程共计11100公里。

---

① 编注：刚果的官方名称是刚果共和国（Republicof the Congo）；扎伊尔现在的正式名称是刚果民主共和国（Democratic Republic of the Congo）。

　　地球上两地之间的最短航线应该是：该两地与地球中心这三点所在平面与地球面所截成的大圆。经线是大圆，赤道之外的纬线都不是大圆。台北阿布达比之间的北纬25度纬线不是大圆，两地之间的大圆要向北稍微弯曲，距离应比沿纬线距离的6900公里要小一点，约等于6800公里。

　　台北阿布达比之间走纬线或走大圆，距离相差不大，但台北与维也纳之间的大圆距离约为9100公里，比两段航程之11100公里，竟少掉2000公里。

　　那么飞机为什么要行不由径呢？理由之一是工作时间的考量：大型客机平均航速为每小时800公里，台北维也纳之间的9100公里，需要11.5小时，机组人员一定过劳。

　　台北维也纳之间的大圆会经过哪些地方？你可以找一条软尺，压在地球仪上的台北与维也纳两地，调整两地之间的软尺，使之完全贴在地球仪上，则软尺就压在两地之间的大圆上。台北维也纳之间的大圆大约经过中国大陆、哈萨克、俄罗斯、乌克兰等地，与我们的航线大异其趣。在此大圆上，找不到对生意有意义的中途降落点，这应该是多走2000公里的另一个原因。

阿布扎比喷泉。

方圆指数

玄奘到天竺取经，共 18 年，遍历百余国。回国后由他口述，由其弟子辩机笔录，写成《大唐西域记》一书，描述一百多国，介绍各国的风土人情，及许多佛教故事。

玄奘每谈到一个国家、地区或都市，都会提及其大小，大小的描述方式大抵有两种。例如：（阿耆尼国，今新疆焉耆），"东西六百余里，南北四百余里。国大都城周六七里。"亦即，阿耆尼国的国土形状大致以长方形来描述，长有多少，宽有多少；而国都则以周长多少来表示。

谈到飒秣建国（今乌兹别克斯坦撒马尔罕地区），则说："周千六七百余里，东西长，南北狭。"似乎比较偏离长方形，而以周长表其大小，以"东西长，南北狭"作为附注。

周长表长度，怎么可用来表示面积呢？真正算出面积，需要具备"极限"的积分想法，及测量的技术，近代之前大家都是不会的。许多现代的相关资料，把"周围千六七百余里"译成"方圆千六七百余里"。"方"为（长）方形，"圆"为圆形，方圆两字放在一起，一种意思是"范围"；"方圆千六七百余里"仍然表示："以周长千六七百余里所围成的大小"。

　　玄奘《大唐西域记》中提到的飒秣建国，就是现在乌兹别克斯坦撒马尔罕地区。此地区所有的精美建筑，大都是帖木儿帝国时代留下来的，包括雷吉斯坦广场的三座经书院（上图）。广场上的乌鲁伯经书院中庭有一群天文学家的雕像，其中坐着的是帖木儿的孙子、撒马尔罕总督乌鲁伯（下图）。

帖木儿至今仍为乌兹别克斯坦的民族英雄，在撒马尔罕南方帖木儿的家乡广场上有他的立像。

　　用周长表示大小，有几分真确，但不一定准确。设周长为 p，若围成圆形，则其半径为 p/2π，π 为圆周率，而面积则为 $p^2/4\pi$；若围成正方形，则其边长为 p/4，而面积则为 $p^2/16$。你看，同样的周长，围成正方形，其面积要比围成的圆形小。如果围成长宽之比为 2：1 的长方形，则得面积为 $p^2/18$，比正方形要小。

　　周长固定，但图形有凹进去的地方，会使面积变小。

将"凹"字凹进去的部分向上翻,"凹"字变"凸"字,结果两者周长相等,但面积后者比前者大。

有个深刻的定理说:周长固定,则所围成的形状中,以圆形的面积为最大。有没有面积最小的形状?没有,譬如宽很小(但周长固定)的长方形,可使面积变得任意小。

由此想到一个图形相对于周长 p 的方圆指数:面积 / 圆面积。因为圆的面积为最大,所以方圆指数最大为 1(此时形状为圆);图形接近圆形的程度,似乎可用方圆指数来衡量。

因此,圆的方圆指数为 1,正方形为($\pi/4 \approx$)0.79,两顶角为 60°、120° 的风筝形其方圆指数为 0.73,2 : 1 的长方形为 0.70,而正三角形为 0.60。

中国台湾本岛的周长粗估为 p=900 公里,面积为 36000 平方公里,代入公式,得方圆指数约为 0.56。翻翻地图集可知,大部分国家的方圆指数都不高,只有波兰、罗马尼亚等少数国家的形状比较接近于方、圆。就岛屿而言,海南岛的指数约为 0.77,塔斯马尼亚约为 0.55,日本本州岛则约为 0.21;海南岛相当接近于方圆,本州岛则远离方圆,是两个极端。①

---

① 注:中国台湾的海岸线是很弯曲的,如果沿岸插杆,量测两杆之间直线距离,则总和取决于两杆之间的距离。此距离较长,则估算之周长较短;若距离较短,则周长可达 p=1200 千米。我们是以较粗略的眼光来看待方圆指数。

结语

平常日子，生活免不了受到时间与空间的影响，不过已经习以为常，很少想到时间与空间会有什么问题。外出旅行，这方面的问题不时就跑了出来。譬如到美国旅行，第一个扰人的问题是时差，那里的日夜正好和我们的颠倒，刚到时生理时钟调适不过来。第二，美国土地辽阔，只要住郊外，或想往郊外跑，自己没有车子是无法出门的。

为了确定所用的时间，通常以英国格林威治的时间为比较的标准，譬如中国台湾的时间比格林威治早 8 小时，印度时间早 5.5 小时（尼泊尔很特别，比印度早 15 分钟），而美国东部时间及西部时间则分别晚 5 小时及 8 小时。那么，中国台湾就比美国西部早了 16 小时，比印度早了 2.5 小时。

但这样的时差并不是一成不变的。有些地方为节省能源，于夏天的时候，将时钟拨快 1 小时，实施所谓的夏令时间。出门到远方，不但要知晓当地时间，而且要警觉注意到是否有实施或取消夏令时间的情形。

两地的时差并不与两地的距离成正比，只与两地的经度差成正比。中国台湾与西澳大利亚州没时差，但台北与西澳大利亚州首府珀斯相距约 6600 公里，直飞大约需要 9 小时，坐晚上的飞机，可一觉醒来照常活动，没有生理时钟调适的问题。

基督教的国家，星期日是休息的日子，有些地方连商店都关门；教堂是众人汇集做礼拜的地方，有些欢迎外人参观，有些则否。犹太人星期六休息，而伊斯兰的休息日则为星期五，他们做礼拜时，一般是不让外人参观的。

基督教的主要节日为复活节、圣诞节等，伊斯兰教的主要节日为斋戒月及许多圣徒的纪念日。伊斯兰国家用的是纯阴历，一年只有 354 或 355 日，所以外人很难确认他们的节日到底是在什么时候。

除了宗教节日外，每个国家都还有自己的一些主要节日。譬如一样是用阳历，美国有国庆（7 月 4 日）、劳动节（9 月第一个星期一）、感恩节（11 月第四个星期四）等，日本则有节分（立春的前一日）、盂兰盆（8 月 15 日前后）、七五三（11 月 15 日，这是七、五、三岁小孩的日子）等。外国人如果能入境问俗，弄清楚各种节日的日期及庆祝的方式，就能掌握深入体会其文化的契机。

就历法来说，伊朗是个很特殊的国家。因为大部分伊朗人信奉伊斯兰教，所以日常生活及宗教节日遵行的是伊斯兰的阴历；但公共事务则采用波斯历，它源于古代波斯拜火教的阳历，和我们熟知的阳历不同。波斯历的新年在春分，开始6个月都是大月31日，再来的五个月都是小月30日，最后一个月平年29日，闰年30日。伊朗人与外国人来往或谈及外国历史也常用到我们熟悉的阳历。了解伊朗所用两种阳历、一种阴历的背景，就在一定程度了解伊朗的历史及文化。

不同的空间使用不同的历法，也呈现不同的时间。

要去一个国家旅行，马上就想问这个国家有多远，有多大，怎么去，要花多少时间才能到。譬如日本大约有中国台湾的10倍大，首都东京离台北有两千多千米，坐飞机去，飞行时间为3小时左右。伊朗呢？它有中国台湾的46倍大，首都德黑兰离台北有七千公里远，飞行时间按照远程客机1小时八百多公里计算（加上起飞降落时间），大约为10小时。不过目前两地之间没有直航班机，通常要在曼谷转机，总航程增加一千公里，所花时间，包括转机至少需要的2小时，总共至少还要增加4

小时。

地球赤道有四万公里长，所以地球上两地相距最远为二万公里。南美洲南部离台湾就约有二万公里，是在地球的另一端。美国的西雅图、旧金山，还有英国，离我们约为一万公里；德黑兰七千公里，东京及曼谷则二千多公里。想要直观感觉其他地方有多远，上面几个距离可作为参考。

分辨两个地方的远近，不能完全相信地图，因为把地球面的地形变成平面的地图，距离会失真。譬如看一般的地图，会觉得西雅图比旧金山远，但实际刚好相反，前者比一万公里少一些，后者则多一些。要实际看远近，应该拿个地球仪，用软尺在上面测量一下。

要知道一个国家的大小，看它为中国台湾的几倍大，是一种方法。由小而大，我们列出几个国家的大小，作为参考：以色列 0.6 倍，英国 2.6 倍，日本 10 倍，埃及 28 倍，伊朗 46 倍，印度 91 倍，美国（不含阿拉斯加）217 倍。

现代的测量技术使我们能确定一个地区的平方公里数；古代就没有准确的数据，只能说东西多少里，南北

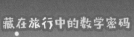
多少里，或者周长多少里。古代没有飞机，没有汽车，只能靠两条腿走路，或靠着牛、马、骆驼，骑着或被驮着走。双腿走，走得慢的一天几公里，快的一天二三十公里。骑马或骆驼旅行，一天可走四五十公里。两地距离有多远，甚至说一个国家有多大，古时候就用人或马走了几天来说明。空间的大小，常用人所花的时间来感受；前人认为地球很大，今人则把它说成地球村。

第 **3** 篇

几何与规范

坐哪边才不会晒到太阳？

坐在游览车右边的陈先生忙着拉窗帘，一面挡阳光，一面想从窗帘空隙观赏外面的风景。忙了一阵子后，他开口了："奇怪了，我们不是要到南方吗？怎么太阳会从这边进来？领队你说呢？"领队回说："高速公路不走直线，等一会儿就好了。"

可是一路下去，阳光绝大部分时间还是从右边进来。一个多钟头后来到休息站，陈先生还是疑问满腹，抱怨连连。领队却把这个问题朝我抛了过来："你去请教我们这位专家吧！"

其实我自己也很纳闷。我们在早上九点钟，从塞尔维亚的首都贝尔格莱德出发，目的地是马其顿的首都斯科普里，而我知道斯科普里几乎在贝尔格莱德的正南方。早上九点钟，太阳在东南方，所以我也认为太阳光会从游览车的左侧进来，于是我选了左侧的座位，准备晒晒太阳。

不过一路上太阳不赏光，又经陈先生不断嚷嚷，我也一直在想这个问题。想了半天，唯一的结论是，高速公路并不直指南向，而是南偏东，而且开始的一段偏东南东。虽然有这样的结论，但手中没地图，只有推论，没有证据，我怎样向陈先生说明呢？陈先生见我没开口，料定我也没答案，于是转向别人继续抱怨。

知道斯科普里在贝尔格莱德的南方，很容易就认定高速公路会直直往南走。一开始我也不自觉有这样的假设，才会坐到左侧去，准备享受日光浴。

我想，我们的数学教育，是否把人教得很自然会把情境简化，教得我们只依理论解题，而当答案与事实有了矛盾，不知道怎样重新考虑情境。如果坐飞机直飞，情境就简单，在高速公路上情境就变得复杂。

中午到了尼慈（Niŝ），找到一家中餐厅，饭菜意外得好，大家饱餐一顿，陈先生也忘了一路饱受日晒之苦。

回家后拿出地图来看，果然尼慈在贝尔格莱德东南

塞尔维亚首都贝尔格莱德的街景

方，高速公路从尼慈之后，才转向其西南方的斯科普里。而且，从贝尔格莱德开始的一段，高速公路偏东偏得厉害，而后面一段，虽然已较偏南，但已时近中午，太阳也一样偏南。就这样，陈先生一路躲太阳，而我一路无法享受日光浴。

反其道而行之

二十几年前想去印度尼西亚，标准行程是巴厘岛、雅加达及日惹，一个星期。但是我们有 10 天的假期，又是自由行，于是旅行社的黄经理建议我们花 3 天的时间，去科莫多（Komodo）岛看科莫多龙。

巴厘岛的东边有龙目（Lombok）岛，再来就接着两个大岛，它们是松巴瓦（Sumbava）及弗罗勒斯（Flores），介于两者之间的就是较小的科莫多岛。我们在巴厘岛玩了三天之后，由一位导游陪同，飞往松巴瓦岛东北端的庇马（Bima），然后准备转机到弗罗勒斯岛西端的巴荷（Bajo），再坐渡轮前往科莫多岛。

一飞到庇马，却发现庇马到巴荷的航班无限期停飞，只好雇车子前往松巴瓦东岸的沙丕（Sape）小渔港，那里应该有渡轮去科莫多岛。

到了沙丕，却发现要两天之后才有渡轮。沙丕只有一条马路，两旁是架高的住家，楼下的空间则作为养家畜用的。在这个小渔港怎样磨过两天？况且两天之后真的有渡轮？——在庇马原有的飞机不就是毫无理由不飞了？

那么，包渔船去科莫多岛如何？导游探价的结果是200 美金。我们觉得可节省一些时间，200 美金还算值得。不过白天渔港水位低，船只都搁浅，晚上涨潮才能行船。可惜当晚下大雨，无法出航，一直拖到第二天快近午夜才上得了船，顺利出航。

还好风浪并不大，不过一共花了十几小时，才在下

午三点半抵达科莫多。我们在国家公园的六位职员陪同
下，去到科莫多龙出没的地方；有四位职员拿着长枪戒
备。我们看到两只科莫多龙正在享用它们的山羊大餐。
科莫多龙身长三米，长得有点像鳄鱼，爬行的样子也像，
只是嘴脸较圆，是蜥蜴的模样。科莫多龙是俗称，因它
们最接近古代的恐龙；正式名字应该是科莫多大蜥蜴。

看完大蜥蜴，我们回到国家公园的营区。导游突然
跑来说，从沙丕启航的渡轮已经到来，下一站就是我们
的下一个目的地巴荷，从那里我们订了机票要飞回巴厘
岛。匆忙之间我们就上了渡轮；可是没多久，渡轮就搁
浅了，就这样等到午夜，涨潮了，渡轮才再启动。

挨到巴荷的旅馆，已经是凌晨一点，倒头就睡。第
二天到了机场，发现没有建筑物，更不用说机场办公室，
看到的只是一条黄土跑道。不久来了两位士兵，用手摇
式无线电话联络，确定飞往巴厘岛的飞机二十分钟后会
来。二十分钟后果然听到飞机声音，不过飞机却从头上
飞过，并没降落。

联络的士兵说，因为飞机已经客满，所以就没有降
落。但我们有机票啊！士兵不理会我们的抗议。还有飞
机吗？有的，但方向相反，要去弗罗勒斯的省会恩弟
（Ende）。这次飞机降落了，我们上了飞机，虽然它要去

的地方与巴厘岛是反其道而行。我们认为到达大城，才有机会转机飞回巴厘岛，而留在巴荷等飞机前往巴厘岛，不知要等到哪辈子。

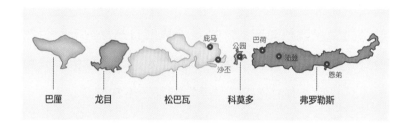

飞机飞了二十几分钟后又下降了；这次是弗罗勒斯的山城陆登（Ruteng）。我们被机长赶下飞机。在这些偏远的航线，机长最大，由他决定谁上谁下；有飞机票只是上得了飞机的必要条件，而不是充分条件——显然我们不够大牌。

还好陆登也是个大镇，有不错的旅馆，有飞航大厅，所以脱困还有希望。第二天早上八点，我们就来到机场，只见人山人海。有一位华侨跟我们说，她每天来等飞机，已经等了两个星期。

九点半钟，一架小飞机降落了，是去巴厘岛的，还有 11 个空位。机长开始点名，我们居然第一批就被点到——这次够大牌的。反其道而行，果然让我们脱困，结束了科莫多看巨蜥之旅。

靠左开车有学问

去香港的一个震撼是过马路。在台湾车子靠右走，过马路要左顾还是右盼，已是养成的自然反应——当然最好左顾又右盼。但香港车子靠左走，如果偷懒，只左顾或只右盼，有时连车子"杀"到都还不知道。

在靠左走的地方开车，滋味如何？第一次有此经验是在南非，特别选了一个小镇乔治（George）做起点，它在南非南边黄金海岸的西端。黄金海岸的东端伊丽莎白港（Port Elizabeth）就作为此开车旅程的终点。

选择这条路，一方面沿海风光亮丽，另一方面车辆稀少，是练习左边开车的好地方。而且在乔治镇，可以顺道访问奥特颂（Oudtshoorn）的鸵鸟园。

从南非的西南角开普敦飞到乔治镇，一下机，就在机场租车。上路前，在脑子里把预想的状况演练一遍：驾驶座在右侧，车子要开在路的左侧。左弯是小转弯，右弯才是大转弯。高速路是从最左边车道切入的，最右车道车速最快，超车要用右车道。总之，和在靠右走的地方开车不同，不过只要把左右对调就可以了。

左右对调，就这么一个原则，放心多了。上了车，马上就注意到左右对调的原则有例外。右脚踩油门板、刹车板、离合板的功能，不能用左脚来代替。驾驶人移到右侧是平移，左右脚跟着平移，并不是跟着对调。油门板、刹车板、离合板也只是平移过来，左右没有对调。

车子上了路，要加速，先踩离合板，右手顺手就去抓排挡杆，却怎么也抓不到。这才想起来，原来在中央位置，用右手操作的排挡杆，并不平移过来，因为平移到右门边就没有操作空间；留在中央位置，只好用左手操作。靠右走的地方开车，用右手右脚；靠左走则用左手右脚。至于灯号杆及雨刷杆，是平移，还是平移后再左右对调，就无关紧要，因为不需要驾驶人做快速反应。

为什么中国香港和南非开车要靠左走？因为英国都管过这两个地方，英国的靠左走规矩自然就适用于这两个地方。那么英国为什么要靠左走，而英国管过的美国则靠右走？

电影中看到两武士骑着马，拿着长枪，面对面互冲对决，因为右手是持长枪用力的手，这两武士自然要靠左边跑马。有时跑道的中间以竹竿相隔，更是规定武士跑马靠左走。据说这是英国要靠左走的原因。不过在电影中，我也看过两武士靠右跑马的对决。

美国的武士是西部牛仔，决斗用的是手枪，不用跑，

澳大利亚珀斯附近的高速公路。汽车是靠左边行驶的。

也就没有靠左走或靠右走的问题。汽车发明上路造成交通混乱后，美国才面临靠哪边走的问题；他们选了靠右走。美国早已独立，英国管不着。

在南非之后，我也曾在西澳大利亚地广人稀的地方靠左边开车。后来终于有一次在人烟稠密的英国本地开车，还好左边开车的困扰已经适应了。

英国乡下的十字路口往往不设红绿灯，大一点的十字路口设有圆环，小一点的就在路口正中地上画一小圆圈。要左弯的就左弯，要直行的就绕着圆圈的左边走，要右弯的就顺时针方向绕着圆圈走四分之三圈后，才转出去。英国的路标如图所示，A、B、C 就是左弯、直行、右弯后去各自的目的地。如果同时到达路口，要让左手边的车子先行。（从 A 来的车子要让从 B 来的车子先行。）

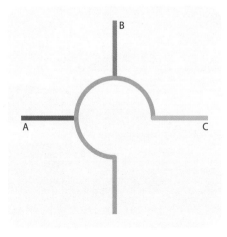

奥地利与斯洛文尼亚边界的小庙，为纪念在附近车祸身亡的亲人。

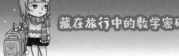
　　日本也靠左走，但英国管过日本吗？明治维新时，日本学习欧美事务，交通事业仿效的英国，所以要靠左走。日本殖民统治中国台湾时，台湾也靠左走。"二战"后，台湾变成靠右走，不过铁路却没改过来，新添的高铁也是靠左走的。

　　日本目前已经开放让国外一些地区的游客在日本开车了，左边开车的事真得预习一下。

传统与变化

　　1988 年夏天到匈牙利开会兼旅游一个星期后，转到维也纳。那里的朋友建议我们试着去当时的南斯拉夫玩一玩，虽然没有签证。

　　租了车，开向维也纳西南方的格拉茨（Graz）。到了格拉茨郊外，就选了一家餐厅吃午餐。吃着吃着，突然觉得墙上的挂钟有些不对劲。仔细一瞧，原来这只钟的时针及分针是逆时针方向行走的；而数字 1、2、3、4、5 的位置分别与 11、10、9、8、7 互相对调，6 与 12 不变。

　　逆时针方向行走的钟一样能够报时，对不对？那么为什么时钟都要设计成右旋的，亦即一般所说的顺时针方向旋转？没什么特别道理，可能只因某时期右旋的钟成为主流，右旋的就变成是正常的，左旋的就成为旁门左道。运动会跑操场通常跑逆时钟方向，有特别道理吗？

早就听说，在欧洲有些钟故意制造成逆向行走，用以标新立异。饭后，我立刻到餐厅的挂钟弯边，留下一张合照，以便证明曾遇到了怪钟；不过合照时，我没忘了手中拿着一本书，免得朋友会说我把照片看反了。

规定汽车靠右走或靠左走，也没有什么特别的道理。但一旦规定了，往往就成了传统，要改变就很不容易。

英文打字键盘的字母位置设计不是很奇怪吗？不但不好记，而且像 a 这么常用的字母，居然躲在偏僻的地方，要用最使不出力气的左手小指来敲打。有人研究过英文字母排列的特性，重新设计键盘的字母位置，结果打字速度比传统键盘快了许多。但新的键盘设计是推销不出去的，因为不知有多少人早就习惯用传统的键盘，而几乎所有的键盘都是传统式的，学会非传统键盘打字的人不一定有键盘可使用。

那么传统的键盘为什么会设计成这个样子？在传统出现之前，打字机的设计，让打字者看不到自己打的字——字打在纸张的反面。而新的机种，打的字就出现在眼前，结果大卖。不过，新机种键盘上的字母位置，

虽然设计不符合使用原理，也跟着成为传统。打个比方，这像两个相连基因一起突变，"正面打字"基因取得遗传优势，连带没有特色，甚至有些低能的"位置"基因也留传了下来。

在格拉茨的餐厅，不免想到有名的天文学家开普勒（Kepler），他于1594年大学毕业后，来到格拉茨教数学与天文学。他虽然认同日心说，却脱离不了占星的想法，在这里写了一篇具有神秘色彩的《宇宙的神秘》，说明六颗行星的距离与五个正多面体之间的关系。在此之前，托勒密（Ptolemy）的周转圆理论是行星运动的传统模型，连带的，它所根据的地心说也成了优良的基因，一直传承下来。

从周转圆变成开普勒的行星运动定律，占星与天文学的脱钩等，知识传承的大改变，是开普勒离开格拉茨，前往布拉格成为天文官后，才慢慢开始的。

隘口与马鞍点

离开格拉茨，开车前往 80 千米外，西南西方的克拉根福（Klagenfurt），在此公路转向南方，映入眼睛的是全方位的阿尔卑斯山脉的棱线，比我在数学书上看到的各种曲线还有曲线感。曲线高高低低，局部最高的是山峰，也就是数学中所说的极大点。眼前的公路蜿蜒而上，方向是其中两山峰中间的最低处，称为 Loibl 隘口，高 1366 米。

隘口的地理位置很妙。它是棱线中的局部最低点，也就是棱线曲线的极小点。但就蜿蜒而上的公路而言，它是此峡道的最高点。也就是当你站在隘口，面向峡道时，左右两侧为山崖所挟制，前后两方却踩在你的脚下。这种在三度空间中某些方向极小，另些方向极大的点，称为"马鞍点"。在马鞍上，马的头部与臀部翘起，而腹部两侧则下垂。

中文的隘口，到了日本变成汉字峠（Toge），指山路

131

又上又下的地方，非常传神。英文的隘口称为 pass，是必经之地。公元前 218 年到前 201 年的第二次布匿克战争（Punic War），迦太基的汉尼拔曾舍海路，从伊比利亚半岛上陆，绕道到意大利的西北方，越过阿尔卑斯山脉的一个隘口（有可能是 Cenis 山的隘口，高 2083 米），有如天兵下降，出其不意，攻入罗马人的波河流域。

现今阿富汗与巴基斯坦边境的开伯尔隘口（Khyber Pass，高 1070 米），更为有名。亚利安民族从这里经过，下到印度河流域，成为印度人。亚历山大大帝征服印度河流域，巴布尔（Babur）从中亚南下，在印度建立莫卧儿帝国，还有玄奘辛苦到印度求经，都经过了有名的开伯尔隘口。

在科学以及经济学上，我们常把两变量关系表示成函数，把函数表示成曲线，则"光走最省时路径""追求最大利益""将损失降至最低"等，都可看成是寻找曲线的极大或极小点。怪不得寻找极值的微分方法那么有用。

"最大利益"与"最小损失"往往相克，这是经济学中的 minimax（又极小又极大；大中取小）问题，它就像三度空间几何中的马鞍点，需要更费心、更有智慧地来处理。

位于亚得里亚海边的杜布罗尼克（Dubrovnik），是克罗埃西亚的著名城市。

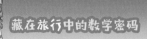

想着想着，我愈来愈接近隘口，前南斯拉夫的边界关口就设在隘口上。没有签证可以进入社会主义国家的前南斯拉夫吗？这再也不是数学问题，只得听天由命了！（"天"＝前南斯拉夫海关官员？）

到了隘口的海关，我把护照交给官员，官员看了半天，问我："Kina？"（"中国？"）我说是的，官员就在护照上盖章，我就开车进入了前南斯拉夫。

2003年，我参加旅行团，重返前南斯拉夫。这时候前南斯拉夫非但不再是社会主义国家，而且分裂成六个国家。这次是从克罗埃西亚进入，然后要往斯洛文尼亚，但因旅行社没办好签证，一时进不去。斯洛维尼亚正是1988年夏天我从阿尔卑斯山隘口进入前南斯拉夫的地方。这次入境反而不那么顺利。

局部与广域

前天在印度锡金邦的首府甘托克（Gangtok）看到尼泊尔境内的世界第三高峰干城章嘉（Kanchenjunga，高8588米），今天在甘托克西南方50千米处的印度大吉岭（Darjeeling）再一次看到它，还是一样雄伟。

不过干城章嘉峰与其附近高峰的视线关系，在两地却有不同。干城章嘉东侧的 Simvo 及 Simniolchu 两峰，在大吉岭看来呈等间距相隔，但在甘托克，则两峰相靠近；西侧的 Talung 及 Kabru 两峰也一样，从两地观之，视线关系是不一样的。

从甘托克（或大吉岭）看风景，看到的就是以甘托克（或大吉岭）为投影中心的地图；投影中心不同，地图自然会有差异。

在地图集里找到的，含有尼泊尔、甘托克、大吉岭等地的地图，不一定会以地图内的某地为投影中心。投影中心有的是地球中心，或地区内某点的对跖点，又或者是无穷远之处。以甘托克或大吉岭为投影中心的地图是局部的。相对而言，地图集里的地图是较广域的。

住在一个城市里，有些人对其地理的印象是局部型的。也就是说，他对此城市内以许多点为投影中心的各个局部地图，有非常深刻的印象；这些局部图相联，构成了他对整个城市的了解。与之相对的，有些人则是广域型的，他较注重街道的方向，彼此间的关系就像看一张城市地图（广域型的）一样。

这两类人各有优势与劣势。局部型的人，对于局部的细节很清楚，但一旦走到局部图中他不熟悉的某处，就很容易迷路。广域型的人，比较不会迷路，但对局部

　　由大吉岭眺望喜马拉雅群山（上图），和在印度锡金邦首府甘托克看到的喜马拉雅群山（下图），一样雄伟。

地区的印象比较模糊，而且一旦方向搞错了，就会发生大迷路。

在许多场合里，也常有局部与广域的对比。譬如，就局部而言，地球是平的；就广域而言，地球是球形的。就局部而言，空间是欧氏的；就广域而言，空间是非欧的。

微积分是微分与积分的合称；微分研究的是局部的性质，积分则是广域的性质。两者合称微积分，当然是因为两者之间有密切的关系。

局部与广域两者兼修，或许比较能够成为通人。

看瀑布，想河流

从旅馆住房往窗外看，只见远处水平面上有一片白云。坐上游览车，发现车子驶向那片白云，过不久就听到轰隆轰隆的声响。西方人称之为维多利亚瀑布，当地人称之为"打雷的烟雾"。

维多利亚瀑布高为 108 米，宽为 1700 米，流水量为每秒 935 立方米。它比尼加拉瀑布的 50 米要高出一倍，也比尼加拉的 1100 米要宽不少，但流水量远不如尼加拉的每秒 2500 立方米。哪个瀑布比较壮观？

位于非洲的维多利亚瀑布

要比壮观，也要考虑南美洲的伊瓜苏瀑布，它有 82 米高，4000 米宽，平均流水量每秒 1760 立方米，而雨季时最大流水量高达每秒 12750 立方米。

三个瀑布各有出人头地的地方，哪个比较壮观，每个人的看法会有不同。提醒一下，委内瑞拉的天使瀑布，高达 979 米，但宽度只有一百多米。

维多利亚瀑布在非洲中南部赞比西河之上，夹在津巴布韦与赞比亚两国之间。我们从南侧的津巴布韦维多利亚市欣赏了瀑布之后，搭车走过了河上的大桥，进入了赞比亚的李文斯顿（Livingstone）市，随即进入公园，从另一侧欣赏瀑布。

公园中有李文斯顿的铜像。原来李文斯顿为英国的一位医师、传教士兼探险家，他于 19 世纪 40 年代来到南非，然后逐渐

李文斯顿铜像。

北上，终于来到赞比西河。先往上游，寻找到达大西洋的通路，后又往下游，想通到印度洋。他于 1855 年"发现"了瀑布，以当时的英国女皇维多利亚命名。

后来英国人在此发展殖民，建立了李文斯顿市，成为这一带的政治中心，并建立了铁路，和南非的开普敦相连，并期待往北能把铁路延伸到开罗。

欣赏了瀑布，游览车开到李文斯顿的市中心。道路呈棋盘式，两旁有许多欧式洋房，隐约可领略过去的殖民风光。除了瀑布，附近还有野生动物的国家公园，所以有不少的旅客。

我们在一家洋房的回廊上用餐，主菜是煎鱼排盖饭，鱼排还可以；饭没煮透，米心还硬，食不下咽。于是搁下刀叉，在等待侍者来收拾的空档，想着 150 年前，李文斯顿在非洲探险的事迹。

在 19 世纪 60 年代，正逢西方人掀起寻找尼罗河源的热潮。探险完了赞比西河后，李文斯顿就往北边的大湖区移动。经过长期的搜寻，他深信尼罗河源应该在坦干伊喀湖（Lake Tanganyika）西南方的一些小湖中，并认为湖西边的卢阿拉巴（Lualaba）河，应该就是尼罗河的上游。然而他身受非洲瘴疠之苦，身体虚弱，至死（1873 年）都无法证实他的想法。

李文斯顿死后不久，另外一位探险家喀麦隆（Verney Cameron）也来到卢阿拉巴河上的商旅小镇尼昂维（Nyangwe）。他量了当地的标高及流水量，发现高度比尼罗河中游城镇工多克罗（Gondokoro）要低，流水量则较大。因为"水往低处流""汇百川成大河"的简单道理，就让他否定了卢阿拉巴河是尼罗河上游的说法。几年后另一位探险家史坦利（Henry Stanley）从尼昂维顺卢阿拉巴河而下，结果来到刚果河的河口。

　　那么尼罗河的源头在哪里呢？从人造卫星拍摄的空照图就知，一条河流及其支流就像一棵大树。每条支流的尽头都可称为河源。不过大家最在意的是最远的支流及其源头。

　　尼罗河有两条大支流，白尼罗河及蓝尼罗河。在十八世纪就有人从蓝尼罗河的河源，顺流而下。不过后来有人确认蓝尼罗河是白尼罗河的支流，于是就溯白尼罗河而上。

　　溯河而上会碰到急湍甚至瀑布，只好离开河道，走入山林之中。但要再回到河道不太容易，而且也会产生疑问：这河道就是前面河道的上游吗？前面提到的工多克罗是一般人溯尼罗河而上的终点站。

　　溯河而上找源头不可行，于是许多探险家，就去大湖区，看看这些湖是否有河流出，然后再确认这些河流到哪里去。李文斯顿就曾在坦干伊喀湖中，绕行一圈，发现只在最北端接有一条河，不过它流入此湖而非流出，当然就不是尼罗河的上游了。

后来有一位探险家史佩克（John Speke）来到维多利亚湖（当然也是以女皇名字命名的），也依样画葫芦，绕湖一周，发现北端有瀑布流出，下接一条河。他没有顺流而下，就宣称维多利亚湖为尼罗河的源头。他猜对了，这条河后来称为维多利亚尼罗河。

夹在津巴布韦和赞比亚之间的维多利亚瀑布

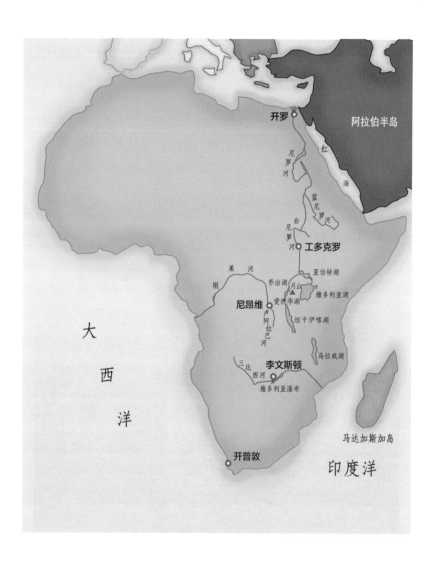

维多利亚尼罗河注入艾伯特湖（以女皇的丈夫 Albert 命名），然后又有一条河流出，后来称为艾伯特尼罗河。

那么会不会有一条河流入维多利亚湖，而成为真正的尼罗河源头呢？真有那么一条河，称为卡格拉（Kagera）。它发源于坦干伊喀湖东北方的高地，先流向北方，再转东向，从西边注入维多利亚湖。

其实，白尼罗河还有一个源头，在艾伯特湖西偏南方的月山（Ruwenzori，或音译鲁文卓里）山脉。它位于赤道上，经年积雪，并有冰河。雨水连同融化的雪水，聚成爱德华（Edward）湖及乔治（George）湖，并有河流流出，注入艾伯特湖。不过这条支流比较短些。

有的书说尼罗河源于维多利亚湖，长约 6600 千米。有的书说它源于卡格拉河，长为 6900 多千米。无论如何，它是世界第一长河。排名第二的是亚马逊河，长度为 6400 千米，再下来是 6300 千米的长江。

如果比的是河盆面积，也就是连各支流都算在内的流域面积，则亚马逊河排第一，达 720 万平方千米，其它的河流都不到它的一半。从空中俯瞰，亚马逊才是真正的大树。

由方而圆

圆与方自古就是人类熟悉的几何图形，天圆地方是经验的延伸观念。北京的天坛是圆形的建筑，地坛是方形的建筑。上圆下方的建筑更是天圆地方的表征。如何由下方而转成上圆，则要考验建筑师的能耐。

行旅于伊朗、中亚等伊斯兰地区，看到众多的清真寺，它们可算是建筑中由下方转成上圆最具特色者。通常这些清真寺的大厅地板面是正方形的，低处的墙面就从这个正方形的边线垂直而起，直到某个高度，与原正方形截面成45度角的另一同样大小的截面也加了进来。在此高度之上，截面变成两斜交正方形共同部分的正八边形，到了更高的高度，可再转成正十六边形、正三十二边形、正六十四边形等。

到了十六边以上，正多边形与圆已经难以区分。再往上，就可用逐渐缩小的圆截面，造就清真寺的圆顶。这种建筑在边数转变时，会出现三角锥状的空隙，建筑师就要想尽办法来处理它、美化它。

用边数愈来愈多的正多边形逼近圆，在数学上是了

布哈拉的沙马尼（Samani）灵寝是十世纪初的下方上圆建筑。近看，在方形墙与圆形顶交接处，可看到四边形到八边形的转变。

解圆的一种办法。譬如可经由计算正多边形周长，来估算圆周率的数值。半径为 1 的圆，其半周长为圆周率 π（ =3.14159… ），而其内接正四边形的半周长为 2 $\sqrt{2}$（ =2.828… ）；内接正八边、十六边、三十二边、六十四边形的半周长可接续算得为：3.06…、3.12…、3.136…、3.140…。

当然，清真寺愈大，所要的正多边形边数愈大。如果圆的半径为 50 米，则内接正六十四边形的一边中点到圆的距离只有 6 厘米，真够近的。亦即，就是这么大的

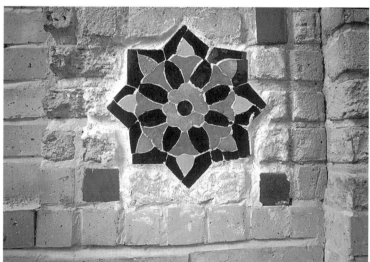

　　在清真寺或经书院的外墙上，常看到两斜交正方形中夹着一个圆，表示由方而圆的图案。

清真寺，用六十四边就足够了。

正多边形有正多边形的特征，圆有圆的特征。多边形是有棱有角的，圆上则没有哪一点特别突出。但是将正多边形一再琢磨，最后也会变成圆滑又圆满的圆。

建筑之几何美

站在巴黎圣母院的大门前，想起了钟楼怪人的故事，就去注意看屋檐上称为 gargoyle 的怪兽形排水孔（笕嘴），一个接着一个等间距排开，呈现平移的对称之美。

以大门的中线为准，圣母院的正面是左右对称的。大门本身就像"门"字，左边有什么，右边就有什么，就像照镜子那样。大门的左侧有一座钟塔，右侧相应的地方也有一座一模一样的钟塔。这些是镜射对称的例子。

圣母院还有大玫瑰窗，它们具有旋转对称的特征——玫瑰窗就其中心旋转某个特别角度，还是一模一样的玫瑰窗。

平移、镜射、旋转是基本的几何对称，它们的组合是一般的几何对称。一般建筑或多或少都含有一些对称元素，重要的建筑向来都相当讲究对称。

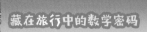

西班牙中世纪古城阿维拉（Avila）的城墙连绵两千米多，每隔一定的长度就有一座堡垒，眼睛依顺序浏览，好不壮观。这是平移对称的一个例子。

罗马尼亚首都布加勒斯特的共和宫，是一座左右对称的白色大理石大建筑。其正前方有条大街道，大道两侧有造型一致的高大公寓，等间隔排列。这些公寓在大道两侧左右成镜射对称，在大道的前后成平移对称。

英国伦敦的大本钟，是个正方形柱体。想象以柱体的中线为轴，旋转90°、180°、270°或360°，大本钟还是大本钟，看不出前后有什么不同，这也是旋转对称的例子。土耳其人的墓塔有正方形柱体的、正六边形柱体的、正八边形柱体的、正十边形柱体的、正十二边形柱体的，它们都有旋转某些特定角度的旋转对称。（就是没有正七边形柱体的，大概正七边形不好画。）当然还有正圆柱体的，任何角度的旋转都是对称的。

古罗马时代有作为法院或集会用的大会堂（basilica），其内部的平面配置图（plan）是个长方形，再加上短边上的一个半圆形，如图1所示；通常半圆朝向东方。

罗马人信仰基督教后，利用大会堂的基地建了教堂，以半圆形殿（apse）为祭坛（刚好基督教以东方为尊），长方形的中央部分为主殿（nave），两旁为侧廊（aisle），如图 2 所示。

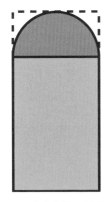

图 1：大会堂的配置图；
有的在半圆形外有外墙。

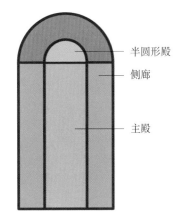

半圆形殿

侧廊

主殿

图 2：大会堂变成教堂。

后来在两侧廊的前端又向外扩建而成翼廊（transept），并把翼廊的屋顶弄得和主殿一样高，这样两翼廊与主殿就相交成十字架形状，而"十"字两画相交所成的方形部分的上方，就顶了一个半圆球。这就是天主教教堂的造型，如图 3。最早建圆顶的是罗马人，罗马的万神庙就是最好的例子。圆顶的建筑由罗马传向东西各方。

西方天主教教堂平面配置图的十字架是拉丁式的，也就是像一个人两腿并立，双手左右平伸的样子。与之相对的是希腊式的十字架，"十"字两画彼此垂直平分，

布加勒斯特市共和宫的前方有条大街道，大道两侧有造型齐一的高大公寓，等间隔排列。

它是东正教教堂平面配置图的造型，如图4。最有名的是土耳其伊斯坦堡的苏菲亚教堂。

1453年，奥斯曼土耳其人攻入了君士坦丁堡，"征服者"梅梅特苏丹（Mehmet the Conqueror）马上参访苏菲亚，看了很满意，就决定改成清真寺。圆顶没问题，因为清真寺喜欢有圆顶，圆顶之下为祭坛或棺木。

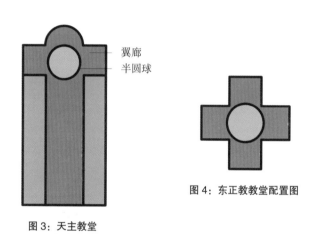

翼廊
半圆球

图4：东正教教堂配置图

图3：天主教堂

耶路撒冷圣殿山上，七世纪建造的圆顶清真寺，就是伊斯兰的一个圣地。它的圆顶之下有圣石，传说亚伯拉罕要在这圣石上牺牲自己的儿子，而后来的穆罕默德也由此乘白马升天。而乌兹别克斯坦撒马尔罕漂亮的帖木儿陵墓，其圆顶之下的地下室，就摆了帖木儿的棺木。

"征服者"让人把苏菲亚教堂天花板及墙上的东正教装饰涂掉或盖掉，改以伊斯兰的图样。唯一成问题的是，在此处麦加朝向不是正东方，而是东偏南方，整个平面配置图就出现了一点点的不对称。先是东正教教堂、后改为清真寺的苏菲亚，现在则变成了博物馆。

西班牙科尔多瓦（Cordoba）的清真寺，于八世纪末开始兴建，后来一再扩大，基地大约是正方形，边长约 130 米，上面立了好多排的柱子，共有 850 根；柱子的造型有多种。1236 年，西班牙的天主教徒从来自北非的穆斯林手中，夺回了科尔多瓦，拆掉清真寺中的 63 根柱子，清出一个长方形的空间，内造一个天主教堂。清真寺内含一个天主教堂，两者主祭坛的方向不同，真是奇怪的组合！

天主教堂的主祭坛不一定要朝向正东，大致朝东就可以了，而入口通常在相反的方向。但是清真寺的麦加朝向可就不能弄错。伊朗的大城亚兹德（Yazd）及锡拉兹（Shiraz）之间的小镇阿巴库（Abarqu），有个清真寺，历年来整修过几次。有一次整修时发现，原来的麦加朝向弄错了，和真正的麦加朝向的角度相差还不少，当然整修时就调整过来了。

耶路撒冷圣殿山上的圆顶清真寺，是伊斯兰教的圣地之一（上图）。

下图为塞尔维亚首都贝尔莱德的圣马可教教堂。

　　苏菲亚教堂改为清真寺后，凡是有基督教痕迹的，都想办法用伊斯兰的装饰掩盖起来，此门楣上的画像则是例外。

　　伊斯法罕的伊玛目清真寺为了有正确的麦加朝向，其主体建筑的方向与大门入口的方向既不平行，也不垂直。

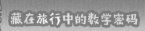

伊朗最美丽、人气最高的观光地是伊斯法罕（Esfahan）。此地有一个很大的长方形广场，四周有许多有名的建筑，其中之一是酋长清真寺。它的大门平行于长方形广场的轴线，但麦加朝向并不与此轴线平行或垂直。大门之后有走道连接后面的清真寺。清真寺的底座是个正方柱体，中间高度部分为正八面柱体，上面顶着一个半圆球。为了使底座的一墙面面对它，就是面对麦加朝向，整个清真寺就相对于广场轴线转了一个角度，远远望去有些不协调，但近处欣赏清真寺对称之美，也就忘了这一个小小的缺失。广场边另一个同样有名气的伊玛目清真寺，也相对于广场轴线转了一个角度。

在平面上，一个三角形、四边形或正六边形的图案，可经平移、镜射及旋转，而将图案延拓到整个平面，成为整个平面的对称图案。这种平面对称的基本几何造型（不管图案）一共有 17 种，你在西班牙格拉那达（Granada）的红宫都看得到。红宫是摩尔人在西班牙留下的建筑精品。

提到西班牙与艺术，不免想到西班牙的巴塞罗那，画家毕加索、米罗、达利都和此地有关。巴塞罗那还产生了一位建筑怪才高第（Goudi），他很厌烦建筑之对称美，故意把建筑的表面弄得看起来歪七扭八。与高第有同感的人，除了可以去巴塞罗那参观他的作品，如果有机会到访维也纳，也不要忘了去参观"百水之家"（Hundert wasser Haus）——百水先生把一栋大楼同层楼所有的窗子，弄得大小不同、高低不等。

"怪"或许也是一种美。

维也纳的"百水之家"，外墙窗户故意造成上下错落、大小不一的不对称。

结语

　　一般的印象，认为几何是抽象的学问，在日常生活中没什么用处。其实几何所关注的形，和数一样，深入生活之中，也是文化的要素之一。

　　人类很早就区分直线与曲线：建屋基地的基线通常要拉直以便施工；走路尽量走直线以节省时间。过同一点可有许多直线，选哪一条？通常由方向来决定，而方向往往是参考方位的——相对于太阳东升西落而言的方位。

　　方位规范了人类的想法与做法。太阳东升西落，所以东方为开始的方向，西方为结束的方向。埃及人的生活集中在尼罗河的东岸，把坟墓放在西岸。基督教的祭坛大致朝东，伊斯兰教的则要朝向麦加。法国普罗旺斯地区，冬天时北风凛冽，所以房子的北面墙壁是没有窗子的。北半球寒冷地区，坐北朝南的想法其来有自。

　　看到太阳从东方升起，转向南方，再从西方落下，据此我们可以设计日晷，以决定时间。反过来，知道了时间，也就知道太阳所在的方位，以及我们前进的方向。

　　曲线是直线的变形。在同一曲线上可以有两个前进的方向，依前进的方向，还可分左边及右边。车行路上要靠左走或靠右走，以及转弯、在高速公路行车的动线，都必须有所规范。曲线是弯曲的，依着前进的方向，我们可以说曲线是左弯的，还是右弯的。分针尖端在钟面上画过的轨迹是个圆，而且通常是个右弯的圆，除非违反成规，把时钟设计成逆时钟方向而转。

行星运行的轨道是曲线，从远处观望山脉所呈现的棱线也是曲线。自然的规范让行星运行的轨道限于椭圆，而要修建道路翻山越岭，通常都取道棱线的最低点，所谓隘口的地方。

时间与股票指数是两个相关的变量，在平面上分别以横坐标与纵坐标标示，就得到指数因时间而变化的曲线。这是人造的曲线，它使全民疯狂。其实各学科到处都有表示某些相关变量关系的人造曲线，而曲线的变化往往是研究的焦点。

直线是所谓的一度空间（一个方向的延伸），曲线是直线的变形（在曲线上的任何点，只有一个（切线）方向），可是需要在两度空间，甚至三度空间的背景中，才能看到其形体。我们在平面的地图上，看到一条河流如

何蜿蜒，其支流如何汇集而构成大树的形状。

出门要靠地图。地球面是弯曲的，地面有高有低，地图则是地面上的立体图投影成平面的图形。投影的方法有多种，最重要的是投影中心的变化。站在不同地点看出去而制作的地图固然不同，悬在高空中，或藏在地球中心，或在地球的另一端（设想）看到的也是不一样。虽然投影的方法不同，但形状的某些特性还是保留了下来，否则地图就没有用了。

地面的建筑是立体的，不过建筑前都要有平面图。因为地心引力的关系，垂直投影的平面图就很重要了。在这些平面图上，最常看到的是三角形，（长）方形及圆形；当然有时也会看到多边形或曲线围成的图形。天主教教堂的平面图是个拉丁十字形，东正教的是个希腊十字形，而清真寺的则为方中夹圆的图形。

建筑物的侧面也有各种形状。为了讲求美观，形状的配置往往讲求对称，有像"门"字的左右对称，有像"比"字的平移对称，有像"互"字的旋转对称。对称的元素不限于这三种，像螺旋那样的相似对称也常用到。对称的讲求当然不限于建筑，带状装饰、平面铺砖都讲求对称。

　　无论是自然的或人造的形，都和我们的生活息息相关，我们的想法与做法也往往受其规范。形是数学的，也是文化的。

第  篇

追随名家

法布尔的家园

开车离开法国普罗旺斯的大城亚维侬（Avignon），上午的目的地是北边的俄汉治（Orange），下午则是俄汉治东北边的小村镇塞律扬（Serignan-du-Comtat）。

法国普罗旺斯大城亚维侬，一度是教皇的驻在地，隆河流经此地，上有著名的断桥。

俄汉治是罗马独裁者凯撒征服高卢地区的纪念地，以及罗马重要的殖民地。主要的老建筑有凯撒的凯旋门（Arc de Triomphe），以及奥古斯都大帝建造的罗马式大剧场。去塞律扬主要是参观诗人昆虫学家法布尔（Jean-Henri Fabre,

1823–1915）的家园。

出了汽车旅馆，开车向东，再转北，确定了是在往俄汉治的公路上，总算松了一口气。

前天傍晚，由他处来到亚维侬的郊外，只见大批车潮，决定就近找间汽车旅馆，作为访游此历史名城及附近地区的根据地。稍事休息后就准备夜游古城，于是向柜台要了一张当地地图，并请对方在地图上把旅馆的位置用笔标出，于是我就知道旅馆前面的大马路是南北向的，而出旅馆向右转就碰到与之直交的大马路是东西向的。就这样，很有信心向北往城里开，结果迷路了。

亚维侬北边的俄汉治，是凯撒征服高卢的纪念地，留有凯旋门。

　　靠着记忆走回头路，摸回旅馆，再请柜台仔细标明旅馆的位置，结果还是在那两条马路的交角，只是换了一个角落。所以我把东西与南北两方向弄错了，不迷路也很难。

　　我是个靠地图及方向感开车的人，从当晚开始的 24 小时内，我的方向已被错误感挟持，明明地图上是东西向的，我的脑子不自觉会把它当作南北向。每次要转弯，我都得把脑中的地理坐标轴努力转了 90 度，才不会弄错。这才发现我中了数学的毒有多深。

　　往俄汉治的路上，不免想起了我会去看法布尔家园的因缘。法布尔是从亚维侬的师范学校毕业的，毕业后到附近的卡本查（Carpentras）当小学老师，在那里有位同事正在准备投考土木技师学校，请他做家教补习代数。法布尔只学过算术和一点点几何，代数一窍不通，但答应两天后可以当家教，于是就现学现卖，开始研读高深的数学。这样，他竟也得到蒙贝利耶（Montpellier）大学数学课程的入学资格，并自修得到学士学位。

　　然而他是多才多艺的，前前后后又靠自修，得到物理、化学、博物的学位，并成为亚维侬师范学校的老师。法布尔在亚维侬有二十多年，对当地的教育贡献良多。现在在老城的中心，原师范学校的旁边有条街道，就叫法布尔路。

当时法国的教育部由改革派当权，开设了很多夜间讲座，在亚维侬，法布尔是主讲者。他的讲题涵盖科学各领域，也促使他后来写了上百本科学普及的书。不过保守派不赞成让知识普及，借口法布尔当众讲解花粉受精这种"不雅"的事情，把法布尔拉了下来。当时又正巧改革派的教育部长去职，于是伤心的法布尔辞去教职，离开亚维侬，移住俄汉治（1870 年），开始全天候写科普书，以维持生活。

九年后，法布尔在塞律扬买下一栋房子，附有很大的荒地，于是从小就喜欢田野的他，把荒地改建成植物园，并养了许多昆虫。他在那里观察，研究各种昆虫的行为，写了很多书，包括风行全世界的《昆虫记》。他把这个家园叫作"法布尔的荒地"（Harmas de J.H.Fabre），在那里度过了人生最后的 36 年。

到法国南部旅游，会去亚维侬一点也不稀奇，因为它有完整的古城墙，墙内有宏伟的宫殿，曾经是天主教教宗的驻地（相当于现在的梵蒂冈）。城外隆河上还有一座有名的断桥，还有有关断桥的儿歌；会到俄汉治也不会太令人惊讶，它到底有重要的罗马古迹。

俄汉治的古罗马剧场

我在研究俄汉治的旅游信息时，突然 Fabre 一字跳进了眼睛，才开始研究法布尔与南法的地缘关系。如此说来，会到塞律扬一游，纯属因缘。

　　中午离开俄汉治，转上 D975 公路，指向塞律扬。路有微坡，两旁净是田园，不久两旁出现了有围墙的深宅大院。同行者眼尖，大叫这就是了。下车一看，果然是 Harmas de J.H.Fabre，不过中午休息，下午两点才又开放参观，于是我们先到塞律扬的村中心看看。村中心有座法布尔的铜像，站在旁边可一眼望尽整个村子。

两点钟，进了法布尔家园大门。稍远处有一栋两层楼的房子，里头展示了法布尔的昆虫标本、法布尔自己画的昆虫画册，及各种植物的彩色图鉴，还有法布尔的各种出版品及其译本等等。

看了屋内的丰富藏品后，走向庭园，只见法布尔（的雕像）坐在一小石桌旁。我可以想象，在这个庭园，或更早在别的地方，他仔细观察过蜘蛛网，发现它有个中心点，从那里射出的经线蛛丝彼此成等角（下图中的 θ）；横过经线又有许多纬线蛛丝，而这些纬线与各经线也成等角（图中的 φ），于是纬线整体成了所谓的等角螺线。法布尔常常用数学的语言，精准描述昆虫的行为。

法布尔在《昆虫记：蜘蛛的生活》中曾写道："符咒式的数 e 又出现了，就写在蜘蛛丝上。在有雾的清晨，仔细看看昨晚织成的蜘蛛网，黏性的蜘蛛丝，负着水滴的

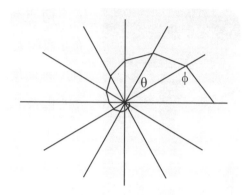

重量，变成一条条的悬垂线，水滴顺着弯曲排成精致的串珠。当阳光穿透雾气，带着串珠的整个蜘蛛网辉映出虹彩七色的亮光，就像一丛灿烂的宝石。荣耀归于 e 这个数。"

法布尔的文字多么有诗意，之所以称之为诗人昆虫学家并不为过。悬垂线就是一条线将其两端固定，中间部分使之因重力而自然悬垂而成的曲线（两电线杆之间的电线就是）。用 xy 平面的函数，则悬垂线可写成为 $y = \dfrac{e^x + e^{-x}}{2}$，所以荣耀就可以归于自然对数与指数的底 e（即 $\lim\limits_{n \to \infty}(1 + \dfrac{1}{n})^n = 2.71828\cdots$）这个数了。

我是学数学的，也是科普的作者。对我而言，塞律扬这个小地方比俄汉治自然大得多了。

爱因斯坦在伯尔尼

有一年要去罗马尼亚与保加利亚旅游，需要先飞往瑞士的苏黎世转机。转机之前，先到瑞士的伯尔尼（Bern）参访。这是一趟意外的旅程，让我追寻了一百年前爱因斯坦（1879-1955）在此一段美好的时光。

伯尔尼位于瑞士的中部，离苏黎世或日内瓦都只有一个多小时的车程。伯尔尼是个古城，于 1192 年由 Zähring 家族所建。据说为了命名，决定借用第一次猎杀到的动物，结果是熊（德文字为 Bär，复数 Bären），这就是伯尔尼叫 Bern 的由来。

伯尔尼旧城区的北东南三面给阿勒（Aare）河围住，市区由东往西逐渐发展，最东端跨过河有个熊窝，养了几头熊。旧城区有一条主街，由东端一直通向西边，主街分成四段，由东而西分别是 Gerechtigkeit 街、Kram 街、Markt 街及 Spital 街 ①，全长不到 2 公里。平行于主街，在阿勒河的范围内，南北各有三条街。这就是旧城区了。

---

① 编注：这四条街的名字，在德文中的意思分别是"正义"、"杂货"、"市场"、"医院"，完整的德文街名分别是 Gerechtigkeitgasse、Kramgasse、Marktgasse 及 Spitalgasse。

Zähring 喷水塔及钟楼是伯尔尼城有名的地标，爱因斯坦曾望着钟楼想着相对论的问题。Zähring 喷水塔上面的雕像是一只全副武装的熊。

十四世纪时，在旧城区内建有 11 座喷水塔，其中主街上就有 6 座。每座喷水塔为三层建筑，底座有雕花，塔座有彩色浮雕，它的上面则立着一尊雕像。Kram 街上有一座喷水塔叫做 Zähring 喷水塔①，它的雕像就是一头全副武装的熊。其他喷水塔的雕像，各具特色，各有故事，点缀整个旧城区，中古风味十足。

　　从 Zähring 喷水塔往西一小段，就是 Kram 街的尽头，立着有名的钟楼，它是十六世纪的建筑。每个整点前的 4 分钟，钟楼中段就有机械鸡在啼叫，一列机械熊出面做巡回演出，一直热闹到整点敲钟为止。

　　以 Zähring 喷水塔为前景、以钟楼为背景的明信片，就是介绍伯尔尼城的最佳写照，而这两个建筑都跟爱因斯坦有关。

　　就在喷水塔往东几步路，Kram 街 49 号的三楼公寓，曾是爱因斯坦的住家，而且在那里他写下了狭义相对论的论文，这促使他登上理论物理界的舞台。爱因斯坦曾问自己：如果从他的住处，坐电车以光速飞向钟楼，那么钟楼的钟会走多快？爱因斯坦思考良久，"钟是不动的"是他的结论。早期伯尔尼旧城区只发展到钟楼，过了钟楼就是城外。爱因斯坦解决了钟楼的问题，使他离开了

---

① 编注：德文为 Zähringerbrunnen。

　　博物馆内的高脚桌，是爱因斯坦在专利局所用的办公桌，他就在这张桌子上抽空偷偷演算物理。

传统的物理学，飞向另一个世界。

爱因斯坦在 Kram 街的住处，现在称为爱因斯坦屋（Einstein House），是个博物馆。爬完两层狭窄的楼梯，进了博物馆，发现它是那么小，主要展出品都贴在墙上，包括他的论文手稿，和一些生活照。不过最引人注意的，是孤零零立在地板上的一个高脚桌。

爱因斯坦于 1900 年毕业于苏黎世的联邦理工学院，有一年多找不到工作，他于 1902 年 2 月来到伯尔尼，因为朋友的帮忙，预期到伯尔尼的联邦专利局会有技师的空缺。果然，半年后他顶了缺，高脚桌就是他在专利局工作所用的桌子。他在桌子上审查各种稀奇古怪的专利申请案件，有时候趁着局长不注意，有空档就偷偷在桌子上演算他的物理。

专利局位于 Spital 街尽头，现在的医院及火车站的北边，靠近阿勒河的地方。爱因斯坦从住家走到这里也不过十几分钟，而因伯尔尼主要街道两旁的房子都有骑楼，不但中古风味十足，而且居民也不愁刮风下雨。

1902 年来到伯尔尼的爱因斯坦，先住在 Gerechtigkeit 街的一间公寓里，为了打发就职前的无聊，也为了赚些生活费，他在报纸登了一个广告，说自己可做数学及物理的家教，大、中、小学不限。第二天来了一位年轻人，

伯尔尼主街两旁的建筑都有骑楼,颇具中古风味。

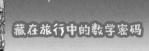

两人一谈就成为好朋友，再也不提家教的事。后来又加入其他的人，成为意气风发、无所不谈的小团体（当然也有人因离开伯尔尼而退出），爱因斯坦戏称之为"奥林匹亚学院"。年轻的爱因斯坦认为传统的学界，把自己关在学院内，互相取暖，而他们这一群人才是勇于挑战传统想法的真正学院。

这群人在公寓里聊天，在咖啡馆里聊天，走路时聊天，健行时也聊天。他们喜欢走路聊天，因为在伯尔尼这个中古风的街上走路实在舒服。到城南的 Gurten 山（标高 858 米）健行，不但可以享受森林浴，而且沿途可以回望老城（标高 542 米），暗红色的屋瓦、青绿色的河水，以及大教堂高耸的尖塔，美景当前，历历在目，谈兴更高。（老城东边山丘上的玫瑰公园，以及大教堂内254 阶上的尖塔平台，也是居高临下俯瞰老城的好地方。）这些活动的照片，也出现在爱因斯坦屋的墙壁上。

1903 年 1 月，爱因斯坦和他的大学同班同学米列娃结婚，住到伯尔尼的郊外去。到了 9 月，他们又搬回城里，住进现在的爱因斯坦屋，一直到 1905 年。在这里他们的小孩诞生了，他们招待朋友来聊天，这些居家生活的照片，也出现在爱因斯坦屋的墙上。爱因斯坦因此也写出了许多篇让他成名的论文。

1905 年，爱因斯坦在物理杂志上发表了五篇论文，包括光电效应、布朗运动、狭义相对论等。因为爱因斯坦的硬骨，大学毕业后让他无法到大学教书。他的论文又高深、又违反传统的物理观念，所以并没有让他马上一举成名。一直到 1908 年，他才受到学界的重视，成为伯尔尼大学的讲师，随即在 1909 年回母校苏黎世联邦理工学院当教授，而成为物理学界的圈内人。

从 1902 到 1909 年的这几年，对爱因斯坦的一生很是重要，难怪他认为这是他最美好的一段时光。

游览车把我们带到一栋宏伟的大厦前，说这是瑞士联邦国会议事堂（Bundeshaus）。我突然惊觉，瑞士的首都居然是在伯尔尼这个中古风的古城，居然不是在大家比较熟悉的现代化大城苏黎世或日内瓦。对了，为什么爱因斯坦会来伯尔尼？因为联邦专利局就设在首都。①

花剌子模的家乡

40 年前读金庸的武侠小说《大漠英雄传》（即《射雕英雄传》），第一次对"花剌子模"有了特殊的印象：它

---

① 注：关于爱因斯坦在伯尔尼的生活，可参考 Denis Brian 所著《Einstein:A Life》之中译本《爱因斯坦》，天下文化出版。

藏在旅行中的数学密码

是中亚的神秘国家，与成吉思汗结怨，激起了成吉思汗的西征，最后走上了灭亡的惨境。

　　20年前读了计算机算则学家克努斯（D.Knuth）的一篇文章，说明他为什么要促成全世界的算则学家，齐聚在偏远的花剌子模（Khwarizm）的一个小城市，来进行算则研讨会，因为这里是算则学始祖的故乡。

　　这是"花剌子模"对我有强烈刺激的第二次。我开始研读花剌子模的资料，知道发源于帕米尔高原、从咸海南方注入的阿姆河下游三角洲一带，就称为花剌子模。

　　八世纪下半叶，花剌子模出现了一位数学家，后来辗转到了当时的学术中心巴格达，成了首席的宫廷天文

186

官，其后又当了图书馆馆长。

　　他原来只有简简单单的伊斯兰教名字穆罕默德，在巴格达出了名，于是就被称为 Muhammad Al Khwarizmi ——来自花刺子模的穆罕默德，以便与先知穆罕默德及许许多多平民百姓穆罕默德有所区别。

　　数学家花刺子模在数学方面有两项重大成就。他从印度引进梵文数字，改成阿拉伯数字，并发展了数字的四则运算。十三世纪初，花刺子模的数字及算法传到欧洲，就分别被称为阿拉伯数字及 algorithm。algorithm 是 Al-Khwarizmi 的拉丁化写法，意思是"花刺子模的算法"。

　　欧洲原来没有直接计算数字的算术，他们用的是板

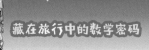

算，在算板上摆弄石头，以做计算，类似于中国古代的筹算。筹算用竹片当算子，所以"算"字从竹字头。西方的"算"字是从"石头"的，因为 calculate（计算）一字是从拉丁字的"小石头"calculi 演变来的。

阿拉伯算法虽然传到欧洲，但板算在欧洲还是使用了很长一段时间，只是为新的算法取了新的名字。现在，algorithm 指的是算则（演算法）——计算机软件中各种功能都要靠各自的运算法则。因为欧洲人认为，阿拉伯数字的运算，提供了有一定规则可循的计算，而板算则较为随意。

数学家花剌子模的另外一项成就是整理了代数，写成一本书《Hisa bal-jabr wál-muqabalah》。al-jabr 原来有恢复平衡的意思，指的是"移项"这种代数运算——移项完成后，等式两边又恢复平衡；wál-muqabalah 是集项简化的意思。所以，书名的意思是"移项及集项的科学"。后来书名简化了，就以 algebra（代数）称之。al-jabr 原来还有接骨师（接骨术）的意思——使断骨恢复平衡，而从前接骨师是由理发师兼做的。当你看到理发店红白蓝的旋转标志，会联想起代数吗？

花剌子模以算术、代数两项成就，成为那个时代最伟大的数学家。

2001 年我踏上中亚之旅，旅程包括了花剌子模，让人既期待又兴奋。来到乌兹别克斯坦的撒马尔罕（Samarkand），它是中亚最漂亮的城市，也是历史名城。《大漠英雄传》把成吉思汗西征的主戏都放在撒马尔罕的围城之战。

十三世纪初，成吉思汗在蒙古兴起的时候，在中亚的花剌子模也迅速扩张，势力发展到传统花剌子模之外的撒马尔罕，并将其作为新都。然后再把势力扩张，到达北边的锡尔河（往北注入咸海）流域，而与蒙古的势力相邻。

成吉思汗于 1218 年派遣一支 500 人的通商使节团去

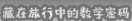

花刺子模，但到了锡尔河畔的欧塔尔（Otyrar，在现在的哈萨克境内），当地花刺子模的总督居然把使节团杀掉499人，让最后一人狼狈回到蒙古。成吉思汗随即派出兴师问罪三人团，但也遭受屈辱，于是决定领军西征。

西征的第一个目标当然是欧塔尔城和那位总督，然后一一打下撒马尔罕等沙漠城镇，最后才是花刺子模的旧都玉龙杰赤。

《大漠英雄传》中，蒙古军来到撒马尔罕，发现守军众多，城墙坚固，一时也攻不下来。此时主角郭靖及黄蓉正与西毒欧阳锋缠斗，黄蓉计诱欧阳锋上到城西的秃木峰峰顶后，撤掉梯子，使欧阳锋困在峰上。欧阳锋急中生智，脱下衣裤，扎住袖口脚管，使之充气，然后用为跳伞，降入城中。欧阳锋脱困，郭黄也悟得攻城之计，令士兵万人，依样画葫芦，学欧阳锋降入城中，里应外合，打下了撒马尔罕。

我们来到撒马尔罕，只知蒙古人来袭时，撒马尔罕城位于现在市区东北角的阿扶拉锡埃布尔（Afrasiab）山丘上，城破后成了荒地，后人于山脚下重建撒马尔罕城。秃木峰是小说家虚拟的，用以增加小说的张力。

现在山丘上有许多考古遗迹，有博物馆展示唐朝人所谓胡人的画像，还有天文学家乌鲁伯（Ulugh Beg, 1393—

1449）留下的巨大六分仪等，这才是真实的历史。不过无论是虚或实，深入小说或实地的情境，都让人震撼不已。

飞机在玉龙杰赤的飞机场降落，只见机场大楼挂着几个俄国字母，慢慢将之念出，不是"花剌子模"是什么！终于来到花剌子模的原乡。

不过花剌子模的旧都并不在这里，而是在距此地150公里远的阿姆河下游处，隶属于土库曼斯坦，现在称为老玉龙杰赤（Kunya-Urgench）的地方；我们也到那里参观，不过只见一片废墟，几座残破的清真寺，及一座高耸的叫拜楼（或称邦克楼、宣礼塔）。

成吉思汗的军队来袭时，曾围城数月，最后蒙古人破坏附近的水库，引阿姆河的河水进城，水淹并屠城。后来老城又重建，恢复往昔的光彩，足以与（十四世纪时）帖木儿的撒马尔罕（现在那儿的精美古建筑就是帖木儿及其后人留下来的）媲美。不过，帖木儿来袭五次，终于在1388年，将其彻底毁灭。老城虽又部分重建，不过到了十六世纪，阿姆河改道，老城终于撑不下去，部分居民迁居到现在的玉龙杰赤。

沙漠中的河流经常会改道，靠其生存的绿洲也历经兴衰。苏联时代开始，花剌子模这一带的乌兹别克斯坦及土库曼斯坦都种棉花，用水量很大。前苏联又从阿姆

撒马尔罕的沙伊津达。

河中游，把部分河水引入运河，使得土库曼斯坦南部也有河水滋润，结果用水过度，阿姆河竟然流不到咸海。咸海水量大减，导致其南岸许多花剌子模的城镇都成为荒地。

十六世纪时老玉龙杰赤渐衰，代之而起的不是新的玉龙杰赤，而是在其西南方35公里的基发（Khiva），成了花剌子模的政治经济文化中心。基发有内外两重城墙，墙内有新旧皇宫，许多清真寺、经书院。整个城列为联合国教科文组织的文化遗产。

旅行团团员刚能自由活动，我马上跑到西城门外，果然看到在墙边有座老人看书沉思的巨大铜像，他就是数学家花剌子模。与铜像合照自然是我的必要功课。

回头走入西门，看到不远处有座少了一截的宣礼塔。它只有26米高，并未完工，所以长得矮矮胖胖。据说基发的汗王要建一座高达109米的宣礼塔，以便窥看400公里外的布哈拉城。布哈拉汗王一听说，就贿赂建楼的主事者，要他怠工。不过这件事马上被基发汗王知道，就杀了主事者，而宣礼塔也真的建不成了。

布哈拉，自古以来就是著名的绿洲城市。上图中，壮观美丽的宣礼塔（叫拜楼）建于十二世纪，高 47 米。下图为凤凰门经书院入口的精美砖饰。

俗语说"站得高就看得远"。109 米的高塔看得到 400 公里外的布哈拉吗？简单的计算就知道，这样的高度可看到的范围不会超过 40 公里。这两位汗王没有数学头脑，真是瞎闹一场。

因为大地是球形的，才有"站得高就看得远"（欲穷千里目，更上一层楼）的说法。地球半径的大小 r，决定了远 d 与高 h 的数学关系：$d \approx \sqrt{2rh}$。反之，仔细测量一次站得有多高，看得有多远，就可决定地球半径 r 的大小。十世纪的花剌子模天文学家比鲁尼（Al Biruni：来自 Biruni 的意思，而 Biruni 为基发附近的城镇），就用这种方法求得地球的大小。（r 约为 6400 公里。）

玉龙杰赤现在是乌兹别克斯坦花剌子模州的首府，它有两条主要的街道，垂直交于市中心，一条街道叫作"花剌子模"，另一条叫作"比鲁尼"。

追随皇蝶的行踪

来到墨西哥的米却肯（Michoacan）州已经第三天了。

第一天我们就进住首府莫雷利亚（Morelia），并到处游逛这个充满西班牙风味的城市：有大广场、大教堂、西班牙式的房子，还有水道桥。旅馆是两层楼的四合院，中间是个庭园。

莫雷利亚是为了纪念墨西哥的独立英雄莫雷洛斯（José Martin Morelos,1765–1815）的。他生在这里，住在这里；我们参访过他的生家及住家。米州的东邻是墨西哥州，其东南角含墨西哥市，而墨西哥市的南邻叫作莫雷洛斯州，也是纪念莫雷洛斯的。

第二天，我们来到莫雷利亚西南方的帕兹瓜罗（Patzcuaro）小镇，它临着高山湖泊帕兹瓜罗。那天是星期五，是个市集日，附近的印第安村落居民，把各种工艺品拿到帕兹瓜罗来交易，有漆器、木雕、地毯、铜器、银饰、陶器、衣料、木器、刺绣等等。

在帕兹瓜罗湖中，常看到载有蝴蝶形渔网的渔船。湖中有个叫作哈尼其欧（Janitzio）的小岛，岛上有个 40 米高的莫雷洛斯铜像，乘船在湖上，远远就看得到。从铜像的袖口可以回望湖面，一片好风光尽入眼底。岛上最有名的是老人舞的表演，还有每年十一月一、二两日的死人节灯会；墨西哥人对老、死是不忌讳的——你在饭店里常会看到骷髅头的仿制品。

今天第三天，原来没先排行程，临时到旅行社采购。结果决定去看真的蝴蝶——不是昨天湖上的蝴蝶形渔网，而是峡谷中成千上万的皇蝶（Monarch Butterfly，又称大

桦斑蝶）。

我们去的地方，是叫作罗沙里欧（El Rosario）的皇蝶保护园区，位于莫雷利亚东边 160 公里处，米州与墨西哥州交界的地方，而墨西哥市则在更东边 160 公里处。随着人潮进入园区，只见所有的松树及枞树都变成红棕色，原来树枝上都挂满了皇蝶。正想用望远镜看得清楚，只见一只皇蝶停在一位走在前面的男孩子肩上。皇蝶约 10 厘米宽的双翅是红棕色的，布有网状的黑色血管，在翅缘则形成有黑色边缘的两排小白点。

罗沙里欧是个峡谷，标高 2400 米。园区入口有个广告牌说，园区内约有四千万只皇蝶，它们是来此过冬的，而且还会冬眠，怪不得除了少数蝴蝶飞在天空中，大部分都安安静静，挂在树枝上。四千万只蝴蝶的栖地，何等壮观！突然脑中出现了两个问题：四千万只有多少？怎么知道有四千万只？

四千万只皇蝶有多少？一种想象的方法，是把它们摊在地上，紧密相连，每只占有的面积为 10 厘米 × 10 厘米，那么四千万只皇蝶，就可排成 600 多米见方的正方形，大约有台北市大安公园的一倍半那么大。

怎么知道有四千万只？当然不可能一只一只去数，应该是用估算的方法，譬如估算一棵不大不小的树大约挂有 m 只蝴蝶，再估算园区内大约有 n 棵树，那么就知道大约有 mn 只蝴蝶了。如果 m=1000，n=40000，那么就有四千万只。

其实皇蝶并不长住墨西哥，它们是来避寒的，并且用冬眠的方式过冬，大约从十一月到第二年的二月。三月春暖花开，它们开始北上，沿途在俗称蝴蝶花（Milkweed，马利筋）的树叶背光面产卵，孵化后的幼虫吸取其叶汁，后来倒挂在树枝下成蛹，再变成蝴蝶，前后约 5 个星期。它们因吃了蝴蝶花的叶汁，本身变得有毒，所以颜色特别鲜艳，警告掠食者，少动歪脑筋。

春天长大的皇蝶，生命期不会超过两个月。它们在北上迁移过程中，也会繁衍后代。六月夏初，才在美国与加

罗沙里欧皇蝶保护区内，树上到处栖息着皇蝶。

拿大的边界地带落脚，准备避暑，此时已经过三四代了。

夏天最后一代的皇蝶暂时不产卵，它们的生命期可长达七个月，比起其他的蝴蝶长命得多，个子又大，所以称为皇蝶。这些长命的皇蝶于秋天开始的九月南移，经过五千千米，最后来到墨西哥中部高原的米、墨两州过冬，约分散在12个园区，共约一亿只，而以罗沙里欧的四千万只最多。这些皇蝶，挨到春天，才开始北上并产卵，但随即就死亡。（另外在加拿大落基山西边也有皇蝶，它们是到美国加州过冬的。）

皇蝶很美丽、很神秘，但在迁移的路途上，只要拥有蝴蝶花的花园，就可以看到皇蝶的踪影。美国人很喜欢皇蝶，在1987年把皇蝶列为国（家昆）虫，地位就像国鸟、国花一样。（加拿大也是以皇蝶为国虫的。）

从皇蝶的生命周期来看，无论是南迁或北移，成员中没有一只是要重复走全程的，它们怎么认得路，回得了祖先去过的地方？比起数量的问题，迁移的问题更引起我对皇蝶的兴趣，逼我从图书资料下手，想要追随皇蝶的行踪。

动物迁移是个有趣的话题，科学家花了不少的精力，有些发现，有些仍然成谜待解。

譬如大象知道哪里有水草，应该是经验的累积；它

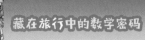

们是由年长的母象带队，集体行动的。鲑鱼的回乡之旅，据说是靠着回味各地的水味。

鸽子的回巢可简单说是认地标，不过远距离放行的鸽子能回家，可就不简单。科学家认为它们是有生理时钟的，也就是说，在某个时刻，它的生理时钟会告诉它，此时的太阳方向应该是在哪里。如果它被移到较远的地方，生理时钟告诉它的太阳方向，会和太阳真正的方向有差别，它就会根据这样的差别，寻求回家的方向。有些候鸟（尤其是较小的鸟）会利用晚上的时间飞行，据说它们是靠着星象导航的。

但皇蝶要回的不是自己的家，是祖先的家，自己从来没有去过的。有人说，皇蝶之所以能回祖先的家，是由基因内建的，这就有点神秘了。他们认为皇蝶之所以会去墨西哥过冬，是因为墨西哥的北部及中部盛产蝴蝶花，皇蝶就一路吃下来。再者，除了拥有生理时钟外，皇蝶还能知晓地磁的倾角而确定自己的纬度。

天文学家发明了指南针、纬度仪、经度仪、地图、数表等等，让人类能够做远程航行。和人相比，每只皇蝶都像是天生的天文学家。

结语

　　谁是名家？是不是对数学有极大贡献的数学家？

　　花剌子模的确对数学有极大的贡献，但我之所以追随他的行迹，完全是因为与他相关的故事充满浓厚的人文气息。法布尔与爱因斯坦并不是数学家，而是把数学应用到专业，让他们的专业注入了新活力；更重要的是，当我重蹈他们人生旅途上的一些据点，他们的成就让我倍感亲切。至于皇蝶，它们不但不是数学家，更不是我们的人类同胞，不过它们迁移认路的本事超过常人；人类应用数学才能成就天文，但我在墨西哥旅行时，深深感受到皇蝶似乎是天生的天文学家。

　　他们的事业与数学相关，他们的故事很有人文气息，我在旅途中追随他们的足迹能有所感受。这些就是我认定的名家。

　　有人说阿基米德、牛顿、高斯是历来最伟大的数学家。想要了解阿基米德，必须了解他在第二次布匿克战争（公元前三世纪后半）中帮助叙拉古对抗罗马人围城的故事。你可以造访叙拉古，参观曾被包围的城墙，从高处俯瞰，一面想象罗马人的舰队从海面围城，叙拉古

人用石头弩炮攻击船舰及登陆的士兵，一面回想阿基米德优游于纯数学与应用数学之间怡然自得的情景。阿基米德绝对是在我的名家名单上。

牛顿呢，1665及1666两年，二十三四岁的牛顿在伍索普（Woolsthorpe）他出生的农庄躲避瘟疫。在那里，他从事棱镜分光及万有引力学说等工作。一座不起眼的两层农舍孕育了科学史上的巨人。他当学生及教授的剑桥大学，当造币局局长、皇家学院院长，还有死后归葬地西敏寺所在的伦敦，也都是追随牛顿行迹的重要地方。

至于高斯，我会认为他的数学研究的确伟大，但其内容（正十七边形作图、代数基本定理、最小差方法、曲面几何学、非欧几何学等），一般人不容易了解；只有少数几个故事带有人文风味，会引起大家的兴趣，如小时候计算1加到100，出道时计算谷神星的运行轨道，去世后纪念碑上刻有正十七星形而不是他希望的正十七边形。所以高斯要不要在我的名单上，着实让我犹疑不已。

随着时代的演进，数学的发展愈来愈深奥，愈来愈不是常人所能理解的。晚高斯一世纪，十九世纪末、二十世纪上半叶数学界第一把交椅的希尔伯特（研究遍及不变量、代数数论、几何基础、函数空间、数学基础等），虽然有人写过他的传记，但我从中榨不出能让一般读者欣赏的精华，还没能让我想去他的出生地加里宁格勒（现属俄罗斯），或他的工作地哥廷根（在德国），去追寻他的足迹。有名的数学家不一定就是我名单上的名家。

数学用得好而会在我的名单上的还有谁？首先想到的是开普勒及伽利略。开普勒的行星运动定律、伽利略的落体运动定律，都建立了变量之间的关系；他们使用数学，让物理学进入了动力学的时代。我们可以在葛拉兹（教书的地方）及布拉格（做天文官的地方）追寻开普勒的行迹，在比萨（以脉搏计时及落体实验）追寻伽利略的行迹。

制图学家麦卡托，做豌豆实验的孟德尔等人，都是把数学用到专业用得很好的人，他们的事迹也很吸引人，也都是名单上的人。物理学家狄拉克在二十世纪上半叶导出电子适用的方程式，发现电子可有正负相反但大小相等的能量（都满足方程式），而预测正电子的存在（他因而得诺贝尔奖）。狄拉克数学用得好，但他的数

学物理太高深，一时也嗅不到人文气息，所以没能进入我的名单。

皇蝶是自然界进入名单者，还有吗？蜜蜂是候选者，它的蜂室符合最少耗材、最大容积的几何原理；它会跳舞告诉伙伴，什么方向、有多远可采到花蜜。蜘蛛也是候选者，法布尔不是告诉我们，它有怎样的数学才能吗？

那么狗又如何？有位老师告诉我们，草地上会有很多人走出来的捷径，这是人具有某种天生知能的结果；他强调说这一点也不稀奇，狗也会走捷径！除此之外，我不知道狗还有什么其他的数学本事。

当然希望我的名单愈长愈好。哪一天当我知道狗真的能变出新的数学把戏，能感动我，我当然乐意把它列到名单上。

涨本事的**数学**密码书

藏在日历中的

数学密码

曹亮吉 著

九 州 出 版 社
JIUZHOUPRESS

图书在版编目（CIP）数据

藏在日历中的数学密码 / 曹亮吉著 . -- 北京 ：九
州出版社 ， 2021. 10

（涨本事的数学密码书）

ISBN 978-7-5108-8170-1

Ⅰ . ①藏… Ⅱ . ①曹… Ⅲ . ①数学－少儿读物 Ⅳ .
① 01-49

中国版本图书馆 CIP 数据核字（2019）第 130037 号

本书由台湾远见天下文化出版股份有限公司正式授权

目录

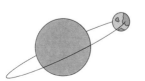

第 5 篇 历的数学 · 189

第 **0** 篇

序篇

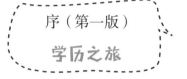

序（第一版）

学历之旅

2000年2月，大学入学考试中心学科能力测验数学科有这么一个题目：

今年（公元 2000 年是闰年）的 1 月 1 日是星期六。试问下一个 1 月 1 日也是星期六，发生在公元哪一年？

见到这个题目，我想是个送分题，想上大学还不会？但是这次考试的统计资料，让我大吃一惊：答对率只有 18 %，平均 5 个考生只有 1 个会。

2000 年 2 月 29 日早上醒来，一看手表，日期居然是 3 月 1 日。表的设计者是怎么想的？ 1996 年 2 月 29 日，我的表的确是 2 月 29 日。

可见设计者的确考虑到闰年；如果他认为每 4 年要闰一次，没有例外，那么 2000 年我的表就会闰的。事实是表没闰，设计者一定知道千禧年闰不闰是个问题，但他还是弄错了。

显然大多数人对历的 ABC 还是不太清楚，更不用说去欣赏历之有趣的文化背景了。由此，想起了我的学历之旅……

踏进历的世界

1979 年初，为了教微积分，我阅读华罗庚（1910-1985）的《数学分析导引》，想找些教材。想不到其中与微积分不直接相关的连分数，倒吸引了我。书中说明了连分数的简单理论，并举阳历、阴历、阴阳合历中的几个复杂的常数为例，用了简单的分数来代替。

我向同事朱建正教授提起了历的数学，他介绍了高平子（1888-1970）所著的《学历散论》，说可向中央研究院数学所索取。就这样，我从历的 ABC，进入了历的数学，也进入了历的文化史。

那一年开始，我为《科学月刊》杂志再度写《益智益囊集》专栏，介绍通识的数学。该年的 6、7 两月，各有一篇历的文章《一年有几日》，与《鱼也要，熊掌也要》。第一篇文章介绍了历的 ABC，以及一点点 DEF，第二篇则介绍如何用连分数的观点看历的设计，提出制历者要在简单与精确之间做适当选择的窘境。主要的参考资料就是《学历散论》、华罗庚的《数学分析导引》，还有《大英百科全书》中关于历法的部分。

1985 年 10 月 15 日下午 4 点半，在台大正门口罗斯福路地下道入口处，遇到了研究院计算中心的谢清俊教授。他说他们正想做中公历对照的程序，而已有的数据仅能准确到月份，希望能做到日日对照。他正想找我，问我有无妙方。我答应他两个星期后，到研究院计算中心，进行一个不公开的演讲，谈历法的入门，供他们参考。不公开，因为我自己也才是一个入门汉而已。

我利用这两个星期，找来一些与历法有关的文章或书，拼命恶补一番。包括许倬云（1930- ）的《殷历谱气朔新证举例》（含于《求古编》中）、朱文鑫（1883-1939）的《历法通志》、陈垣（1880-1971）的《二十史朔闰表》与《中西回史日历》，以及董作宾（1895-1963）的《中国年历总谱》。当然这些文章或书，我不可能全看，看过的也有很多不懂的地方，不过到底让我写成了演讲的内容大纲：第一节、历法的原罪；第二节、历法的演变；第三节、阳历的结构；第四节、回历的结构；第五节、阴阳合历的结构；第六节、中国农历的演变；

第七节、中国农历的置闰原则；第八节、中国农历其他注意事项；第九节、中西日历对照。

最开头一节的原罪指的是，回归年 365.2422 日，朔望月 29.5306 日，两者相除一年有 12.368……月，都不是简单的整数；为了处理不简单的小数，历才变得有点复杂。然后第二节谈的是干支纪日、改历频繁的原因，还有平朔、定朔、平气、定气等。最后一节中西日历对照介绍儒略纪日，及对照时应注意的事项。

10 月 28 日的演讲过程顺利，会中以及会后也有不少讨论。演讲结束后，我独自到胡适公园，看到了董作宾的坟墓，心中一震，因为那几天在台大总图书馆，读了他的巨著《中国年历总谱》，实在获益良多。后来在艺文出版社，买到他的《中国年历简谱》，到现在都还时而翻之，其乐无穷。

历法——文化活动中的数学

1996 年，我为远哲科学教育基金会，写通识教育系列的第一本书《阿草的葫芦》，内容是文化活动中的数学，其中有一章"十九年七闰"，介绍的当然是历，但内容添加了不少文化气息，譬如阳历月份的命名、历史事

件之干支纪年以及与其相应公元纪年之间的换算，还有
生肖等。也借用历法说明，数字可用以标量、标序，或
做为标签。

翌年 3 月 12 日，应东吴大学之邀，为其双溪文化讲
座"知识与文化"演讲《我的学历散论》，内容包括本文
到目前所写的，更提到许多与历有关的历史事件，如汉武
帝的改历、从改历的观点看武则天的周朝，还有利玛窦与
中西历的关系。利玛窦（Matteo Ricci, 1552–1610）的老师
克拉维乌斯（C. Clavius）参与西洋的改历（改成现制的阳
历），利玛窦来华与徐光启（1562–1633）订交，与他同译
克拉维乌斯评注的《几何原本（Elements）》前六册，成为
中文的《几何原本》，并促成他参与明朝的改历。

1999 年大家为计算机的千禧虫而紧张，为追寻新
世纪第一道曙光而兴奋。千禧年是新世纪的开始，还
是旧世纪的结束？许多有关历的书就冒出来了，译成
中文的有《我的生日不见了》（A. Shimong, *Tibaldo and
the Hole in the Calendar*）、《抓时间的人》（D. E. Duncan,
Calendar），还未看到译成中文的有 E. G. Richards 的 *Mapping
Time*、J. E. Barnett 的 *Time's Pendulum*，以及 C. Blaise 的
Time Lord 等。

读了这些书，我的历功从 ABC、DEF 进步到 GHI。

另一方面，2000 年 2 月发生了本文开头谈到的考试与手表、那两件不可思议的事情之后，要写一本多方位、有关历的书，这种想法渐渐在脑海中酝酿起来。

从利玛窦与徐光启的相遇开始

要怎么安排这本书的内容呢？历法是有点复杂的，而我锁定的读者对象就是一般的大众，所以我得循序渐进，而且通识有趣。有一天散步经过大安公园，突然想到，应该从利玛窦和徐光启的会面开始，这样可简单介绍中西历的对照，以引起读者的兴趣。我立刻去查他们第一次会面的年代，结果是 1600 年——真是上上签！1600 年正是西方改历后第一次碰到的问题年，和 2000 年一样有闰不闰的问题，以及是否为世纪末或新世纪初的问题。于是我以日有所思、夜有所梦的赖皮方法，写下他们会面对谈的私人版记录。本书的第一篇很快就定了稿。

往后要怎么写呢？最后决定把场景拉到 400 年后，新旧世纪交替之际，还是借助两个人的对谈，广泛探讨历法的各种层面，包括各历的发展、众历的共通、天之历数在尔躬，以及历的数学。对话的好处是可以把脚步

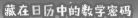

放慢，把许多重点逐步说明与澄清。对话的主角是谁呢？我请两位年轻人担纲，一位在国内完成大学教育，然后漂洋过海，又回来在大学教书；另一位是小留学生出身，洗过洋墨水澡之后，又回到出生地方来，想深入学习本地文化。为了方便，姑且称前者为小徐，后者为小利。

古代的数学家大都是研究天文历算出身的，现代的数学家很少涉及天文的研究，更是历法的门外汉。我靠着因缘才得以学历，然后借着读书、演讲、写文章——从写短文、写书中的一章，到写一本书，把学历的心得一再构造，一再扩大。这就是我的学历之旅。不过必须声明，于历我虽有心得，但到底只是以业余的兴趣待之，而绝不是专家——与古代的数学家相比，是够讽刺的。

——2001 年 6 月于台北

致　谢

　　写了这本书的对话部分之后，先拿给好友台大化学系牟中原教授看。他读了一遍，提了一些问题，做了一些建议。他说，用对话方式，读来固然有趣，但沉浸细节太久，有时反而不容易有整体的感觉。几经思考，我决定写导读，内容分五部分，和五章的对话一一对应起来。

　　读者可先阅览导读，略知背景，再读对话，以知细节；也可以反过来，先读完一段对话，再读相应的导读部分，以达统整之效。

　　在此特别要感谢牟教授的费心与建议。

影长表示时间的变化

第 **1** 篇

中西历的对照

徐光启、利玛窦对话录

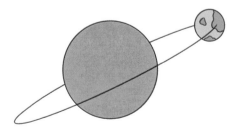

导 读

历的牵涉范围很广。历关系到怎样算日子，怎样安排作息与节庆；它需要天文数学，它是很文化的，也是很政治的。

算日子的最基本单位是"日"。从日出到日落，再到下一个日出，是一个自然循环，是一个自然的"日"。这是一个你可直接感受到的"日"，不过它随着季节不同，长度也会有变化。于是产生了另一种"日"，它是个平均的"日"——把自然的日长做平均。而我们无法直接感受这样的"日"，我们是靠时钟来确定这样的日子。

月亮从朔（看不见），经上弦月、满月（望）、下弦月，最后到晦（看不见），也是一个自然的循环。这称为"朔望月"或"盈亏月"，它也没有固定的长度。把自然的盈亏月长做平均，就得平均的盈亏月长为 29.5306 日。

用月亮的自然盈亏来安排作息与节庆，就是自然的阴历月。不过把自然的阴历月前后串在一起，就发现月的长短不一，于长远的计数日子、安排日子，或者文书纪录，均有所不便。为了方便，中国人就规定阴历月有大小两种，大月 30 日，小月 29 日，大小月轮流排列，就得到平均月长为 29.5 日的阴历。为了更逼近实际的平均长度 29.5306 日，有时候就安排连续两个月为大月。

除日月的自然周期外，人类还发现季节变化的自然周期，而且还知道它取决于地球与太阳的相对位置。于是地球绕行太阳一周回到原来的地方所需要的时间，也成为算日子的重要参考，它就是"回归年"。不过回归年也没有固定的长度，一样造成困扰与不便。为了方便，观测地球回归的平均值，得 365.2422 日，并据之以安排作息与节庆，这就是阳历了。

阴历、阳历或阴阳合历？

一个民族通常是先有阴历的，因为比起季节的变化、月亮的盈亏，更容易观察到它的周期。有了阴历后，又了解了回归年，人类马上就面临着困境：坚持使用阴历？弃阴历而改用阳历？阴历与阳历合用？

阿拉伯人坚持保留阴历，罗马人改用阳历，中国人则阴阳两历合用（犹太人，还有部分的印度人也是）。这样的选择有很深的文化根源，同时也是政治的抉择。阿拉伯人以游牧为重，以阴历安排作息与节庆早已深入文化，四季变化的因素不足以撼动历的结构。罗马人改用阳历，是由独裁者凯撒（Julius Caesar, ）大力促成的，是很政治的，但基本上也因为罗马已进入农耕社会。

中国很早就从游猎社会转到农耕社会，所以需要阳历，但又割舍不下阴历，于是做了阴阳两历的大调和，产生复杂的农历——阳历年平均有 12.368 个阴历月（365.2422/29.5306 ≈ 12.368）。农历的基本结构是在阴历中安排 24 个中节气，12 个中气、12 个节气轮流排列，而用阴历月与中气挂钩，脱钩就置闰月的方法，来做阴阳两历之间的调和。

罗马人虽然舍弃了阴历，但等到他们接受基督教后，为了复活节的计算，却使他们的阳历也具有阴阳合历的痕迹。

无论是哪一种历，都需要长期而准确的天文观察，都要用整数的日子来处理回归年、朔望月的非整数日数；更有甚者，像中国使用的农历，不但要管太阳与月亮，也要管其他的行星，还要预测日月食。管多了，不免有差误。稍有差误，日积月累，终至大差，而必须改历。简单的凯撒历需要修改，复杂的农历更是常常出毛病。

中西历法的交流

东方的中国和西方的世界，自古以来有三次大的接触。第一次是汉朝的通西域。有人认为中西历法有相通的地方，譬如"十九年七"闰，有可能在这时期互通的，但互通的实际内容或方向却无法准确确认。第二次是唐朝势力到达中亚的时候，阿拉伯及印度的历法就因此传到中国，对中国的历法稍有影响。第三次则是明清之际，西方传教士的东来，开启了四百年中西文化的会通。

传教士中，以利玛窦最具代表。他教会了徐光启平面几何，使徐光启能研习西方的天文历算，最后徐光启因为知历而参预明朝的修历。所以，此次修历深受西方数理技术的影响。

公元1600年（明神宗万历二十八年），一位访客来到南京的天主堂。神父利玛窦先生很客气地打了招呼，说得一口地道的中国话，让访客对这位穿着儒服的外国人，更是印象深刻。访客徐光启四年前在广东韶州的天主堂，看到利玛窦的《万国全图》，才知道世界之大。今天特地从北京前来拜访，要请利玛窦多多指教。利玛窦对温文儒雅的徐光启也颇有好感，两人一聊就不想停下

来。一位想知道万国的万象，一位想更深入了解中国事务，谈话的内容庞杂，其全貌自不是外人所能窥知。

笔者对他们谈话的内容，日有所思，夜有所梦，结果得到下页一段私人版的对话内容。

1.1
复活节是在哪一天？

徐光启（以下简称徐）：先生最近忙些什么事？

利玛窦（以下简称利）：今年是主后 1600 年整，为了复活节的特别弥撒，我花了很多的时间，准备了讲稿。

徐：请教一下，复活节是什么节日？

利：耶稣受难后第三天又复活了，复活节就是要纪念这件事；它是神的启示。

徐：那么复活节是在哪一天？

利：复活节是我们西洋的节日，当然不会出现在中国的农历中。其实复活节在我们的历中，每年的日期是不同的，事前需要推算。

徐：每年都需要推算？

利：每年的复活节是这样规定的：在春分之后第一个月圆后的第一个礼拜天；如果第一个月圆是礼拜天，复活节就顺延一个礼拜。

徐：嗯，春分、月圆、礼拜天。春分、月圆，一个太阳、一个太阴，原来西洋和中国一样，也用阴阳合历。

利：啊，不是这样。我们用的是阳历，阳历的月和

尼西亚大公会议

尼西亚（Nicaea）现名伊兹尼克（Iznik），位于土耳其亚洲部分的西北部，最初由马其顿国王所建立；在君士坦丁堡兴起之前，尼西亚是这一地区最重要的城镇。

君士坦丁大帝（Constantine the Great, 公元272-337年）发现在罗马帝国内，基督教大为流行，其势已不可遏止，于是决定加入其行列。他又发现各地基督教派的教义稍有出入，尤其是亚略（Arius）神父的教派主张基督是人非神，更引起争议。君士坦丁大帝为了增加自己在基督徒中的威望，在西元325年于尼西亚召开基督教第一次的大公会议。

此次会议统一了基督教的教义，把亚略逐出基督教，并流放至远方。君士坦丁后来皈依基督教，迁都至名为拜占庭（Byzantine）的小渔村，并且把这小渔村改称为君士坦丁堡（Constantinople）。公元五世纪罗马帝国分裂后，以拜占庭为首都的帝国，就称为东罗马帝国，或拜占庭帝国。此后，基督教教义有疑义时，也曾多次举行大公会议，试图解决分歧。

第一次大公会议的议题，除了教义外，还有复活节的规定。从犹太教皈依成基督教的人士，认为基督在过完犹太人逾越节后被捕，钉在十字架上，再复活，这件事就是"逾越"的明证，所以他们把逾越节等同于复活节，而逾越节在犹太历中是规定在春分之后的第一个月圆日。其他教派的人对复活节有不同的看法，所以，统一复活节的日期，便成了第一次大公会议的议题。

黄道与天球赤道

地球绕太阳公转，从地球看，太阳在天球上所画的圆形轨道，称为黄道。地球赤道平面无限延伸，在天球上所割成的圆形，则称天球赤道，简称赤道。由于地球自转的旋转轴与黄道并不垂直，所以黄道与赤道并不重合，只会有两个交点。

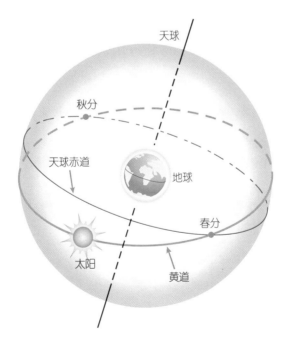

插画绘制：邱意惠

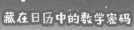

月亮没有关系。我们用的历，只不过是阳历再加复活节等几个重要宗教节日而已。像圣诞节在阳历 12 月 25 日，就和阴历无关。

徐：既然圣诞节只由阳历决定，复活节为什么要阳历、又要阴历呢？

利：耶稣复活时很多人都看到了。犹太人是用阴阳合历，虽然当时没有记得很清楚，但有许多传说。主后 325 年的基督教第一次大公会议在尼西亚召开，会中依据传说，统一规定了复活节的日子是要怎样决定的。至于耶稣的诞生日，我就不清楚为什么纯粹由阳历决定。不过我猜是主后三百多年，罗马接受基督教后才推算的，而推算时大家都习惯用阳历了。其他的圣徒纪念日也是用阳历的，很固定，很简单，不必查对照表。

徐：您说西洋的阳历很简单，愿闻其详。

利：其实阴阳合历要配合得很好，一定不简单，我一直不懂它的道理。如果不是太复杂，等一会儿能否把中国的农历说给我听听？

徐：当然，当然。

利：阳历只管太阳、不管月亮。我们只要弄清楚太阳绕了一圈，又回到原来地方要费时多久就好了——这是回归年。在西洋通常是测量春分到春分之间的时间差。

黄道与赤道有两个交点，春天的那个交点就是春分（见第 25 页）。我们西洋人叫春分为 vernal equinox，vernal 是春天的意思，equinox 是日夜长度相等的意思——我想中国话"春分"也应该是这个意思。

徐：容我插一句。我们中国决定一回归年，通常测量的是相邻两冬至之间所经过的时日——我们称之为岁实。冬至这个日子在中国历法中是很重要的。

利：这也真有趣，一个注重春分，一个注重冬至。

徐：真抱歉，打断了您的说明。

利：哪里，哪里。一太阳年，也就是刚才说的回归年，是 365 日多一点。阳历就规定平年有 365 日，又规定如何把它们摊到 12 个月里头，然后再规定如何处理扣掉 365 日之后所剩下的那一点点。埃及人认定那多出的一点点大约等于 $\frac{1}{4}$ 日，罗马独裁者凯撒采用了埃及天文学家索西泽尼斯（Sosigenes）的建议，规定每四年的第四年要多 1 日，成为 366 日。这就是凯撒历了。

徐：容我再插嘴一下。中国在很早就认定岁实为 $365\frac{1}{4}$ 日。另外，农历一年有 12 个阴历月，但不时要多加 1 个月，我们称为闰年之闰月。凯撒历的闰年闰的却是 1 日。那么这个闰日是放在哪里呢？

利：阳历的闰日放在第二个月的最后一日之后。

徐：放在第二个月的最后一日之后？请教有什么特别的道理吗？

利：很简单。现在阳历的第二个月，在古罗马历其实是一年的最后一个月。我们阳历的月和月亮无关，有31日的大月，也有30日的小月，只有第二个月例外，平年只有28日，原因也是一样：它原来是年的最后一个月，所以把剩下的日子都给了它。另外，像我们的第十个月叫做 October，Octo 原来是"八"的意思（见第二章注释⑤），这都可说明：最早的历，月序和现在是差了2个月。

徐：这太有趣了。中国的历也有岁首的问题，岁首

凯撒（Julius Caesar）

公元前100-公元前44年，罗马的将军与政治家。他对外到处征战，对内也开启内战，铲除异己，因而得到"独裁者"的头衔。公元前46年，他把罗马历改为纯阳历，称为国凯撒历或儒略历（Julius calendar）。凯撒于公元前44年，遭到同僚的暗杀。

就是一年开始的月份。汉朝的武帝改了历，改历之后的岁首是我们现在称之为正月的月份，而改历之前的岁首则相当于现在的农历 10 月——整整差了 3 个月。不过罗马改历岁首是提前了，而我们是延后了。

利：顺便提一件有趣的事：生在阳历 2 月 29 日的人，每四年才能过一次生日。

徐：我们也有相同的困扰：农历的大小月并不随月份而固定，出生在大月的最后一日，也不是每年都有生日可过。

1.2

利玛窦的生日不见了

利：阳历虽然简单，但一回归年的长度，也就是你所说的岁实，很难测得准。有一阵子我们已经知道岁实比 $365\frac{1}{4}$ 日要短些，因为天文上的春分比日历上的春分要早到，而且还不断提前，因而复活节就可能在不对的日子庆祝，这实在令人不能再忍受了。所以在主后 1582 年，也就是我来华到澳门的那一年，教皇格列高利十三世下令改了历。

教皇格列高利十三世（Pope Gregory XIII）

格列高利十三世为意大利人，原名 Ugo Buoncompagni，生于 1502 年，死于 1585 年。他于 1572 年继任教皇，做了许多改革，也鼓励耶稣会。格列高利十三世对宗教改革中的反天主教势力，采取强硬的态度，因而受到了一些批评。（格列高利十三世改革的新历成为格列高里历，或简称格历。）

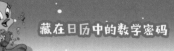

徐：那么新的岁实是多少呢?

利：凯撒历把春分定为 3 月 25 日，不过主后 325 年的大公会议把春分重订在 3 月 21 日。到了格列高利十三世改历前，天文上的春分在 3 月 11 日就到了，早了 10 日。由此可推算新的岁实约为 $365\frac{97}{400}$ 日。

徐：$365\frac{97}{400}$！我们的岁实就是这个数目啊！中国上一个朝代元朝，所用的历称为《授时历》，岁实就采用这个数。本朝把《授时历》稍加修改，称为《大统历》，继

《授时历》与郭守敬

《授时历》由郭守敬主编。郭守敬在公元 1231 年生于中国北方，成年后，蒙古人在北方的基业已经稳固，守敬因工程的长才，受元世祖的重用，参预水利工作。

1276 年，元世祖统一中国，想要颁行新的历法，守敬又因知历而主持修订历法的工作。他为此制造许多仪器以观测天象，并创平立定三差术的内插原理，更精细编制日月的方位表。守敬于 1280 年编成《授时历》，元世祖立即颁行使用。

续采用这个数到现在。

利：我本以为我们这次的改历，岁实算得有够准，想不到中国算得如此准，比我们还早。《授时历》到现在有多少年了？

徐：让我稍微计算一下……元朝用了 90 年，本朝开国到现在，已历经 230 年多一点，所以合算起来共约有 320 多年。

利：在这么长时间内，你们的春分是否都预测得很准？

徐：我没特别注意，不过冬至是没问题的，我们对冬至是最在意的。

利：那太好了。我虽然相信我的老师是对的，但有中国历法的印证，我就更加放心了。

徐：贵师是……

利：啊，是这样的。我年轻时在罗马学过自然科学，我的数学老师是克拉维尔斯先生。教皇改历时就找了我的老师和一位叫李利奥的医生，他们都很懂得天文与历算。

徐：原来如此。那么新历怎么安排闰年呢？

利：这就是新历的一大难题。原来的历是 4 年 1 闰，这个原则不好完全推翻，否则大家都不好记。幸亏发现 $365\frac{97}{400}$ 很接近真正的岁实。4 年 1 闰，400 年就要 100 闰，

克拉维尔斯（Christopher Clavius）

克拉维尔斯（1537-1612）是德国耶稣会的传教士及天文学家，和李利奥（Luigi Lilio, 1520-1576）两人是帮格列高利十三世改历的最主要人物，后来格历的细节，尤其是怎样事先预期复活节的日期，也是由克拉维尔斯主笔。

克拉维尔斯对欧几里得（Euclid）的《原本》有自己的评注本，日后他的学生利玛窦就根据这个版本，和徐光启合译前六册成中文，书名为《几何原本》。

Clavius 的意思是钉子，在利玛窦与徐光启言谈文献中的"丁先生"就是他。

李利奥兄弟

李利奥兄弟为意大利医师兼天文学家。哥哥 Luigi Lilio 最先构思改历的具体内容。1572 年格列高利十三世继任教皇后，弟弟 Antonio Lilio，把哥哥的改历内容呈给教皇，后来也参与改历的评议委员会。最后所决定的格历内容，就是依照 Luigi 的建议的，只是由克拉维尔斯把细节补足。

现在只要 97 闰，我们就决定从公元 1600 年，开始的 400 年间，把 4 年 1 闰该闰的公元 1700、1800、1900 这三年都变成不闰，其余凡 4 除得尽的年数都要闰。

徐：您的意思是说，今年 1600 年是闰年，下一次闰年在 4 年后的 1604 年；400 年后的 2000 年也是闰年，但 2100、2200、2300 年就不闰了！

利：就是这个意思！

徐：还有一个问题请教。为了和天象契合，新历的春分是否改为阳历的 3 月 11 日呢？

利：春分在阳历 3 月 21 日，从第四世纪以来就是如此，已经成了传统。新历还是决定把 3 月 21 日保留给春分，而把 1582 年的 10 月 5 日，跳了 10 日，改成 10 月 15 日。从第二年开始，历与天象就契合了。

徐：选 10 月 5 日，有什么特别的原因？

利：10 月的那段日子没有圣徒纪念日。

徐：原来如此。可是，10 月 5 日到 10 月 14 日生的人，那一年的生日就不见了！

利：正是如此！我的生日是 10 月 6 日，那一年的生日真的不见了！

好多人都不能谅解，说教皇把他们的生日给偷了。还有房东和房客也会有争执，该年 10 月份的房租怎么付？当然薪水也是问题，还有商业往来的约定日期……

徐：真有趣。不过第二年以后就没问题了。

利：当然，这只是当年发生的问题。不过——唉，不瞒你说，更大的问题是，不是每个西方国家都采用新历。

徐：那么当您在过新年的时候，有些国家还在去年的……12 月 22 日。

利：就是这样。不但商业往来不方便，连复活节都不在同一天庆祝。

徐：难道……容我开个玩笑，是怕教皇把他们的生日偷走了?

利:当然不是。不过从某种意义来讲，也可以这么说。那些国家就是不想听教皇的话。

徐:新历不是较有道理吗? 为什么不听话?

利:这是宗教问题，也是政治问题。几十年前有位神父，叫做马丁·路德（Martin Luther, 1483–1546），认为我们的教会腐败，在教堂门上张贴了控诉教会的罪状，得到很多人的认同。于是他们成立了新的教派，称为抗议教（请见本章末注释①）。有些国家以抗议教为国教，所以不听教皇的话。

徐:但改历是科学的问题啊!

利:当然是科学的问题，但别人可不这么想。过去我们的教会的确腐败。但在 60 年前，圣依纳爵·罗耀拉（St. Ignatius of Loyola, 1491–1556）创立了耶稣会，矢志改革恶习。我也是耶稣会的人，我们都受过严格的神学及科学训练，我们的纪律严明，奉派到世界各地服务，期望赢得大家的认同，希望有一天，大家又都归依为教皇的属下。

徐:中国则有多次因为政治的干预而改历。不过政治因素消失后，历法大都会回到原来的设计。

利:但愿如此。他们总不能在错误的日子庆祝复活节啊!

徐:但愿如此。不过刚才您提到第四世纪,那是什么意思?

利:我们以 100 年为一世纪,公元第一个百年为第一世纪,第二个百年为第二世纪,依此类推。刚才提到的尼西亚大公会议,是在公元 325 年举行的,属于公元第四个百年,所以称为第四世纪。

徐:您说今年是公元 1600 年。那么是属于第十六世纪,还是第十七世纪?

利:这个问题我想过很久才弄通。我们的纪元从公

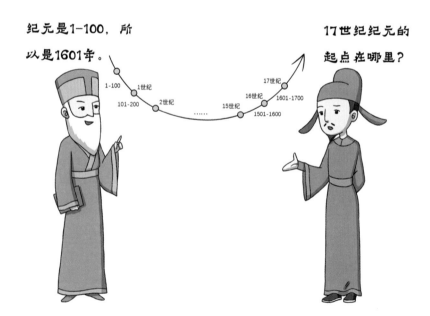

纪元是1-100,所以是1601年。

17世纪纪元的起点在哪里?

1-100   1世纪

101-200   2世纪 15世纪   16世纪   17世纪

1501-1600   1601-1700

元第一年开始，它的上一年是公元前第一年。没有第零年！所以公元第一个百年，是从公元 1 年到公元 100 年，依此类推，第十六世纪是从 1501 年到 1600 年为止。

徐：原来我们处于世纪末呢！

利：希望明年新世纪开始，我们有新的发展！好了，休息一下，我们去换壶茶，再听你讲中国的农历。

1.3
阴历月和中气挂钩

利：中国的农历怎样安排闰月，我一直想知道。徐先生，请你赶快告诉我。

徐：我说过汉武帝改了历，把岁首改成为现在的正月。这个正月当然是农历中阴历的第一个月，农历的阳历部分并没有自己的月份。不用阳历月，农历设置了12个中气的日子，冬至是一个，春分也是。相邻两中气的间距不是 31 日，就是 30 日。您可以说，这 12 个中气就是想象中各阳历月的第一日。如果要给这些想象中的阳历月命名，我们可称为冬至月，它的下一个月是大寒月等等。

利：我一直纳闷，在农历中怎么找不到阳历月，原来它们只暗藏在其中。

徐：正如先生所言，农历是以阴历月日来标定日子的，至于中气则供农事参考用，而且可用来与阴历的月份挂钩。在农历中除了中气之外，您还可以看到 12 个节气，相邻两中气之间都有一个节气，它们也是供农事参考用的。

利：原来如此。我注意到这本历书有二十几个气在那里，原来要分成中气与节气，轮流出现！

徐：请把您手中的历书翻到阴历 11 月，您会发现冬至一定要在这个月之中。

利：让我找找看……果然阴历 11 月含有冬至。

徐：反过来，含有冬至的阴历月一定是 11 月。不知您还有去年的历书吗？

利：当然，我不会把用过的历书丢掉。这是去年的……果然冬至在阴历 11 月中。

徐：冬至的下一个中气是大寒，阴历 12 月完全由是否含有大寒而定。

利：果然如此。

徐：再看今年的。大寒往下的中气依序为雨水、春分等，所以阴历正月含雨水，2月含春分，依此类推。

利：哦，春分一定在农历的2月，它在西方的阳历可是在3月。

徐：相邻两中气的日数，30日或31日，一定等于或多于1个阴历月的日数，29日或30日，所以中气在阴历月的日序就会一直往后退。请您翻看手中的历书。

利：果然。正月的雨水，2月的春分，3月的谷雨，4月的小满，日子的确往后退。下一个气芒种是节气，再下一个是……咦，下一个中气是什么？

徐：下一个中气应该是夏至。

利：下一个月没有夏至啊！

徐：您看的一定是去年的历书；是不是闰4月？

利：对啊！是闰4月，不是5月。

徐：正是。中气在阴历月的日序一直往后退，等退到下一个阴历月之外，那个阴历月就不含任何中气，表示阳历与阴历相差已超过1个月，所以该闰月了。4月的下一个月本应含有夏至，而成为5月，但去年4月的下一个月不含夏至了，这下一个月称为闰4月，再下一个月就会含有夏至，是5月，月份再度和中气挂钩。（请参考附录C。)

利：我懂了。农历原来是用中气和阴历月份挂钩，一旦脱钩，就置闰月，这真是美妙的设计。这样的设计已经有多久了？

徐：从汉武帝改历之后，就是这样置闰的。之前，只要阴历年和阳历年相差到了1个月，就在年底置闰月。

利：这么说来，武帝那次改历太重要了，它的岁首以及置闰的方法一直用到现在。

徐：没错。

利：24个中节气太重要了，我来把它们列成一个表……

农历月序	11	12	1	2	3	4	5	6	7	8	9	10
中气	冬至	大寒	雨水	春分	谷雨	小满	夏至	大暑	处暑	秋分	霜降	小雪
节气	小寒	立春	惊蛰	清明	立夏	芒种	小暑	立秋	白露	寒露	立冬	大雪

请你帮我校对一下。

徐：没问题。

利：这些中节气和天文气候有关的，我都知道它们的意义。不过，惊蛰、清明、谷雨、小满、芒种我就不懂了。

徐：惊蛰表示气温回升，惊醒冬眠蛰居虫类；清明表示春暖花开，景色清明；谷雨表示布谷之后，渴望下雨；小满表示稻谷就要结实累累；芒种表示稻谷已经成穗。

利：你说过武帝改历把岁首延后3个月，所以原来的岁首是含小雪的月份。武帝改历之前，大约几年要有一次闰月？

徐：19年有7闰。

利：巴比伦历、犹太历也是19年7闰，西方称19年为默冬章（见下页）。武帝以后的置闰法也该是19年7

19 年周期：偶然或必然?

默冬（Meton）为公元前五世纪希腊的天文学家。古希腊一直都用阴阳合历，而在默冬之前，这样的阴阳合历用的是公元前六世纪克洛斯特拉特（Cleostratus）的八年周期。

这八年中的每一年，原则上有 12 个阴历月，大小月轮流排列，共得 354 日。但 8 年中的 3 年要有闰月，而闰月则有 30 日。所以每 8 年的周期，共有 99 个阴历月，$354 \times 8 + 30 \times 3 = 2922$ 日，而若一回归年平均有 $365 \frac{1}{4}$ 日，则 8 年也刚好有 2922 日（$= 365 \frac{1}{4} \times 8$）。然而这种 8 年周期的阴历月，平均一个月比真正的盈亏月稍短，或者说 99 个真正的盈亏月其实共有 2923.5 日，比八年周期实际多出 1.5 日，所以这种八年周期的阴阳合历没用多久就带来了困扰。

默冬于公元前 432 年提出 19 年周期的想法：19 年共有 235 个阴历月，亦即 19 年有 7 闰（$235 = 12 \times 19 + 7$），而 235 个月中有 125 个大月，110 个小月，19 年共得 6940 日，几乎就是 235 个盈亏月周期（一周期平均为 29.5306 日）。这样的周期称为默冬章（metonic cycle）。

中国与印度用的也是 19 年 7 闰的阴阳合历；东、西方都用 19 年周期，不知是巧合，还是一方影响到另一方，这是个历史上待解的谜。

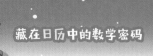

闰吧！

徐：当然，理论与实际都应该如此。

利：最可能闰几月呢？会不会闰正月，过两个新年？

徐：闰哪个月都有可能。我还没有踫过闰正月，不过听家人说曾闰过正月。

利：除了武帝的改岁首、改置闰方法，及元朝重订岁实外，农历还有哪些变革？

徐：从唐朝开始，农历已经能掌握月亮的不规则运动，放弃了原来阴历月一大一小，有时有二连大的排列方法，改用能与月亮盈亏相符的大小月排列。所以有时可以二连大，也可以二连小，三连大或三连小，甚至偶尔会有四连大。唐朝之前，一阴历年有 354 日或 355 日，闰年则为 383 日或 384 日。唐朝以来，一年也能只有 353 日。唐朝以前的排列法，称为平朔——平均的朔，现在则称为定朔——按月亮实际盈亏决定朔日。

利：中国的朔日是看不到月亮的，我知道犹太历的月首是每个月第一次看到月亮的日子。从前犹太人快到首日时，会派人到山顶上，一看到月亮，就做记号通知大家，新的一个月开始了。这不就是定朔吗？

徐：说得也是，中国是用算的，犹太人是用看的。对照中西历法真是有趣。有些道理是相通的，有些细节

则有差异。

利：除大小月的安排外，还有什么变革吗？

徐：偶尔会因为政治的关系，做一些改变；除此之外，农历的阴阳合历，基本的结构是没有什么改变的。不过，中国的历书通常还包含各种天文知识，尤其是各个行星的周期，以及日月交食等。这一部分，从汉武帝以来，已经改了几十次。

利：在西方，从凯撒开始，历法只管太阳——有些重要宗教节日稍有例外，其他的天文知识虽然时有进展，但不会放在历书里。

徐：我们很重视日月交食的预测，不过任何一种预测方法用久了，就会渐渐不准。这是中国历法的梦魇。

利：西方的天文学当然也很重视日月交食的预测。似乎在这方面我们有许多进展。

徐：不知先生是否能教导我们预测的方法？

利：啊，很抱歉，我不是专家。我只知道这需要很多推理、很多计算。

徐：不知西方的数学和中国的数学有什么不同？

利：似乎中国的数学很注重计算，但较少推理。在西方，无论计算或推理，都从学习平面几何开始。平面几何尤其是学习推理的利器。学会了平面几何，就可以学习三角学。许多天文方面的计算都需要三角学。

徐：什么是平面几何？愿闻其详。

利：这不是三言两语就能说清楚的。希腊先贤欧几里得编著的《原本》一书，包含了很多平面几何。我书架上的那本拉丁文的书，就是我的老师克拉维尔斯，针对《原本》所做的评注本。

徐：哦，这么厚的一本书！希望以后有机会慢慢向您请教。

利：没问题，没问题。

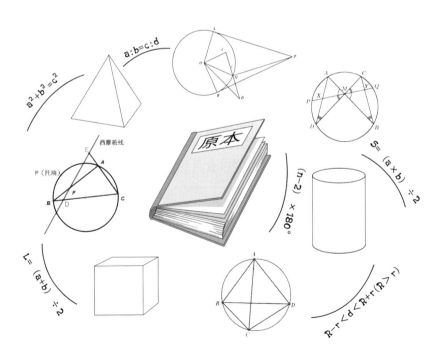

欧几里得与《原本》

欧几里得（Euclid，约公元前 330–260）为希腊数学家，生平不详。亚历山大大帝（Alexander the Great）死后，他的帝国分成好几块，非洲部分落入大将军托勒密（Ptolemy）手中。托勒密在尼罗河口建立亚历山卓城，设书院及图书馆，从世界各地召请学者前来讲学。欧几里得约于公元前 300 年应邀前往，讲授数学课程。他编写了《原本》一书，作为讲授之教材。

《原本》为欧几里得所著。他把当时已知、较基础的数学，做了有顺序的安排：从少数几条自明的公理出发，用逻辑推演，共导出了 465 个定理。这种做法树立了整理数学知识的典范。《原本》原来共有 13 册，前 6 册为现在通称为"平面几何"的部分，后 7 册还包括数论及立体几何等，都以古典的几何形式呈现。

【第 1 章注释】

①抗议教（Protestantism，一般称为新教）有许多派别，不属于罗马教皇，现在统称为基督教，这是狭义的用法。广义的基督教则包括罗马天主教、东正教及抗议教。

第 2 篇

各历的发展

小徐、小利对话录〔之一〕

导　读

农历变化多

从地球看太阳，它在天空中大致画了个圆圈，称为黄道。太阳走了一圈，视角转了 360°，就是一年。把 360° 等分成 24 份，每 15° 就相应置一中气或节气。设置中节气，相当于在阴历中加入阳历的元素，使得中国历法有了阴阳合历的架构。

一开始，中国人认定太阳的移动是等速的，所以把 360° 等分，也就是把一年等分，等分点就是中节气所在的日子；这叫做平气（平均的气）。后来知道太阳不做等速移动，但也无法掌握变动的规则。直到徐光启修历，才根据西方的天文学，计算 360° 中，太阳每移动 15° 需费时多少，这样相邻两中节气的距离就由实际的太阳移动来决定；这叫做定气。

清朝所用的《时宪历》主要承自徐光启的《崇祯历书》，把平气改为定气是它的一大变革，不过还是没有改变农历的阴历月与中节气并用，以及阴历月与中气脱钩就置闰的基本结构。改为定气只是继续寻求精确的历法传统，这使历变得更为复杂。

《时宪历》的另一大变革，是用西洋的方法来计算与预测日月食。日月食的预测是农历的重头戏，但也因为不容易预测得准，所以农历经常需要修改。

阳历简单明了

西方关于日月食的预测也是逐渐进步的，不过他们并没有把日月食摆在历法之内。自从凯撒改用阳历之后，历型简单，也就没有经常需要改历的烦恼。

凯撒用 4 年 1 闰的阳历，虽平均阳历年长为 365.25 日，与真正的平均回归年长 365.2422 日只差一点点，不过日积月累，到了十六世纪，历上的春分已提前 10 日到来，教皇格列高利十三世于是在 1582 年宣布改历，把 400 年原有的 100 闰，改为 97 闰，得到更准确的阳历年平均长为 365.2425 日。这次改历明显精确得多，三千年才会有一日的差误，而且并没有较之前变得复杂。不过彼时正逢宗教改革时期，整个西方要经过三百多年才普遍采用修正过的阳历。

现在通行世界的阳历，历型虽然简单，但若细究其月名、星期名，则可了解一点西方的文化。古罗马历是以 March 为岁首的，所以 October、November、December 按序依意是第八、九、十月。后来改以 January 为岁首，October 的名字未改，字源是"八"，但指的是第十个月。在我们了解 February 原为一年的最后一个月，对于它会比较短、会置闰日，也不必大惊小怪了。为什么阳历 7 月大、8 月又大？原来 July、August 的命名和凯撒、奥古斯都有关，他们都是大人物，怎么可以配个小月？

星期的设置源于巴比伦人与犹太人，和圣经中，上帝以 6 天创造世界，第 7 天休息的故事有关。一星期 7 天的命名在西方采用日月火水木金土七曜的名字、或七曜的神名。只是为什么按照日月火水木金土这样的顺序？第二世纪罗马历史学家卡修斯（Dion Cassius, 约 150-235）给了一个轮流值星的有趣说法，值得参考。

各历大不同

阴历、阳历、阴阳合历是历的三种基本形态。但一年的月怎么安排，一年、一月、一日从何时开始，都可以不一样。

印度独立后，将古代的 Saka 历加以改良，成为国家的历。Saka 历是阳历，一年有 12 个月，第二到第六个月，每月有 31 日，第七到第十二月，每月有 30 日。平年第一个月有 30 日；遇到闰年，则有 31 日。Saka 历的岁首是春分，不像通用的阳历，其岁首是历史上的偶然，没有任何天文上的意义。

农历的月首为朔，是看不到月亮的；犹太人的月首，则是第一次看到新月的日子；有一种印度的阴历，一个月是从满月开始的。一日从什么时候开始？午夜、日出、正午、日落都有可能——至少日常生活是如此。一星期从哪一天开始？基督教、伊斯兰教、犹太教各有坚持，饶富趣味。

公元 2000 年，徐光启、利玛窦南京品茶对谈后的四百年，两位年轻人在一家咖啡店里闻香聊天，我们姑且称他们为小徐与小利。小徐在国内念完大学，然后出国深造，又回来在大学教书；小利小时候就出国当小留学生，现在回到出生地方来，学习本地文化。两人的话题转到了四百年前。

2.1
徐光启改了历

小利：那次世纪末对谈之后，徐光启和利玛窦是不是继续有往来？

小徐：这次谈话后不久，利玛窦动身北上，于公历1601年1月4日，也就是农历年年前的12月21日，到达北京，上了奏疏及贡品给明神宗万历皇帝，万历皇帝准他在北京定居传教。

小利：果然新世纪有了全新的开始。那么徐光启呢？

小徐：徐光启原来是举人，到了1604年考上进士，留在北京做官，一直做到文渊阁大学士，在明朝相当于宰相的位置。

小利：哇，好厉害！他们有没有来往呢？

小徐：当然。1603年，徐光启信仰了天主教，1606年正式拜利玛窦为师，学习平面几何。他们共同翻译了《原本》的前六册，用的就是利玛窦的老师，克拉维尔斯的评注本，于1607年出版，书名为《几何原本》[①]。

小利：利玛窦说过，要想知道西方的天文学，必先学习平面几何。由于徐光启学了平面几何，他就可以学西方的天文学了!

小徐：利玛窦当然教了他一些西方天文学的初步，不过利玛窦自己也说过，他不是天文历法的专家。倒是徐光启靠着习得的数学基础，开始进一步钻研天文历法，再和其他传教士切磋，终于参与了明朝改历的工作。

小利：其他的传教士也懂得天文历法?

小徐：利玛窦认为西方天文历法会对中国有所帮助，所以就一再写信给教皇，请求派遣精通天文历法的传教士来华。很多传教士后来也参与了改历的工作。

小利：明朝为什么需要改历呢?

小徐：主要是因为预测日月食一直没有准头。譬如1610年，利玛窦过世的那一年，11月的朔日有日食，但实际发生的时刻却与预测的不合。于是徐光启就因知历而参与修历。

小利：他们把历修成什么样子?

小徐：我们知道阴阳合历的基本架构一直没有改变，要修改的是预测日月食的方法。不过当时的朝廷正值多事之秋，那次修历未受重视，所以没修成。

小利：后来呢?

小徐：一直到1629年5月朔日发生日食，钦天监的推算又失准，而徐光启用西法推算却都准确无失，于是徐光启奉旨督领修历，而且耶稣会传教士罗雅谷（Jacques Rho, 1592–1638）、汤若望（Jean Adam Schall von Bell, 1591–1666）等人参与协助。可惜 1633 年徐光启过世了，不过他的后继者李天经（1579–1659）终于在 1634 年续成了《崇祯历书》。结果朝廷内部守旧势力仍强，拖了几年，明朝气数已尽，新历来不及实施。明亡后，清朝继续使用《大统历》，直到 1670 年才正式实施徐光启的新历，但改名为《时宪历》。

小利：《时宪历》做了什么改变?

小徐：《时宪历》是用西洋的数学来推算，比以前要精准。就阴阳合历的架构而言，《时宪历》最大的改变就是把平气改为定气。

小利：什么气?

小徐：改历之前，24 个中节气平均散布在一年的时间内，也就是，相邻两中节气之间不是相隔 15 日就是 16 日，或者说，相邻两中气之间不是 30 日就是 31 日。

小利：30 日或 31 日? 对了，其实这不就是农历的阳历月了!

小徐：没错。农历的月是阴历月；农历没有明文规定的阳历月，可是 12 个中气把一年所分成的 12 个部分，就可以看成阳历月。其实，宋朝的沈括曾建议使用纯阳

日食与月食的发生时刻

日食一定要发生在朔日，也就是月亮跑到太阳与地球两者之间的日子；月食一定要发生在望日，也就是地球跑到月亮与太阳两者之间的日子（请见下图的下方）。

由于月亮绕地球的轨道与地球绕太阳的轨道，并不在同一平面上，所以朔日不一定会有日食，望日也不一定会有月食（请见下图的左边）。而且纵使出现日食或月食，究竟是全食或偏食，以及何时何地发生，都要经过精细的观测与计算，才有可能预期得准确。

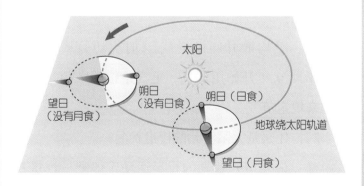

插画绘制：邱意惠

沈括与《梦溪笔谈》

沈括（1031-1095），北宋钱塘人。他是位大学问家，著有《梦溪笔谈》，共26卷，将科技方面的议题分门别类，以条文形式编排，所谈广泛。在《梦溪笔谈》中，他建议用十二气历，这是个革命性的想法，但未获颁行。

历的十二气历，他采用的是节气。他在《梦溪笔谈》中说，可以规定节气立春为孟春月的第一日，下一个节气惊蛰为仲春月的第一日，其余类推。

小利：对不起，打个岔。你说改历之前中气平均散开，后来呢？

小徐：平均散开叫做平气。《时宪历》从1670年，也就是康熙9年开始用定气。定气是按照太阳实际的行走状况来规定节气。

小利：什么是太阳实际的行走状况？

小徐：你知道开普勒的行星运动定律吧！行星在轨道上的运行速度有快有慢，离太阳较远就较慢，较近就较快，相对而言，从地球看太阳，太阳在黄道上离我们愈远就愈慢，愈近就愈快。

小利：你说的是开普勒的第二运动定律——面积定律？

小徐：对了。以前认为太阳做匀速圆周运动[②]，太阳在黄道上绕一圈转了360°，为了让24个中节气平均散开来，每转15°就设置一个中节气。但依据开普勒的第二运动定律推论，把黄道平均分割，并不等于把一年的时间平均分割。

小利：你的意思是说，按照太阳在黄道上走到的度数15°、30°、45°等等，所相应的日子来设置中节气？

小徐：对了，这就是所谓的定气。

小利：用定气，那么两中气之间相差多少日？

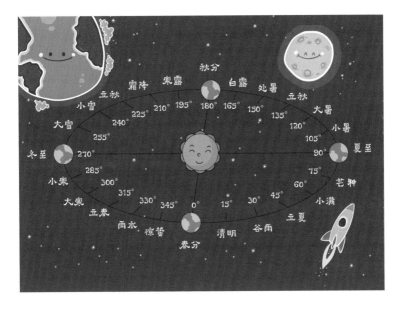

小徐：在冬至附近可少至 29 日，在夏至附近可多至 32 日。

小利：嗯，在冬至附近太阳走得快，走 30° 只要 29 日。在夏至附近要慢到 32 日才走完 30°③。

小徐：没错。在二至之间的其他中气间距，有的为 30 日，有的为 31 日。

小利：也就是说，用定气，则阳历月的月长有 29 日的、30 日的、31 日的、32 日的，都有可能。置闰月还是置于无中气的月份？

小徐：置闰的原则还是不变。

小利：那就糟了！

小徐：什么？

小利：在冬至附近两中气间可只差 29 日，阴历大月就有可能头尾刚好含了两个中气，那么这个阴历月要叫做几月？

小徐：我也注意到这个问题。听说，印度的阴阳合历也是用定气的方式，也的确发生了你说的情况。结果该阴历月就依第一个中气命名，而第二个中气原本该有的阴历月就废置，也就是反置闰。

小利：又置闰又反置闰，有点开玩笑吧！

小徐：会发生这种状况，表示置闰过度；反置闰就是做了矫正。

开普勒与行星运动定律

开普勒（Johannes Kepler，1571–1630），德国天文学家。他继承第谷（Tycho Brache,1546–1601），丹麦天文学家在神圣罗马帝国首都布拉格的天文官位置。开普勒利用第谷几十年的观星记录，开始思考行星运行的定律。最后他得到三个定律：轨道定律、面积定律与周期定律，宣布了希腊天文学的结束，天文学新纪元由此开始。

开普勒提出的三条行星运动定律如下：

·轨道定律：行星绕行太阳的轨道为椭圆，太阳在一焦点上。

·面积定律：行星与太阳连线在等长的时间内扫过相同的面积。

·周期定律：行星绕行太阳一周所需的时间 T，和行星到太阳的平均距离 A 之间，有如下的关系：T_2 和 A_3 成定比关系。

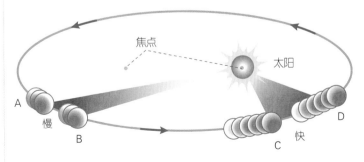

焦点　太阳

A
慢
B
C
快
D

插画绘制：邱意惠

小利：真有学问！我要好好研究印度的历法。那么农历是不是也有反置闰的机制？

小徐：没有，如果可能遇到这种状况，我猜就调整大小月来避开。

小利：任意调整大小月，可就违反了定朔——历上的朔日，可能是天上的晦日呢！

小徐：只好请教专家了。

小利：用定气，变成这么复杂，到底有什么好处？

小徐：可能是更合天吧！合天是中国历法追求的境界。阴历大小月的安排，从平朔改成定朔，也是追求合天。不过中国之大，各地发生朔的时间会有不同，节气变化其实也有差别。顾得了皇帝，就顾不了百姓。

小利：从前西方人要决定复活节的日子，也发生过地区性的问题，闹得很不愉快④。还是统一规定比较好，公共事务用"平"的想法比用"定"的想法要简单。

小徐：哈！这又是简单与精确之争。人为的历是用来符合日、月及地球的运动。这些自然天体的周期运动可称为自然历。人为历是以地球自转一周的周期做为计数的单位，所以人为历不可能完全合天。人为历大致可分别为两种设计：一种取历之周期的平均，符合自然的周期；另一种让历的各周期变动，以更符合自然周期的

变化。前者的极端为格历，后者的极端为农历。

小利：的确，西方历法往简单走，而中国的历法往精确走。

小徐：往精确走有个好处：皇帝老爷掌握天机，制订历法，小老百姓只得依历行事，无法自编历书。这是保障皇权的好方法。

小利：你这个保皇党！

小徐：可惜我不是皇帝！不过，用定气，对我们这种小老百姓倒是有个绝大的坏处。

小利：你是说无法自编年历？

小徐：不是啦，坏处是我们一年不能过两个年。

小利：什么，一年不能过两个年？

小徐：我的意思是说，再也不会闰正月，所以同一年内不能有两个新年可过。

小利：啊，对了！两年前，我记得是闰5月，我特地再吃一次粽子。还有，好像是五年前，闰8月……咦，为什么不会闰正月？拿两次压岁钱多好！

小徐：还不是定气搞的鬼。用定气，冬至附近的中气间距短，结果11月、12月、正月都不再有闰月。

小利：你怎么知道？

小徐：我查过董作宾的《中国年历简谱》。从商朝盘庚以来，每一年的大小月排列，闰月的设置都查得到。
从 1670 年开始用定气以来到 2000 年，我做了小统计，
闰月的情形是……让我翻一下笔记本……是这样的：

闰月月份	1	2	3	4	5	6	7	8	9	10	11	12
次数	0	10	19	20	25	18	16	8	3	3	0	0

小利：果然不闰 1、11、12 月，闰 5 月最多，然后
往两头减少。那是因为夏至在 5 月，附近中气间距最大，
最容易闰月；往两头，间距渐减。这个统计真有趣。

小徐：从明朝开国的 1368 年，到用平气的最后一年
1669 年，我也做了个闰月统计表。你看：

闰月月份	1	2	3	4	5	6	7	8	9	10	11	12
次数	7	11	6	15	6	12	9	7	10	6	11	8

大致说来，是平均分布。最后一次闰正月是 1659
年。徐光启说到家人提过的那一次，是在他出生前 17 年
的 1545 年。

小利：你说的那本《中国年历简谱》太棒了，哪天
借来看看。啊，咖啡没了，要他们来续杯。

小徐：续杯后续谈，不过换你补谈西方的历。

2.2

必也正名乎

小徐：利玛窦说教皇格列高利十三世所颁的新历，并没有全面实施开来。

小利：新历当然比原有的要进步，但科学与政治宗教相争，注定不容易胜出。开始的时候，只有意大利周围仍然信奉天主教的国家改用新历，然后才慢慢扩张出去。英国及其领地一直到1752年才改用新历。英国历的岁首原来是3月25日，也就是天使报喜节，改历后才与天主教国家合流。

小徐：什么是天使报喜节？

小利：在那一天，天使加百利告诉圣母玛利亚她会生下耶稣。

小徐：英国居然用这个节日为岁首！

小利：英国是基督教国家啊！

小徐：他们可选另外的基督教节庆啊！譬如圣诞节或复活节。

小利：当然都可以，但天使报喜宣示基督的到来，不是很重要吗？

小徐：说得也是。

小利：东正教的反应也很慢，俄国要到 1917 年革命后才改历。所谓的"十月革命"，按照新历，其实是在 11 月发生的。另外一件有趣的事：1908 年帝俄派代表团到伦敦参加奥林匹克运动会，结果迟到 12 天，运动会早就过了。原来帝俄忘了英俄两国的历相差了 12 天！

小徐：利玛窦说，古罗马历的岁首要比现在的晚两个月，所以 October 原来是第八个月，octo 就是"八"⑤。我看，September、November、December 果然分别是第七月、第九月及第十月——从前缀就看得出来⑥。那么其他

的月名和月序有关吗?

小利:原来的罗马历每年从 March 开始,共 10 个月,之后就进入冬休,没有严格的年历规范。后来,罗马历在第十月 December 之后,加了两个月,January 及 February,所以 February 是年底。March 原来是谷神,象征春天到了,万物复苏,开始耕种,后来 March 的意思转成战神。March 之后,April、May、June 都是神名。但 July、August 原来叫第五月(Quintilis)和第六月(Sextilis)。凯撒改历有功,参议院就用他的名字 Julius Caesar 来代替第五月,而称为 July。后来奥古斯都大帝也因改历有功,把第六月改为 August。February 的原意为忏悔赎罪节,在本月中举行。January 是天门神,天门神有两面脸,一面面对过去,一面面对未来。罗马历后来把 January 做为岁首,倒挺有意思的。

奥古斯都(Caesar Augustus)

奥古斯都(公元前 63- 公元 14 年),原名屋大维(Gaius Octavius),凯撒的继承人,罗马帝国的第一位皇帝。

小徐：你说奥古斯都大帝改历有功，他又改了什么历？

小利：这和罗马人的数数目有关。罗马人说第四天其实指的是三天后的大后天，因为他们说今天是第一天，明天是第二天，后天是第三天，第四天就是大后天。凯撒规定 4 年 1 闰，造历的人就想当然把它弄成 3 年 1 闰。等到奥古斯都大帝发现这项错误，已经多闰了 3 次。于是，他下令往后该闰的 3 次都免闰。直到公元 8 年开始，才确定实施了 4 年 1 闰的规定。

小徐：有趣，这就像是植树问题，两头算或不算。哦，对了，阳历按照一大月一小月排列，为什么七、八两月连大？

小利：这也和奥古斯都大帝改历有关。凯撒历从 March 开始，原来是一大月一小月轮流排列，到了 January 后，剩下 29 日，就给了 February。奥古斯都改历有功，改第六月为 August，但发现它是个小月，心有不甘，就把它也改成大月，September 到 December 的大小也顺便倒了过来。但这样比原来多出了 1 日，于是又从 February 拿走了 1 日——反正，February 原来是在年底，就是置闰日的月份，必要时也可拿掉一些日子。

小徐：阳历的大小月排得乱七八糟，月名也古怪，

乔志高

本名高克毅，1912 年生，2008 年逝世。精通中英文，以及这两种语言的互译。他把多年来陆续用中文写的、介绍美国通俗语言的文章，重新整理成《美语录》系列书,《言犹在耳》就是其中的第一本。

原来还有这番变化。

小利：最近读到乔志高的《言犹在耳》，其中有一篇文章说："1999 年 3 月，美国报纸记载，这一个月中出现了两次月圆。据说，这个天文现象，每隔 33 个月就会发生一次，由此产生俗语 once in a blue moon，意为罕见的事。今年特别稀罕的是，有谓'蓝月'，正月里已经出现一次，而一年有两个月份发生两次月圆的异象，一百年中最多只会有四次。"我总觉得这和闰月有关，是不是？

小徐：这篇文章我读过，也马上想到闰月。我要用现在的阴阳合历创造一个新的阴阳历：把每个阳历月的最后一日看做一个新中气，而规定月圆日为新阴历月的第一日。如此，一个阳历月若含有两个月圆，则第一个月圆的那个新阴历月就不含该阳历月的最后一日，亦即

不含新的中气，因此根据农历置闰的方法，这个新的阴历月就是闰月了。我们知道 19 年有 7 闰，19 年共有 228 个阳历月，所以平均每隔 33 个阳历月就会发生一次闰月——在我们模拟中，就是发生了"蓝月"。

小利：果然可用阴历置闰的原理来解释。可是一年内怎么可能发生两次"蓝月"呢？一年不可能有两次闰月吧！

小徐：当然，一年不可能有两次闰月。但是两次"蓝月"确实会发生。主要原因是，我们用模拟的新中气排列间隔，和农历真正的中气略有不同。照我们的排法，从 12 月 31 日、1 月 31 日、2 月 28 日（或 29 日）到 3 月 31 日，彼此的间隔为 31 日、28 日（或 29 日）、31 日。所以如果 1 月发生了"蓝月"，很自然 3 月也可能会发生"蓝月"。真正的中气间隔不会出现 31 日、28 日（或 29 日）、31 日的情形。

小利：所以一年有两次"蓝月"，一定要发生在 1 月及 3 月？

小徐：当然。由刚才的模拟解释，除 2 月外，其他其实是平气的类比，所以除 2 月外，其他 11 个月成为"蓝月"的机会大致相等。19 年有 7 个"蓝月"，$19 \times 11 = 209$ 年就有 $7 \times 11 = 77$ 个"蓝月"，其中约有 7 个发生在

1月。如此则大约 30 年有一次 1 月的"蓝月"，所以双"蓝月"，一百年最多只会有 4 次。

小利：唉呀，很有诗意的"蓝月"，被你剖析得这么清楚！

小徐：看了乔志高的文章，我马上查《中国年历简谱》，发现 1999 年 1 月 2 日为阴历 11 月 15 日，1 月 31 日为阴历 12 月 15 日，1 月果然是"蓝月"。再查，3 月 2 日为阴历 1 月 15 日，但阴历 2 月 15 日却发生在 4 月 1 日。我心中大叫：3 月不是"蓝月"啊！后来想通了：美国比我们这里迟了 12 小时，有可能在它的 3 月 31 日就见到了月圆。

小利：没错，月圆的日子就像朔日一样，会因地而有不同。

小徐：突然想起另一个听来的闰月故事。兰屿的雅美族（也称达悟族）每到春分附近的月圆夜，就驾船出海捕鱼。如果正逢飞鱼随黑潮而来，则鱼儿在月光照耀下，会跳出水面，闪闪发光，渔人就可满载而归。他们在 12 个月圆后又出海捕鱼，但第二、三年总有一次看不到鱼儿跳跃，于是打道回府，休息一个月，下次月圆再出海。休息的这个月就是闰月了。

小利：这是自然置闰法了。

小徐：农历把一个月分成上中下三旬。西方的星期和月亮有关吗？

小利：星期最早和月亮的盈亏大概是相关的——月亮的变化大概可分成 4 个 7 日。不过一旦约定成 7 日，那就与月亮无关了，因为月亮的周期无法为 4 所整除。中国的旬倒是咬定了月亮，牺牲了一旬为 10 日的一致性，因此下旬有时只有 9 日。在西方，巴比伦人可能是最早以 7 日为作息单位的民族。

小徐：星期和上帝以 6 日创造世界，第 7 日休息有关吗？

小利：应该是有关的。上帝创造世界与休息的故事记载于旧约圣经的《创世纪》。到了《出埃及纪》，摩西领到十诫，其中第四诫就规定，大家工作 6 日后，第 7 日要休息。因此犹太人就有了以一星期 7 日为单位的作息时间表。公元前六世纪，巴比伦人攻占耶路撒冷，强迫犹太人移居巴比伦人所在的两河流域达 60 年之久。巴比伦人的作息也是以 7 日为周期，星期的观念更是根深蒂固。此后，巴比伦人影响了希腊人、埃及人，而犹太人影响了罗马人及信仰基督教的欧洲。星期就广泛流传开来。

小徐：英文的星期各个名字，Sunday、Monday 分属太阳、月亮，Tuesday 和 Wednesday 等又是什么来源？

小利：Tuesday 就是火星日啊！

小徐：我也怀疑是这样。日本人叫星期二为火曜日，不过火星不是 Mars 吗？

小利：没错，火星是 Mars，法文称星期二为 mardi。不过条顿人（古代日耳曼人中的一个分支）称火星神为 Tiw，英文 Tuesday 的词根是 Tiw。

小徐：原来如此。那么 Wednesday、Thursday、Friday、Saturday 分别是水星神、木星神、金星神和土星神啦！

小利：没错，条顿人的水星神、木星神、金星神各为 Woden、Thor 及 Freya。倒是土星日 Saturday 是直接从拉丁文的土星 Saturnus 转成的。

小徐：所以一星期各天的命名大致有三种方式：一种是用七个和地球密切相关的星球，也就是中国所谓的七曜来命名；另一种就是用七曜的神名。这两种都是星之期——"星期"这个词的来源。再一种就是排序，星期一、星期二……；讲到排序，从星期日开始，顺序是日、月、火、水、木、金、土。这有什么道理吗？

小利：这的确是个有趣的问题。如果按照这些星球离地球远近来排，应该是土、木、火、日、金、水、月才对。公元二世纪的罗马历史学家卡修斯的说法是这样

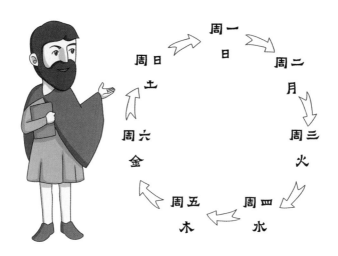

的：当时流行的占星术认为，每一段时间总有一颗星在主控。按照星球远近所排的七曜顺序，第 1 日的第 1 小时属土星，第 2 小时属木星……第 7 小时轮到月亮，第 8 小时就轮回土星……依此类推。第 1 小时的土星同时是第 1 日的值星，所以第 1 日称为"土星日"。第 1 日的第 24 小时会轮到火星，第 2 日的第 1 小时则依序轮到太阳，所以第 2 日由太阳值星，称为"太阳日"。依此类推，第 3、4、5、6、7 日的第 1 小时，各由月亮、火星、水星、木星、金星当班。所以七曜日的顺序是那样子的排法就得到解释了。

　　小徐：远近顺序是"土木火日金水月"，值星顺序是"土日月火水木金"，依照远近顺序从土开始，往下第

3个就到日，再往下第3个就到月……这样就得到值星顺序。对了，这是24小时的"24"除以7曜的"7"，剩下3的结果。这种说法虽然匪夷所思，但有一贯的数学原理，可算是自圆其说。想不到占星术居然主控了我们的日子！

小利：不要忘了，"占星术（horoscope）"这个词的原意就是测时术——测量某时辰某星球的位置，来看它对某人的影响！

小徐：说到占星术，使我想到缅甸的一星期有8天。

小利：一星期有8天？你是说他们用的历中，有类似农历的旬？

小徐：不是啦，我说是一星期7天中有8天。

小利：什么？

小徐：你去到仰光的大金塔就知道了。

小利：愿闻其详。

小徐：东、南、西、北加上东南、西南、西北、东北，不是有8个方位吗？

小利：没错，8个方位，但跟一星期有7天有什么关系？

小徐：别急嘛！方位和占星术不是有关吗？星期的名称原来就是从7颗星而来的，当然也和占星术有关！

小利：是，都有关系——但 7 和 8 怎么凑在一起？这有一点乱七八糟吧！

小徐：缅甸人的传说中，另有一颗神秘的行星，叫罗睺（Rahu），所以他们有八曜，而不是七曜。

小利：但一星期还是只有 7 天啊！

小徐：我说别急嘛！他们把星期三这一天当两天用，从午夜到中午叫 Bohddahu，还是配以原来星期三的水星；从中午到午夜叫做 Yahu，配以这颗神秘的行星罗睺。这样共有 8 个方位，8 个缅甸天，8 颗星。每个方位，配一个缅甸天，配一颗星，而且还配一种动物。譬如你生在星期三的午前，你就和水星有关，和有牙的象有关；水星和有牙象就决定了你的性格，也决定了你与生在其他天的人是否匹配。到大金塔，千万要到你所属的方位——正南方，祈福浴佛；那里有一尊佛、一头有牙石象。如果你生在星期三午后，你的方位就是西北方。

缅甸的星期、星球、方位及动物的对照表

星期	一	二	三 （上午）	三 （下午）	四	五	六	日
星球	月	火	水	罗睺	木	金	土	日
方位	东	东南	南	西北	西	北	西南	东北
动物	虎	狮	有牙象	无牙象	鼠	天竺鼠	蛇	鸟

小利：真有趣！不过星期三的这两个方位，去祈福的人数就较少了？

小徐：你真有数学头脑。我也特别注意到，这两个方位的人潮的确不如其他的方位。

小利：但是要怎样知道你生日在星期几呢？

小徐：就看今年的生日是星期几，每往前回算一年，星期几就提早 2 日或 1 日，这要看是否跨过闰年的闰日。如此往回推算到你出生的那年就好。

小利：这要有相当的耐心。不过如果生在星期三，怎么知道是午前还是午后？

小徐：那就问父母你的生辰八字了。对了，一个星期到底从哪一天开始？

小利：不是星期一吗？星期的第一天。

小徐：可能是星期日，它可看成第零天。

小利：你知道西方的习惯，没有第零年、第零月或第零日。玛雅人最特别，他们每个月只有二十日，而且是从第零日数到第十九日。

小徐：为什么许多月历都把星期日摆在最左边？

小利：这个我也不知道。依据基督教，星期日是给上帝的，是休息日，当然是一星期的最后一日。

小徐：上帝用 6 天创造世界，第 7 日休息了，这是旧约圣经说的。犹太人也在第 7 日休息，但他们的安息日却在星期六。所以星期日是犹太人一星期的第 1 日。啊！难道月历都是犹太人制作的？

小利：安息日叫做 Sabbath，它的词根的确与"七"有关，譬如教授每七年可休假一年，休假年就叫做 Sabbatical year。对犹太人而言，一个星期的确可认定是从星期日开始的。穆斯林则以星期五为安息日，他们的星期从星期六开始。但基督教却认定从星期一开始。中文采用星期一、星期二等，一定是借鉴基督教的想法。

小徐：现在几点了？

小利：嗯，还有 1 刻钟到 5 点。

小徐：时间还算早，还可再谈谈。你们西方为什么喜欢说"还有 1 刻钟到 5 点"，而不说"4 点 45 分"？

小利：我想是西方人承继罗马人的习惯，快数到计数的单位前，喜欢倒着数。譬如罗马人把 19 说成"20 减 1"，把 4 写成"5 减 1"。

小徐：就像火箭发射之前，从 10 倒着数到 1 后发射。

小利：不过我们不会把 4 点半说成"还有 2 刻钟到 5 点"。

小徐：为什么你们要说成 $\frac{1}{4}$，a quarter，而不说 15 分钟呢？

　　小利：1 小时的 $\frac{1}{4}$ 就是 15 分钟，不是吗？我们喜欢用二分法，譬如 $\frac{1}{2}$ 英寸、$\frac{3}{4}$ 英寸、half passed four 是 4 点半，three quarters of an hour 是 3 刻钟。

　　小徐：我记起来了。我看过你们的门牌号码有 $57\frac{1}{2}$，也有 $57\frac{3}{4}$ 的，是不是就像我们这里的 57 号之 2，57 号之 3。

　　小利：完全正确。

　　小徐：我们比较喜欢 10 进位。从前我们把 1 日分成 100 刻；1 日有 1440 分钟，所以 1 刻相当于现在的 14.4 分钟，而不是 15 分钟。

　　小利：难道我刚刚说："还有 1 刻钟到 5 点"，错了？

小徐：没错没错。自从接受了西方的时分秒制，我们就认定 1 刻是 15 分钟。

小利：古时候你们的一天分成几个小时？

小徐：12 个时辰。

小利：时什么？

小徐：时辰。辰的原意是太阳在黄道上的位置。最初中国人注意到的是，一回归年大约有 12 个朔望月，于是就把黄道分成 12 个方位，使得太阳所在的方位大致与阴历月份可以对应起来，因此用 12 个地支来代表这些方位。一天内的时间则与太阳在地球上移动到的方位有关，而此地球上的方位虽与黄道上的方位是两件事，但就借用了 12 地支来表示。不同的方位代表不同的时间，这就

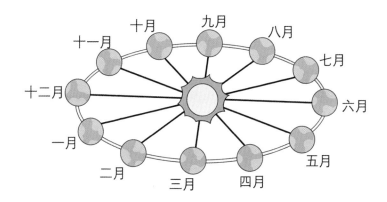

中国古时所分的朔望月

是 12 时辰的由来。

小利：在西方，故事也差不多。古代，白天就用日晷来定时间，而日晷通常画成 12 个方位，所以白天有 12 个小时。后来觉得晚上的时间也需要分割，就一样分割成 12 小时。嗯，你们的一个时辰相当于我们的两个小时。

小徐：不错。我们的时辰用地支标示，子时指的是夜晚 11 时到凌晨 1 时，丑时是 1 时到 3 时，其余类推。生辰八字包括了出生的时辰。

小利：原来如此。不过，你刚才说过，古时候你们把一天划分成 100 刻，那么一个时辰就不能含有整数个数的刻了？

小徐：不错，这是两个不相属的分割系统。晚上看不到太阳，就用水钟计时，水钟上的刻度代表时间，而刻度用 10 进位等分割较方便。

小利：对了，用日晷很难把时间等分割。白天 1 小时的长短会随季节不同，在西方称为季节时（temporal hour）。在西方也一样，等到水钟、沙漏通行了，时间的分割才渐渐走向等分割[7]。不过，刻（quarter）是小时之下的分割。

小徐：必也正名乎，今天真的学到不少！我们再续杯，叫点蛋糕。

2.3
历的变奏

小徐：1 月 1 日早上打开电视，发现美国人还等着新年到来，实在很滑稽。

小利：如果当初把国际日期变更线画在大西洋，新年的先来后到顺序就反过来了。

小徐：说得也是。人为的约定，久了，似乎就变成了自然的约定。追寻新世纪的第一道曙光就是一个例子。

小利：其实这关系到两个人为的约定——国际日期变更线及基督纪元。如果不用基督纪元，就没有新世纪、旧世纪。况且基督纪元的起算也是人为的。

小徐：基督纪元不是从耶稣诞生后开始起算？

小利：耶稣自己根本不知道有所谓的基督纪元。基督教最重要的节日就是复活节。你知道，每年都要推算复活节是哪一天。教会为了大家的方便，就请有学问的修士事先推算往后几年的复活节——基本的数学在中世纪就这样由教会传了下来。当时用的是戴克里先纪元，而戴克里先却是第三世纪屠杀基督徒的罗马皇帝[8]。第六世纪时，修士狄奥尼修接棒推算复活节，就想用耶稣诞

耶稣纪元

狄奥尼修（Dionysius Exiguus）为赛西亚〔Scythia，现在的莫达维亚（Moldavia）〕地方的修道院院长；Exiguus是"矮子"或"小"的意思，为狄奥尼修的自谦。基督纪元是由狄奥尼修推算出来的，直到十一世纪才广为西欧所用，但在此之前，教会的确用了狄奥尼修的基督纪年。

公元八世纪，英国圣本笃教团（Benedictine）的圣徒伯达（Bede, 672 或 673-735）也推算过复活节；他另外写了英国史，用的就是基督纪元，而且追溯英国历史到基督纪元前60年。但在他的系统中却没有纪元0年，这样的设计就一直传承下来。

生的次年为新纪元年的起点。他从各种资料推算，认定当年是基督纪元532年。不过后人研究的结果发现，耶稣诞生于基督纪元前4年。

小徐：所以即使把耶稣诞生当做天意，基督纪元还是相当人为的。

小利：历本来就是人为的。譬如美国人过完新年一两个月，才发现你们等着农历新年的到来，也可能觉得很滑稽。

小徐：阳历、农历之外，世界上到底还有多少种历？

小利：各民族，尤其在古代，都可能有自己的历，不过历大约可分成三大类：纯阴历、纯阳历及阴阳合历。纯阴历就是只管月亮，不管太阳，"月"尽量与月亮的盈亏契合，"年"只是借用的名词，用来计算月数的累积，与太阳的回归无关。纯阳历刚好相反，不管月亮，只管太阳，"年"尽量与太阳的回归契合，"月"只是借用的名词，用来做为一年之中较小的累积日数单位，与月亮的盈亏无关。阴阳合历，则月亮、太阳都管，"月"与月亮的盈亏契合，"年"与太阳的回归契合。

小徐：我知道伊斯兰教人士用纯阴历，其他大多用阳历，犹太人用阴阳合历；我们兼用的农历也是阴阳合历。每类历的编制原则就如你所说的，只管月亮或只管太阳，或两者都管，但细节可略有出入。除了这三大类，还有其他的可能吗？

小利：无论是怎样的历，基本单位是日，也就是地球自转一周的时间。是否调节日、月，是否调节日、年，是否调节月、年，就决定了历的类别。如果有例外，那就是日、月、年的调节完全都不管。

小徐：有这样的历？

小利：从前玛雅宗教所用的历就是这样的。这种历，一个月只有 20 日，一年有 13 个月，只有 260 日。这样的月和年，就和月亮、太阳完全无关。不过玛雅另外有一个阳历，每月 20 日，一年有 18 个月、360 日，年底外加 5 日，共 365 日，成为一年。

小徐：宗教历年和阳历年差这么多？

小利：阳历 52 年刚好相当于宗教历 73 年，所以每隔阳历 52 年，两个历的新年可再度一致。因此 52 年是玛雅文化中最重要的周期，他们认为每隔 52 年，许多事物要重来一次。墨西哥很多地方都有雕塑，来象征这种浴火重生。

小徐：他们的两种历倒是有共通的地方，那就是一个月都是 20 日。

小利：他们用的是 20 进位，我想是有关的。

小徐：纯阳历和阴阳合历，我们都算熟悉了。能不能谈谈纯阴历？

小利：月亮的盈亏周期平均为 29.5306 日，所以阴历的小月为 29 日，大月为 30 日；如果轮流排大小月，平均就是每月 29.5 日。还差了一点，于是偶尔就安排连续两个月为大月。伊斯兰教用的纯阴历，一年有 12 个月，

伊斯兰历纪元的开始

　　穆罕默德的见解一开始在麦加并不得到认同，不得已，他只好在基督纪元 622 年 7 月 16 日，逃往麦地那。在那里他的见解广受欢迎，伊斯兰教于是兴起。

　　穆罕默德死于 632 年，又过了 11 年，第二代的哈里发欧麦尔一世（Umar I）确定了伊斯兰教历法，并把伊斯兰历纪元的元年元月元日追溯成基督纪元的 622 年 7 月 16 日。

大小月间隔排列，一共有 354 日；但每 30 年中有 11 年，最后一个月也是大月，所以一年就有 355 日，是为闰年。

小徐：怪不得，他们每年的斋戒月提前了。

小利：也可以说，他们看我们过年，每年都往后延。伊斯兰历纪元从基督纪元 622 年起算，两者原来相差 621 年，但伊斯兰历的年较短，大约每 32 到 33 个我们的年，伊斯兰历纪元年数就会赶上一年。

小徐：哈！又有一个算术题目了：伊斯兰历纪元和基督纪元在哪一年是同年？哦，对了，你刚才提到盈亏月用了一个很准确的数目 29.5306，那么伊斯兰历的闰年安排结果，会使一个月的平均有多准呢？

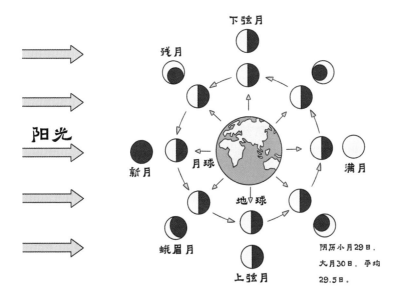

小利：29.5305，准得很⑨。

小徐：哦，有这么准。我算算看：30 年有 11 闰，表示 360 个月会多出 11 日，所以，一个月平均 29.5 日，还要加上 $\frac{11}{360}$ ……果然是 29.5305。那么格列高利历（后简称格历）的年有多准呢？

小利：格历的年平均为 365.2425 日，而回归年为 365.2422 日。我也有一个算术题目了：请问格列高利历后简称"格历"多少年会差 1 日呢？

小徐：再回到伊斯兰历。它还有什么特别的地方？

小利：伊斯兰历不但年月和阳历不同，连日都不同。

小徐：你说连日子的长短都不同？

小利：长短当然不会不同，是起点不同。宗教上，他们的日是从日落开始的。如果要用时间统一规定，一日是从下午 6 点开始的。

小徐：对了，黄昏后月亮才会出现。怪不得伊斯兰教国家的国旗大半都有个弯月。

小利：犹太人虽然用的是阴阳合历，但更重视月亮，一日也是从日落开始的。条顿人也是以计算"过了多少夜晚"来数日子，所以过了 14 日，却说成 14 夜（fortnight）。

小徐：采用阳历的人和伊斯兰教人士或犹太人往来，

怎么办呢？

小利：公务商业往来用阳历。伊斯兰历或犹太历主要是用在宗教及日常生活中。

小徐：农历和阳历都以午夜为一日的开始，我想道理是这样的：我们在睡眠中不知不觉中从一日滑向下一日。

小利：沙漠地区白天太热，大家都在休息，一天从日落开始也是有道理的。他们可说是"一日之计在于昏"？

小徐：对崇拜太阳的埃及与印度而言，他们的一日从破晓，也就是早上 6 点钟开始。他们是"一日之计在于晨"！考虑"一日之计"的较积极，在睡眠中溜过的较消极。

小利：做天文观测的人，一日是从正午开始的。

小徐：真的？

小利：天文观测者晨昏颠倒，午夜前后都在观测，分开记成两日不方便。而他们正午在睡觉，"变"天了也无所谓。在 1925 年之前，天文学的正式规定一天是从正午开始的。

小徐：破晓、正午、黄昏、午夜都有了，一日还可从什么时候开始？

小利：住在北极圈内的人，有时极昼，有时极夜，

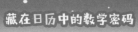

有时才有日出日落。我真不知道没有时钟之前，他们的一日是从什么时候开始的。

小徐：也许是随心所欲吧！或者根本没有"日"的概念。那月的开始呢？伊斯兰历大小月交叉排列，所以月首不一定是新月。

小利：犹太历用新月当月首，中国农历用朔，这是力求随时合天的历。伊斯兰历只求长期的平均合天就好，所以安排力求数学上的简单。

小徐：除了新月或朔可为月首，还有其他的可能吗？

小利：我记得有一种印度历的阴历月是以满月时为月首的。

小徐：印度有很多种历？

小利：除了穆斯林用的伊斯兰历外，印度的历有纯阳历，也有阴阳合历。我说的以满月为月首的印度历，是一种阴阳合历。因为印度幅员广大，在历史上很少有大一统的局面，所以历的发展深具地方色彩，岁首可以不同，月首也有变化，月名也不一定一样。印度独立后，政府成立了一个委员会，发现印度的历达到了 30 种之多。于是决定把古代的 Saka 历，加以改良，成为国家的历。不过许多公务商业还是用英国人留下的格历，民间日常生活仍然用各自的历。

小徐：新的 Saka 历是怎样的历？

小利：一年 12 个月，第 2 到第 6 个月每月 31 日，第 7 到第 12 个月每月 30 日。平年第 1 个月为 30 日，遇到格历的闰年时，第 1 个月就有 31 日。

小徐：这是纯阳历，可算是简单数学式的历了。

小利：Saka 历的岁首是春分，自有其天文上的意义。

小徐：岁首定在冬至或春分，或某阴历月的朔日或新月，都有天文上的意义；格历的岁首是历史上的偶然，与天文无关。

小利：历之不同就像用历者各有其背景。不过在地球村的世界里，总要有共同的时间语言，才能沟通。可惜时间已晚，我有点事，下次再谈吧！

【第 2 章注释】

① 欧几里得的《原本》原来有 13 册，后人评注不免添加了一些内容。克拉维尔斯的评注本共有 15 册，所添加的内容为正多面体更细致的性质。利玛窦与徐光启合译了前 6 册，后 9 册则在清末，由李善兰（1811−1882）翻译完成。

②其实隋朝前后的中国天文学家，已经注意到太阳的不规则运动，并开始研究，只是一直没有反映到历法中的节气上。与此相对，开普勒的发现比明朝改历计划稍早，但西方传教士还没接受，不过大家已知道太阳并不做等速圆周运动。

③冬至发生在地球的近日点附近，夏至则在远日点附近，所以根据开普勒的面积定律，连线短的要跑得快，扫过的面积才可能和长连线的相同。

④东正教与其他基督教的复活节，直到现在都不一定在同一个日子。依据 1923 年伊斯坦堡会议的规定，月圆的日子是以耶路撒冷所实际看到的为准。

⑤字首 octo- 或 octa- 都是"八"的意思：octopus，（八脚）章鱼；octogenarian 八十多岁的人；octagon，八角形；octahedron，八面体；octavo，八开本。

⑥septennial，七年一次的；septet，七人（物）一组。拉丁文的"九"为 novem，后来演变成德文的 neun，英文的 nine。decade，十年；decimal，十进制的。

⑦以前公家用日晷计时，敲钟报时。钟是 clock，钟敲 5 下，就说成 5 of the clock，简称 5 o'clock，5 点钟。

⑧当时教会要计算复活节，用的是亚历山德拉历，而该历用的是戴克里先纪元，此纪元始于戴克里先

（Diocletian，245-316）开始当罗马皇帝的公元 284 年。因戴克里先曾经屠杀基督徒，所以戴克里先纪元又称为殉教者纪元（Era of Martyrs）。

⑨ 29.5305. 最后一个 5 上面的点称为循环小数点，表示从小数点后第四位开始都是 5，也就是 29.53055555……另一种表示法为 29.5305。

第 **3** 篇

众历的共通

小徐、小利对话录〔之二〕

导　读

古罗马用的是阴历，每逢第一次看到新月的那一天，执政官就当众宣布，新的一个月开始了，提醒大家举债的利息何时该缴，哪些日子有节庆、市集。"宣布"这一词的拉丁文为 calere，每月的第 1 日是为宣布日，称为 kalends，最后衍生出"历"（calendar）这个字。历就是使民行事以时的根据。

一个共同生活的团体需要有共同的行事历。鲁滨逊漂流到荒岛，他要想办法记日子。虽然记错了，没关系，因为没有人会和他约定时间。《环游世界 80 天》的男主角对记日子就紧张多了，因为他和朋友打赌，须在约定再见面的时间前赶到，差一天可能产生二万英镑的损失。

时区统合了时间

当你出远门时，就会发现各地可能用不同的时间。如果太阳正当中表示正午 12 点，那么每个地方就有不同的时间。十九世纪以后，火车日益发达，出远门的人多了，发现各地有各地的时间，引起极大的不便。于是渐渐形成了时区制，每个时区内固定用同一时间，相邻两时区依序相差一个小时。不过一时区接一时区，绕了地球一圈，回到原来的时区时，就整整差了一天，你必须把日子调回（或调后）一天。《环游世界 80 天》的男主角就是忘了调回一天，差一点以为自己要破产了。时区制并不把全体的时间做统一，而是做了统合。

各种历的转换

一个共同生活的团体还要有共同的记忆。除了要有共同的行事历外，还需要有共同的纪年法。纪年法有多种，除了以朝代为准、以帝王为准，或以年号为准，也可以大一统，譬如基督纪年——这是直线型的，或者是干支纪年——这是循环型的。

各地的纪年法不一样，要从文献中了解彼此之间的互动关系就很不容易。于是纪年法之间的互换，变成研究历史的一个课题，属于年代学的一部分。当基督教在欧洲愈来愈普及，基督纪年成了换算的标准，成了使用的标准，成了公元，全世界都在用。

就历史或天文而言，光是年的转换还不够。于是有人想出了日的转换，从公元前 4713 年 1 月 1 日以来的每个日子，从第零日开始，每一日给一个序号。其他历的任何日子可与某序号对上，而转成另一个历的某个日子。

序号日还有时区制，使得看起来纷乱的各种历法，各种计时能够互通。这可算是人类文明的一个特征。

就地质而言，它的历史不能以年做为单位来衡量。地质年代表把地质史分成隐生元与显生元两元，前者无化石留传下来。显生元又分为古生代、中生代与新生代三代，代之下各分成几个纪，譬如侏罗纪是中生代的第二纪。每个纪都有其动植物化石的特色。中生代一共有三纪，恐龙在第一纪出现，经历第二纪侏罗纪，到第三纪白垩纪大兴大灭，恐龙的灭亡标示着中生代的结束，大约为 6 千 5 百万年前。地质年代的纪都以百万年为单位来计算时间。地质年代表是一种广义的、共通的历。

人类为了行事以时，于是观察天象，制定了历法。制历的基本态度分成两类：一类尽量符合实际的天象变化；另一类则只求历的平均符合天象变化的平均。前者使历法变得复杂，只有少数人懂得，有巩固统治者权威的功能；后者使历法较为简单，方便多数人了解与使用。

上次在咖啡店聊天之后，小徐、小利各自找了一些书籍来研读，以便能从更多的角度，在各历的变化中，看出众历的共通性。

时序进入了 2001 年，二十一世纪正式开始了。这次他们约在一家茶馆里，泡茶聊天。

3.1
异中求同

小徐：最近重读《鲁滨逊漂流记》，看到鲁滨逊在荒岛上怎么记日子的事，真有趣。

小利：我记得他在上岸的地方立了一个大柱子，是由树干做成的。他每天在上面用刀刻一个凹口，每满 7 天刻一个长一倍的凹口。每到一个月刻一个再长一倍的凹口。

小徐：9 个月后鲁滨逊染了疟疾，昏昏沉沉，几年后才发现那一个星期的日少记了一天。

小利：二十几年后，鲁滨逊救了一个土著，这个土著变成他的仆人。他是在星期五救了那个人，所以把仆人取名为"星期五"。要不是疟疾，他的仆人要叫做"星期六"了。

小徐：难说。鲁滨逊是在发现日记有误后许多年才救人的，他也许已经把错误改过来了。

小利：不管怎么说，他每天刻记，要很有毅力。

小徐：有毅力还是会遇到麻烦的。9 月 30 日，他的日记这么说："到今天我正好来到荒岛一周年。这是一个不幸的日子。我计算一下柱子上的刻痕，发现我已经上岸 365 天了。"他是在 1659 年 9 月 30 日漂流到荒岛的，1660 年为闰年，所以 365 天之后应该是 9 月 29 日才对。

小利：后来他不是发现少计了一天吗？所以那一天是如假包换的 1660 年 9 月 30 日！

小徐：我正想说作者笛福忘了闰年，你却硬拗成了"错得对"！

小利：其实荒岛上一个人，日子记错一些也无所谓。历法为的是让众人依历行事，至于鲁滨逊只要注意到季节变化的大约情形就好了。我猜作者因此对记日子的事，

今天已经是X月X号

《鲁滨逊漂流记》

《鲁滨逊漂流记》（*Robinson Crusoe*）为英国作家笛福（Daniel Defoe, 1660-1731）在 1719 年所写的长篇小说，描写一位冒险青年因船难不幸漂流到荒岛上，怎样独自生活二十几年的故事。这是一部非常成功的小说，被翻译成各种语言，拥有广大的读者。

故意马虎了。

小徐：说得也是。

小利：我倒想到了凡尔纳的《环游世界 80 天》，主角福格（Phileas Fogg）和朋友打赌，要在 80 天内环游世界，那是只有火车的时代。他从伦敦出发，越过海峡到法国，坐船过地中海，经苏伊士运河，转阿拉伯海，到印度的孟买。再坐火车横过印度次大陆，到达加尔各答。再坐船到香港、上海、横滨、旧金山。然后换搭火车，横渡美国到纽约，再乘船到爱尔兰，过海到利物浦，最后坐火车赶到伦敦，却发现用了 80 天又 5 分钟，打赌输了。

小徐：我看过电影版的《环游世界 80 天》。到达伦敦后的第二天，男主角发现那一天才是第 80 天，因为从日本经太平洋往美国的路上，经过国际日期变更线时，他忘记把日子往回拨一天。

小利：由西往东走，每跨越一经度，时间就提早 4 分钟。用 80 天绕世界一周 360°，平均每天跨越 4.5° 经度，所以相对于留在伦敦的朋友，福格每一天平均少掉 18 分钟而不自觉。经过 80 天就差了 1 天。其实，不论是以多少天绕世界一周，计日子都会差一天！有没有国际日期变更线也都是一样[①]。

小徐：故事是很有趣，但总觉得不合理。每天平均差了 18 分钟，三四天就要把时钟拨慢 1 小时，男主角怎么会不知道？

凡尔纳（Jules Verne）

凡尔纳（1828-1905）是位多产的法国作家，他善于撰写科学普及与旅游作品，最有名的就是 1873 年出版的《环游世界 80 天》（*Around the World in Eighty Days*）。其他作品还包括《地心历险记》（*Journey to the Center of the Earth*）、《飞向月球》（*From the Earth to the Moon*）等。

同一时间，世界各地时钟时间并不一致。

小利：凡尔纳把男主角福格写成是平时起居准时有规律的人，不过他只看挂在墙上的钟，似乎没有怀表。福格在旅途中，只看当地的钟，不会觉得有问题。不过到了美国，他没注意当地的日期，却是怪事，火车、轮船时刻表会因日期而有异。还有，福格的仆人有个怀表，不过如果怀表永远保持伦敦的时间，他要怎样替主人买票办事呢？

小徐：作者借着环游世界的冒险故事，讲述各地的风土人情，以及时差造成的喜剧。这方面让我们学到很多，这应该是作者的目的。

小利：鲁滨逊记日相差一二天无所谓，福格记日差了一天就决定了两万英镑的输赢。

小徐：各地有时差，在地球村中实在不方便。

小利：所以才有格林尼治标准时间做为参考。况且各地如果没有时差，同样是 12 点，有些地方是上午，有些地方是午夜，看来也会很不方便。

小徐：但各地有时差也造成长途旅行的不便啊！

小利：你可以学福格的仆人，不管自己怀表所显示的时间，每到一个地方，就用当地的时间——虽然他觉得怪怪的。其实福格旅行的年代，1872 年，还没有标准的时区制，是任由各地方有自己的时间。

小徐：这是怎么说的？

小利：各地将太阳升到最高点的时候，定为中午 12 点。这时候在东边相隔二十几公里的村子，已经是 12 点 1 分，而在西边相隔二十几公里的村子，则还差 1 分钟才到正午。

小徐：那么出远门的人，岂不是随时要调拨自己的表？

小利：这不是问题——你可以学福格的仆人，不要看自己的表，看当地的挂钟。

小徐：有道理，看当地的钟。

《时间摆》

巴尼特（Jo Ellen Barnett）是美国人。她一直对钟表以及如何计时的问题着迷不已，于是写了《时间摆》（Time's Pendulum）这本书（1998 年出版）。书中她介绍了定时器的演进历史，从日晷、沙漏、水钟、机械钟、摆钟、表、石英表，一直到原子钟。另外也谈及经度与时间的关系，还有用放射性元素如何估算很长的时间等。

小利：十九世纪中叶，铁路开始发达起来，问题就来了。铁路客运讲求准时，为了让旅客事先知道什么时候到达目的地，又不要旅客随时调拨自己的表，所以印制了以旅客的出发站为准的火车时刻表。但是如果要转车，则要看以转车车站为准的时刻表，这样一来，时刻表就和旅客的表有了时差，于是你需要一张时差对照表。

小徐：我的天啊！

小利：英国虽然东西横向不宽，两头只差了 27 分钟，但火车乘客还是受不了。于是在 1848 年，规定火车时刻一律依照格林尼治天文台的时间。到了 1855 年，全国的公共挂钟也都采用格林尼治时间，于是英国成了一个时区。

小徐：想不到火车使英国各地在时间上异中求同。

小利：美国幅员广大，情形更复杂。巴尼特的《时间摆》就讲述一位火车旅客迷惘的可能。一位旅客从缅因州波特兰来到纽约州水牛城的火车站，他看到好几个钟。要利用湖岸密西根西南线往西走的旅客，请用哥伦布时间——钟面是 11 点 25 分，而水牛城当地的时间为 11 点 40 分。想利用纽约中央铁路往东走的旅客请用纽约市时间——钟面是 12 点整。而这位从东边缅因州来的旅

本初子午线（prime meridian）

子午线也就是经线，所以本初子午线是指经度0°的经线，亦即通过格林尼治天文台的经线。

客看看自己的表，指针指的是 12 点 15 分。

小徐：美国那么大，各地时差对照表可就复杂得不得了。

小利：是啊，大家受不了，火车用的时间就逐渐整合成为几个时区，最后在 1869 年变成 4 个时区：以西经 75° 为中线左右各 7.5° 的范围为东部时区，以 90° 为中线的为中部时区，以 105° 为中线的为山地时区，以 120° 为中线的为太平洋时区。各时区依序相差一个小时。当然实际执行时，两相邻时区的界线，会有所调整，使在同一生活区中的村镇，坐落在同时区内。到了 1883 年，全国公共时间大致都采用了时区制。

小徐：大致？有例外？

小利：你知道美国是高度地方自治的国家。有些村子总认为自己是世界的中心，怎能忍受日正当中时不是正好 12 点。何况美国的时区还要根据英国格林尼治本初

子午线所划分的经度来设置。为什么不以纽约或华盛顿的子午线为准呢？

小徐：经度不是一直以格林尼治为准吗？

小利：不，古希腊时，经度是以已知世界最西边的加纳利群岛②为准。后来，各国制的地图以自己的首都为准，或以耶路撒冷为准。1884 年，25 个国家在华盛顿聚会③，有 22 票赞成以格林尼治为本初子午线，同时默认时区制，亦即，原则上以本初子午线为中线，左右各7.5° 划成一个时区，然后依序每 15 经度划成一时区，彼此接续，相差一个钟头，希望各国统一采用。

小徐：为什么选格林尼治？

小利：各地的时间要根据本初子午线的时间来调整，所以本初子午线应该通过最好的天文台，格林尼治就成了众望所归④。当时 72% 的商船都以格林尼治时间为准，这也是众望所归的原因。

小徐：谁投反对票？

小利：真正极力反对的是法国，不过它无法说服其他国家，于是弃权了。英法是世仇，法国自认巴黎的天文台天下第一。后来法国在大势所趋之下，才勉强接受了格林尼治——但他们不提格林尼治，他们说的是巴黎时间，但晚了 9 分 21 秒！

117

小徐：法国就是喜欢特别。我倒想起了一个故事：在一小镇上，有一家广播电台，还有一家工厂。每天中午12点，广播电台就"的、的、当"准时报时。每天早上8点，傍晚6点，工厂就准时鸣笛，让大家上下班。每天可对时3次，居民很高兴。有一天，有人问工厂老板，怎么让工厂准时鸣笛，老板说他们每天中午会跟电台的"的、的、当"对时；那人再去问电台的老板如何准时报时，老板答说，每天工厂鸣笛两次，他们都会小心对时。

小利：互相对时，只不知哪一个才是"伦敦"时间——不对，都不是！

小徐：时区的设置算是异中求同，而相邻两时区，以1小时之差相续，让世界成为一体，成为地球村。

小利：的确，虽有时差，但不是乱差一把，旅行就不会不方便了。

小徐：虽然如此，有时还是不免混乱。

小利：难道你去了伊朗？那儿跟这里相差4个半钟头。

小徐：4个半钟头？不都是以1小时为相差的单位？

小利：原则是以1小时为单位，但也有少数国家以半小时，甚至1刻钟为单位的。

小徐：还好不是以半小时、1刻钟为单位，否则情形就更复杂了。有一次，我们到伦敦，转机去里斯本，在葡萄牙玩几天后，再飞往摩洛哥的卡萨布兰卡。在摩洛哥待一个礼拜后，从它的北方港口丹吉尔飞往马德里，转机伦敦，再回台北。当我看到飞机的起飞到达时间表时，真不知实际飞行时间为何，还有各地的时差如何。

小利：有那么难吗?

小徐：我找找笔记本，在这里：

伦敦—里斯本　　　　　09:35-12:10

里斯本—卡萨布兰卡　　11:55-12:05

丹吉尔—马德里　　　　10:50-14:35

马德里—伦敦　　　　　16:55-18:15

小利：嗯，共有 4 个国家：英国、葡萄牙、摩洛哥、西班牙。起飞与到达的时间差，不一定就是飞行时间，中间可能还包含时差。的确有点复杂。

小徐：这是地理与数学结合的题目；我喜欢解这种题目。我先根据自己对这些城市互相间的大致相关位置，画个简图，再把飞机起飞到达的时间差，写在两城市之间。你看!

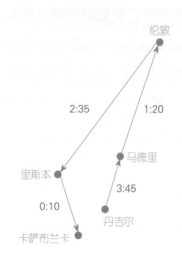

小利：啊！里斯本与卡萨布兰卡之间的飞行时间，不可能只有 10 分钟，那太开玩笑了。摩洛哥的时区比葡萄牙的至少晚 1 个钟头。

小徐：对了，这是纯算术的推论，世界上不可能有仅有 10 分钟的国际航线。再往下解题就要有点地理的常识。

小利：如果图中两点之间的相对距离大致是正确的——啊，这就要靠你的地理知识了，那么丹吉尔与马德里之间的飞行时间不可能那么长，也就是说，西班牙要比摩洛哥早 1 个钟头。这样调整，里斯本与卡萨布兰卡之间要飞 1 小时 10 分钟，丹吉尔与马德里之间 2 小时 45 分钟——还是不对，2 小时 45 分钟太长了，丹吉尔与马德里之间应该是 1 小时 45 分钟，也就是西班牙比摩洛哥早 2 小时。对了，这样西班牙早英国一个小时，马德里与伦敦之间要飞 2 小时 20 分钟。这段时间与伦敦、里斯本之间的距离相当。

小徐：完全正确，西班牙早英国 1 小时，英国和葡萄牙在同一时区，都早摩洛哥 1 小时。行程表应该注明时差，才能使异中求同、接续存异的时区设置，发挥最大的功能。

小利：我去上个洗手间，请你让他们加点水。

3.2

通历通乐

小徐：刚才谈到时间的统合。因地理的区域划分，各时区有各自的地方时间，但为了各地方时间可互相比较，我们又会参考格林尼治标准时间。我看历史的纪年也类似。

小利：不错，各国可有各自的纪年，譬如日本用天皇的年号纪年，但要确定昭和 20 年是哪年，大概要借助基督纪年。基督纪年算是一种标准纪年。

小徐：嗯。昭和元年相当于公元 1926 年，20 年就相当于 1945 年。那一年日本投降，第二次世界大战结束。

小利：我们已经看到几种纪年的方式。一种是从某件大事发生后开始，一年一年顺序记录下来，譬如基督纪年，也就是你说的公元。这样的纪年不但西方在用，许多非西方国家在用，国际间的往来也在用，你们也叫它为公元。基督纪元原意是从耶稣诞生后的第二年开始，1 年、2 年、3 年……一年年地记——当然，你也知道，耶稣实际上并不是诞生在纪元前 1 年。公元 622 年，穆罕默德从麦加逃亡到麦地那，在那里他的见解广受尊重，这是伊斯兰教的大事，所以事后伊斯兰历回溯，以该年为伊斯兰历的元年——当然他们的年比较短。佛历以佛祖诞生之年为元年。

小徐：台湾地区用的民国纪元是朝代的纪年法。中国古代不是这样纪年的。日本的年号制正是从前中国的纪年制。

小利：又是皇帝，又是年号，而且一个皇帝有时不只一个年号，你们读历史一定读得累死人。

小徐：是啊，汉武帝在位 54 年，就用了 11 个年号。好在不是每个年号内都有大事发生。其实首先用年号的正是武帝；公元前 140 年，汉武帝即位，使用的第一个年号建元，有建立纪元的意思。直到明朝开始，才一位皇帝一个年号到底。

小利：对了，你们不是还有干支纪年吗？什么庚子赔款、辛亥革命、甲午战争，让人搞得头昏脑涨的。

小徐：干支纪年自成一系统，和帝王年号不相属。天干有 10 个：甲、乙、丙、丁、戊、己、庚、辛、壬、癸，地支有 12 个：子、丑、寅、卯、辰、巳、午、未、申、酉、戌、亥。天干地支依序各取一个，用来纪年，譬如"甲"配"子"合成"甲子"，是为第一年，则"乙"配"丑"合成"乙丑"，是为第二年。到了第十年，则为癸酉年，往下天干从头轮起，得干支为甲戌，再来是乙亥。再往下，地支也回头，而得第十三年为丙子年。如此这般，第六十年为癸亥年——因为 10 与 12 的最小公倍数就是 60，天干地支刚好都轮完，下一年从头开始又是甲子年。所以我们说人活了一甲子，就是活了 60 岁。

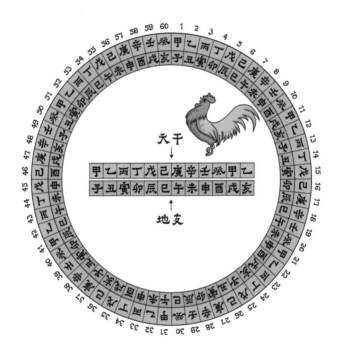

小利：干支纪年好玩是好玩，但是每 60 年就重复一次，恐怕还是一皇帝一年号比较好：由皇帝你可以知道什么时代发生的，年号几年就确定是哪一年发生的。

小徐：但代价是要记住皇帝的顺序，还有每位皇帝在位的年数。用惯了干支一样会有顺序感。中国历代皇帝以清康熙帝在位最久，共 61 年，其余都不到 60 年。对每一位皇帝而言，干支纪年几乎是不会重复的。所以干支纪年用起来不会比年号纪年差。

小利：还是万世一系的纪元好。

小徐：没错，但干支纪年还是有它微妙的地方。几年前，我们到台湾淡水参观清水祖师庙，我大姊指着一面墙上的题字，那是外祖父撰书的。她问我，诗文之后的"丁丑秋月"，指的是哪一年啊？我算了一会儿，告诉她是 1937 年——正是大姊出生的那一年！

小利：你说丁丑年是 1937 年，是用算的？

小徐：丁丑的丁在天干中排序为 4，丑在地支排序为 2，各加 3，成为 7 与 5。你要找一个数，除以 10 余 7，除以 12 余 5。

小利：这样的数很多啊，譬如 17 就是，而且 17 加了 60 所得的 77 也是，加 60 的任何倍数也是。

小徐：这就对了，1920 是 60 的倍数，加了 17 后就是 1937。

小利：但，为什么是 1920？

小徐：1920 减 60 是 1860，外祖父还没出生；加 60 是 1980，外祖父已过世；所以当然只有 1920 这个可能了。

125

小利：要加多少，的确要看当事者大概是什么时代的人。但为什么天干地支的序数要各加3呢？

小徐：公元1年并不刚好是甲子年，3年后的公元4年才是甲子年。

小利：这么说来，给了公元年数，也可以推出干支纪年是哪一年啦！

小徐：不错，但这是反向的推算，要把天干地支的序数减3，不是加3。譬如1894年，1894除以10余4，除以12余10，余数各减3，得1与7，这就是天干与地支的序数，第一个天干是"甲"，第七个地支是"午"，所以那一年是甲午年，中日发生了甲午战争。

小利：太妙了！民国元年是1912年，对不对，它的前一年是1911年，1911除以10余1，除以12余3。1与3各减去3——要怎么减？

小徐：我们要的是天干地支的序数，而序数是循环的。天干序数1就是序数11，1减3是–2，而序数–2，就是11减3所得的序数8，所以是辛；3减去3是0，就地支而言，也就是12，所以是亥。

小利：果然是辛亥年，发生辛亥革命！不过，也可以把1911先减去3，得1908，再除以10或12，就得天干序数8，地支序数12。

小徐：没错。另外，地支还跟生肖相关，譬如我生

于癸未年，地支未的序数为 8，从鼠开始数生肖，第 8 个
是羊，我属羊。

地支还跟生肖相关，
譬如我生于癸未年，地
支未的序数为 8，从鼠
开始数生肖，第 8 个是
羊，我属羊。

小利：你生在癸未年？让我复习一下。癸的序数为 10，
未的序数为 8，各加 3，则各得 13 与 11，也就是 3 与 11。
什么数除以 10 余 3，除以 12 余 11 呢？简单，23 嘛！ 23
加 60 的倍数 1920，那就是你出生的公元年数了！

小徐：还好你没加 1980，也没加 1860 !

小利：哈哈，我没笨到把你弄成还没出生，或者已
经上了天堂！

斯卡利杰与儒略纪日

斯卡利杰（Joseph Justus Scaliger, 1540-1609）为法国人，很有学问，是位百科全书派人物。他后来转信抗议教，预料到会受到迫害，于是前往荷兰，因而刚好躲过了 1572 年 8 月 23 日至 24 日在法国所发生的圣巴多罗买日（St. Bartholomew's Day）屠杀抗议教徒事件。

斯卡利杰研究历史，为了使不同纪年方法的历史纪录能在时间上互相比较，就在 1583 年发明了儒略纪日法，可算是现代年代学（chronology）的开山祖师。

儒略纪日的发明刚好是在教皇格列高利十三世颁行新历（1582 年）的第二年，所以另有一说认为：斯卡利杰是为了与教皇抗争，而有了另外的纪日系统，因为这位教皇相当钳制反天主教的运动，圣巴多罗买日大屠杀就是在格列高利接任教皇那一年发生的。斯卡利杰把新的纪日系统称为儒略日，就是坚持用旧的儒略历（凯撒历），而不要和教皇的新历扯上关系。

斯卡利杰的父亲名字就叫做 Julius Caesar Scaliger，和凯撒（Julius Caesar）同名。小时候，斯卡利杰的父亲逼他读书，促使他后来学问渊博；父亲又告诉他，他们家族的出身是很高贵的，使他觉得很有面子，所以纪日法用父亲的名字命名当然是很有意义的。不过，晚年斯卡利杰得知，所谓家族出身高贵竟然是假的，于是抑郁而终。

小徐：各地有各自的纪年法，全世界也用公元纪年来互通。但各地的历法岁首不一，月的安排也不同。这个历的某年某月某日，要对到那个历的哪年哪月哪日，还是不简单呢！

小利：十六世纪的斯卡利杰也想到了这个问题。他于1583年，也就是凯撒历改为格历的第二年，提出了儒略纪日法。凯撒历又称为儒略历，儒略（Julius）是凯撒的名字。斯卡利杰依据儒略历及倒推，把儒略历从公元前4713年1月1日以来的每个日子，从0日开始，每一日给一个序号。其他历的任何日子就可与儒略序号对上，而可转成另一个历的某个日子。

小徐：真有人用儒略日纪日法吗？

小利：天文学家还在用。譬如宋朝某年某月某日记载看到超新星，天文学家就找出该日的儒略序号，然后再查欧洲有什么地方在该日也有超新星的记载。天文学家只以日为单位，可摆脱历中"年"和"月"的人为设置。

小徐：对了，我想起两则报导。一则说考古学家，发现甲骨文记载商朝某帝王某年中秋有月全食，天文学家就用现在的天文知识，推算古时候有哪些年在中秋有月全食，来决定殷商的年代。我想在推算的过程中，需

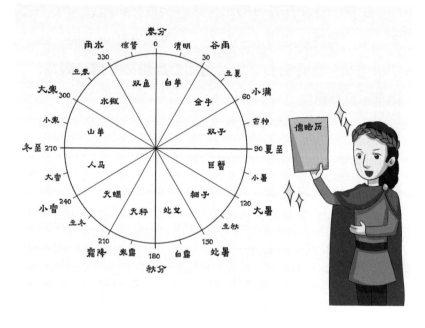

要用到儒略日系统。另一则报导说，某科研机构不但把许多史料计算机化，而且把历法数据也输入计算机，帮史学家减少了博学强记的压力，也不必为了研究日期而花费许多功夫；我猜这些历法数据也包括儒略日系统吧！儒略历虽改成了格历，儒略日却长存下来！凯撒的生命还是延续到现在。

小利：这可难说。有种说法说，斯卡利杰其实是要纪念他父亲的，因为他父亲的名字也是儒略。

小徐：管他的，凯撒的名字还是儒略啊！

小利：基督纪元虽然好用，但如果年代久远，譬如说，发现了1百万年前的人类头骨，我们不会说公元前1百万年，因为1百万年是估计的，误差可差几万年。

小徐：地质学有他们自己的年代表，不过我永远搞不懂他们所用的名词。

小利：地质学家起先只知道地有好几层，各层含有各种化石，后来发现，地层在下的化石较简单，在上的较复杂，而且不同地方的地层可含同类的化石。于是他们得到结论说，地层是一层层迭上去的，愈下面的愈老，而且生物一直在演化，愈演化愈复杂。每一地层可用某些动植物的化石来代表，只是一时还不知道每一地层的年代有多久。

小徐：对了，有人研究圣经，相信地球的历史不过几千年。后来经过地质学、生物学、物理学家的研究，认为不只几千年，而且愈研究，所得的年数愈大。直到利用放射性元素衰变情形来估算，才知道地球的历史有45亿年之久，而且根据这些资料，建立了地质年代表。

小利：地质年代表也可算是一种通用的历，它以5亿8千万年前为界，分为两个eon。你们的地质书把eon译成"元"。这两个元，前面的称为隐生元，后面的称为显生元。地球进入显生元后，遗留下了动植物的化石；之前的生物似乎太脆弱了，几乎无法成为化石。我想隐

生、显生就是这个意思。

小徐：我只知道寒武纪之后才有化石，之前则称为前寒武纪。但是我不知道"寒武"是什么意思？这些地质学名词都是怪怪的。

小利：地质年代粗分为隐生元与显生元。显生元之下再分为三个 era，中文译为"代"，有古生代、中生代、新生代，分界为 2 亿 4 千 5 百万年前，以及 6 千 5 百万年前。每一"代"之下各分为几个 period，也就是"纪"。寒武纪是古生代的第一纪。寒武是 Cambria 的译音，而 Cambria 是地名⑤，在那里最先发现代表寒武纪地层的化石。

小徐：原来是地名转成"纪"的名称，再经音译，真是雾煞煞。那么《侏罗纪公园》的"侏罗纪"也是纪名了。

小利：没错，它是中生代的第二纪；中生代一共有3纪，恐龙在中生代第一纪出现，经第二纪侏罗纪，到了第三纪白垩纪大兴大灭，恐龙的灭亡标示着中生代的结束。

地质年代表

元（Eon）	代（Era）	纪（Preriod）	时间（百万年前）	开始出现的动物
隐生元（Cryptozoic）			4500–580	
显生元（Phanerozoic）	古生代（Paleozoic）	寒武纪（Cambrian）	580–500	有壳的无脊椎动物
		奥陶纪（Ordovician）	500–440	鱼类
		志留纪（Silurian）	440–400	（陆上植物）
		泥盆纪（Devonian）	400–345	两栖类、昆虫、陆上动物
		石炭纪（Carboniferous）	345–290	爬虫类
		二叠纪（Permian）	290–245	（海洋生物大灭绝）
	中生代（Mesozoic）	三叠纪（Triassic）	245–195	恐龙
		侏罗纪（Jurassic）	195–138	鸟类、哺乳类
		白垩纪（Cretaceous）	138–65	现代昆虫
	新生代（Cenizoic）	第三纪（Tertiary）	65–3	现代哺乳类、现代鸟类
		第四纪（Quarternary）	3–	人类

小徐：古生代与中生代的界线又是什么？

小利：古生代最后一纪，二叠纪，随着一半以上的海洋生物族群的大灭绝而结束。之前是爬虫类的天下，之后恐龙出现了。

小徐：那么新生代可标示为哺乳类时代？

小利：大致可这么说。古生代有 6 纪，中生代有 3 纪，新生代有 2 纪，称为第三纪与第四纪，这两纪的分界线约在三百万年前，大约是人类登场的时代。到了新生代，纪之下还要分成好几个"世"（epoch）。第三纪与第四纪各有 5 个世与 2 个世。

小徐：拜托，到此为止。不要再告诉我更多的纪名与世名。这好像朝代与帝王，太多了，记都记不住。有需要，查表就好了。谢啦，至少我学到了地质历中，元、代、纪、世的包含关系，元怎么划界，代怎么划界，还有，寒武是地名！

小利：好啦，就饶了你，我们换个话题吧！

3.3
历就是行事以时

小徐：历不但调和了日、月、年，更重要的是规定哪些日子工作，哪些日子休息，哪些日子有什么节庆，使大家能依历行事。

小利：其实应该反过来，是为了使大家行事以时，才会去研究日、月、年的关系，发展各种不同的历。罗马古历原为纯阴历，每月的第一日称为 kalends，是新月出现的日子。在这一日，罗马的执政官要当众宣布新月开始了，提醒大家举债的利息要还，还告诉大家这个月的哪些日子有节庆。"宣布"在拉丁文是 calere，由这个字衍生了"宣布日"（kalends），最后衍生了"历"（calendar）这个字。所以英文的 calendar 一样深含"行事以时"的意思。

小徐：有意思！不过更正确的说法应该是："政府颁历，使民行事以时"。你刚才说，罗马古历原为纯阴历？

小利：人类最早注意到的周期现象应该是日夜循环，日的观念最早形成。其次是月亮的盈亏，所以用盈亏的周期做为计算日子的较大单位。也就是说，各民族的历，

罗马每个月的第一天叫宣布日。

最早的大抵都是纯阴历。

小徐：对了，阳历一定是后来才有的，因为它借用了"月"的概念，虽然"月"和月亮的盈亏已经无关。

小利：这当然是另一个佐证。从历史的发展来说，人类在得到月亮盈亏周期之后很久，才知道太阳的位置变化和四季变化有关，而且也有确定的周期。一旦进入农业社会，需要更精确的历，以便农事能依时进行。这时就有两种可能的情况：一是完全放弃月亮，而发展阳历；另一种可能是把日月年做个大调和，发展阴阳合历。

小徐：许多节庆在使用阴历时就已形成，并深入文化。到了农耕时代，虽然知道太阳的重要，但还是不能弃月亮而不顾，只好走上阴阳合历的路途了。农历中的春节、端午、中秋等节庆是纯阴历的，和太阳无关。

小利：你们不是有个说法说"不到端午，不收棉被"？

小徐：今年农历闰 4 月，端午节拖到阳历 6 月 25 日才到。那句话应改成："不到芒种，不收棉被。"芒种是节气，在阳历 6 月 5 日，这时候大概出梅了，天气开始变热。不过这句话只在此地适用，越往北，出梅得越晚。

小利：游牧民族或沙漠地区，不从事农业，文化传统比太阳重要，纯阴历就保存了下来。不过受到阳历的影响，借用了"年"这个名词，做为比"月"更大的日子计数单位。

小徐：这么说来，纯阳历的出现算是很特别的了。

小利：的确很特别，凯撒历在当时几乎是唯一的纯阳历。凯撒从埃及请了天文学家索西泽尼斯来帮忙改历，但埃及那时用的却不是纯阳历。

小徐：他们用阴阳合历吗？因为埃及尼罗河岸的农耕很重要！

小利：尼罗河定期泛滥是件大事，埃及人大致知道它的周期，比 12 个阴历月略长一些，所以他们不时需要加 1 个月，使得以 12 个月为主的阴历年，与泛滥周期不会差太远。这种历，因为没有阳历的"月"或"气"，所以顶多是有点阳历影子的阴历。不过为了行政方便，他们发明了另一种历，行政历，一年 12 个月，每个月 30 日，另外年底加 5 日，成为 365 日。看起来像是纯阳历，但因为没有置闰的设置，这种历用久了，"年"和太阳的周期就完全无关。岁首到处流浪，称为"流浪年"。

小徐：其实若不改历，凯撒历还不是会流浪下去！当然，这种行政历流浪得更厉害，可算徒具虚名的阳历。

小利：埃及后来还创造了另一种阴历，它也不时有闰月，但为的是和行政历大约齐步。

小徐：这是为了什么？

小利：第一种阴历大约与季节齐步，用来决定与农业或季节相关的节庆日期。第二种阴历则用来决定与宗教有关的节庆日期。等到罗马改用阳历并占有埃及后，奥古斯都大帝就要埃及改用纯阳历。

小徐：罗马用的凯撒历就此强迫推销出去了！

小利：不是，他只是把埃及的行政历修改了一下，也就是每四年一次，年底所加的日子变成6日。这种历称为亚历山德拉历⑥。

小徐：这种历埃及还在用吗？

小利：埃及的科普特东正教还用这种历⑦，而伊斯兰教用伊斯兰历，行政用格历。

小徐：行政历一年365日，难道他们不知道会有误差吗？

小利：我猜一开始并不知道，后来知道了也无所谓，反正只在行政上使用。

小徐：想象中要得到准确的回归周期的确不容易。中国古代用大腿骨来测日影长⋯⋯

小利：什么？大腿骨？

小徐：古人起先注意到太阳的位置跟树木的影子有关。譬如，男人出门打猎前告诉女人说："今天我要到远一点的地方，等这棵树的影子到达那个大石头的边缘，我才会回来。"

小利：这和大腿骨有什么关系？

小徐：不要急啊，听我继续说下去。后来这家人为了修房子，把那棵树砍了。没有树，没有影子，造成了不便。有一天，那男人在外面看到一条长长的大腿骨，念头一转，就捡了带回家，直直插在地上，然后跟女人说，以后就看大腿骨的影子了。

小利：你真会吹牛啊！不过还算合乎情理。

小徐：大腿骨比树矮得多，影子短得多，但影子有比较确定的边缘，于是那女人在地上做了记号，记录影子的变化。结果，她发现一天之中，影子由长变短后又

科普特东正教（Coptic Orthodox）

早期各地的基督教派在教义上有些分歧，虽曾召开尼西亚大公会议，基督是人、是神，或者两者都是的争论仍然存在。埃及的基督徒认为基督是神，他们这样的看法在公元 451 年举行的加采东大公会议（Council of Chalcedon）中受到谴责。

于是埃及的基督徒自外于传统的天主教，而称为科普特东正教；Copt 是埃及的意思。

拉长。而太阳最高时，影子最短，她又在影子最短的地方做了特别的记号。渐渐的，她发现最短的影长随季节有所变化，冬天长、夏天短。

小利：要决定一年的长度，就看最短影长中的最长影长的周期……

小徐：又是最短、又是最长、又是周期，谁都听不懂呢！

小利：我自己也觉得不顺口。可见要确定一年的长度的确不容易。

小徐：每日的最短影长会随季节变化，夏天短、冬天长，变到最长的那一天就称为冬至。从一个冬至到下一个冬至，所需要的时间就是一年的长度。

小利：怪不得中国的历那么重视冬至，而且是看大腿骨的影子！

小徐：经过仔细的观察与记录，他们发现一年的长度大概是 365 日，但有时也会是 366 日。于是天文官就用长竿来代替大腿骨，以便做更精确的观察与记录，结果发现一年长平均为 365 日。长竿子称为表，或称为髀；髀就是大腿骨。中国古代的第一本天文数学书，就叫做《周髀算经》。

小利：你的大腿骨故事还真有根据呢！冬至其实是

影长表示时间的变化

> ### 《周髀算经》
>
> 《周髀算经》因记载周人用表测日影而得名，其主要内容为天文及相关的测量与计算，成书年代约在两汉之间，与《九章算术》并列为中国最古老的算书。

太阳在最南边的时刻，但那时刻却不一定是一日的正中午，日影最短的时候。这就是用日影长不是很容易决定一年长度的道理。

小徐：所以要观察很多年，再取平均。

小利：你真以为一回归年，也就是冬至到冬至的时间是固定的？

小徐：若不是，那么年就没意思了。

小利：回归年，每一年都有些差异，最多差到 18 分钟，但自然的奇迹是，平均的回归年几乎是固定的，约是 365.2422 日——这是一般人心目中的年的实际意义。

小徐："回归年"与"回归年的平均"原来是有区别的。

小利：英国伦敦时报曾报导说，有人记录了阿麦斯罕（Amersham）地区每年第一次听到布谷鸟叫声的日

子——布谷鸟是种候鸟。把前后两年第一次听到叫声的日子差当做一年的长度，从1925年到1938年所得的平均为365日。这样的模拟是：布谷年的长度不是固定的，但布谷年的平均长度几乎是固定的。

小徐：好啊，我也要我的鸟迷朋友观察记录黑面琵鹭过境的日子。

小利：地球公转的平均速度，就长期而言是在减缓的，过去的回归年平均为365.24218，后来为365.24219，大约每一世纪慢了0.00001日。

小徐：在几千年的时间内，这并不影响到历的安排。

小利：其实日与月的长度也是变动的，但平均的日长与月长，几乎固定不动。不过，长期而言，地球愈转愈慢。

小徐：所以有时会规定有闰秒，就是多了一秒。日与月的长度会变动，当然是因为两者的运动都不是等速圆周运动。它们的变化范围如何？

小利：那是主要原因。地轴相对于轨道是倾斜的，也是日长会变的原因，而地球、月亮、太阳之间位置与引力的复杂关系，也使月的盈亏周期不会是固定长度。日长的变动范围约为 50 秒，月长则可达 7 小时。

小徐：如何应对这些变化，也是研究历法的一个切入点。像古罗马的阴历，看到新月后就宣布另一个月开始了，这是自然历的设计。

小利：看到太阳刚好从东方升起，确定春分或秋分到来，就宣布新的一年开始，也是自然历。在南北回归线之间的地区，一年有两个中午，太阳正好在头顶正上方，日下无影，也可以做为一年的开始；从前的爪哇历就是这种形式的自然历。

小徐：我们说过兰屿渔民的置闰方式也是自然历。冬至与夏至就不好用自然的方法来决定，因为等到确定影长最长或最短时，冬至或夏至已经过了。

小利：自然历之外的历都要经过事先的计算，都可称为数学历了。

小徐：你说的数学历，就是我上次说的人为历，数学历都是经过人为计算的。我认为数学历还可细分为算术历与代数历两种。

小利：这又是怎么说的？

小徐：像伊斯兰历、格历，还有农历的平朔、平气，用平均的月与平均的年来因应平均的盈亏月、平均的回归年，都是算术历，因为编历只用到简单的算术，一般人都可以懂。

小利：埃及的亚历山大历，更是简单的算术历。

小徐：像农历的定朔、定气，还有置闰方法，或者复活节的决定，可就要经过复杂的计算，以应对天象更细致的变化。一般人找不出变化的规则，我们可称之为代数历。

小利：你说过中国改历力求合天，西方改用阳历是力求简单。所以中国改历是从算术历型转到代数历型，而西方改历，则从自然历型转向算术历型。

小徐：自然历要以官方的观察为准，自然树立了君王或教会的权威。代数历要靠复杂的数学，数学代替了自然，成为君王或教会权威的背后黑手。

小利：还是算术历好，人人可算，比较民主。

小徐：这是比较的问题。当算术还不是人人都懂的时代，算术历已经足够树立君王的权威。

小利：但现在是民主时代啊！

小徐：民主时代的国民教育包括代数的学习啊！

小利：但代数太难了。

小徐：那么你对学好代数的人要尊敬些。

小利：你欠揍哦！

小徐：我承认，从实用的观点，应取简单，只要让历的平均值接近自然的平均值就好——也就是使用算术历。但历有太深的文化根源，你也不能忽略，而且也不一定要舍弃代数历型的设计，譬如复活节就是个例子——大部分的人不会因为复活节不容易事先算得而感到不民主。代数型的历你不一定要会算，但要懂它的主要内容。

小利：我也不得不承认复活节已进入文化的深层，民主时代也不必主张，非把复活节改在格历中固定的一天不可。阴历、阳历、阴阳合历的区分，是从要调和的对象着眼；自然历与数学历的区分，算术历与代数历的区分，则是从调和的方法来区分。

小徐：从政治与历史的观点而言，历法的复杂的确支撑了君王的权威。《论语》的最后一篇《尧曰篇》，最开头是:"尧曰:'咨,尔舜,天之历数在尔躬,允执其中!四海困穷,天禄永终。'舜亦以命禹。"这是尧传位给舜,也是舜传位给禹时所说的话,意思是说你现在已承受大命,该如何如何。承受大命的另一种具体说法,就是"天之历数在尔躬",亦即,历法就掌握在你的手中,而掌握历法的人就是掌握天下的人。后来另一说法是"奉某某人为正朔",也就是某某人规定某日为正月朔日,我们来遵守,这等于是奉某某人为君王,依其所颁的历法行事。

小利:所以改正朔就是换了皇帝或改了朝代?

小徐:通常换皇帝或改朝代,不一定会改正朔。反过来,像汉武帝改了正朔,但皇帝照做,朝代也没改。当然也有像武则天为了强调改朝换代,特别改了正朔。

小利:愿闻其详!

小徐:要闻其详可要花点时间。我要花点时间准备,而且我也相信要花点时间,才能说得清楚。

小利:约定好了,下一次聊天,就请你谈一些改正朔的故事。

小徐:一言为定。你说过欧洲进入中世纪后,学问不兴,唯一做学问的地方是教会。教士为了传教,必须有逻辑的训练,为了计算复活节的日子,必须有天文学的知识与基本的数学能力。

小利：的确，数学的一点点能力，就这样传承下来。

小徐：在中国，朝廷为了历法，召请许多天文官，而这些天文官为了使历法更合天，把历法推往代数型，所需要的数学愈来愈复杂。为了上元积年就发展了大衍求一术，得到余数定理。为了更清楚太阳和月亮的不规则运动，就发展了内插法，进而得到高阶等差级数的算法。

小利：运行不规则，需要用到内插法，我懂。什么是高阶等差级数，我就不懂了。还有上元积年是什么？大衍求一术，听起来像是方士之术……

小徐：上元积年就是很早很早的某一年的某一日，天上的七曜排在同一直线……哎，这太难了，以后再说吧！总而言之，为了天文历法，中国的数学发展得还真不错呢！清朝乾隆末年，也就是十八世纪末，有一学者阮元，做了 280 人的传记，合在一起，称为《畴人传》。这 280 人包括中国历代的天文学家、数学家 243 人，外加来华西洋传教士 37 人。所谓畴人，就是世代相承、计算天文历法的人。由此可知，在中国，天文历法和数学关系之密切。

小利：你要说的是，历法往精确和复杂走，促进了中国数学的发展？

小徐：不错。虽然有不方便、不民主的缺失，但也有意外的收获。

小利：其实在西方，天文的发展和数学也密切相关，只是天文的发展只有一部分摆在历法之中。今天我们从回顾的观点看历法，倒也蛮有收获。

小徐：可不是吗！再回顾一下，虽然各地区有各自的时间，但时区制的设置却使全球成为一体。

小利：这叫做时间与空间的整合，不同的空间用不同的时间来区隔，有时也可以倒过来用。

小徐：什么叫做倒过来用？

小利：大航海时代，船只最怕的是不知道自己在哪里，因而常常造成触礁。纬度比较没问题，可看北极星或太阳的仰角；经度就没有简单的测量方法。一个地方的经度与伦敦的经度每差一度，时间就要差4分钟。如果《环游世界80天》的那个仆人，发现当地的时间比他怀表的伦敦时间晚了5小时，那么两地的经度就相差了 $5 \times 60 \div 4 = 75$ 度。

小徐：这不就是简单的测量经度方法？当然用头顶时间比用时区时间更是准确。

小利：头顶时间可由观测太阳或星座的位置来决定，但伦敦时间可就需要一个不会晕船的表。

小徐：福格的仆人不就有一个？

小利：那是在发明了不会晕船的表之后的事，而要发明这样的表可就花了一位叫约翰·哈里逊（John Harrison）的人一辈子的时间。最近有一本书《寻找地球刻度的人》，就是讲他的故事。

小徐：真有意思，时间和空间可以交换呢！我们也谈过，各地区、各时代可有各自的历法，但我们有格历、儒略日，还有地质年代可做为共通的参考。

小利：我提过一件历史故事：1908 年在伦敦举行奥林匹克运动会，结果俄国代表团到达时已迟到 12 日，运动会早就结束了，因为俄国用的还是凯撒历！

小徐：除了历史、文化、数学之外，从政治观点切入，也会使历的内涵更为丰富。

小利：下一次，你要把政治的观点说得更清楚些。

小徐：当然，当然。

【第 3 章注释】

①国际上正式采用国际日期变更线是 1884 年的事——《环游世界 80 天》出版后的 11 年。

②加纳利群岛（Canary Islands）位在非洲西北角摩洛哥的外海，现属于西班牙。

③1884 年，25 个国家在华盛顿召开国际子午线会议（International Meridian Conference）。那时候是电报、无线电开始发达起来的时代，没有统一的参考时间与经纬度，已造成诸如海陆交通的不便。

④该次会议同时决定把国际日期变更线设在离本初子午线 180° 的太平洋中；在大洋中换日子，不会造成任何人的不便。

⑤Cambria 是英国韦尔斯（Wales）的古拉丁名，英国地质学家塞吉威克（Adam Sedgwick, 1785–1873）最先用它来标示地层。寒武纪地层的特色是包含大量前所未见的有壳无脊椎动物。

⑥这样的历称为亚历山德拉历（Alexandrian calendar）；与之相对，原来埃及的行政历就称为埃及历（Egyptian calendar）。早期的基督教会用的就是亚历山德拉历。

⑦埃塞俄比亚的天主教派到现在用的也是亚历山德拉历。

⑧这是一本翻译的书，原书名为 Longitude，为戴瓦·梭贝尔（Dava Sobel）所著。梭贝尔为英国人，常为许多杂志撰写科普文章。

第 **4** 篇

天之历数在尔躬

小徐、小利对话录〔之三〕

导　读

传统的中国非常注重历法，而且是从统治的观点强调。

《论语》最后一篇《尧曰篇》的开头是："尧曰：'咨！尔舜！天之历数在尔躬，允执其中！四海困穷，天禄永终。'"意思是说舜既然承受大命，就该如何如何。承受大命的具体说法就是掌握历法，使民行事以时。

改朝和改历

春秋战国时各国争战，各不相属，各奉各的历，于是周有周历，晋有晋历，秦有秦历，岁首各自不同。等到秦并天下，天下只得奉秦为正朔，亦即秦之规定何日为正月初一，大家都遵行。

汉兴继续用秦历，一直到武帝才想到要改历。改历的要点有二，其一把岁首延后3个月，另一则是把原先置闰月于年底的方法，改为置闰月于无中气者。往后的农历间或稍有变动，大致都维持这样的体系。

改历的要点很简单，但改历的理论却很玄妙，与改历的要点无关。汉武帝就是爱上玄妙的理论而同意改历，充分显示其"天之历数在尔躬"的思维。

武则天建立了新朝代吗？从历法的观点来探讨是很有趣的。公元 689 年，垂帘听政的武则天宣布改历，把岁首提前到 11 月——周朝用的，到第二年武则天就改国号为"周"，前后呼应。

后来，武则天还是决定传位给自己废掉的儿子——唐朝的中宗，于是在 700 年又下诏恢复原有的唐历，也就是用正月为岁首。从历法的观点而言，武则天的确建立了新王朝"周"，只是没有坚持到底。

在武则天用周历岁首的期间，697 那一年，她认为下一年农历元旦（11 月 1 日）最好落在冬至那一天，于是下诏改动大小月，使其如愿以偿。

中国的历数掌握在皇帝手中

"天之历数在尔躬"表示皇帝要知晓上天的历数之理，才是上天的代言人。上天的变化除了日月之外，还包括其他的行星，这些农历都要管。至于日月交食更是上天的言行，皇帝岂可不预知？于是日月食的预测成为农历的重要内容。可惜长久以来，日月食的预测一直无法准确，于是农历需要时时修正。

有了"天之历数在尔躬"的想法，农历在精确与简单两者之间，选择了精确，于是历愈变愈复杂，不过连带使一向走实用路线的中国数学，也发展不少与天文相关的理论数学。

小徐在自己的研究室用功，书桌上堆了些与历法有关的书，包括中研院编的《高平子天文历学论著选》、董作宾的《中国年历简谱》、柏杨版《资治通鉴》第49册等。

天气转暖，校园中杜鹃花盛开。不用说，这是3月初——"淡淡的三月天，杜鹃花开在……"，小徐哼起了老歌，后悔没有每年记下杜鹃花突然集体盛开的第一个日子，否则他也可以有个杜鹃年历……

正想着，小利来访。小徐泡了老人茶，和小利聊了起来。

4.1
汉武帝改历很政治

小利：你说过，中国的改历往往有政治味道，而且我已知道汉武帝改历是件重大的事。汉武帝改历有政治味吗？

小徐：改历是司马迁建议的，他的建议有小小的政治味。汉武帝改历的决策则有大大的政治味，司马迁对武帝改历决策的反应则至少有中中的政治味。

小利：又是小小，又是大大，还有中中，政治味的浓度有这么多的区别？

小徐：看汉武帝改历从政治观点切入，真的很有意思。

小利：不要卖关子，请痛痛快快说吧！

小徐：先说司马迁为什么改历。农历不但用干支纪年，也用干支纪月，也用干支纪日，各自以60为周期……

小利：用干支纪月和纪日，我怎么没听说？

小徐：历书用干支纪日，现代人至少在农历历书上还可看到。另外，有些名人的书信上也见得到用干支纪日[①]。

小利：好了，司马迁建议改历和干支有什么关系？

小徐：公元前104年，也就是武帝元封7年，司马

迁发现刚过去的阴历 11 月 1 日刚好是冬至，而且干支纪日，这一天刚好是周期开始的甲子日，他认为非常适合作为新历的起点。

　　小利：你说的 11 月是现在农历的 11 月，还是当时所用历的第十一个月？

　　小徐：指的是现在农历的 11 月，也就是含中气冬至的那个月。汉朝开始还是继续使用秦历，秦历是以现在农历的 10 月为岁首。干支纪月的地支"子"与 11 月对齐，"丑"与 12 月对齐，"寅"与 1 月对齐，依此类推。逢闰月则与所闰之月同干支。地支有 12 个，刚好与

阴历的 12 个月一一对齐。夏朝以 1 月为岁首，所以称为"建寅"，商朝以 12 月为岁首，称为"建丑"，周朝以 11 月为岁首，称为"建子"，而秦朝以 10 月为岁首，称为"建亥"。汉朝因袭秦历，所以我们所说的 11 月，其实是元封 7 年的第二个月。

小利：子为地支之首，11 月是子月，作为岁首，有其道理；11 月 1 日又逢冬至，作为新历的开始，更是有道理！啊，你说 11 月指的是现在农历的月序，所以汉武帝改历显然没采用司马迁的建议！

小徐：其实司马迁想得更复杂，也许就是太复杂，汉武帝才没采用。公元前 105 年，干支纪年轮到丙子年，但岁星的位置却在丑……

小利：什么是岁星？

小徐：岁星就是木星，它绕太阳一周要 12 年，所以木星的位置可呼应干支纪年的地支。公元前 105 年为丙子年，木星的位置理应在子。但木星的周期其实要比 12 年稍短，是 11.86 年，年代久了，位置自然和地支对不起来——丙子年的岁星居然跑到下面一个位置的"丑"。偏偏当时一般的想法，认为理想的历元应为甲寅年甲寅月甲子日，所以司马迁建议新历应一切从头开始，切断过去的干支，把公元前 104 年应有的丁丑年改为甲寅年——至少岁星的位置是对的。把月与地支的对应也重新调整，以含冬至之月对准寅，并定该年的 11 月为甲寅月。

小利：所以，只有冬至为甲子朔日是对的，甲寅年甲寅月都是司马迁硬拗的。

小徐：司马迁为迎合当时的想法而硬拗，是有点政治味的。纪年、纪月都重新来过，这样的改变太大了，汉武帝没有采用，只把岁首从秦历的 10 月（亥月）改为 1 月（寅月）。

小利：为什么不改成 11 月，含冬至的子月呢？

小徐：史书上只说采用夏朝的"建寅"。可能的原因是：既然当时的风尚喜欢寅月，那么就移到寅月吧！

小利：中国不是最注重历的国家？为什么改历史书没详细记载呢？

小徐：你知道司马迁的身份吗？

小利：他是《史记》的作者啊！咦，你要说的是，司马迁改历的构想，汉武帝没采用，结果他写《史记》时，就把改历的过程省略掉了？

小徐：差不多就是这样！司马迁当时为太史令，太史掌的是天文历法。所以改历的建议由他提出，是有道理的。不过他在《史记》中提到这次的改历，只有短短的几句话。大意是这样的：太史令注意到上一个阴历11月1日刚好是冬至，而且又是甲子日，认为非常适合作为新历法的起点，于是与大中大夫公孙卿、壶遂等上书武帝说："历纪坏废，宜改正朔。"于是武帝放弃了原来的秦历，从"建亥"改为"建寅"，并把元封7年改为太初元年，而称新的历为太初历。

小利：你说《史记》对改历的记载只有这么短短的几句话？可是刚才你说了什么甲寅年甲寅月，这些司马迁的想法，你又是从哪里知道的？

小徐：改历是件大事，司马迁又是太史令，但在《史记》中提到的改历，内容那么简单，其余细节均缺。更奇怪的是，他附了一篇《历术甲子篇》，内容和《汉书·律历志》中的太初历完全不同。司马迁和太初历的关系甚为微妙，引起许多历算家的注意与研究。我引述的是高平子的说法。

小利：高平子又是谁？

小徐：高平子为天文学家，生于1888年，卒于1970年。著有《学历散论》一书，后来中研院替他编了《高平子天文历学论著选》，而《学历散论》列为这本书的上篇。在《学历散论》中有《汉历因革及其完成时期的新研究》，谈到太初历的曲折故事。

小利：好，高平子说的故事是什么？

小徐：汉武帝改历碰到新历法周期的问题，要司马迁等议造，但不得其解……

小利：什么是历法周期？

小徐：当时历法的约定是，阴阳合历每 19 年要闰 7 次。如果某年 11 月 1 日刚好是冬至，则 19 年后的 11 月 1 日还是冬至，阴阳合历就以 19 年为周期，重新开始。但回归年平均有 $365\frac{1}{4}$ 日，如果从某个冬至夜半开始，则 19 年后太阳走到最南方时，不会刚好是冬至夜半，而会有 $\frac{1}{4}$ 日的出入，于是他们把 19 乘以 4，就知每 76 年，不但阴阳历合，而且把每年 $\frac{1}{4}$ 日的飘移也重新归零。

小利：那么，76 年就是历法周期？

小徐：还不是。如果某年冬至是甲子日，则 76 年后的冬至日不会是甲子日，而是 $76 \times 60 = 4560$ 年后，冬至又回到甲子日，而且岁星也完成了它的周期。这样的大周期才是所需要的。

小利：但是还有纪年、纪月的周期呢？

小徐：这不成问题，因为刚才已经乘以 60，而 60 正好也是纪年与纪月的周期。

小利：所以，原来是子月朔日夜半冬至，4560 年后还

不改周期，改朔实。

$$365\frac{1}{4} \times 4617 = 1686359\frac{1}{4} \text{ 日}$$

是子月朔日夜半冬至，原来是甲子年甲子月甲子日，4560年后还是甲子年甲子月甲子日。这就是大周期的意义？

小徐：是的，历法的一切都回到原点。

小利：那么武帝的大周期出了什么问题？

小徐：当时流行的说法，认为上一次历法开始到改历年共累积了 4617 年，而不是应有的 4560 年。现在要改历，就是认定 4617 年是较正确的周期，那么 1 回归年长、19 年 7 闰等规定就要重新算过。

小利：哦，原来是司马迁算不清楚。

小徐：不是这样。司马迁认为，何必管过去的历。

无论 4560 或 4617 都是理论的周期，如果一切从头开始，只要管今后怎样编历就好。《史记》中的《历术甲子篇》就是司马迁私人版的万年历，不管过去，只管今后。不过对皇帝在乎的 4617，司马迁不敢公然质疑，只得沉默以对。于是新历的议造落入了历官邓平的手中。

小利：邓平有什么本事把 4617 给变出来呢？

小徐：邓平发现 4617 年刚好是 243 个 19 年，所以 19 年置 7 闰的规定不必改，阴阳合历还是可回到共同的起点。另外，4617 年共有

$$365\frac{1}{4}\times4617=1686359\frac{1}{4}\text{日}$$

为了顾及干支纪日的周期，他发现把上面的日数加上 $\frac{3}{4}$ 日，成为 1686360 日之后，就可让 60 整除。如此一来 4617 年就是个大周期，不但太阳、月亮回到原点，干支纪日也回到原点，连冬至月半太阳也在最南方。

小利：加上 $\frac{3}{4}$ 日就可为 60 所整除，妙是妙，不过 4617 年干支纪年和纪月都不会回到点，况且一回归年不正好等于 $365\frac{1}{4}$ 日啊！

小徐：不错，凯撒历用了一千多年差了十多日，4617 年会差 30 日以上。不过 $365\frac{1}{4}$ 日是当时公认的岁

新历法，重新合乎天时节气。

实；当然 4617 管不了干支纪年和纪月。

小利：谁说中国的数学重实用，这种大周期是非常注重理论的！

小徐：中国数学的确只重实用——用到天文历法就是实用；天文才是重理论的。

小利：邓平这么解释，汉武帝就接受了？

小徐：更精彩的部分还没说呢！ 4617 年有 243 个 19 年，而 19 年有 7 闰，共有 235 个月，因此 4617 年共有

$$235 \times 243 = 57105 \text{ 月}$$

刚才又说过，同样的 4617 年又凑成 1686360 日，所以两者相除就得

$$\frac{1686360}{57105} = 29\frac{43}{81} \text{ 日}$$

这就是在以 4617 年为大周期的前提下，不得不承认 1 个阴历月该有的平均长——也就是所谓的朔实，而原来的朔实是经由 19 年 7 闰来计算而得的

$$\frac{365.25 \times 19}{235} = 29\frac{499}{940} \text{ 日}$$

两计算结果相比较，$\frac{43}{81}$ 比 $\frac{499}{940}$ 要简单，而且 81 又和音乐有关。所以邓平决定这就是他所要的历，而称为八十一分律历。武帝看到邓平的新历在学理上这么合天——大周期对了，而且那么合律——合于音乐的节拍，

168

所以决定采用邓平的说法，作为新历的基本学理。

小利：新旧两历的岁实都是 $365\frac{1}{4}$，但朔实就不同了，哪个较准？

小徐：当时是不知道的。朔实实际上还是旧的比较准。至于岁实，如果不加那 $\frac{3}{4}$，当然新旧是一样的；加了 $\frac{3}{4}$，则新的还是不如旧的。武帝当然不知道，他就是喜欢81。

小利：武帝很不科学耶！

小徐：当时除了司马迁外，谁会这么想？武帝的决定是很政治的。新历合天又合律，天之历数在尔躬，武帝掌握了历数，更让文武百官信服。

小利：可以想见司马迁的郁卒了。

小徐：可不是。武帝因邓平议造新的历法有功，把他升官至太史丞，也就是太史令司马迁的副手。司马迁只能做无言的抗议，在《史记》中只简单提及改历这件事，不及其余，也不提邓平这个人，然后把自己依古历的岁实 $365\frac{1}{4}$ 日，及朔实 $29\frac{499}{940}$ 日来推算的《历术甲子篇》，附在其后，以为参考。

小利：哈，这就是太史公的史笔了！不过理论归理论，朔实、岁实有点差，但不会比朔实、岁实与真正的盈亏月、回归年平均的差要大。所以新历不会比旧历差得多。

小徐：我同意。但这种理论上合天的想法，却愈演愈烈，后来的天文官除了木星外，把其他行星的周期也考虑进去，使得大周期愈弄愈大，变成天文数字。另一方面，实际的天文测量又没有那么精准，所以不论是理论部分，或是历的实际安排，就不免顾此失彼，不时需要修改。不断地改历是中国历法的一大特色②。

小利：所以这次改历是个大灾难？

徐：怎么会，顶多是余波荡漾。太初历真正的影响是：以后农历基本上是以寅月为岁首，闰月由原来置于年底，改为置于没有中气的月份。另外，为了决定愈来愈复杂的大周期，以及周期起点的问题——所谓的上元积年，中国数学发展了一套方法，称为大衍求一术，得到所谓的余数定理，这是中国少有的理论数学。

小利：希望有一天我也能了解这些理论数学。不过历的政治学倒是很有趣。还有没有其他的例子？

小徐：我等一下要谈武则天，她打破了汉武帝的纪录。

小利：什么纪录？

小徐：元封7年原来是由10月，也就是亥月开始的，但改为太初元年后，却要到下一年的12月，也就是丑月，才结束。共有15个月，442日。这是汉武帝所创

的一年长度的纪录。

　　小利：你说武则天打破了这个纪录？

　　小徐：没错，她让有一年的长度长达444日。不过我所知道的世界纪录却是由凯撒所保持的。

　　小利：是发生在凯撒改历的时候？

　　小徐：凯撒规定春分为3月25日，而为了让天象与这个规定吻合，他就把公元前45年调整成一年445日。

　　小利：让一年超过400日的皇帝，我想都要很有魄力。武则天、汉武帝和凯撒在这方面是有得比的。

4.2
武则天建立了新朝代？

小利：武则天改历创造了新纪录，我想她改历的过程一定很精彩。

小徐：是动机很精彩，过程绝不像太初历那样错综复杂。

小利：她的动机？

小徐：她的动机是想做皇帝，想建立新的朝代。

小利：所以改历是为了奉谁为正朔！

小徐：动机是很政治的。

小利：对了，我对历史的了解不深入，你就先说当时的政治背景吧！

小徐：武则天是唐朝第三任皇帝高宗的皇后。高宗还在位时，她已经是政治运作背后的黑手。高宗死了，中宗继位，武则天为了继续操控政治，就废了自己的儿子中宗，立另外一个儿子为睿宗。再过几年，她无法满足只是垂帘听政，索性取而代之，称起皇帝，并改国号为周。时为公元690年，唐朝的第七十三年。

小利：好一个女强人！可是我们只听过唐、宋、元、明，没听过唐、周、宋、元、明，到底怎么一回事？

　　小徐：史学家对武则天的周朝感到困扰不已……

　　小利：怕和周公、孔子那时候的周朝搞混了？

　　小徐：这倒小事一桩，有的史学家就称武则天的周为武周③。

　　小利：那就是唐、武周、宋……

　　小徐：不对，是唐、武周、唐、宋。问题不在这里，问题是：武周是另一个朝代吗？

　　小利：不是叫武周吗？

　　小徐：到了 705 年，武则天已八十二岁高龄，卧病在床，宰相张柬之等人，趁机杀掉武则天的面首张易之、张昌宗兄弟，拥中宗复辟，唐朝又活了过来；武则天则在同一年年末死了。有的史学家是不承认武周的。

　　小利：不承认归不承认，武则天称帝、改国号可不都是事实？

　　小徐：可是后来她又偷偷回到唐朝的系统，这就是问题所在。

　　小利：这是怎么说的？

　　小徐：我们看武则天称帝前后的发展就清楚了。公元 689 年，武则天以皇太后的身份主持朝政，宣布改历，把当年的 11 月及 12 月去掉，从第二年开始，恢复周朝

爷爷，现在历改成什么样了？

这一年的11月改成第二年的1月，新年的12月叫做腊月。

的旧制，以原来的 11 月，亦即子月为岁首，称为正月。12 月，亦即丑月，称为腊月，1 月到 10 月跟着排在后面。689 年那一年幸好闰 9 月，否则砍掉 2 个月后，一年就剩不到 300 日。

小利：12 月叫腊月原来是武则天的杰作。

小徐："腊"是古时的祭名，在 12 月举行，所以 12 月俗称腊月。

小利：我知道了，叫正月、腊月，就不会和后面的 1 月、2 月相混。

小徐：改正朔之后，自然是改朝换代。武则天导演了全国劝进的把戏，包括见到有凤来仪的瑞兆，最后连皇帝睿宗都请求改姓武。她"只好"顺从天意与民意，于 690 年 9 月 9 日登基，同时改国号为周。

小利：国号"周"原来在改历时就想好了！

小徐：许多开国君王是先称帝，后确定历法，然后万民来归。武则天则是先控制朝政，再改历，最后称帝。

小利：你说武则天后来不做周朝的皇帝了？

小徐：武则天登基时已经六十七岁了，找接棒人渐渐成了必须考虑的问题。传给侄儿武承嗣或武三思？还是传给自己的儿子李显（中宗）或李旦（睿宗）？

小利：原来她面临香火承继的问题。她要传给谁呢？

小徐：有个官职为鸾台侍郎，名字叫做狄仁杰的聪明人看透了武则天的心思，于 698 年的某一天，趁着武则天心情愉快的时候，劝她。

小利：你好像是宫廷里的奸细，还知道皇帝的私语！

小徐：我可不是乱讲的，司马光的《资治通鉴》有详细的记载。柏杨版的这本《资治通鉴》第 49 册，130 页，翻译得很精彩，我念给你听：

狄仁杰说："……姑妈与侄儿，娘亲跟儿子，到底谁亲？宝座由儿子继承，陛下离开人世后，牌位送到皇家祖庙，陪伴先帝（唐王朝三任帝李治），共享香火，代代相传，直到永远。宝座如果由侄儿继承，我们可从没有

听说过侄儿当皇帝，而把姑妈牌位送到皇家祖庙（太庙）去的！"

小利：武则天就听了狄仁杰的话？

小徐：她再怎么女强人，还是敌不过传统的父权思想！

小利：唐朝不是很开放吗？

小徐：开放到女人可以做皇帝，但还没开放到可以改朝换代。

小利：后来呢？

小徐：武则天决定传位给儿子，但儿子做过唐朝的皇帝，总不能再做周朝的皇帝。武则天为了解套，于700年10月10日下诏改回唐历，明年恢复"建寅"，以1月1日为岁首。这一年不但多出了11月及12月，刚好又有闰7月，所以破了纪录，共有444日。

小利：的确，武则天改历的动机是很政治的。

小徐：武则天用周朝历的岁首、宣示她的周朝是个新的朝代，可是她没坚持到底，后来又改回唐历。然后立李显（中宗）为太子，到了705年临死前，遗诏中再撤销自己的皇帝封号。武则天的周朝到底存在过吗？

小利：你不是说武则天卧病在床，宰相就开始清君

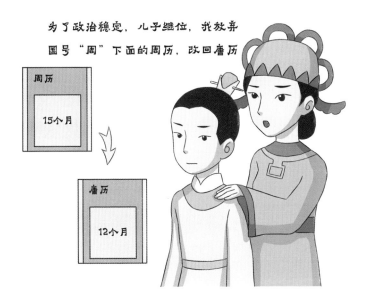

侧，搞不好武则天的遗诏也是宰相弄出来的。

　　小徐：不无可能。但无论怎么说，你可以撤销皇帝的封号，但无法否定过去有一个武则天建立的周朝。其实这一段历史有点像王莽前后的西汉、新、东汉的那一段，可是武周前后的唐朝不但没有迁都，甚至连皇帝都没变；复辟的中宗之后，还是老弟睿宗继位，再后才轮到玄宗出场。有的史学家把武周看成唐朝中的一段变奏，有的虽然把它看成一个朝代，但也只放在唐朝中谈论。

　　小利：王莽的"新"有没有改历？

　　小徐：有，岁首改为12月，丑月，而且坚持到底。当然，东汉又改回了寅月。

4.3
武则天说谎？

小徐：除了把"建寅"改为"建子"外，武则天还曾经对历法动了小手术。

小利：又是为了彰显皇权？

小徐：一点不错。柏杨版《资治通鉴》第 49 册，127–128 页，写到公元 697 年闰 10 月时，有这一段：

武照认为：元旦（11 月"正月"1 日）最好恰为在冬至那天，于是下诏说："上月（10 月）30 日，仍有月亮，违背天体运行法则，特规定本月（11 月）是闰 10 月，下月才是 11 月（正月）。"

武照就是武则天，这里的"正月"是武则天改历后的用法。

小利：哇呜，果然是"天之历数在尔躬"。不过这一段文字有点怪。

小徐：怎么说？

小利：冬至本来在 11 月就对了，不一定要在 11 月 1

日。到底是为了让"冬至在 11 月 1 日",才注意到"原来历法安排违背天体运行法则",还是反过来,为了把"原来历法安排违背天体运行法则"矫正过来,正好使"冬至在 11 月 1 日"?

小徐:果然看到了玄机所在。不过,"冬至在 11 月 1 日"及"原来历法安排违背天体运行法则",是否都符合史实?

小利:我不懂你的问题。当然都是史实吧,我只是觉得两者的因果关系怪怪的。

小徐:就是为了解决因果关系,我才提出是否符合史实的问题。

小利:嗯,"冬至在 11 月 1 日"应该是史实,因为皇帝已经下诏了,除非下诏后没有执行改历,不过史书就不会放过。难道你怀疑"原来历法安排违背天体运行法则"这个说法?

小徐:不错。"特规定本月(11 月)是闰 10 月,下月才是 11 月(正月)。"从这段诏书可知,历法的安排本月原来是 11 月,含冬至,历法重新安排后,本月就会变成不含冬至,而成为闰 10 月,到了下一个月才含冬至而变成 11 月。

小利:不错。本月原来含冬至,后来改为不含冬至。

皇帝诏曰，晦日有月亮不行，11月从小月改成大月。

是啊

但这个月不是闰月啊

小徐：好了，那么本月原来是大月还是小月？

小利：从含变成不含，本月原来是大月有 30 天，冬至在 30 日。改成小月后，只有 29 天，就不含冬至，所以变成闰 10 月，而冬至就跑到下一个月的 1 日，所以冬至就在 11 月 1 日。哇！这一推算就清楚了。

小徐：推算的结果是"本月从大月变成小月"，是不是？

小利：对啊！因此冬至就要在 11 月 1 日了。

小徐：我的重点不在"冬至在 11 月 1 日"这件史实，而是"本月从大月改成小月"这个推论。

小利：难道我推算错了？

小徐：一点也没错。只是和"上月（10 月）30 日，仍有月亮"这句话相矛盾了。

小利：武则天就是因为晦日仍有月亮，而认为违背天体运行法则……

小徐：如果真的"上月（10月）30日，仍有月亮"，那么是历跑到天象前面，还是天象跑在历前面？

小利：历跑得太快了。本来应该是 28 或 29 日，才会仍有月亮，而历居然已经是 30 日了。

小徐：上一个月，10月，历跑太快，要矫正它，那么本月应该由大月改成小月，还是由小月改成大月？

小利：历跑得太快要矫正，那么就让它慢一点，也就是跑远一点。上个月 30 日还看到月亮，如果本月只有 29 天，本月 29 日也还是看得到月亮，晦日又看到月亮是不行的。所以本月要从小月改成大月。

小徐：刚才从诏书后段"特规定本月（11月）是闰月，下月才是 11月（正月）"推得"本月从大月改成小月"；现在从诏书前段"上月（10月）30日，仍有月亮，违背天体运行法则"，又推得"本月从小月改成大月"。你看，是不是产生了矛盾？

小利：看起来是有矛盾的，到底是怎么一回事？

小徐：反正，诏书中讲原因的前段，和讲结果的后段，至少有一段错了。

小利：你说前段错了，武则天说谎？

小徐：所以你认定后一段是对的？

小利：因为后段是执行面，不可能没执行。

小徐：我本来也这么认为，也要指控武则天说谎。但前一段，30 日还看到月亮也不能乱扯，天文官每天盯着天空看，除非天文官合谋，或被迫合谋。

小利：我喜欢阴谋论！

小徐：你就是唯恐天下不乱。

小利：不会天下大乱。稍微说点谎，让 11 月 1 日为冬至，天下更太平。

小徐：11 月 1 日为冬至，天下就太平？鬼扯！

小利：不是我要鬼扯，而是武则天实际就这么想。你看，《资治通鉴》不是说，武则天认为元旦最好在冬至那天？

小徐：我本能想到，武则天可能说谎。但真是说谎吗？我突然想到董作宾的《中国年历简谱》。于是赶紧找来，翻到 697 那一年。我愣住了——那一年闰 10 月是大月！（见附录 A）

小利：真不好玩，我们得撤销对武则天说谎的指控了。

小徐：撤销控诉还是解决不了问题。

小利：你说过诏书的前段与后段至少有一段错了。现在又说不了前段是错的，那么是后段错了；但是，刚才我们不是讨论过了，后段是错不了的？唉，愈搞愈糊涂。

小徐：冷静点。我们讨论过，如果后段是对的，结论是"本月由大月改成小月"，但事实上本月是小月改成大月。所以后一段一定有错。

小利：也许是董作宾错了，也许是柏杨翻译错了。

小徐：我也想到这些可能。不过对照《资治通鉴》的原文④，翻译没有错。至于董作宾呢？我发现该年的 8 月、9 月、10 月及闰 10 月，连着 4 个月都是大月，这种情形在农历月份大小的安排是非常罕见的……

小利：非常罕见，所以董作宾弄错了？

小徐：就因为非常罕见，但又不是不可能，董作宾这么一位大专家，怎么会没注意到呢！⑤

小利：你这么信任董作宾，又说柏杨翻译没有错。我看唯一的结论就是司马光写错了！

小徐：不是开玩笑，我也不得不想到这种可能。

小利：真的？你要怎么查证呢？

小徐：留待历史学家去查证吧！

小利：我还以为你是历史学家呢！

小徐：别让我折寿！不过我可从逻辑的观点，推想

到另一种可能。

小利：数学家又要编故事了！

小徐：不是乱编的。到目前为止可确定的是：不管诏书前段是对是错，后段一定是错的。

小利：你还是认为后段错了？我一直相信后段是对的。

小徐：当然是错了，因为由后段可推得"本月由大月改成小月"，但那是错的。

小利：好了，既然你坚持后段是错的，我就要看你如何自圆其说。

小徐：我把后段"特规定本月是闰 10 月，下月才是 11 月"念了几遍。突然想到，如果前段是对的，则后段就不应该这么写啊！

小利：那么要怎么写？

小徐：如果前段是对的，那么本月原来是小月，才要改成大月。大月都含不到冬至，何况是小月？所以本月原来就是闰月，只是这个闰月原来是小月，而武则天要把它改成大月。

小利：哦！从原文我们都认为本月由不闰改成闰，你却认为是从闰小月改成闰大月！但是冬至跑到哪里去了？

小徐：本月原来是闰 10 月，有 29 日，冬至则在 11 月 2 日。后来本月改成大月，有 30 日，但还是闰月，而冬至就提前一日，变成 11 月 1 日。

小利：逻辑上也不无可能。不过诏书就要写成"特规定本闰 10 月为大月，下月还是 11 月"。这和原文差太多了。司马光会弄错吗？

小徐：有一种可能：司马光写这一段时，并不直接抄自某一诏书，而是综合许多诏书，甚至其他资料。其他数据是二手的，综合许多诏书也是制造二手数据。

小利：司马光不是大历史学家吗？他难道不懂历法吗？

小徐：大历史学家应略知历法，但可就不一定知道细节。柏杨在翻译《资治通鉴》时，就表示对相关历法有时感到疑惑。

小利：不过你凭空推论也是在制造二手数据？

小徐：不错，还可能是三手的、四手的。这段公案还是留待历史学家去研究吧！

小利：你常说的董作宾著作就是这一本吗？

小徐：就是这一本《中国年历简谱》，里头很好玩。

小利：我看看。里面都是 3 乘 4 的表，一页共有 12 年，每年占一格，整齐得很（见附录 A）。大概只有你这种无聊的人，才会看这种无聊的书。

小徐：表面上很无聊，但无聊中可以看出一些规则，譬如 19 年 7 闰。另外，你看，这一格特别挤，当初就是这样发现武则天在公元 700 年改了历。在无聊中看出特别的变化也是数学。

小利：好了，在你眼中到处都是数学。

小徐：淡淡的三月天，我们还是到校园中走走，庆祝杜鹃年的开始吧！

小利：杜鹃年？那又是什么历？

【第 4 章注释】

①干支纪日将历来的所有日子循环排序，不受年、

月和不规则日数的影响。

②薄树人所编《中国天文学史》中的中国古代历法表，共列有103个，其中真正使用过的历也有69个之多。

③或称为南周；之前已有过西周、东周及北周。

④原文是这样的：先是历官以是月为朔，以腊月为闰。太后欲正月甲子朔冬至，乃下制以为："去晦仍见月，有爽天经。所以今月为闰月，来月为正月。"（文中的第一个"朔"字指的是正月。）

⑤根据《中国年历简谱》来做四连大月的统计。自从使用定朔以来，将近1400年，共有13次四连大，第一次就是武则天的这一次，最近一次则发生在1928年。

第 **5** 篇

历的数学

小徐、小利对话录〔之四〕

导 读

　　清朝乾隆皇帝末年，也就是十八世纪末，学者阮元编著了《畴人传》，畴人就是天文官。《畴人传》列有中国历代天文学家243人，以及西洋来华传教士中懂得天文历算者37人，共计280人。中国历代非常重视天文历法，因为掌握天文历法是掌握政局的象征。天文历法需要数学，而数学的深入发展则有赖于天文历法的研究。

　　在西方，天文的研究也带动许多数学的发展：平面三角、球面三角、内插法、对数。另外，我们可用连分数的观点，来看历法中的许多小数，要用怎样的分数来代替比较好。譬如，阳历年平均有12.368个阴历月（365.2422/29.5306 ≈ 12.368），用了19年7闰的方法来处理（7/19 = 0.368⋯⋯）。

　　历法牵涉到许多周期，譬如太阳年、阴历月、木星（岁星）的周期等，还有在这些周期中，相关天体的位置，亦即周期的余数。从目前各周期的余数，反推上一次各周期余数全归零的年代——所谓的上元积年，是个相当困难的数学问题。上元积年是中国传统历法的理论核心，因此发展了所谓的余数定理，它在现今的代数学中占有非常重要的地位。

历法要基于天文的观测。从有限次的观测要推算天体的运行，需要用到内插法这种数学的技巧。如果只观测到 2 个时间的相应数值，我们就找一个一次多项式，使其在这两个时间具有观测到的数值。如果有 3 个观测值，我们就找一个二次多项式，使其在这 3 个时间具有观测到的数值。一般而言，$n+1$ 个条件可决定一个 n 次多项式，因为 n 次多项式可有 $n+1$ 个待定的系数。如何从已知的条件（观测值）迅速得到这些待定的系数，就是内插法的核心内容。

"天之历数在尔躬"，其中的"尔"从前指的是皇帝；现在人民是国家的主人翁，"尔"指的是你。你虽然未必能掌握历法的实际编制方法，但至少要能了解历法的基本架构，及相关的文化历史。在这个层次，你需要的数学不多，只要四则运算能力、代数思维，以及简单的逻辑概念，就能掌握历法。

进入 5 月梅雨季，天气乍暖还寒，今天刚好放晴，

又还没变得炎热。小徐、小利到福利社买了一些冷饮，在校园中找到大树下的大型野餐桌，坐下来，在一连串历的对话旅途中，走上最后的一程。

5.1
愈逼愈近

小利：你说过，制历有时候牵涉到较深的数学，我一直不敢细问，怕问了也白问……

小徐：过去我们谈历，不是也用到一些数学，以及数学的想法？

小利：那一部分，我用常识就可以理解了。

小徐：所谓常识就是你比较熟悉的算术，譬如，如

365　　　12

1/4　　　97/400

如何把一年的365日分割成12个月，如何处理剩下的1/4日或97/400日。

何把一年的 365 日分割成 12 个月，如何处理剩下的 $\frac{1}{4}$ 日 或 $\frac{97}{400}$ 日。干支纪年，或是一星期 7 天的顺序，则牵涉到 周期的余数。另外，我们谈过平均相对于变动的数学想 法——平均是算术，变动是代数。

小利：代数就是我最害怕的……

小徐：的确，会变动的代数让人害怕，不过一旦掌 握了变动的机制，就可从高一层次的观点来看我们的 问题。

小利：不要做哲学式的演说，举个实际例子吧！

小徐：好吧！我们来看 19 年 7 闰。还记得 19 年 7 闰是怎么产生的？

小利：我来回想一下，一回归年有 365.2422 日，一 朔望月有 29.5306 日，两数相除结果，我打一下计算器， 相除得 12.368……也就是说，一年若有 12 个阴历月，则 有 0.368 个月的误差，累积了 19 年，就有 $0.368 \times 19 =$ 6.99……，大约 7 个月的误差。所以 19 年置闰 7 次，就 把误差几乎矫正了过来。

小徐：完全正确。你的算术还不赖嘛！

小利：谢了。要处理 0.368 是很自然的，不过怎么会 想到乘以 19 呢？

或者，怎么知道 $\frac{7}{19}$ 和 0.368 很接近呢？

小徐：这就问对了问题。

小利：咦，0.368 不就是 $\frac{368}{1000}$？一千年中置闰 368 次不就解决了？

小徐：这也是一个办法，不过，你要把 368 次放在哪 368 年中？或者，千年中都不置闰，等一千年之后，一口气连续置闰 368 个月，把误差矫正过来？

小利：别跟我开玩笑。不过你倒提醒了两件事。第一，误差超过一个月就该置闰，否则置闰的意义不大。第二，置闰要有规则可循，不知道要把 368 个闰月放在哪些年中，就是找不到规则。

小徐：如果要用单分数 $\frac{1}{n}$ 来做为 0.368 的近似值，n 取多少最好？

小利：$0.368 = \frac{1}{n}$，那么 $n = \frac{1}{0.368} = 2.7\cdots\cdots$，所以可取 n=3。

小徐：对了，取 n = 3，则 3 年 1 闰，古代巴比伦人就用过这样的置闰规则。不过 $\frac{1}{3} \approx 0.333$，0.368 相差约 0.035，也就是 1 年差了 0.035 个月。这样经过 30 年闰了 10 次，结果误差为 $0.035 \times 30 = 1.05$，超过一个月。后来，巴比伦人就不用 3 年 1 闰，改成 8 年 3 闰。

小利：$\dfrac{3}{8}$ 等于 0.375，和 0.368 相差 0.007，$\dfrac{1}{0.007}$ 约

为 143，所以 143 年才会差一个月；$\dfrac{3}{8}$ 果然好得多。但 $\dfrac{3}{8}$

怎么来的？

小徐：来，我们用计算器算得准些：

$$\frac{365.2422}{29.5306} = 12.368262\cdots\cdots$$

减 12 后，把小数部分倒到分母去，也就是按计算器

的 $\dfrac{1}{x}$ 键

$$\frac{1}{0.368262\cdots\cdots} = 2.715457\cdots\cdots$$

如果先取整数部分 2，剩下的小数 0.715457……再用

单分数来取代……

小利：就像刚才那样，把它倒到分母去，

$$\frac{1}{0.715457\cdots\cdots} = 1.397707\cdots\cdots$$

我弄糊涂了，我们到底要干什么？

小徐：把整个计算整理一下：

$$0.368262\cdots\cdots = \cfrac{1}{\cfrac{1}{0.368262\cdots\cdots}} = \frac{1}{2.715457\cdots\cdots}$$

$$= \cfrac{1}{2+\cfrac{1}{\cfrac{1}{0.715457\cdots\cdots}}} = \cfrac{1}{2+\cfrac{1}{1.397707\cdots\cdots}}$$

小利：嗯，每次取了整数部分，就把剩下的小数倒到分母去。这样有什么好处？

小徐：你看，把 2.715457…… 的小数去掉，就可以得到 0.368262…… 的一个近似值 $\frac{1}{2}$；如果不把小数去掉，继续算到 1.397707……，再把小数去掉，就得到 0.368262…… 的另一个近似值

$$\frac{2}{2+\frac{1}{1}} = \frac{1}{3}$$

如果还是不把小数去掉，继续算到 2.514413……，再把小数去掉，则得 0.368262…… 的另一个近似值

$$\frac{1}{2+\frac{1}{1+\frac{1}{2}}} = \frac{1}{2+\frac{2}{3}} = \frac{3}{8}$$

小利：哇，真会变魔术，你说的 3 年 1 闰，8 年 3 闰都出现了。19 年 7 闰是不是也会出现？

小徐：再往下算啊！

小利：

$$2.514413 = 2 + \cfrac{1}{\cfrac{1}{0.514413\cdots}} = 2 + \cfrac{1}{1.943962\cdots}$$

把小数去掉就得

$$0.368262\cdots \approx \cfrac{1}{2+\cfrac{1}{1+\cfrac{1}{2+\cfrac{1}{1}}}} = \cfrac{1}{2+\cfrac{1}{1+\cfrac{1}{3}}}$$

$$= \cfrac{1}{2+\cfrac{3}{4}} = \cfrac{4}{11}$$

11 年 4 闰?

小徐：不错，11 年 4 闰会比 8 年 3 闰更好。再算下去!

小利：

$$2.514413\cdots = 2 + \cfrac{1}{1.943962\cdots} = 2 + \cfrac{1}{1+\cfrac{1}{\cfrac{1}{0.943962}}}$$

$$= 2 + \cfrac{1}{1+\cfrac{1}{1.059363\cdots}}$$

去掉小数，得 2.514413⋯⋯的近似值

$$2 + \cfrac{1}{1+\cfrac{1}{1}} = 2 + \cfrac{1}{2} = \cfrac{5}{2}$$

代入 0.368262⋯⋯的式子，就得

$$0.368262\cdots\cdots \approx \cfrac{1}{2+\cfrac{1}{1+\cfrac{1}{\cfrac{5}{2}}}} = \cfrac{1}{2+\cfrac{1}{1+\cfrac{2}{5}}}$$

$$= \cfrac{1}{2+\cfrac{5}{7}} = \cfrac{7}{19}$$

果然!

小徐:算一下,19 年 7 闰会有多准!

小利:$\dfrac{7}{19}$ = 0.368421……啊呀,到 0.368 都对。和 0.368262……只差 0.000159,也就是 1000 年差 0.16 个月,还不到 5 日;所以 200 多年才会差 1 日。

小徐：你估算得不错。如果再算下去，下一个分数为 116/315，它准得不得了。

小利：从前的人就知道这种算法吗？

小徐：这种算法叫做连分数——分数中有分数，是近代数学的产物；从前的人我猜是用尝试错误法的。

小利：怎样尝试错误？

小徐：先把刚才依序得到的分数列下来，好方便跟等一下的尝试做比较：

$$\frac{1}{2} \text{、} \frac{1}{3} \text{、} \frac{3}{8} \text{、} \frac{4}{11} \text{、} \frac{7}{19} \text{、} \frac{116}{315} \text{……}$$

从分母小的往大的试。譬如分母取为 2，分子自然要取 1，才会接近 0.368262……；分母取为 3，分子该取为 1——$\frac{1}{3}$ 比 $\frac{1}{2}$ 好。分母取为 4，分子就该取为 1——$\frac{1}{4}$ 和 $\frac{1}{2}$ 一样，都比 $\frac{1}{3}$ 差。分母为 5、6 或 7，任何分数都不比 $\frac{1}{3}$ 好，要到分母为 8，$\frac{3}{8}$ 才比 $\frac{1}{3}$ 好。

小利：$\frac{1}{3}$ 和 $\frac{3}{8}$ 原来有这样的意义。依此类推，是不是分母为 9 或 10 的分数都不比 $\frac{3}{8}$ 好，而要到 $\frac{4}{11}$ 才比 $\frac{3}{8}$ 好？

小徐：完全正确。分母为 12 到 18 的分数都不比 $\frac{4}{11}$ 好，但 $\frac{7}{19}$ 比 $\frac{4}{11}$ 好。

小利：你说这种计算叫连分数，它有一般的理论？

小徐：有的，有一般的理论。要懂得理论，需要花不少时间读专门的书①。等一下我会谈一般的结果。先说刚才那些分数，我们把那些分数称为"r = 0.368262……"这个数的逼近分数，它们有这样的大小关系

$$\frac{1}{3}<\frac{4}{11}<\frac{116}{315}<r<\frac{7}{19}<\frac{3}{8}<\frac{1}{2}$$

也就是说这些逼近分数就像钟摆那样，在 r 的左右摆动，振幅愈来愈小，与 r 的距离愈来愈近。

小利：如果继续算下去，逼近分数与 r 可以无限接近吗?

小徐：没错，我们就说这些逼近分数的极限值为 r；这也就是取名为逼近分数的本意。

小利：对了，既然愈来愈接近，为什么不用 $\frac{116}{315}$，315 年有 116 闰。

小徐：和不用 $\frac{368}{1000}$ 的原因一样，不知道是哪 116 年要闰。其实"19 年 7 闰"通常在 19 年的周期中，要闰的是第三、六、八、十一、十四、十七、十九年。所以经过 3 年闰了 1 次，8 年闰了 3 次，11 年闰了 4 次，与 $\frac{1}{3}$、$\frac{3}{8}$、$\frac{4}{11}$ 是合的。315 年共有 16 个"19 年"再加 11 年，如果一直都是每 19 年闰 7 次，则 16 个"19 年"要置闰 7 × 16 =112 次，另加的 11 年属于第 17 个"19 年"的头 11

年，依据刚才所说的，还要闰 4 次，112 次加 4 次可不就是 116 次！

小利：这……我总觉得什么地方不对。对了，这违反 $\frac{116}{315}$ 比 $\frac{7}{19}$ 好的说法；还有，依样画葫芦，我们是否也可以说，用 $\frac{4}{11}$ 就好了，不必用 $\frac{7}{19}$？

小徐：谁说你的数学不好，至少你知道不对的间接理由。如果"19 年 7 闰"的 7 闰放在第三、六、八、十一、十四、十七、十九年，那么 11 年 4 闰就该放在第三、六、八、十一年。11 年轮完，下次是在 3 年之后，也就是第十四年要闰；再下一次是在 6 年之后，也就是第十七年要闰；再下一次是 8 年之后，也就是第十九年要闰。这不就是由 11 年 4 闰可导出 19 年 7 闰？

小利：唉，才夸奖了我一顿，马上就推我一把——我实在糊涂了！

小徐：我们把 11 年 4 闰与 19 年 7 闰两系统该闰的年并列，就可以看出名堂：

11 年 4 闰	3	6	8	11	11+3	11 + 6	11 + 8
19 年 7 闰	3	6	8	11	14	17	19

11 年 4 闰	11 + 11	22 + 3	22 + 6	……
19 年 7 闰	19+3	19 + 6	19 + 8	……

你看，到 22 + 3 = 19 + 6 为止，两系统都一样。可是下一次闰年，依 11 年 4 闰，就要发生在"22 + 6"的第二十八年，而依 19 年 7 闰，就要发生在"19 + 8"的第二十七年。

小利：啊，从此以后两个系统就分道扬镳了。

小徐：并不，我们再把对照表继续往下列，你看

11 年 4 闰	22 + 6	22 + 8	22 + 11	33 + 3	33 + 6
19 年 7 闰	19 + 8	19 + 11	19 + 14	19 + 17	19 + 19

11 年 4 闰	33 + 8	33 + 11	44 + 3	44 + 6	44 + 8
19 年 7 闰	38 + 3	38 + 6	38 + 8	38 + 11	38 + 14

11 年 4 闰	……	66 + 11	77 + 3	77 + 6	……
19 年 7 闰	……	57+19	76 + 3	76 + 6	……

11 年 4 闰	99 + 3	99 + 6
19 年 7 闰	95 + 6	95 + 8

两系统在第一次不一样后的下一次又一样了，22 + 8 = 19 + 11 = 30。之后有时一样，有时不一样；不一样的地方我画了方框圈起来。从 66 + 11 = 77，57 + 19 = 76 不一

样开始，一连 10 次都不一样，都差了 1 年，而再往后一次，从 99 + 6 = 105，95 + 8 = 103 开始，差 2 年的情况发生了。所以我们可以说从 66 + 11 = 77，57 + 19 = 76 开始，这两系统的确分道扬镳了。

小利：分道扬镳后，19 年 7 闰总是先闰，而且相差渐渐拉大，表示这种情形闰得勤快些，就是因为 $\frac{7}{19}$ 比 $\frac{4}{11}$ 要大？

小徐：一点不错！

小利：那么，$\frac{7}{19}$ 与 $\frac{116}{315}$ 两系统一开始也几乎一样，要到很后头，才会分道扬镳？

小徐：你能说出几年后会分道扬镳吗？

小利：那可要费很大工夫列表了！

小徐：数学固然有时要尝试错误，但也要注意是否有规律出现。

小利：你说分道扬镳有规律？

小徐：想想看，11 年 4 闰在第七十七年，与 19 年 7 闰在第七十六年分道扬镳，那么各闰了几次？

小利：当然次数一样多。77 年有 7 个 11 年，所以闰了 7 × 4 = 28 次，76 年有 4 个 19 年，所以闰了 4 × 7 = 28 次。

小徐：77 年闰 28 次，我们可以这么写：$\frac{28}{77} = \frac{7 \times 4}{7 \times 11}$；76 年闰 28 次，我们可以这么写：$\frac{28}{76} = \frac{7 \times 4}{4 \times 19}$。这样的写法

和 $\frac{4}{11}$、$\frac{7}{19}$ 这两个分数有什么关系？

小利：啊，$\frac{7\times4}{7\times11}$、$\frac{7\times4}{4\times19}$，它们的分子相同，都是 $\frac{4}{11}$、$\frac{7}{19}$ 两分子的乘积；两分母则是 $\frac{4}{11}$、$\frac{7}{19}$ 的分子、分母交叉相乘。

小徐：分子、分母交叉相乘，7×11、4×19，结果差 1。这是关键所在！

小利：你是要我用这样的观点看 $\frac{7}{19}$ 与 $\frac{116}{315}$？

小徐：不错。

小利：交叉相乘：$116\times19=2204$，$7\times315=2205$，果然差 1。所以 2204 年共有 116 个 19 年，依照 19 年 7

今年没有中气怎么办？

置闰。

812/2204
=0.368421

812/2205
=0.368253

闰，共要闰 $116 \times 7 = 812$ 次；而 2205 年共有 7 个 315 年，依照 315 年 116 闰，共要闰 $7 \times 116 = 812$ 次。所以经过 2204 或 2205 年，共闰了 812 次，两系统只差 1 年。不过从此之后，两系统就开始分道扬镳。

小徐：一点也不错。所以 19 年 7 闰相当不错，并不需要用到 315 年 116 闰。你看 $\frac{812}{2204} = 0.368421\cdots\cdots$，$\frac{812}{2205} = 0.368253\cdots\cdots$，而 $r = 0.368262\cdots\cdots$

小利：2200 年之后呢?

小徐：农历用无中气就置闰的方法，当阴阳两历的差一超过 1 个月时，就会自动调整。自动调整的结果，短期内都是 19 年 7 闰，久了就变成 315 年 116 闰了。

小利：无中气置闰法实在太伟大了，自动调整，不必过分计算。

小徐：的确，自动调整一定比仔细计算高明。譬如，从甲地往乙地发射洲际导弹，一种方法是仔细计算，把天气状况、燃料情况等都仔细算好；不过导弹经过的地方很多，时间又不算短，随时随地都会有变化。所以事先精算也不会保证命中目标，倒不如事先算个大概，发射后启动自动调整系统，沿途不断侦察所经路面的地理，看是否与所存资料有出入；有相当出入表示导弹偏离了预定的轨道，就自动调整。无中气自动置闰法的确是个伟大的发明。不过，经过数学分析，更懂得十九年七闰的意思，不是吗?

小利：看起来连分数理论也挺伟大。我现在心服口服，愿闻其详。

小徐：任何一纯小数 r，我们都可以用同样的方法，把它倒到分母，取整数部分，再把小数部分倒到分母。依此反复进行。到第 n 次时，把小数舍掉而得的分数以 $r_n = \dfrac{a_n}{b_n}$ 表示（a_n、b_n 为互质的整数）。r_n 就称为 r 的第 n 个逼近分数。这些逼近分数有如下的几个性质：

（1）$b_n < b_{n+1}$（分母愈来愈大）

（2）$r_2 < r_4 < r_6 < \cdots\cdots < r_{2n} < r < r_{2n-1} < \cdots\cdots < r_5 < r_3 < r_1$（逼近分数在 r 左右振动，摆幅愈来愈小）

（3）$|r - r_{n+1}| < |r - r_n|$（逼近分数愈逼愈近）

（4）$b_{n+1}a_n - b_n a_{n+1} = (-1)^{n-1}$（相邻两逼近分数有密切的关系）

（5）$|r - r_n| < \dfrac{1}{b_n b_{n+1}}$（逼近分数有多逼近）

（6）$\lim\limits_{n \to \infty} r_n = r$（逼近分数终究趋于近 r）

（7）$\left| r - \dfrac{a}{b} \right| < \left| \dfrac{a_n}{b_n} \right|$，则 $b > b_n$（逼近分数的分母最小）
（如果舍掉的小数刚好为 0，则 r 就等于某个 r_m，而以上的不等式都假设 n < m。见以下说明。）

如果 $r = \dfrac{h_2}{h_1}$ 为最简真分数，亦即 h_1、h_2 为互质的整数，$h_2 < h_1$，则 r 的连分数可从 h_1 与 h_2 的辗转相除过程来了解。设

$$h_1 = q_1 h_2 + h_3 \qquad (h_3 < h_2)$$

$$h_2 = q_2 h_3 + h_4 \qquad (h_4 < h_3)$$

$$\vdots$$

$$h_{m-1} = q_{m-1} h_m + 1$$

则 $r = \dfrac{h_2}{h_1} = \dfrac{1}{\dfrac{h_1}{h_2}} = \dfrac{1}{q_1 + \dfrac{h_3}{h_2}} = \dfrac{1}{q_1 + \dfrac{1}{\dfrac{h_2}{h_3}}} = \dfrac{1}{q_1 + \dfrac{1}{q_2 + \dfrac{h_4}{h_3}}}$

$$= \cdots\cdots = \cfrac{1}{q_1 + \cfrac{1}{q_2 + \cfrac{1}{\ddots \cfrac{1}{q_{m-1} + \cfrac{1}{h_m}}}}}$$

亦即 $r = r_m$，而 r_k 为由辗转相除过程中的商 q_1，q_2，$\cdots\cdots q_k$ 所构成的连分数；h_m 可看成为 q_m，因为 $h_m = q_m \cdot 1 + 0$。

小利：嗯，这些结果，（1）、（2）、（3）我们在阴阳合历的情形都经验过了。（4）嘛，阴阳合历的 r_n 依序为 $\dfrac{1}{2}$、$\dfrac{1}{3}$、$\dfrac{3}{8}$、$\dfrac{4}{11}$、$\dfrac{7}{19}$、$\dfrac{116}{315}$……果然都有（4）的性质。（5）呢？

小徐：把（2）、（3）、（4）合起来就得

$$\mid r-r_n \mid \ < \ \mid r_{n+1}-r_n \mid \ = \ \left| \frac{a_{n+1}}{b_{n+1}} - \frac{a_n}{b_n} \right| = \frac{1}{b_n b_{n+1}}$$

这就是（5）。（1）、（5）合起来就得（6）。（7）的证明不容易，阴阳合历的情形我们经验过了；（7）说明了"逼近"两字的深层意义。

小利：我来验证一下（5），用阴阳合历的 $\dfrac{7}{19}$：

$$\left| r-\frac{7}{19} \right| < \frac{1}{19\times 315} = 0.000167$$

哇，我记得 r 与 $\dfrac{7}{19}$ 之差为 0.000159，上面简单的估算居然有这么准！

小徐：不错吧，连分数的理论！

小利：用连分数也可以看纯阴历与纯阳历的置闰机制？

小徐：当然。纯阴历大小月轮流排，就得月的平均为 29.5 日，而朔望月为 29.5306 日，所以相差了 0.0306 日。1 年 12 个月下来，就差了 0.0306×12 = 0.3672 日。

纯阴历必须用闰年加闰日的方法来吸收这多余的尾数。

0.3672 的逼近分数为

$$\frac{1}{2} \text{、} \frac{1}{3} \text{、} \frac{3}{8} \text{、} \frac{4}{11} \text{、} \frac{7}{19} \text{、} \frac{11}{30} \cdots\cdots$$

小利：咦，你怎么又抄起阴阳合历的逼近分数？

小徐：纯阴历的尾数 0.3672 和阴阳合历的尾数 0.368262……只差一点点，所以头五个逼近分数完全相同，直到第六个，纯阴历为 $\frac{11}{30}$，而阴阳合历为 $\frac{116}{315}$，两者才大不相同。实际上，纯阴历用的就是 $\frac{11}{30}$，30 年中有 11 个是闰年，闰年比平年多 1 日，共有 355 日。

小利：我来用连分数的方法处理纯阳历的尾数 0.2422。把 0.2422 输入计算器，按 $\frac{1}{x}$ 键，得 4.128819……；减掉 4，再按 $\frac{1}{x}$ 键，得 7.762820……；减掉 7，再按 $\frac{1}{x}$ 键，得 1.310924……；减掉 1，按 $\frac{1}{x}$ 键，得 3.216216……；减掉 3，按 $\frac{1}{x}$ 键，得 4.624999……；减掉 4，……暂时就算到这里。把减掉的正整数按顺序写下来为 4、7、1、3、4，所以逼近分数为

$$\frac{1}{4} \text{、} \cfrac{1}{4+\cfrac{1}{7}} = \frac{7}{29} \text{、} \cfrac{1}{4+\cfrac{1}{7+\cfrac{1}{1}}} = \frac{8}{33} \text{、}$$

$$\cfrac{1}{4+\cfrac{1}{7+\cfrac{1}{1+\cfrac{1}{3}}}}=\frac{31}{128}、\qquad \cfrac{1}{4+\cfrac{1}{7+\cfrac{1}{1+\cfrac{1}{3+\cfrac{1}{4}}}}}=\frac{132}{545}$$

咦，难道我算错了？$\dfrac{97}{400}$没有出现！我来验算一下：

$$\frac{132}{545}\approx 0.242201835$$

这么接近 0.2422，一定错不了。

小徐：你算得没错。$\dfrac{97}{400}$的确不是 0.2422 的逼近分数。$\dfrac{1}{4}$当然就是 4 年 1 闰，$\dfrac{8}{33}\approx 0.242424242$，其实不错，$\dfrac{31}{128}=0.2421875$ 已经非常好，两者比 $\dfrac{97}{400}=0.2425$ 都还要好。但还是老问题，33 年不知如何排 8 闰，128 年不知如何排 31 闰，没有又简单又好记的排法。$\dfrac{97}{400}$是个折中。你看 $400=3\times128+4\times4$，400 年有 3 个 128 年加上 4 个 4 年。3 个 128 年应闰 $3\times31=93$ 次，4 个 4 年应闰 $4\times1=4$ 次，加起来可不就是 97 次？用连分数的符号来表示：

$$\frac{a_1}{b_1}=\frac{1}{4}、\quad \frac{a_2}{b_2}=\frac{7}{29}、\quad \frac{a_3}{b_3}=\frac{8}{33}、$$

$$\frac{a_4}{b_4}=\frac{31}{128}、\quad \frac{a_5}{b_5}=\frac{132}{545}$$

$$\text{而}\ \frac{97}{400} = \frac{3 \times 31 + 4 \times 1}{3 \times 128 + 4 \times 4} = \frac{3 \times a_4 + 4 \times a_1}{3 \times b_4 + 4 \times b_1}$$

所以 $\frac{97}{400}$ 是两逼近分数 $\frac{a_1}{b_1}$、$\frac{a_4}{b_4}$ 的某种加权平均，可称为次级逼近分数。它的逼近效果虽然不是最好，但闰年的安排比较简单好记。

小利：我记得你说过，历的安排，精确与简单两者之间常有冲突，如何折衷是个艺术。

小徐：这是应用数学最要注意的事情。

小利：连分数只用在历的安排吗？

小徐：只要想用简单的分数逼近一实数，都可用连分数的方法，譬如 $\sqrt{2}$、$\sqrt{3}$ 等正整数的平方根——减掉的整数会循环出现。不过，我们先试一试圆周率 π =3.141592654。

小利：等一下，我慢慢算，……原来的整数 3 之后，依序出现的整数为 7、15、1、292……所以逼近分数为

$$3 \text{、} 3 + \frac{1}{7} = \frac{22}{7} \text{、} 3 + \cfrac{1}{7 + \cfrac{1}{15}} = \frac{333}{106} \text{、}$$

$$3 + \cfrac{1}{7 + \cfrac{1}{15 + \cfrac{1}{1}}} = \frac{355}{113} \text{、} \quad 3 + \cfrac{1}{7 + \cfrac{1}{15 + \cfrac{1}{1 + \cfrac{1}{292}}}} = \frac{103993}{33102}$$

小徐：你看，3 就是《周髀算经》中的"周三径一"；圣经中也取 π 值为 3。阿基米德（Archimedes，约公元前 287–212）用 $\frac{22}{7}$、$\frac{333}{106}$ 做为圆周率的上、下界。$\frac{355}{113}$ 是南北朝时天文学家祖冲之所求得的近似值；$\frac{355}{113} \approx$ 3.14159292，准确到小数第六位。$\frac{355}{113}$ 非常有意思，它非常准，但分母还算小；下一个逼近分数的分母可就要大到 3 万多！

小利：连分数原来有这么好玩！

小徐：连分数看起来是算术，其实是代数的想法，因为它含有变动的机制——愈逼愈近的逼近分数，而且变动有规则可寻。

小利：这就是你要说的：掌握了变动的机制，就可从高一层次的观点来看我们的问题！

祖冲之

祖冲之（429-500）是南北朝时期的天文学家及数学家。他见到当时的历法有许多错误，于是编了一部《大明历》，但受到守旧势力的反对。《大明历》一直到他死后十年的梁朝才颁行。他在数学方面的贡献，则是把圆周率算到小数第六位，并得到 $\dfrac{355}{113}$ 做为圆周率的近似值；另外他用了巧妙的方法，也就是现在微积分中的卡氏原理（Cavalieri principle），证得球体体积的公式。（卡氏原理也称为祖氏原理。）

5.2
余数定理

小利：用连分数看历，让我对代数有了一点点的兴趣。你曾提过中国余数定理，它也是代数吧！当时提到它，你一副欲语还止的样子。

小徐：余数定理的确是代数，而且还是代数学中的重要定理。

小利：我有能力了解吗？

小徐：有了兴趣，也许能力就会跟着发挥。让我试试——从哪里说起比较好呢……

小利：干支纪年是余数问题吧！你以前说的，我几乎都忘了。

小徐：好吧，就从干支纪年谈起。用干支纪年，周期是 60 年。过了 60 年，一切从头开始。我们就假定一个周期是从甲子年开始的，所以甲子年是第 1 年。我们会问，譬如，辛亥年是第几年？

小利：甲子、乙丑……一路排下来不就得了？

小徐：这当然是一个办法。不过这不是代数的方法，还不能用高一层的观点看问题。其实周期 60 年是天干与

地支两个小周期所合组而成的。天干的周期 10 年，地支的周期 12 年，两者的最小公倍数是 60 年。假设甲子在周期中的序数是 x，则 x 除以 10 余 1——这是甲的意思；x 除以 12 也余 1——这是子的意思。用式子来写是这样的：

$$x \equiv 1 \,(10), \ x \equiv 1 \,(12)$$

小利：你不是把简单的事情变复杂了？明明 x 就是 1！

小徐：的确变得有点复杂，不过我们就可以把干支问题代数化。首先，除了 1 之外，满足上两式的 x 可以是 61、121……60 的任何倍数加 1。那么 x 的通解是什么？

小利：……除以 60 会余 1，所以通解是 x ≡ 1 (60)？

小徐：对了。好，我们进一步。如果用 x 代表辛亥在周期 60 的序数，式子要怎么写？

小利：嗯，甲、乙、丙、丁、戊、己、庚、辛、壬、癸，辛在天干中排行老八；子、丑、寅、卯、辰、巳、午、未、申、酉、戌、亥，亥在地支中为老么，排行十二。所以

$$x ≡ 8 (10), x ≡ 12 (12)$$

小徐：所以我们要找一个数 x，除以 10 余 8，除以 12 余 12。除以 12 余 12，就是为 12 所整除。那么 x 是多少？

小利：x 除以 10 余 8，那么 x 可能是 8、18、28、38、48、58、68……不必考虑 68，因为在周长为 60 的周期中，68 就是 8。8、18、28、38、48、58 中的哪个要为 12 所整除？答案是 48！

$$x ≡ 48 (60)$$

小徐：你看，变成了代数，就不必一个一个列下来找答案。

小利：那么辛亥年相当于公元的哪些年？

小徐：干支纪年是周期的，公元纪年是直线的，所以同样的干支，会相应到无数多个公元年，不过这些公

元年彼此之间的差是 60 的倍数，就像 x ≡ 48 (60) 所表示的意思。所以只要知道公元某年是辛亥年，其余的辛亥年也都知道了。

　　小利：辛亥革命发生于 1911 年，是吧！

　　小徐：不错，所以？

　　小利：所以 1911 加减 60 的倍数都是辛亥年。

　　小徐：你看，答案就这么简单。

　　小利：那是因为我刚好记得一个辛亥年，1911 年。换成甲子年，我就不知道了。

　　小徐：怎么会不知道？在同一周期中，辛亥和甲子差了多少年？

小利：哦，辛亥的序数为 48，甲子为 1，相差 47。1911 年为辛亥年，那么 1911 − 47 = 1864，1864 年就是甲子年了。

小徐：和辛亥年相差 48 年的是哪一年？

小利：序数 48 减 48 得 0，什么意思！ 1911 − 48 = 1863，是 1864 年的前一年。1864 年是甲子年，1863 年就是 60 年周期的最后一年——癸亥年。

小徐：序数 0 是什么意思？

小利：就是 60。除以 60 余 0，和余 60 是一样的。

小徐：那么，譬如 1900 年是什么年？

小利：1911 − 1900 = 11，两者序数差了 11，不好算呢！

小徐：试试 1900 年与 1863 年的关系！

小利：1900 − 1863 = 37，1863 年的序数为 0，1900 年的序数就要为 37。对了，刚才说 1911 和 1900 差了 11，1911 年的序数是 48，1900 年的序数就是 37。37 除以 10 余 7，为庚；37 除以 12 余 1，为子。所以是庚子年，是不是有庚子赔款？啊，用 1863 年就好算多了——少转一道弯。

小徐：这就是参考点归零的好处。

小利：参考点归零？

小徐：原先，要从 1911 的辛亥年，去算 1900 年是哪一年，参考点就是 1911，它的序数是 48，不是 0。所以往后的计算就比较麻烦……

小利：懂了，参考点改成 1863，序数为 0，往后的计算就比较简单。以后要牢牢记住 1863。

小徐：其实 3 是更简单的参考点，因为它和 1863 相差 1860，是 60 的倍数。所以公元 3 年的干支序数是 0，也是癸亥年。

小利：我记起来了。以前谈过干支纪年与公元纪年的转换，也提到 3 这个数：公元纪年减 3 之后，除以 10 及除以 12，就得到干支纪年。反之，由干支纪年各自的序数，换成 60 年周期的序数，再加 3，再加 60 的倍数，才得公元纪年。

小徐：好吧，规矩看像是懂了，我留个习题你做做看：《红楼梦》是在乾隆年间写的，那么甲戌本应该是哪一年的作品？我们搁下干支纪年，往历的一般余数问题前进。干支有周期，历到处都有周期。地球的自转、月亮的盈亏、地球的公转各自有周期。时间可看成自转周期的余数，阴历日期可看成朔望周期的余数，阳历的月日可看成公转周期的余数。冬至可看成公转周期的起点，朔日可看成朔望周期的起点，夜半可看成自转周期的起点，那么冬至又朔日则可看成这两个周期所合成之大周

期的共同起点。

小利：这个大周期就是 19 年了。

小徐：一点儿也不错，19 年刚好有 235 个阴历月——至少从逼近的观点可这么认定。地球自转每年会有 $\frac{1}{4}$ 日的余数，如果要把自转的余数也归零，则更大的周期要为 76 年。

小利：想起来了，上次谈汉武帝改历，就有 76 年这个周期，而且再考虑干支纪年、纪月、纪日及岁星，又要把 76 年乘以 60，得 4560 年为更大的周期。

小徐：所以，假定某时刻是甲子年甲子月甲子日，也是冬至、朔日、夜半，则 4560 年后，又是甲子年甲子

月甲子日、冬至、朔日、夜半，一切又重新归零。

小利：你说过，就是因为大周期该有多少年的问题，使得汉武帝改历有很大的政治风波。

小徐：大周期的决定一直困扰着中国的历法，多次改历跟它都有关系。

小利：为什么大周期不能明确的决定呢？

小徐：小周期不容易测得准啊。人类费了好久的时日，才确定回归年长为 365.2422 日，朔望月为 29.5306 日，但为了好安排，阳历年平均设为 365.2425 日，阴历月平均设为 29.5305 日。所以追求历的周期当然要用历的平均值，经过 4560 年后，和自然的大周期不免会有出入。况且，中国的天文历算家对水、火、木、金、土五星的周期也有兴趣，编历时也要考虑在内，所以就产生一个很大很大的周期，我们姑且说这周期长是 M 年。假定某时刻不但是甲子年甲子月甲子日、冬至、朔日、夜半，而且"五星与日、月"这七曜刚好排在一条线上，那么 M 年之后，一切归零，同样的天文奇景再次出现，历法又重新开始。

小利：除了 4560 年这个周期外，还要量得五星的周期，然后取这些周期的最小公倍数，就得 M 的值？

小徐：正是如此。不过五星的周期比日、月更难测

得准，所以 M 值是理论上的值，各历之间会有差异。

小利：所以，中国人发明了余数定理来解决问题？

小徐：各周期如果测不准，什么定理都没有用；测得准，就求最小公倍数，也用不着什么定理。

小利：那么余数定理和大周期有关吗？

小徐：和周期的余数有关。知道了大周期 M 之后，我们更想知道此时此刻在这一大周期中的位置 x，x 就是大周期 M 的余数。x 也就是上一次一切重新开始后，到现在所累积的时日，在历法中称为上元积年。每逢改历，一定要确定各个周期，然后算出大周期，再算上元积年。

小利：计算上元积年要用到余数定理？

小徐：是要用到余数定理。我们没有办法直接观测或计算 x 的值。但是我们可观测此时此刻太阳相对于冬至的位置，这是回归年周期 m_1 的某个余数 x_1，它也正是 x 除以 m_1 所得的余数——因为凡是经过 m_1 的整数倍时间，太阳都回到冬至点。所以我们就得到一个余数方程式

$$x \equiv x_1 (m_1)$$

同样的道理，我们可以观测或计算得到，此时此刻相对于其他各周期 m_k 的余数 x_k。因此我们就有联立的余数方程组

$$x \equiv x_k \, (m_k), \, k = 1、2、3\cdots\cdots$$

我们可以取适当的时间单位，使得各 m_k，各 x_k 都是整数。那么我们的问题就跟干支纪年的问题很类似，只是要联立的方程序个数不止两个而已。

小利：两个和多个真没区别吗？两个的联立方程式我不是会么？

小徐：理论上会两个，就会多个。譬如，你会解

$$x \equiv x_1 \, (m_1), \, x \equiv x_2 \, (m_2)$$

则所得的解不只一个，不过彼此之间差的是 m_1、m_2 的最小公倍数 $[m_1, m_2]$ 的倍数，所以解可写成为

$$x \equiv x_{12} \, ([m_1, m_2])$$

x_{12} 是原来联立方程式的某个特殊解。然后再把新的方程式和 $x \equiv x_3 \, (m_3)$ 联立：

$$x \equiv x_{12} \, ([m_1, m_2]), \, x \equiv x_3 \, (m_3)$$

一样可以解得 $x \equiv x_{123} \, ([m_1, m_2, m_3])$，$[m_1, m_2, m_3]$ 就是这三个数的最小公倍数，它也是 $[m_1, m_2]$ 和 m_3 的最小公倍数。你会由两个数的联立方程式而解三个数的联立方程式，当然任何个数的联立方程式都没问题了。

小利：哈，余数定理的原理我懂了。

小徐：且慢，让我考你一下，请解

$$x \equiv 1234 \, (3652422), \, x \equiv 5678 \, (295306)$$

小利：m_1、m_2各是年与月的周期，这题目倒还合乎实际状况。依据解干支纪年问题的经验，我要在"1234"加"3652422 的各个倍数"的数目中，找寻其中的一个，它除以 295306 会得余数 5678，一个一个试，太难了。

小徐：余数定理告诉我们，如何经过一定步骤，就可求解这样的联立方程式——靠一定的步骤而不是盲目的尝试。

小利：有一定的步骤，而不是盲目的尝试？你不是强调勇于尝试错误吗？

小徐：尝试错误后要渐渐归纳出解题的方向，否则不可能得出一定的解题步骤。

小利：我对余数定理不得不肃然起敬。

小徐：这种联立余数方程式的问题，在中国古代就已经有了，其中以韩信点兵的传说最具代表。话说韩信帮助汉高祖刘邦打天下，有一次刘邦请韩信吃饭，正当酒酣耳热之际，刘邦突然问韩信："你手上到底有多少士兵啊！"韩信经此一问，吓得酒醒，暗自想道："主公是否对我起疑？不好好回答，脑袋可要搬家啊！"情急之下胡乱说道："不知兵有多少，只知三三数之余一，五五数之余二，七七数之余一。"刘邦搞不清楚到底有多少，只好暂时按兵不动。

小利：看样子，我的数学程度比刘邦高明，这一题我会。

小徐：换成数学式子，我们要解的方程式为

$$x \equiv 1\,(3),\ x \equiv 2\,(5),\ x \equiv 1\,(7)$$

稍微试一下就知道 $x = 22$ 是一个解，而通解为 $x \equiv 22\,(105)$。

不过，我们要用所谓的一定步骤来求解。先解 $x \equiv 1\,(3)$，$x \equiv 2\,(5)$。将 5 与 3 做辗转相除：

$$5 = 1 \times 3 + 2,\ 3 = 1 \times 2 + 1$$

把最后一个余数 1，放在左边，利用这两式，倒过来写：

$$1 = 3 - 1 \times 2 = 3 - 1 \times (5 - 1 \times 3) = 2 \times 3 - 1 \times 5$$

这样，我们就把 1 写成为 3 与 5 的线性和，从这样的表示法，我们马上就得下面的余数关系：

$$2 \times 3 \equiv 0 \, (3), \quad -1 \times 5 \equiv 1 \, (3)$$
$$2 \times 3 \equiv 1 \, (5), \quad -1 \times 5 \equiv 0 \, (5)$$

要解 $x \equiv 1 \, (3)$，$x \equiv 2 \, (5)$，就把 -1×5 乘以 1，2×3 乘以 2，然后相加做为 x，就是所要的解：

$$x = (-1 \times 5) \times 1 + (2 \times 3) \times 2 \equiv 7 \, (15 = 3 \times 5)$$

你很容易验证 $x \equiv 7 \, (15)$ 是联立方程式 $x \equiv 1 \, (3)$，$x \equiv 2 \, (5)$ 的通解。下一步就是要解

$$x \equiv 7 \, (15), \quad x \equiv 1 \, (7)$$

一样把 15 与 7 做辗转相除：

秦九韶的《数书九章》

秦九韶（约 1202 - 约 1261），南宋人，生于四川，也在四川做过县尉。彼时正值蒙古兵攻打四川的时代，他在兵荒马乱中，完成《数书九章》，全书分 9 类，每类 9 题，共 81 题。9 类为大衍、天时、田域、测望、赋役、钱谷、营建、军旅、市易。

$$15 = 2 \times 7 + 1$$

把 1 倒过来写，则

$$1 = 1 \times 15 - 2 \times 7$$

由此表示法，一样可以得到

$$1 \times 15 \equiv 0\,(15), \quad -2 \times 7 \equiv 1\,(15)$$

$$1 \times 15 \equiv 1\,(7), \quad -2 \times 7 \equiv 0\,(7)$$

所以

$$x = (-2 \times 7) \times 7 + (1 \times 15) \times 1 = -83 \equiv 22\,(105 = 15 \times 7)$$

就是所要的解。

小利：果然得到所要的解。要诀就是把两除数辗转相除，最后得到 1，然后倒过来写，把 1 表为两除数的线性组合。这个组合的两项，各是两除数的某种单位余数……

小徐：这种单位余数，对某除数而言，余数为 1，对另一除数，则余数为 0；两除数对调，就得另一互补的单位余数。

小利：互补的两单位余数，这个名词取得好。把这两个互补单位余数各乘以方程式中的相应余数，再加起来，就是所要的解。

小徐：一点都不错，这就是标准步骤。随着历法中

求解上元积年经验的增加，从尝试错误中摸索出解题方向，到了宋朝，解法就已标准化。秦九韶把求解的方法放入他的《数书九章》中，称为"大衍求一术"。

小利：你以前也提过"大衍求一术"。原来"求一"就是用辗转相除法，最后求到1。可是，如果两除数不互质，最后求到的可不是1啊，而是两除数的最大公约数，不是吗？

小徐：一点也不错——高中的数学你还记得呢。不互质的情形稍做调整，一样可以处理。

小利：那么"大衍"是什么意思？

小徐："大衍"两字出自易经，有占卜方面的意义，秦九韶借用来增加神秘的气氛。

小利：你说，古代的观测不够准确，所以空有这么好的算法，和历法的准确性也不相关。

小徐：的确，从元朝的《授时历》开始，农历就放弃了上元积年的求取，因此解联立余数方程式，在中国数学中逐渐为人所遗忘。不过现今的代数学中，联立余数方程式及其推广的求解，却是非常的重要，它的方法统称为"中国余数定理"。

小利：现今的代数学？那一定非常抽象了。除了上元积年外，这一套"大衍求一法"还有什么有趣的应用呢？

小徐：《数书九章》中有一道有趣的题目，你可做为习题，磨练你的"大衍求一术"②。

小利：说来听听！

小徐：话说某夜，三个小偷趁黑潜入一家米店偷米。小偷甲暗中摸到一马勺，就一勺一勺把米从箩筐舀入自己的袋子中。小偷乙摸到一木履，也一履一履把米从另一箩筐舀米入自己的袋子中。小偷丙摸到一漆碗，也一碗一碗把米从第三个箩筐舀入自己的袋子中。案发一阵子后，三小偷才被逮，不过偷来的米已吃掉不少。县官开庭审讯，米店老板说，不知箩筐原有米多少，只知三箩筐原有的米一样多，又知被偷后各只剩下 1 合、14 合

不知箩筐原有米多少，只知三箩筐原有的米一样多，又知被偷后各只剩下一合、14合及一合米。

被盗了多少米？

及 1 合米。县官要人量得马勺可盛米 19 合，木履 17 合、漆碗 12 合……

小利：于是县官假设每箩筐原有米为 x 合，根据已有的资料，得联立的余数方程式为：

$$x \equiv 1\,(19), \quad x \equiv 14\,(17), \quad x \equiv 1\,(12)$$

哈，法官要会解这个题目，才能判案啊！

小徐：你看，法官要会代数呢！

小偷偷米的解题过程如下：

先解 $x \equiv 14\,(17)$, $x \equiv 1\,(12)$。将除数 17 和 12 做辗转相除

$$17 = 1 \times 12 + 5, \quad 12 = 2 \times 5 + 2, \quad 5 = 2 \times 2 + 1$$

将最后一式的 1 倒过来写，并陆续代入前两式，得

$$1 = 5 - 2 \times 2 = 5 - 2 \times (12 - 2 \times 5) = -2 \times 12 + 5 \times 5$$

$$= -2 \times 12 + 5 \times (17 - 1 \times 12) = -7 \times 12 + 5 \times 17$$

如此，1 可写成为两除数的倍数 5×17 及 -7×12 之和。而 5×17 及 -7×12 有如下的性质：

$$-7 \times 12 \equiv 0\,(12), \quad 5 \times 17 \equiv 1\,(12)$$

$$-7 \times 12 \equiv 1\,(17)\ t,\ 5 \times 17 \equiv 0\,(17)$$

所以 $x \equiv 14\,(17)$，$x \equiv 1\,(12)$ 的解要为

$$x = (-7 \times 12) \times 14 + (5 \times 17) \times 1$$

$$= -1091 \equiv 133\ (204 = 17 \times 12)$$

同样把 19 与 204 做辗转相除：

$$204 = 10 \times 19 + 14,\ 19 = 1 \times 14 + 5,$$

$$14 = 2 \times 5 + 4,\ 5 = 1 \times 4 + 1$$

将最后的 1 倒过来写：

$$1 = 5 - 1 \times 4 = 5 - 1 \times (14 - 2 \times 5) = 3 \times 5 - 14$$

$$= 3 \times (19 - 1 \times 14) - 14 = 3 \times 19 - 4 \times 14$$

$$= 3 \times 19 - 4 \times (204 - 10 \times 19)$$

$$= 43 \times 19 - 4 \times 204$$

所以

$$x = (43 \times 19) \times 133 - (4 \times 204) \times 1$$

$$= 107845 \equiv 3193\ (3876 = 19 \times 17 \times 12)$$

亦即，每箩筐原有米 3193 合。

5.3
简单的数学·复杂的数学

小利：历的数学还有什么？

小徐：想到万年历。

小利：万年历？

小徐：历不是每年都要换吗？如果设计成不必更换的历，就是万年历。

小利：2001 年的元旦是星期一，2002 年的元旦就是星期二，星期的日子不对，今年一月的历，明年就不能用。

小徐：2007 年的元旦也是星期一，所以 2007 年可用 2001 年的历。

小利：真会废物"历"用啊！这样你只要 7 份历就够用了，元旦是星期几的，你就用相应的历。

小徐：不错；不过要分平年与闰年，所以共要 14 份历。但是要把 14 份历合成 1 份，才算万年历。

小利：合成 1 份？

小徐：2002 年元旦是星期二，2001 年 5 月 1 日也是星期二，所以 2002 年 1 月就用 2001 年 5 月的历。2002 年 2 月 1 日是星期五，2001 年 6 月 1 日也是星期五，所以 2002 年 2 月就用 2001 年 6 月的历。

小利：可是历上标示的年份、月份不一样，而 2002 年 6 月的历有 30 日，2001 年的 2 月只有 28 日。

小徐：动一点小脑筋就可以了。你要把年、月、日、星期分别列在四张分开的纸板上，月板、日板可相对于固定的年板、星期板而移动。如果年、月、日、星期各纸板上的顺序安排得好，你只要移动月板，使得你要的年与 1 月对齐，再移动日板，使得你要的月与 1 日对齐，这时该月的 1 日，就自动对齐该有的星期几，这样就得到该年该月份的月历。年板上的顺序要注意，相邻两年之间没跨过闰日的，就紧邻而排，跨过闰日的，就空一格再排，这样年板与星期板就固定对齐。月板上 2 月一定在 1 月的右边的第三格，因为 2 月 1 日与 1 月 1 日的星期序差了 3 个位置；3 月在 2 月的右边一格，或者同格，就看是闰年还是平年。以下类推。不过顺序就像星期那样可以是循环的，也就是说最右边的，接下去是最左边的。至于日板则把 1 日到 31 日，每 7 日排一列；使用时，有时会多出来 29 日、30 日或 31 日，你不要理它就好。（有关万年历的制作，请参阅附录 B。）

小利：我大概可以想象你的万年历。但我想最难是怎样决定某年的元旦是星期几，使得固定的年板与星期板对应得没有错。

小徐：这的确是个难题。不过就二十一世纪的任何一年，$2000 + x$ 年，$1 \leqslant x \leqslant 100$，我们有个简单的公式，可以计算该年元旦是星期几：

$$x + \left[\frac{x-1}{4} \right] \qquad （7）$$

这里 $\left[\dfrac{x-1}{4} \right]$ 表示取 $\dfrac{x-1}{4}$ 的整数部分。譬如 $x = 2$，则 $\left[\dfrac{x-1}{4} \right] = 0$；$x = 6$，则 $\left[\dfrac{x-1}{4} \right] = 1$；而（7）表示要以 7 除之，只管剩下的余数。

小利：今年 2002 年，$x = 2$，代入上面的式子，就得

2，表示星期二——没错。平年有 365 日，除以 7 余 1，所以 2003 年的元旦要为星期二的下一天，星期三。每增加 1 年，星期就往前推进 1 天，所以公式要有个 x，这很合理。不过闰年后的第二年，可要往前推进 2 天，譬如 x = 5，$\left[\dfrac{x-1}{4}\right] = 1$，就相应于多出的一天。$\left[\dfrac{x-1}{4}\right]$ 相应于每隔 4 年所要增加的 1 天。这个公式太妙了。

小徐：有了这个公式，制作与使用二十一世纪的百年历就不成问题。

小利：如果不是二十一世纪呢？

小徐：公式就复杂许多，100y + x 年的元旦为星期几的公式如下：

$$5y + \left[\frac{y}{4}\right] + x + \left[\frac{x-1}{4}\right] \qquad (7)$$

小利：这么复杂？

小徐：现在的格历以 400 年为一周期，总日数为 146097，刚好为 7 所整除。上面的式子中，y 每增加 4，$5y + \left[\dfrac{y}{4}\right]$ 就增加 21，21 除以 7 就归零，这正表示 400 年也是星期的周期。以 2001 年开始的 400 年为例，第一个 100 年，共有 24 个闰年，星期共推进 124 天，除以 7 余 5，就得 5 天，这就是 5y 的 5。2001 年的元旦为星期一，推进 5 天后，2101 年元旦为星期六；再多推进 5 天，2201

年元旦星期四，2301 年元旦为星期二。第四个 100 年多 1
个闰年，推进 6 天，2401 年元旦就回到星期一。

小利：原来如此。我想起另外一种万年历。前一阵
子电视上介绍一个怪人，他的生活能力很糟，但有一个
超高的本事：你随便捡个某年某月某日，问他是星期几，
他用不了一分钟就给你正确的答案。

小徐：我看过那个节目。

小利：你知道他是怎么算的？

小徐：不知道；他本人也说不清楚是怎么算的。可
惜这种本事，你我都没有。

小利：我记得有人主张改历，把 1 年分成 4 季，每

公式就复杂许多，100y + x 年的元
旦为星期几的公式如下：

$$5y + [y/4] + x + [(x-1)/4] \quad (7)$$

季 91 日，共 364 日，第 365 日为年假日，闰年则第 366 日为闰年日。年假日、闰年日都不设为星期几。每季 91 日分成 3 个月，各有 30 日、30 日、31 日。第一季首日为元旦，设为星期一。因为一季 91 日刚好是 13 个星期，所以每季的首日也都是星期一；每季的第二月第一日都是星期三，第三月第一日都是星期五。这种历本身就是万年历。

小徐：现行的阳历，每月大小有别，与星期又不能融合，所以有许多改历的建议，建议的方向无非是使相关的算术变得简简单单。

小利：除了算术和代数外，历还牵涉到什么样的数学？

小徐：编历要知道日、月、五星方位的变化。一开始，人类以为变化是等速的，后来发现不是，那么规则是什么？所谓等速就是说方位 f(x) 是时间 x 的一次式。如果不是，就想到用二次式做为 f(x) 的近似值。这样就发展了二次内插法。

小利：二次式不是代数吗？

小徐：二次式是代数，不过用二次式做为一函数的近似值，是更复杂的代数，其理论归属于微积分的范畴。

小利：谁发展了二次内插法？

小徐：在西方有牛顿（Newton, 1642-1727，英国物理学家、数学家）的等间距内插公式，及拉格朗日（Joseph Louis Lagrange, 1736–1813，意裔法国数学家）的非等间距内插公式，都是以高次的多项式来代替一函数。中国方面，隋朝的刘焯在编《皇极历》时，曾用到二次内插法，唐朝的一行编《大衍历》、徐昂编《宣明历》时，也都用到二次内插法③。到了元朝，郭守敬编《授时历》时，更用到三次内插法。

　　小利：所以他们已经碰到了微积分？

　　小徐：我说内插法的理论属于微积分的领域，但他们不谈理论，只是应用内插法，算是复杂的代数。

　　小利：可惜没能因而发展微积分。

　　小徐：不过内插法还可用来求高阶等差级数的有限项和，这方面的成就是中国古代数学的一个特色。

　　小利：什么是高阶等差级数？

隋朝 ⟶ 唐朝 ⟶ 元朝

皇极历　　宣明历　　授时历

二次内插法

$(b - b_1)/(i - i_1) = (b_2 - b_1)/(i_2 - i_1) =$ 直线斜率

$R = [I + (M - P) \div N] / [(M + P) \div 2]$

小徐：像 $1^2 + 2^2 + 3^2 + \cdots\cdots + n^2$、$1^3 + 2^3 + 3^3 + \cdots\cdots + n^3$、$1 \cdot 2 \cdot 3 + 2 \cdot 3 \cdot 4 + \cdots\cdots + n(n+1)(n+2)$，都是高阶等差级数。

非等间距内插公式与等间距内插公式

假设观测的时间设为 x_0、x_1、$x_2 \cdots\cdots x_n$，而观测值为 $f(x_0)$、$f(x_1)$、$f(x_2) \cdots\cdots f(x_n)$。若假设 $x_1 - x_0 = x_2 - x_1 = \cdots\cdots = x_n - x_{n-1}$，则称为等间距，否则称为非等间距。n 次内插公式就是一个 n 次多项式，它在 x_k 取的值是 $f(x_k)$，$1 \leq k \leq n$。二次非等间距内插公式为

$$Q_2(x) = f(x_0) \frac{(x-x_1)(x-x_2)}{(x_0-x_1)(x_0-x_2)} + f(x_1) \frac{(x-x_0)(x-x_2)}{(x_1-x_0)(x_1-x_2)}$$

$$+ f(x_2) \frac{(x-x_0)(x-x_1)}{(x_2-x_0)(x_2-x_1)}$$

这样的公式很容易验证 $Q_2(x_k) = f(x_k)$，$0 \leq k \leq 2$；也很容易推广成 n 次非等间距内插公式。

如果是等间距，设 $x_k = x_0 + k_h$，$1 \leq k \leq n$。则二次等间距内插公式为

$$P_2(x) = f(x_0) + \frac{x-x_0}{h}(f(x_0+h) - f(x_0))$$

$$+ \frac{1}{2}\frac{x-x_0}{h}\left(\frac{x-x_0}{h} - 1\right)(f(x_0+2h) - 2f(x_0+h) + f(x_0))$$

我们可以验证 $P_2(x_0) = f(x_0)$、$P_2(x_1) = P_2(x_0 + h)$ $= f(x_0 + h) = f(x_1)$、$P_2(x_2) = P_2(x_0 + 2h) = f(x_0 + 2h)$ $= f(x_2)$。为了能推广为 n 次等间距内插公式，令 $t = \dfrac{x - x_0}{h}$、$\Delta^2 f(x_0) = \Delta f(x_1) - \Delta f(x_0)$，则 $P_2(x)$ 可写成为

$$P_2(x) = f(x_0) + \binom{t}{1} \Delta f(x_0) + \binom{t}{2} \Delta^2 f(x_0)$$

这里的 $\binom{t}{1} = 1$，$\binom{t}{2} = \dfrac{1}{2} t(t-1)$，就像二项系数那样。$P_2(x)$ 很容易推广成 n 次等间距内插公式。

　　小利：高中时有些喜欢数学的同学，就拿这些公式来唬我们。今天我可要好好学一下。

　　小徐：令 $f(n) = 1^2 + 2^2 + 3^2 + \cdots\cdots + n^2$。我们列个表：

n	0	1	2	3	4	5	……
f(n)	0	1	5	14	30	55	……
$\Delta f(n)$	1	4	9	16	25	……	
$\Delta^2 f(n)$	3	5	7	9	……		
$\Delta^3 f(n)$	2	2	2	……			
$\Delta^4 f(n)$	0	0	……				

　　在这个表中，$\Delta f(n) = f(n + 1) - f(n)$，它是 f 函数在相邻两数之值的差；$\Delta^2 f(n) = \Delta f(n + 1) - \Delta f(n)$，它是差的差，二阶的差。你看，到了二阶，数值 3、5、7、9……

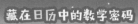

已经是等差，所以称 $1^2 + 2^2 + 3^2 + \cdots\cdots + n^2$ 为二阶等差级数。当然 $1 + 2 + 3 + \cdots\cdots + n$ 为一阶等差级数，也就是一般所说的等差级数。我们知道 $1 + 2 + 3 + \cdots\cdots + n = \frac{1}{2} n(n + 1)$；一阶等差级数的和是 n 的二次式。假定二阶等差级数的和是三次式：

$$f(n) = 12 + 22 + 32 + \cdots\cdots + n2 = an3 + bn2 + cn + d$$

由

$$f(0) = d = 0$$

$$f(1) = a + b + c + d = 1$$

$$f(2) = 8a + 4b + 2c + d = 5$$

$$f(3) = 27a + 9b + 3c + d = 14$$

得

$$\Delta f(0) = f(1) - f(0) = a + b + c = 1$$

$$\Delta f(1) = f(2) - f(1) = 7a + 3b + c = 4$$

$$\Delta f(2) = f(3) - f(2) = 19a + 5b + c = 9$$

$$\Delta 2f(0) = \Delta f(1) - \Delta f(0) = 6a + 2b = 3$$

$$\Delta 2f(1) = \Delta f(2) - \Delta f(1) = 12a + 2b = 5$$

$$\Delta 3f(0) = \Delta 2f(1) - \Delta 2f(0) = 6a = 2$$

所以

$$a = \frac{1}{3}, \quad b = \frac{1}{2}, \quad c = \frac{1}{6}, \quad d = 0$$

$$f(n) = \frac{1}{3}n^3 + \frac{1}{2}n^2 + \frac{1}{6}n = \frac{1}{6}n(n+1)(2n+1)$$

这就是我们熟悉的平方和公式。你看，上面这些以 a、b、c、d 为未知数的方程式，它们等号右边出现的数值，就是表中我用虚线框起来的数值。而 a、b、c、d 的答案其实只和 $f(0)$、$\Delta f(0)$、$\Delta^2 f(0)$、$\Delta^3 f(0)$ 有关：

$$a = \frac{1}{6}\triangle^3 f(0)$$

$$b = \frac{1}{2}(\triangle^2 f(0) - \triangle^3 f(0))$$

$$c = \triangle f(0) - \frac{1}{6}\triangle^3 f(0) - \frac{1}{2}(\triangle^2 f(0) - \triangle^3 f(0))$$

$$d = f(0)$$

一般的高阶等差级数理论说：

$$f(n) = \binom{n}{0}f(0) + \binom{n}{1}\triangle f(0) + \binom{n}{2}\triangle^2 f(0)$$

$$+ \binom{n}{3}\triangle^3 f(0) + \cdots\cdots$$

当阶数为 2 时，$\Delta^4 f(0) = \Delta^5 f(0) = \cdots\cdots = 0$，所以上式中的 "……" 都是 0。如 $f(n) = 1^2 + 2^2 + \cdots\cdots + n^2$，我们就得到平方和公式为

$$f(n) = 1 \cdot 0 + n \cdot 1 + \frac{1}{2}n(n-1) \cdot 3 \frac{1}{6}n(n-1)(n-2) \cdot 2$$

$$= \frac{1}{6}n(n+1)(n+2)$$

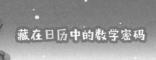

如果 $f(n) = 1^3 + 2^3 + 3^3 + \cdots\cdots + n^3$ 是立方和，一样列表，你可算得 $f(0) = 0$，$\Delta f(0) = 1$，$\Delta^2 f(0) = 7$，$\Delta^3 f(0) = 12$，$\Delta^4 f(0) = 6$，因此

$$f(n) = \binom{n}{1} \cdot 1 + \binom{n}{2} \cdot 7 + \binom{n}{3} \cdot 12 + \binom{n}{4} \cdot 6$$

$$= \left(\frac{n(n+1)}{2} \right)^2$$

小利：果然高招，我要来试试 $1 \cdot 2 \cdot 3 + 2 \cdot 3 \cdot 4 + 3 \cdot 4 \cdot 5 + \cdots\cdots + n(n+1)(n+2)$ 的和。不过，我还看不出来，高阶等差级数的求和，和前面所提的内插法有什么关系。

小徐：假定要用三次式做为方位 $f(x)$ 的近似值，我们就把实际观测到的值 $f(0)$、$f(1)$、$f(2)$、$f(3)\cdots\cdots$当做三次式在 0、1、2、$3\cdots\cdots$所得的值。然后用这些值列表，可得 $f(0)$、$\Delta f(0)$、$\Delta^2 f(0)$、$\Delta^3 f(0)\cdots\cdots$那么三次式

$$\binom{n}{0} f(0) + \binom{n}{1} \Delta f(0) + \binom{n}{2} \Delta^2 f(0) + \binom{n}{3} \Delta^3 f(0)$$

就可做为 $f(n)$ 的近似值。换句话说，想用三次式做为近似值，就把 $f(x)$ 当做二阶等差级数。

小利：想用四次式做为近似值，就把 $f(x)$ 当做三阶等差级数？

小徐：完全正确。

小利：用几次式有什么标准吗？

小徐：二次式有 3 个待定的系数，所以需要 3 个观测值 f(0)、f(1)、f(2)；三次式有 4 个待定系数，需要 4 个观测值 f(0)、f(1)、f(2)、f(3)。符合观测值愈多的，通常会愈准。

小利：所以次数愈高愈准；那么次数要高到什么程度才够准？

小徐：如果 f(x) 本身就是二阶（三次），我们知道 $\Delta^4 f(x)$ 等于 0；反过来，$\Delta^4 f(x)$ 等于 0，或几乎是 0，我们就可认定 f(x) 是三次或几乎是三次的。

小利：为什么说几乎是 0？

小徐：因为观测会有误差。

小利：所以要决定 f(x) 是几次的，就多取得一些观测值，看什么时候 $\Delta^{n+1} f(x)$ 几乎是 0，就决定用 n 次逼近。那么，怎么确定"几乎是 0"？

小徐：这和你要求的准确度有关，需要用微积分的想法来确定。

小利：我对内插法和高阶等差级数大概有了初步的认识。还有什么数学和历有关？

小徐：编历要以天文观测为准，除了内插估算外，有时要用几何或三角推算；几何、三角可以是平面的，

也可以是立体的。

小利：立体的三角？没听过。

小徐：立体三角其实是球面三角。不管远近，只管方位，我们可以用视线把任一颗星钉在天球的球面上。天球就是以地球为中心，一个半径很大很大的球，大到把所有的星星都包含在内。从地球看太阳，就发现它在天球上移动，一年画一个大圆圈，我们称为黄道的就是那个圆圈。用球面三角可以解决许多天球上的几何问题，也就是解决许多星星的方位问题。

小利：球面三角很难吗？

小徐：有点难，不过球面三角的定理、公式，很多是平面三角的推广。

小利：所以也有正弦律、余弦律？

小徐：对的，这两个定律一样很重要。不过球面三角也有和平面很不同的性质，譬如球面上三角形内角和大于 180°。

小利：三角形内角和大于 180°？

小徐：我们把地球表面看成球面，上面一样有球面三角。大圆就是直线，因为大圆是球面上两点之间最短的路线——天球上一样有大圆，黄道就是。经度线、赤道都是大圆，但纬度线就不一定是。经度 0°、某经度

x°，还有赤道，三个大圆围成一个三角形。两经度与赤道的交角各为 90°，两角合起来已有 180°，还有两经度之间的夹角 x° 呢！

小利：罢了，罢了，今天学了许多历的数学，原本信心增加了不少，最后还真有点扫兴——原来有这么多让人生畏的数学。

小徐：慢慢来，连分数、余数定理、内插法原来不是让人生畏吗？但是我们一边看历法，一边学点这些数学，你不是觉得有点亲切吗？

小利：是啊，和其他领域连结在一起看，数学比较有亲切感。但你还是没把高中学过的平面几何与三角，和历连结起来，让我实际感觉数学的重要。

小徐：我刚才说过，编历要以天文观测为准，……唉，的确不容易举出浅显的例子。对了，在徐光启、利玛窦对话录的最后，利玛窦说："在西洋，无论计算或推理，都从学习平面几何开始。"

小利：我正好奇想知道这是怎么说的。

小徐：平面几何的主要功能是训练推理。在我们的对谈中，的确用到推理式的思考，譬如连分数逼近的好坏、武则天让元旦发生在冬至日疑案等。平面几何的直接应用则是产生了三角学，它能经由实测与计算，得到

无法直接测量到的几何量，这在天文中尤其重要，而历法与天文是息息相关的。

小利：说来说去，还是不直接相关。

小徐：正因为西方发展了与历法不直接相关的数学，天长日久之后，相关渐显，居然只用咫尺就可量尽天涯。徐光启了解这层道理，所以督修历法时，主张"循序渐作""从流溯源"，因此"欲求超胜，必须会通，会通之前，必须翻译"。

之前，徐光启与利玛窦翻译了《几何原本》，他督修的《崇祯历书》中更译介了许多三角学的内容。虽然当初只着眼于修历，徐光启与利玛窦却让中国的数学与世界接轨了。

【第 5 章注解】

①读者可参看一本简单的英文数学书，I. M. Niven 与 H. S. Zuckerman 合著的 *An Introduction to the Theory of Numbers*。

②这个题目称为"余米推数"，取材自郭书春所著《中国古代数学》的一节《大衍总数术与大衍求一术》。

③刘焯（544—610），隋朝人，于公元 604 年完成《皇极历》。一行（683— 727），唐朝高僧，俗名张遂，于公元 727 年修成《大衍历》（后经张说等人编辑成书）。徐昂，唐朝人，于公元 822 年制订《宣明历》。

附录 A 《中国年历简谱》内容说明

以《中国年历简谱》第 217 页中间一栏最后一格为例，说明如下：

1. 此为公元 700 年，农历庚子年，（武）周则天帝（武曌）久视元年，儒略纪元 5413 年，民国前 1212 年的年历。

2. 本年依武则天所颁的周历，应从正月（农历十一月）开始，至十月为止，但因武则天决定从下一年开始，恢复唐朝的历法，以农历一月为正月，所以本年增加了十一月及十二月。此外，本年又逢闰七月，所以全年共有 15 个月，共 444 日。

3. 本年正月之干支纪月为丙子月，正月 1 日之干支纪日为辛亥日，它发生在阳历（上一年）11 月 27 日，儒略纪日第 1976698 日。

4. 介于腊（月）与一（月）两者之间的 6，指的是阳历 700 年 1 月 1 日发生在农历腊月（十二月）6 日，为丙戌日，儒略纪日第 1976733 日。介于十一（月）与十二（月）之间的 18，指的是阳历 701 年 1 月 1 日发生在农历十一月 18 日。

5. 最下面两个括号（81）及（二 2）指的是回历 81 年的元旦发生在该农历年的二月 2 日。

（注：《中国年历简谱》的中文文字方向为由右往左）

701	周		丑辛
5414	元 安長(嬰武)帝天則		1211
2 13 197 7142	亥乙	正	寅庚
3 14	7171		丑己 19
4 13	7201	戊戊 二	子戊
5 13	7231	巳甲甲 三	亥丁 臘
6 11	7260	酉癸 四五	午丙
7 10	7289	寅壬 六	巳乙 一
8 9	7319	申壬辛 七八	申丙 二
9 7	7348	酉己 九	未乙 三
10 7	7377	午庚 十	酉丁 四
11 5	7407	子己己 十一	酉乙 五
12 4	7436	巳戊 十二	戌庚
1 3	7464	亥己 二十	
1 3	7466		丑辛
(82)	354	(正3)	

697	周		酉丁
5410	元 功神(嬰武)帝天則		1215
11 30 197 5606	亥己己	正	子庚
12 30	5636		丑辛 3
1 29	5638	未辛	
2 27	5695	卯癸	寅壬
3 28	5724	寅丙	卯癸
4 26	5753	寅丙	巳乙 乙
5 26	5783	丑乙 四五	未丁
6 24	5812	午丁 六	未丁
7 24	5842	子戊 七八	酉己己
8 22	5871	子戊 九	亥辛
9 21	5901	午戊 十	亥辛 閏
10 21	5931	申甲 十一	
11 20	5961		十十
(78)	385	(三3)	

693	周		巳癸
5406	二 壽長(嬰武)帝天則		1219
12 14 197 4159	辰壬	正	子壬
1 1	4177		丑癸
1 12	4188		丑癸 臘
2 11	4218	酉辛	寅甲
3 13	4248	卯辛 二	卯乙
4 11	4277	酉辛 三	巳丁 丁
5 11	4307	申庚 四五	未己
7 9	4336	丑乙 六	未己
7 9	4366	未丁 七八	酉辛
8 7	4395	子戊 九	酉辛
9 7	4425	午戊 十	亥癸
11 4	4484	戌丁	
(74)	354	(四3)	

702	周		寅壬
5415	二 安長(嬰武)帝天則		1210
2 2 197 7496	卯癸	正	寅庚
3 3	7525	戊戊	丑己
4 2	7555	辰戊 二三	子戊
5 2	7585	戌戊 四	巳丁 臘
5 31	7614	卯丁 五	午丙
6 30	7644	酉丁 六	未丁 丁
7 29	7673	寅丙 七八	酉己
8 28	7703	申丙 九	酉乙
9 26	7732	丑乙 十	亥辛
10 26	7762	未乙 十一	戌庚
11 24	7791	子甲 二十	丑癸
12 1	7820	巳癸 10	
1 1	7829	寅壬	
(83)	354	(正3)	

698	周		戌戊
5411	元 曆聖(嬰武)帝天則		1214
12 20 197 5991	卯癸	正	子壬
1 18	6003	丙丙 13	丑癸
1 18	6020	巳癸癸 臘	寅甲
2 16	6049	戌壬 二三	寅甲
3 16	6079	辰壬 四	辰丙
4 16	6108	酉辛 五	午戊 戊
5 15	6137	寅庚 六	未己
6 14	6167	申庚 七八	酉辛
7 13	6196	丑己 九	酉辛
9 11	6226	未己 十	戌壬
10 10	6285	午戊 十一	亥癸
11 8	6314	亥丁	
(79)	353	(二3)	

694	周		午甲
5407	元 載延(嬰武)帝天則		1218
12 3 197 4513	戌丙	正	子甲
1 1	4542	乙乙 30	丑乙
1 31	4543	辰甲甲 臘	寅丙
2 1	4572	戌甲 二三	寅丙
3 2	4602	辰甲 四	辰戊
4 30	4631	申甲 五	午庚 庚
5 30	4661	寅甲 六	未辛
7 28	4691	丑癸 七八	酉癸
8 28	4720	未癸 九	酉癸
9 25	4750	子壬 十	戌甲
10 24	4779	巳辛 十一	亥乙
	4809	亥辛	
	4838	辰庚	
(75)	355	(四3)	

703	周		癸卯
5416	三 安長(嬰武)帝天則		1209
1 22 197 7850	亥癸	正	寅庚
2 21	7880	巳癸	丑己
3 22	7909	戌壬 二三	子戊
4 21	7939	辰壬 四	亥丁 閏
5 20	7968	酉辛辛 五	午丙
6 19	7998	卯辛 六	巳乙 乙
7 19	8028	酉辛辛 七八	申丙
8 17	8057	寅庚 九	未乙
9 16	8087	申庚 十	酉丁
10 15	8116	丑己 十一	酉乙
11 14	8146	未己 二十	戌庚
12 13	8175	子戊戊 十	丑癸
1 12	8194	午戊 二十	
1 1	8265	卯丁 二十	丑乙
(84 85)384		(正3+3)	

699	周		亥己
5412	二 曆聖(嬰武)帝天則		1213
12 8 197 6344	巳丁	正	子甲
1 1	6368	午丁 25	丑乙
1 7	6374	亥丁 臘	寅丙
2 6	6404	巳丁	卯丁
3 7	6433	戌丙 二三	巳己
4 5	6463	辰丙 四	巳己己
5 5	6492	酉乙 五	未辛
6 3	6521	寅甲 六	未辛
7 3	6551	申甲 七八	酉癸
8 1	6580	丑癸 九	酉癸
8 30	6609	午壬 十	戌甲
9 29	6639	子壬	亥乙
10 29	6669	午壬	
(80)	354	(二3)	

695	周		未己
5408	二 歳萬册天(嬰武)帝天則		1217
11 23 197 4868	巳辛	正	子丙
12 22	4897	戌庚 25	丑丁 臘
1 1	4907	申庚 11	寅戊
2 19	4927	辰庚	卯己
3 19	4956	酉己	辰庚
4 19	4986	卯己 二三	巳辛
5 17	5015	申戊 四	未癸
6 17	5045	寅戊 五	未丁
7 17	5074	未丁 六	酉乙
8 15	5104	丑丁 七八	酉丁
9 14	5134	未丁 九	戌丙
10 14	5163	子丙 十	亥丁
10 14	5193	午丙	
11 13	5222	亥乙	
(76)	384	(三3)	

704	周		辰壬
5417	四 安長(嬰武)帝天則		1208
2 10 197 8234	亥辛	正	寅庚
3 10	8263	辰辛	丑己
4 9	8293	戌丙 二三	子戊
5 9	8323	巳辛 四	亥丁 臘
6 7	8352	酉乙 五	午丙
7 7	8382	卯卯 六	巳乙 乙
8 5	8411	申甲甲 七八	申丙
9 4	8441	丑甲 九	未癸
10 4	8471	申甲 十	酉丁
11 2	8500	丑癸 十一	酉乙
12 2	8530	未癸 二十	戌庚
12 31	8559	子壬	丑癸
1 1	8560	丑癸	
(86)	355	(二十3)	

700	周		子庚
5413	元 視久(嬰武)帝天則		1212
11 27 197 6698	亥辛	正	子丙
12 27	6728	巳辛	丑丁
1 1	6733	戊丙 6	戊戊
1 26	6758	亥辛 臘	卯己己
2 25	6788	巳辛	巳己
3 25	6817	戌庚 二三	午庚
4 23	6847	辰庚 四	未癸
5 23	6876	酉己 五	未癸
6 22	6905	寅戊 六	申甲
7 21	6935	申戊 七八	酉乙
8 19	6964	丑丁 九	戌丙
9 18	6993	午丁 十	戌丙
10 17	7023	子丁	亥丁
11 15	7052	巳乙	
12 15	7082	亥乙	
1 14	7112	巳乙 二十	己己
(81)	444	(二2)	

696	周		申庚
5409	元 天通歳萬(嬰武)帝天則		1216
12 12 197 5252	未丁	正	子戊
1 1	5272	戌丁	丑己
1 10	5281	戊甲 臘	丑乙
2 9	5311	酉癸	寅丙
3 9	5340	寅壬 二三	卯己
4 7	5369	未辛 四	巳丁
5 7	5399	丑辛 五	未癸
6 6	5428	午庚 六	未癸
7 5	5458	子庚 七八	酉乙
8 4	5488	午庚 九	酉丁
9 3	5517	亥己 十	戌丙
10 2	5547	巳己	亥己
11 1	5577	亥己	
(77)	354	(三4)	

取材自《中国年历简谱》，董作宾著，艺文印书馆出版，第 217 页。经艺文印书馆同意后使用。

256

附录 B　万年历的制作

将万年历分成四个部分：年板、月板、日板以及星期板，如下图所示。注意事项请见下页。

万　年　历			^{19}98	99	年
^{20}⑩00	01	02	03	④04	
05	06　07	⑧08	09	10	年板说明（请见下页）
11　⑫12	13　14	15	⑯16		
17　18	19	⑳20	21		
22　23	㉔24	25　26	27		

⊖一	一	⊜二	二	月
七　十	五　八	三十一	六	九十二

月板说明（请见下页）

1	2	3	4	5	6	7	日
8	9	10	11	12	13	14	
15	16	17	18	19	20	21	日板说明（请见下页）
22/29	23/30	24/31	25	26	27	28	
F	Sa	S	M	T	W	Th	F　Sa　S　M　T　W　Th

年板说明

1. 2000 年至 2027 年直接适用。

2. 2028 年至 2100 年可用"年份最后两位数除以 28

257

的余数"的方法来使用。例如 2079 年, 79 除以 28 会剩下 23, 也就是 2079 年各月月历与 2023 年的相同。

3. x 年元旦若为星期日, 则其位置和星期板的 S 位于同一纵栏, 其余类推。100y + x 年（1 ≤ x ≤ 100）元旦为星期几, 可由下列式子算得："$5y + x + \dfrac{y}{4}$"之整数 + "$\dfrac{x-1}{4}$"之整数的和, 再除以 7 的余数, 即为星期。

月板说明

1. 转动月板, 如果该年是闰年, 使⊖对准年份；如果是平年, 使⊥对准年份。

2. 对准后, 月板固定不动, 再转动日板。

日板说明

1. 年、月固定后, 旋转日板, 使 1 日对准所要月份, 就得该年该月的月历。（闰年的月份使用一二, 平年使用一二, 余共同。）

制作注意事项

1．年与星期同板；月板、日板可向右移动。文字说明放在各版右方。

2．可左右相接成环状万年历。

3．亦可省去文字说明，将左右两头的 F 行相接成同一行，则成简化环状万年历，说明文字另附。

4．圆状万年历：将一星期 7 天围成一圆圈；将日排成环状（可排成两排）围在圆圈外；将月排成环状（一排）围在日环外；将年排成环状（可成一排或两排）围在月环外。年环与星期环同板，日环、月环可各自转动。说明写在背面。

附录 C 2001年24中节气与闰月

农历月序	1月	2月	3月	4月	5月	6月	7月	8月	9月	10月	11月	12月
	大	小	小	大	大	小	小	大	小	大	小	大
中气	雨水 30	春分 30	谷雨 31	小满 31	夏至 32	大暑 31	处暑 31	秋分 30	霜降 30	小雪 30	冬至 29	大寒 30
农历日期	1·26	2·26	3·27	4·29	5·1	6·3	7·5	8·7	9·7	10·8	11·8	12·8
节气	惊蛰	清明	立夏	芒种	小暑	立秋	白露	寒露	立冬	大雪	小寒	立春

· 从这个表可以看出阴历月与中气脱钩就为闰月，如闰4月。

· 两中气之间的数字代表相隔的天数。在年中，两中气相隔的天数较长，所以较容易出现闰月；在年首和年底，两中气相隔的天数较短，较不易出现闰月。

涨本事的**数学**密码书

藏在生活中的 数学密码

曹亮吉 著

九州出版社
JIUZHOUPRESS

图书在版编目（CIP）数据

藏在生活中的数学密码／曹亮吉著． -- 北京：九州出版社，2021.10

（涨本事的数学密码书）

ISBN 978-7-5108-8170-1

Ⅰ．①藏… Ⅱ．①曹… Ⅲ．①数学－少儿读物 Ⅳ．

① O1-49

中国版本图书馆 CIP 数据核字（2019）第 130033 号

本书由台湾远见天下文化出版股份有限公司正式授权

目录

第  篇

序篇

序言

数学就在你身边

曹亮吉

几年前我写了一本书《阿草的葫芦》，特别标明"人类文化活动中的数学"。出版后颇受好评，不过也有人告诉我，还是写得太深，跳得太快。

我承认，该书的读者应该是已对数学有兴趣，而更想知道数学在文化中所扮演角色的人。我考虑，是否该写一本书，能让一般读者发现数学是身边事，因而引起对数学的兴趣。

参加台湾地区中小学九年一贯课程数学领域的设计，让我更能体会到一般人需要什么样的数学。所以我就写了现在这本书，定位是普通人能够知晓的数学，内容固然有些九年义务教育该学习到的数学，也有不少以义务教育为基础、在终身学习的实践中一位成熟的社会人士也能领会的数学。

"数学是科学之母"，学科学的人都会同意这样的主

张。但是，普通人为什么要学数学？很多人说离开学校
后，除了简单的算术外，数学是没有用的；少数人说学
好数学脑筋会比较清楚。前者属数学无用论，后者属数
学抽象有用论。无论怎么说，数学教育之功能是件很神
秘的事。

这使我想起了寻找圣杯的故事。从十二世纪开始，英
国流传亚瑟王及圆桌武士的故事。除了主架构外，后人又
添加了许多新武士及
他们的冒险故事。冒
险故事之一就是寻找
圣杯。

圣杯是耶稣及其
门徒在最后的晚餐所
用的杯子，自然神圣
得很；传说圣杯又可
变出许多食物，所以
又是有用得很。"神
圣得很"类似于数学
抽象有用论？"有用
得很"类似于"数学
是科学之母"，或者

对普通人真有用？

传说圣杯放在某一个古堡中，也传说圣杯无所不在，于是众多武士忙得不亦乐乎。从事数学教育的人也在问，数学的圣杯是什么？在哪里找得到？经过多年地寻寻觅觅，我认为数学的圣杯就是数与形所能呈现的各种胚腾（pattern）——广义的规律，在日常生活中，在各领域里，它是无所不在的。

寻找数学圣杯

我把各处找到的数学圣杯，汇整成这本书。这本书采用例举式的，尽量用实际的例子来表达意旨。全书36篇文章，依类分成6大篇，各以"学、说、算、变、看、想"为题。

"学"篇强调学数学的重点应摆在对胚腾的追求与了解，胚腾指的是各种广义的规律，在许多事物中的数与形都会出现。学会追寻胚腾，使得数学能力生根，学数学才真正有用。

里面有两篇文章谈规律与胚腾。《人是寻求规律的动物》这篇文章，原来出现在黄敏晃教授所著的《规律的寻求》一书中，是我替该书所写的一篇序文。第二篇文章《从规律到胚腾》则说明"广义的规律"是什么，为什么选用"胚腾"作为 pattern 的中译。另外的三篇文章则举例谈数学的学习。

"说"篇谈的是一般语言中，牵涉到数字的语汇，譬如数数、计量、说时间、说空间、顺序等等。我们用十进制夹带万进制数数目，很有特色。我们用数词来作为点数实物的单位，但数词应用对象的归类太马虎，会造成学习数词的困扰。时间、空间、顺序的说法，如果不去注意说话者的时空背景，有时会造成鸡同鸭讲的窘境。譬如："向前看"怎么解？下一班车、这一班车又怎么移转？

另外，有些用语和说法与数学有关，如乱七八糟、举一反三等，已融入日常用语中，借来作为类比之用，能深究其原意，更能了解这些用法的深意。

"算"篇谈的是算术。算术不只是计算规则。我们经常遇到很大的数目，不可能细数，只能估算。估算当然要了解相关事物的背景。要与日常生活或其他领域连接，数学才会有用。连接从算术就得开始。

随着时间的推移，有些数目，譬如要过的日子、人口的多寡、航班的号码，都有无限增长或重复利用的可能，我们称之为潜在的无穷。怎样掌握潜在的无穷，算术也能扮演重要的角色。

"变"篇谈的是代数，强调"变"是代数思维的主轴：把同类的事物，以变量 x 做标记加以类化。随着事物 x 的变化，事物某种特定的性质 f（x）也随之变化。如何类化，如何由 x 确定 f（x），如何由 f（x）之特定值确定 x，这三个问题都属代数的范畴。而通常代数的教学过分重视第三个问题，也就是设未知数解方程式的问题。其实在日常生活中，解方程式的机会是极少出现的。第二个问题是建立模型的问题。类化与模型的应用最为广泛，应是一般人学习代数的重点。

计量心理学家提出了感觉 M 与刺激 E 之间的数学模型：E 是 M 的指数函数。它可应用到地震规模与能量、星星的星等与亮度，甚至推而广之，到都市规模、人才等级等。另外各种成长现象，甚至音乐的音阶设计，也可通过指数函数的数学模型来了解。

"看"篇谈的是几何。我们不谈平面几何的推理，而强调的是"看"：看地图、地标找路，看视界的远近、看面积的大小。这些都是简单的几何应用，案例却是潜在的无穷。

我们也会注意看平面的位置变化：镜射的、平移的、旋转的，进而探讨各种对称及带状装饰。在这里，我们

发现了数学与艺术接壤的地方，数学提供了基本胚腾的理论基础，艺术则在此基础上加以发挥，做出各种多彩多姿的变化。

"想"篇说明数学是一种语言，当然有其思考的特色。我们把这种特色融入一般语言之中，于是归纳的意义、个体与集体之间的关系、集体与整体的不同、三段论法的应用、充分与必要条件的区分、多元的可能与选择等等，就比较容易想得清楚。甚至幽默与笑话之所以能让人感觉到幽默与好笑，也是因为有些数学的道理。

一本书不可能道尽寻找数学圣杯的所有故事。但至少我们希望这本书能带给读者寻找数学圣杯的喜悦与冲动。

第 篇

学篇

学什么，怎么学

一般人学数学
到底要学什么呢？

一般人学数学到底要学什么呢？从实用的观点来看，答案是学会算术计算，和一点点的几何与代数。在考试至上的气氛熏陶之下，答案是背诵及套用公式，做各种（复杂）的计算。近年来，人的想法渐有改变，认为学会寻求数与形的规律及过程，是学习数学的主要目的。

从"寻求数与形的规律",可往两个方向延伸。规律是规则与定律,是严格的,无例外的。然而共性、风格、式样、花样、大要、样式、形态、图样、结构、特色、模式等等,多多少少有规律可循,可视为广义的规律,其实也是学数学所要学的。广义的规律,我们称之为"胚腾"(pattern 的音译与意译)。

另一方面,天地之间的万事万物,无不隐藏有数与形,及数与形的胚腾。把学习数学的眼界,从纯粹的数与形,以及狭义的规则与定律,提升到隐藏于万事万物中的数与形,以及广义的规则与定律——胚腾,数学不再是枯燥抽象的,不再是似乎很有用但不知用在哪里的东西。

拓宽视野是否要伴随着艰深的数学技术?一般而言,义务教育的数学技术,就能胜任视野的适度扩大,所需要的是学习的方法。我们要从实际的生活,或其他学习领域中取材,来探讨其中的数与形,研究其中的胚腾。我们要培养能力,能够察觉情境中的数学问题,能够把察觉到的转化成真正的数学问题。在了解数学问题之后,还要能回到实际的情境,评析解题的结果是否回答了原来的问题,是否能有进一步的推展。我们也要有能力把整个过程重点摘录,以便自我沟通,同时也要能与别人沟通与分享。

经过察觉、转化、解题、沟通及评析等种种步骤，把数学和生活以及其他学习领域联结在一起，数学才能变得具体而有用。九年义务教育数学课程强调的一个重点，就是数学的联结。

1.1 人是寻求规律的动物

人是寻求规律的动物，从语文及数数目发展的过程就可看出端倪。

语文要是没有规律，彼此无法沟通，就不会成为语文。

语文的规律大致有两个层次，一个是大体的结构。譬如字序，中文的"狗咬我"和"我咬狗"，意义完全不同，而日文要把"狗咬我"说成"我（被）狗咬（了）"。又譬如，必要时，时间、空间要讲清楚，否则不知道你讲的是何时何地的事。

另一个层次是较细致的变化。譬如英文动词过去式的语尾变化，中文因类而不同的各种数量词用法（个、只、颗、粒……）。

小孩子学语文，结构层次的规律很快就会掌握得差不多，而细致变化的那一层次则会引起一些学习的困扰。因为规律大致是有的，但不清楚或例外的地方也不少。

譬如英文的过去式，大致来说是用"动词加 ed"的形式，这是规律。但不规则动词也不在少数。以英文为母语开始学话的小孩子，受环境的影响，知道 go 的过去式为 went。不过学得愈来愈多的规则动词之后，有一段时间会不自觉把 go 的过去式说成 goed。经过父母老师的纠正，他才知道动词有规则的，也有不规则的，于是舍弃 goed，重新又说 went。

人类在发展语文的过程中，体认到现在与过去需要有所区别，于是英文就用不同的字代表现在与过去，所以一些常用动词都是不规则的。不规则动词一多，使用就不方便，于是发展了以 ed 代表过去的规律。不过，已经有的不规则动词早已成了文化的一部分，只好任其不规则。

然而，人到底是寻求规律的动物，于是许多现在已不常用的不规则动词，如 dwell（住，通常用 live 表之）的过去式 dwelt 就很少有人会用，而 dwelled 也逐渐取得合法的地位。相信这样发展下去，英文的不规则动词会愈来愈少。

"颗"与"粒"怎么区别？

中文数量词的用法，常常和归类有关。有脚动物归成一类（人除外），以"只"数之；长条形的东西以"条"数之等等。归类自然得寻找共同的表征，也就是寻求规律。

当然，老祖宗在发展数量词的过程中，归类的工作没做得非常科学。"颗"与"粒"怎么区别？大体来说，粒指的是颗粒状中较小者，颗则大小通用。粒可大到怎样的程度？我们说一粒苹果或一颗苹果都可以，显然粒至

少可用到大如苹果者。

不过，比苹果稍小的心脏不能以粒来数（至少在普通话是如此）。另一个极端是，在闽南语中，我们常说一粒西瓜，不说一颗西瓜，而用普通话，则说一个西瓜，很少说一颗西瓜。我相信应在规律化这个趋势下，数量词会愈来愈简化。

数数目的规律

英文的 11（eleven）是"10 余 1"的意思，12（twelve）是"10 余 2"的意思，13（thirteen）是"3+10"的意思，一直到 19 都是加法的想法。不过，过了 20，规律建立了，先说整的部分，再说零头的部分，从此往下数就很顺畅。

很多语文都有类似的发展过程，开始慢慢数，后来数出心得，数出规律来。像中文很早就建立了十进制的数数目规律，是很难得的。

人是寻求规律的动物。

观察了天象，知道天体运行的规律，还进一步建立历法来规范作息。

历史学家寻求朝代改变的规律，想借此作为借鉴。

地理学家注意到，在地球上，无论南半球还是北半球，只要在纬度 30° 与 40° 之间靠海的陆地，夏天气候

一定是炎热干燥，冬天都是温和潮湿，因此都有类似的植物生态。所以地中海型气候的规律就不限于地中海一个地方了。

数学里也有许许多多不是很复杂的规律，可让学生去寻求。

寻求规律很有趣，而且可以累积许多经验，以便用于其他领域中规律的寻求。

1.2 从"规律"到"胚腾"

语文的发展从凌乱开始，渐渐约定俗成，有了规律，

再来则有意简化规律。这样的发展过程本身，也呈现一种通性——许多语文都是这样发展的。

数数目数到某个阶段，豁然开朗，懂得十进制的原理，从此以后数得顺畅，这也是小孩子数数目的通性。但是中文的数数目，却没留下最前阶段数得不顺畅的痕迹。

规律给人的印象是一成不变，通性则是模糊之中大致有个规律；通性是广义的规律。

成名的画家，他的画有一定的风格，有欣赏能力的，一眼就看得出。风格不是严格的规律，它有变化的空间，顶多是广义的规律。

流行的服饰有一定的式样，大家争相模仿，不过剪裁要合身，花样也可以投己所好，式样也不是狭义的规律。

一本介绍考古的书籍说，限于篇幅，只能举出一些实例，让读者感受到考古学的大要。

通性、风格、式样、花样、大要等都表示有某种规律，但比较倾向定性型的，而非定量型的。有没有一个词，可以统摄这些似乎有某些共同性质的多种面貌，就像规律泛指规则、定律那样？中文似乎没有，我们暂以 x 表之。x 可解为"广义的规律"，不过它是个衍生词，有点啰唆，不是好的解。我们要为 x 找个适当的名字。

人是寻求规律的动物，学数学是寻求事物背景中有关数与形的规律。现在，人不但寻求规律，更试图了解x，那么数与形中是否一样有x，值得数学的关注？

斑马的条纹里有没有数学？

提起斑马，眼前马上浮现出黑白相间的条纹。黑白相间有"形的顺序感"，条纹的多寡有"数的量感"。再留意一下，有些斑马的条纹比较宽，看起来比较疏，有些比较窄，看起来比较密。分开看不觉得，摆在一起就很显眼。

这里有没有数学？有的，如宽窄的相对比较。数学就条纹这个表征，认定斑马至少有两种，宽纹斑马及窄纹斑马。

数学方式的分类有没有道理？有的。生物学家说，宽纹的叫作草原斑马（Burchell's zebra），产于非洲东部及南部的草原区；窄纹的叫作格利威斑马（Grevy's zebra），产于非洲北部的灌木区，而且腹部白色无条纹。另外还有一种产于西南非高地的山斑马，其臀部有格子式的斑纹。

我们不说条纹的几何"规律"不一样，我们说条纹的几何"样式"不一样。x有了新的例子：样式。就条纹

的表征，依几何的样式分类是数学的工作。

管它是数学还是生物！

这样的工作该归属于数学，还是归属于生物学？

学科的区分往往有其时代的背景，从前的自然哲学，后来区分成科学哲学、物理、化学、生物、地科等等。但学科划分愈细，愈容易划地自限。现在开始回头走，因为学科间相邻的边区，往往是双方都照顾不到的地方，也是最值得研究的地方。学科整合，说的就是这个道理。

从数学看出斑马可分若干种，那么要不要探究分种的源头？有的数学家比较保守，认为那是生物学家的工作，触及生物领域已经有多管闲事的顾忌，何况还要深入其境。有的数学家比较积极，不但要研究生物背景中数与形的 x，还要透视造成 x 的来源与机制；他们预创了形态数学（morphomatics），作为日益扩张中的生物数学的一个分支。

其实就学习的观点，管它专属数学还是生物，有趣的就该快乐地学。

寻找规则

下面两种带状装饰的图样有什么相似之处？

（1）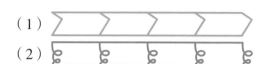

（2）

严格说它们并不一样，不过构图的原理则有规则可寻：

1. 两者都是由一个单位图样一再平移而成。

2. 单位图样是将长方形切割再组合而成：

（3）

长方形　　切割　　组合　　抹去痕迹

我们可以把（1）与（2）看成同类的图样，它们都有平移的对称。就对称的观点，下面的带状装饰就和（1）、（2）不同类：

（4）

因为将（4）上下翻转后，图样不变；除了平移对称外，它还有翻转对称（上下对称）。

从构图原理而言，带状装饰都一样。用对称观点分类，则是数学，用数学方法分析，可得带状装饰的对称共有 7 种，这是数学家的工作。

你喜欢哪样类别的对称？在喜欢的类别中选怎样的图样（譬如在纯平移中选（1）或（2）或自创品牌），这是在从事艺术工作。

这是数学与艺术相邻的地方。我们的 x 可以是（对

称的）图样，也可以是结构（构图的原理）。

景气指标与成长模式

我们常以各种景气指标来表示经济景气的状况。长期观察后，就发现经济景气在做周而复始的循环变化。

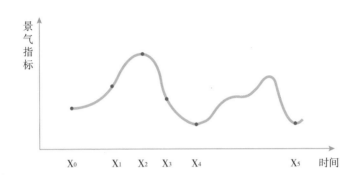

前面这个图是景气指标相对于时间变化的一个例子。我们发现，从 x_0 到 x_1，景气加速扩张；从 x_1 到 x_2，景气扩张趋缓；从 x_2 到 x_3，景气加速衰退，从 x_3 到 x_4，景气衰退趋缓。从谷底 x_0 到谷底 x_4 是一周期，从谷底 x_4 到谷底 x_5 是另一周期。在后一周期中，虽然指标数不一样，但一样历经扩张与衰退的过程，扩张与衰退一样有加速与趋缓的不同阶段。我们得到景气变化过程的特色，它也是一种 x。

把一地区人口的成长，一个人身高的成长，还有学习某领域的能力成长，画成图，发现都是同一类：先加速成长，后成长趋缓，最后有个极限值。我们又找到了一个 x——成长模式。

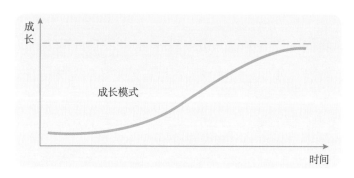

通性、风格、式样、花样、大要等，都是 x 的不同面貌，还有，在数学中，除了规律之外，又可找到许多 x 的变身，像样式、形态、图样、结构、特色、模式，等等。大抵说来，这些用词或者代表状况之特征，或者代表变化之特色。那么该给 x 什么样的名字呢？

英文有个字可以代表这样的 x，称为 pattern，pattern 译成中文是什么呢？随着上下文各有不同的译法，上面所提到的各种名词都有可能，而且还有其他的可能。在数学文献中，有人译成模式，有人主张样式。样式的身段比较柔软，似乎更能呈现 x 的定性特质。

图腾

不过，想来又想去，我建议把 pattern 译成音义都不

错的"胚腾"。音当然不错了，义呢？这得从"图腾"两字谈起。

图腾两字原是 totem 的音译。totem 指的是北美印第安人刻有图案的木柱，树立地面，作为表征某些意念之用，譬如欢迎、拥有（房子）、墓碑等。图腾通常用动物作图案，所代表的含意，印第安人都懂得。

人类学家发现，许多地方的部族，都发展了一种社会关系的建制。他们借用图腾这样的具体实例，称这种建制为图腾观（totemism）。

图腾观约可归纳成三点原则：

1. 每种图腾以一种动物为代表（有时用植物或自然物为代表）。

2. 每个人属于一种图腾（譬如熊族）。

3. 对图腾的成员有些规范。这些规范的 pattern 如下：

（1）与图腾代表物的关系：代表物会保护成员？代表物代表祖先？为何崇拜代表物？是否禁食代表物，或举行特殊仪式才可食用？（答案随地区有所不同。）

（2）成员归属的认定：大抵随母亲传承，但有例外。譬如澳大利亚的原住民阿龙塔（Arunta）部落，认为受孕是灵魂投胎的结果，不同图腾的灵魂会散居于不同的地方，母亲要回想受孕的地方，才能决定子女所属之图腾。所以同图腾的成员会散居各处，住在一起的人可属不同的图腾。

（3）性的禁忌：通常同图腾的成员间不能有性关系，当然也不能联姻。（但也可能另有规范。）

这样的规范内容显然不能称为规律，但规范的项目（代表物、成员与性）倒是相当一致的。我们可以说这是规范的 pattern，甚至说图腾观是一种 pattern，因为从内容可以确认某地方的人是否具有某种图腾观。图腾的起

源到底是宗教的、社会的、饮食的、商业的，还是心理的，人类学家还在热烈讨论，数学家想掺一脚吗？

图腾虽然是音译词，几十年用下来，似乎生出意义来："图"指的是表征（代表物），"腾"原意是马在奔驰，也可引申为兴起突现之意；图腾两字合起来，就变成"表征所要突现的特质"。

"胚腾"呢？"胚"是胚胎，引申为事物的发端，与"腾"字合起来，就变成"其来有自的突现"。突现表示状况的特征或变化的特色，能引人注意者。如果每次出现的状况或变化都类似，当然其来就有自了。

用"胚腾"同时音义两译了 pattern，算是我掰出来的产物。当然重要的是，我们要认识各式各样的"胚腾"，我们要追求各种"胚腾"的根源。

1.3 问路

一位西装笔挺的先生上了公交车，问驾驶员："有没有到新生南路口？"于是一段有趣的对话就此展开：

驾驶员："你要到哪里？"

乘客："新生南路口！"

驾驶员："我们现在就走在新生南路上，你要到信义路

口？金华街口？和平东路口？辛亥路口？罗斯福路口？"

乘客："我要在新生南路口下！"

驾驶员不知道怎么接口，乘客有点生气，坐了下来。我马上拿笔记本，把这段对话记了下来（请参考37页的地图）。

我用数学的眼光看这件事。乘客显然没"察觉"到这可看成数学问题——在平面上如何决定一点的问题。

等一等，太扯了，你一定会这样抗议：即使不把它想成数学问题，照样知道问题所在。

不错，一般人不会把它当成是一个数学问题。很多人都说，日常生活中除了算钱外，数学是没有什么用的——考试除外！我要强调的是：日常生活中有许多事可看成数学问题，用数学眼光看问题，会觉得有趣而且有用。

　　驾驶员显然知道，平面上一点可用两条线的相交来决定。你看，他察觉，至少在潜意识中，这是个数学问题，而"转化"成数学语言后，问题变成：已知一条线（新生南路），要找另一条线（"？"路），来跟它相交。他如何"解题"呢？

　　驾驶员知道要解这个题，他需要乘客的参与。于是他和乘客"沟通"。他可以这么问：你要的是哪一条路和新生南路的交叉口？不过，也许在不经意的"评析"之下，认定这样的问法抽象程度高了一些，于是他用例举

法：信义路口、金华街口……这样的沟通照理应该比较有效。可惜乘客弄不清楚，在新生南路上，新生南路口并不决定一点——一条线不能决定一个点。

我评析驾驶员解题的方法：他放弃了较抽象的沟通方法，采取了具体的例举法。我评析乘客了解问题的程度：显然具体的举例法，也无法让他了解问题之所在。

我"评析"如何和乘客"沟通"才能有效"解题"，采取另一种"转化"方法，画个图，如何？我没把握，我总觉得，乘客"察觉"不到问题所在——也许他认为新生南路口是一个地名，就像庙口、大学口、沟子口那样。其实我一直盯着这位乘客的最先进沟通器具大哥大（那是好多年前的事，大哥大刚上市），同时想着数学沟通的问题。

记得另外有一次，也是在新生南路的公交车上，乘客与驾驶员的对话如下：

乘客："有没有到民生东路？"

驾驶员："你要去哪里？"

乘客："有没有到民生东路？"

驾驶员："你要去哪里？"

乘客："有没有到民生东路？"

驾驶员："你要去哪里？"

乘客："……长庚医院。"

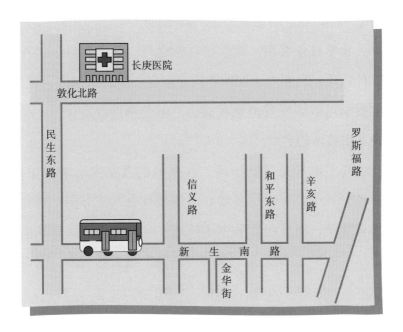

　　我对这段对话的解读是这样的：驾驶员很好心，想知道乘客要去哪里，才知道坐这一班公交车到民生东路的交叉口，是否有公交车可转乘到目的地。乘客知道，一旦到了民生东路，就一定有公交车可转乘到长庚医院（请参见上面的地图）。

　　无论驾驶员还是乘客都把遇到的问题分成两段来处理，但两个人都很性急，乘客问的是他所关心的第一段：公交车是否到民生东路；而驾驶员问的是他所关心的第二段：到民生东路后到哪里。关心的重点不同，沟通就

难得有交集。如果两人中的任一位，早一点正确评析，找出问题所在，对话就不会鸡同鸭讲。

数学有什么用？数学是科学之母。数学在科学之外有什么用？很多人无法回答这个问题。少许人也许会说，学数学可以训练逻辑推理能力，但逻辑推理是什么，又说不出具体的名堂。

其实不只是逻辑推理，在我们的真实生活情境中，在各领域中，无论是自然方面还是社会人文方面，处处都有数学，而且用数学方法处理一定会有用，只看你能否"察觉"，察觉之后，能否"转化"成数学问题，能否"解题"，能否"沟通"，能否"评析"。

从"察觉"到"评析"，整个过程，我们称之为"联接"。

1.4 寻根

"美国有一阵子掀起了寻根热，英裔的希望与英国皇室拉上关系，非裔的想知道祖先来自非洲何处。英裔的希望大都如愿以偿，譬如 ×× 家族……"

看到这则报道，直觉这里有数学。是什么数学，一时也说不出来。仔细再读全文，终于发现其中的数学问题是什么。

"英裔的希望大都如愿以偿"，这应该是一些人试过后，从统计观点所下的结论。这样的结论可推广到所有"英裔"吗？文章可没做这样的推论，只是举例说明而已。对一般读者来说，例子是有趣的故事，结论可能没兴趣，没感觉。也许例子看多了，结论才会变得有意义。

我想起了美国黑人作家艾力克斯·海利（Alex Haley）1976 年的名著《根》（Roots）。简单说，他的外祖母的祖父的外祖父康大（Kinte）是来自非洲西岸甘比亚的黑奴。这是非裔寻根成功的例子。

也许你要抗议了：海利寻找的祖先不姓海利啊！没错，就寻根的观点而言，美国人跟我们不一样，尤其是

黑奴，其姓氏大多是白人主人给的。当然，你会说海利
不全是在男性系统找祖先。对的，如果只有男性才算祖
先，那么海利寻根寻到非洲大概是不可能的。

　　1990 年代，海利完成了《根》的姊妹作《皇后》。这
回是从父亲方面寻根的，他提到无论是祖父或祖母，他
们的祖先都有爱尔兰人的血统。

　　下页的图表是艾力克斯·海利的祖先系统表：每个

人的右上方是他的父亲，左上方是母亲。我只列出《根》
与《皇后》这两本书所要追寻的祖先。

《根》写的是左边母亲贝莎这一支，《皇后》写的是
父亲赛门这一支。

《根》这本书并没有一路追溯女性祖先到底，到了祖
母欣西亚这里，就转往父系寻根，欣西亚的祖父是个黑
白混血儿。但如果欣西亚寻根只限男性祖先，那么她不
可能找到非洲去，因为她的曾祖父李亚是个白人。

《皇后》这本书认为祖母（名为皇后）是主角，因为
她坚忍不拔。但皇后的祖父是爱尔兰人，如果一样只限
于男性祖先，皇后寻根也找不到非洲。

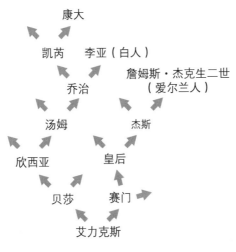

艾力克斯·海利的祖父系统表

寻根有两种"胚腾"，一种是男女祖先都寻，就像《根》与《皇后》两书所描述的；另一种则只寻男性祖先，是华人社会寻根的胚腾。

华裔美国人秦家聪写了一本《秦氏千年史》，追寻男性祖先，直到宋朝的名人秦观。这种寻根法大概找不到任何中国皇室，有姓秦的皇帝吗？母系社会寻根应只限女性祖先，这样的寻根胚腾也应算是后一种的。

前面的那篇报道所说的寻根，指的是第一种胚腾。从海利的祖先系统表，以及所提示的两个例子，就知采用这样的是这种胚腾。寻根有非常多的可能，而且这种表的表现法每个人都可用。利用这种表现法，可以把寻根转化成数学问题，而且转化得不错——这是我对转化工作的自我评析。

英国皇室的传衍

英国国王（女王）的传承也是不限于男性的，现在的女王就是最好的例子。

英国皇室可溯至诺曼底大公威廉一世征服英国（1066 年）开始。后传至亨利六世时，传不下去，就传给他母亲与后父所生的后代（孙子）亨利七世，算是断了血缘。不过亨利七世娶的是亨利三世的后代，再传到亨利八世，就一样有了威廉大公的血统，一直到现在的伊丽莎白二世。

从威廉大公开始，我们也可用分支表来呈现其子孙的传衍：

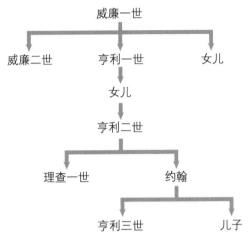

英国皇室的传衍分支表

这张表中出现的"×世"，表示做过英国国王，其他与后代国王无关的传衍都省略掉。

追寻祖先的是一张很有规矩的正立树状分支表，皇室传衍的却是倒立的树状分支表，而且复杂得多，因为每个人的子女可以是好几个，也可能一个都没有。一位英裔美国人的祖先树状分支表，和英国皇室传衍的树状分支表在某个地方相遇了，就表示寻根成功。

分支表中的形与数

我们说过"英裔的希望大都如愿以偿",是统计观点所下的结论。研究这个问题要参考艾力克斯·海利的祖先分支表,必须把所有的名字擦掉,而且要把分支(的树枝)补全,得到完全转化为形与数的数学表征,如下图。

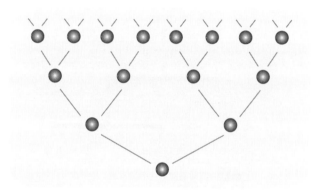

这样就剩下关系(形)与数量,关系是每一单位向上分支为二,数量则随着祖先的代数而一再倍增。1代祖先2人,2代4人,3代8人,……n代2^n人。代数愈多,祖先数愈多,愈有可能与皇室扯上关系。祖先数多少成了解题的关键。一位英裔白人要追寻祖先到多少代,才会到威廉大公的时代?从威廉大公成为英国国王到一位现在的寻根者相距约历经900年,所以问题转成一代平均多少年。

30 代祖先＝ 10 亿人？！

我们诉诸常识来估算：一个人生儿育女的年龄早的从 15 岁到 35 岁，晚的从 20 岁到 40 岁，前者生子女的平均年龄为 25 岁，后者为 30 岁。所以一代的平均年龄差为 25 年到 30 年。

以艾力克斯·海利的家族为例，他的 6 代祖先康大约生于 1750 年，而他则生于 1921 年，两者相差约为 170 年，而他们中间相隔 6 代，所以平均一代为 28（$\approx$ 170 / 6）年。

再以英皇室为例，从威廉大公成为英国国王的 1066 年开始，到现在女王伊丽莎白二世继位的 1952 年止，共历经 886 年，31 代（有些代产生好几位国王，有些代一个国王也没有），所以平均一代为 29（$\approx$ 886 / 31）年。

另外，秦氏千年史中的第 1 代秦观生于 1049 年，而第 34 代的作者生于二十世纪中叶，历经 900 年，间隔 33 代，所以平均一代为 27（$\approx$ 900 / 33）年。

估算与实例相当吻合，我们就以一代 30 年作为估计值，而威廉大公到现在约历经 30 代。

n 代祖先有 2^n 人，那么 30 代祖先就有 2^{30} 人。2^{30} 有多大？简单估算如下：

$$2^{10} = 1024 \approx 10^3$$

$$2^{30} = \left(2^{10}\right)^3 \approx \left(10^3\right)^3 = 10^9$$

30代祖先约有10^9人，10亿人。

10亿？现在全世界也不过60亿人。威廉大公时代的世界人口当然不到10亿人，所以人人是现代任一寻根者的祖先？有没有算错啊？

绝对没有算错，你可以从头到尾再想一遍，再算一遍。问题出在哪里呢？

对了，前面提到，亨利八世的母亲是亨利三世的后代，其实她的祖父、祖母都是爱德华三世的3代后代（曾孙辈），而爱德华三世则为亨利三世的曾孙，也就是说用树状分支图，亨利三世计入为亨利八世的祖先至少有2次。

一般而言，n代祖先的2^n人中，有很多是重复的（某代有重复，如亨利三世，其之前的祖先也跟着重复，如亨利二世），所以正确的说法应该是：n代祖先共有2^n人次。

寻根成功几乎必然

威廉大公时的英国人口有多少呢？再怎么放宽计算，

都不会超过 1000 万（10^7）。10^9 除以 10^7 得 100，也就是说，当时的每一个人成为现在某人的祖先平均达 100 人次——按照我们所说的记次法。

平均达 100 人次，那么必然成为祖先？可以这么说，不过一个人没有子女，当然就除外。如果传了二三代都不绝，照理说大概就会一直传下去，因此成为寻根者的祖先的概率很高——几乎是确定的。威廉大公的确子息不绝，所以几乎可以确定，英裔美国人都会和英国皇室扯上关系。

不仅如此，黑人艾力克斯·海利的 5 代祖先中有一位白人李亚，从李亚往前追溯，同样道理，也可以追到威廉大公。艾力克斯·海利也是英皇后裔了。艾力克斯·海利的 4 代祖先中也有一位爱尔兰人，爱尔兰和英国关系密切，从这位祖先也有可能追到威廉大公。

威廉大公的后代

其实不必直接追到威廉大公，只要追到他的任一位后代就成了。威廉的后代也有庞大的数目，可惜无法有简单的公式。不过"m 代后代至少有 2^m 人次"这样的估算大概可作为参考。所以威廉大公的后代，现在至少有 2^{30} 人次——约 10 亿人次。这 10 亿人次的分配因素有文化的、有地缘的，英国国内最多，从英国移出人民的后代次之，这些地方的人民应该都和英国皇室有关系。

和英国皇室扯上关系，可不可以算是皇室成员？上面对于寻根到威廉大公的结论，其实一样适合他那个时代的每个英国人，无论是王公贵族，或是平民百姓，只要有后代传衍下来。从这个观点言，成为皇室成员并不是什么光宗耀祖的事。

反过来，很实际的来说，皇室的成员有其权利与义务，皇室的规模过大，财务一定不堪负荷，也不能找到那么多事，让成员尽其义务。于是皇室都会订下规矩，按血缘的深浅关系，把一些成员除籍。

从前日本皇室把成员除籍后赐姓源或平。源氏在地方发展，平氏在中央当官，最后造成了源平两氏大决战，源氏把平氏彻底消灭，从此幕府体制成立（十四世纪初），

直到明治维新才还政给天皇。源平之争其实是皇室后代彼此之间的争斗。

寻根，是个数学问题

寻根寻出这样的结果，到底有些什么意义？

寻根如果纯是血统的想法，那么男女平等，都该算在内。寻根的结果，大家都是同胞。如果只追寻男性祖宗，那么它是个宗法问题，是人为的血统确认问题。

如果只追寻女性祖宗呢？那是母系社会的宗法问题。不过就遗传而言，细胞中的线粒体是由母亲传给子女的，与父亲无关。前一阵子有遗传学家说，现在地球上所有的人，都是15万年前某位非洲女性的后裔，所根据的就是线粒体追踪的结果。

经过 2^n 这种巨大数目的冲击与熏陶之后，全球会有共同祖先的结论也就不稀奇。不过共同的祖先多得不得了，今后在亚洲又找到人类的共同祖先，也是可能的。

有人寻根不从血缘着手，而是去找前世。我们知道人口是急速增长的，现有的人口比过去的总和还多。已死去的人都重新投胎，也无法造就现在所有的人。（一人不能同时投胎两次吧！）就是有投胎这回事，总有人还是无牵无挂，今生不必为前世负责。

寻根，我察觉它是个数学问题，我把它转化成数学问题，我从各种角度解答这个问题。我一再评析我的做法，我一再自我沟通整个过程，我把相关的想法写下来与读者沟通。经过这样的历程，我了解了寻根的问题及意义，我了解了 2^n 的急速增长，也了解了简单数学的威力。

1.5　成绩单的学问

2002 年世界杯足球赛在日韩举行，踢得很热闹，经过预赛，结果出炉，下表就是预赛结果的成绩单。让我们从这张成绩单开始一趟探讨之旅。

从这张成绩单可知，一共有 32 队参加预赛，分成 8 组，每组 4 队，其中 2 队晋级，2 队淘汰。

把积分与名次相对照可知，各组内名次依积分高低排比；当然，同分是个问题。B、C、D、F、G 各组积分相同者，其胜、和、负三数是一样的，由此可推论：积分是由此三数决定的，与进失球数无关。

如果是这样，很容易就知：胜 1 场得 3 分，和 1 场得 1 分，负 1 场得 0 分。这个结论通用于所有 32 队的积分，而这正是本次世界杯足球赛预赛的计分方式。

积分同分的进一步评比方法为：先比进球数，多的赢；进球数相同，再比失球数，少的赢。（C组的土耳其与哥斯达黎加一直比到失球数。）

2002年世界杯足球赛预赛成绩单

组别	队名	胜	和	负	进球	失球	积分	名次
A	丹麦	2	1	0	5	2	7	1
	塞内加尔	1	2	0	5	4	5	2
	乌拉圭	0	2	1	4	5	2	3
	法国	0	1	2	0	3	1	4
B	西班牙	3	0	0	9	4	9	1
	巴拉圭	1	1	1	6	6	4	2
	南非	1	1	1	5	5	4	3
	斯洛文尼亚	0	0	3	2	7	0	4
C	巴西	3	0	0	11	3	9	1
	土耳其	1	1	1	5	3	4	2
	哥斯达黎加	1	1	1	5	6	4	3
	中国	0	0	3	0	9	0	4
D	韩国	2	1	0	4	1	7	1
	美国	1	1	1	5	6	4	2
	葡萄牙	1	0	2	6	4	3	3
	波兰	1	0	2	3	7	3	4
E	德国	2	1	0	11	1	7	1
	爱尔兰	1	2	0	5	2	5	2
	喀麦隆	1	1	1	2	3	4	3
	沙特阿拉伯	0	0	3	0	12	0	4
F	瑞典	1	2	0	4	3	5	1
	英格兰	1	2	0	2	1	5	2
	阿根廷	1	1	1	2	2	4	3
	尼日利亚	0	1	2	1	3	1	4

组别	队名	胜	和	负	进球	失球	积分	名次
G	墨西哥	2	1	0	4	2	7	1
	意大利	1	1	1	4	3	4	2
	克罗地亚	1	0	2	2	3	3	3
	厄瓜多尔	1	0	2	2	4	3	4
H	日本	2	1	0	5	2	7	1
	比利时	1	2	0	6	5	5	2
	俄罗斯	1	0	2	4	4	3	3
	突尼斯	0	1	2	1	5	1	4

注：各组 1、2 名晋级 16 强

5分就晋级？

积分要多少才能晋级？看表得知，这次预赛，只要积分达5分者就晋级；为4分者，有的晋级，有的淘汰；3分或以下就淘汰。

这是不是通则？亦即，在上述的分组计分方式之下，任何4队1组，预赛晋级与淘汰的积分标准都是这样的？是的，几乎是这样的。不过，我们必须做详细的分析，才能得到真正的答案。

由成绩单知，各队的胜、和、负场数和都为3，亦即每队要与同组的其他3队各赛1场，所以同组共赛了6场——4队中两两捉对厮杀，4中取2，共有6场。

6场都分出胜负，每场胜分3分，共得积分总和为18；如果有1和局，两队各得1分，积分总和就少1分。每1和局少1分，最多6场全和局，积分总和降至12分。所以每组的积分总和要在12到18分。

如果有一队的积分为6，亦即2胜1负，则不可能有其他2队的积分都比它高，或一队比它高、另一队与它同为6分，否则总分会

超过 18。所以积分为 6 者几乎就晋级，除非有 3 队都得 6 分（另一队挂零），同积分要比进失球数。如果积分超过 6，不用说一定晋级。

积分为 5 则如何？积分要为 5，唯一的可能是 1 胜 2 和。有了 2 和，积分总和至多为 16。

假设积分总和为 16，而积分为 5 的甲球队又遭淘汰，唯一的可能是乙球队得 6 分，即 2 胜 1 负，另有一丙球队得 5 分，即 1 胜 2 和。甲与丙各有 2 和，但彼此之间只赛 1 场，最多各得 1 和，所以甲、丙的另 1 和，应该各是与丁队赛和的结果。如此总共有 4 场和局，积分总和应为 14，而不是原来假定的 16。所以积分总和为 16，甲队 1 胜 2 和是稳晋级的。

若积分总和为 15，而积分为 5 的甲队遭淘汰，唯一的可能是：乙、丙两队一样是 1 胜 2 和（丁队挂零），而甲队在比进失球数后输掉了。这种情况与三队都是 2 胜 1 负、得 6 分的情形一样。若积分总和未达 15，则积分达 5 者一定晋级。

结论很简单：积分达 5 分以上就晋级，除非有 3 队同时为 5 分或同时为 6 分，就要比进失球数来决定是否晋级。

3 分就淘汰？

积分为 3 一定是 1 胜 2 负或 3 和。1 胜 2 负要晋级只有一种可能：有 3 队同为 1 胜 2 负（另一队 3 胜），而比进失球数。另一方面，甲队 3 和要晋级有 3 种可能：

1. 乙、丙队都是 2 和 1 负得 2 分，丁队为 2 胜 1 和得 7 分，甲丁晋级。

2. 乙队 3 和得 3 分，丙队 2 和 1 负得 2 分，丁队 1 胜 2 和得 5 分，丁晋级，甲乙比进失球数。

3. 六场球赛全为和局，四队比进失球数。

要得到这样的结论并不简单；我们可用胜负图来分析。

我们把 A 组各队的比赛结果，以下图表示：

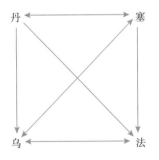

这个正方形的四个顶点各代表一球队，两顶点连线上的箭头符号，代表两队交战的结果：丹麦与乌拉圭的箭头指向乌拉圭，表示丹麦胜，乌拉圭负；丹麦与塞内加尔之

间有双向箭头，表示两队和局。此图表示 A 组交战的结果为：丹麦 2 胜 1 和，塞内加尔 1 胜 2 和，乌拉圭 2 和 1 负，法国 1 和 2 负。

3 分的分析

假定甲队为 1 胜 2 负，积分 3 分，而仍然能晋级。我们以图（1）表甲队的战绩。

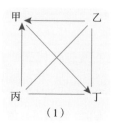

（1）

乙、丙之间不能战和，否则两队至少都有 1 胜 1 和，就把甲队淘汰掉，因此可假设乙胜丙负，如图（2）所示。因此则乙已经有 2 胜，晋级，而丙一定要败给丁，否则也会把甲淘汰掉，如此就得图（3）。同理，丁一定要败于乙，得图（4）。结果甲、丙、丁同为 1 胜 2 负。

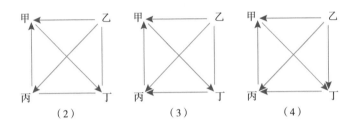

假定甲队以 3 和得 3 分，则它仍然能晋级的可能就比较多。我们以下面的图（5）表甲队的战绩：

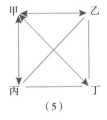

由此出发，考虑乙丙之间，丙丁之间，丁乙之间的各 3 种可能情形——合起来共 27 种情形，发现只有前面提到的 3 种可能，其相应的胜负图如下面的（6）、（7）、（8）所示。

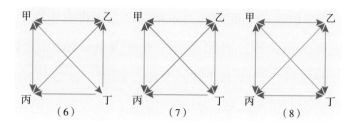

（6）　　　　　　　（7）　　　　　　　（8）

其实 27 种情形中，共有 3 种，其胜、和、负数如（6）所示；共有 6 种，其胜、和、负如（7）所示；（8）只有 1 种。有（6）与（7）的结果者，各再举一例如下：

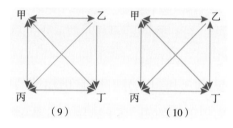

（9）　　　　　　　（10）

把（9）与（10）的乙、丁名字互换，再重画胜负图，就回到前面的（6）与（7）。

由上面的分析可知，同为 3 分，1 胜 2 负能晋级的机会很小（$\frac{1}{27}$）。而 3 和能晋级的机会还有一些：$\frac{3}{27}$ 的机会直接晋级；$\frac{7}{27}$ 的机会需要比进失球数；$\frac{17}{27}$ 的机会直接淘汰。

同样用胜负图分析可知，如果甲队 1 胜 1 和 1 负得 4 分，则有 $\frac{7}{27}$ 的机会直接晋级；$\frac{15}{27}$ 的机会需要比进失球

数；$\dfrac{5}{27}$ 的机会直接淘汰。

新计分制 vs 旧计分制

此次世界杯足球赛预赛的计分设计和以往不同，以往是胜 2 分、和 1 分、负 0 分。新设计会有什么影响呢？

以 3 和为例，用旧计分法，则 27 种情形中，有 3 种直接晋级，21 种需要比进失球数，3 种直接淘汰。与旧计分法相比较，新计分法里比进失球数的机会大减。也就是说，过去没有必胜的把握，就尽力求和；现在，求和的好处大幅下降，会使两队尽力求胜，球赛更为好看。

过去 2 和的积分相当于 1 胜，现在 3 和积分才值 1 胜。不过 3 和积分值 1 胜，不表示 3 和的功效与 1 胜完全相同，因为有 3 场和局，积分总和就下降 3 分，3 和的 3 分当然就更有价值了。

前面说过 2 胜 1 负 6 分，与 1 胜 2 和 5 分一样晋级，除非 3 队同分；这时候 5 分中的 2 和与 6 分中的 1 胜价值相同。

胜负图的还原

胜负图把各队相遇，谁胜谁负或和局全都记录，但

成绩单只记录各队胜、和、负各几场，显然任两队对阵结果的信息消失了。有趣的问题是：只知成绩单可找回胜负图吗？答案是："不一定。"我们先举 A 组的成绩单来分析：

A 组	胜	和	负
丹麦	2	1	0
塞内加尔	1	2	0
乌拉圭	0	2	1
法国	0	1	2

先看和局部分：塞内加尔的 2 和对象不可能就是丹麦与法国——否则，乌拉圭的 2 和要与谁和？所以，塞内加尔与乌拉圭非赛和不可。我们把这样的推论结果表示成下面的图（1）：

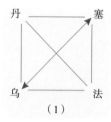

（1）

再看成绩单，法国的 2 负，只能负给丹麦与塞内加尔各 1 场，如图（2）。把成绩单与图（2）相对照，法国 1 和的对象只能是乌拉圭，乌拉圭 1 负只能负给丹麦，而丹麦 1 和的对象只剩下塞内加尔。如此就得图（3）A 组

的胜负图。

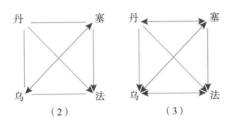

（2）　　　　　　　（3）

　　用类似的方法分析，由 BCEH 各组的成绩单，可推得相应的胜负图。DFG 组则不然，只能各得 2 个可能的胜负图，但无法确定是哪一个。以 D 组为例，其成绩单为：

D 组	胜	和	负
韩国	2	1	0
美国	1	1	1
葡萄牙	1	0	2
波兰	1	0	2

　　由成绩单可知，韩国与美国平手，而韩国的 2 胜来自葡萄牙与波兰，如下图：

　　美国与葡萄牙不可能和局，只能美国胜葡萄牙或葡

萄牙胜美国，如此而得两个可能的胜负图如下。

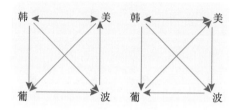

这两个胜负图都符合原来的成绩单。

从一张成绩单，用数学的观点，可以引出这么多有趣的讨论，真是有学问啊！下面，我来清理一下成绩单的学问与数学的关系。

用数学看世界杯预赛可分为三方面：规定、过程与结果。规定包括分组、场数、计分、晋级、淘汰等。过程包括任两队比赛的胜、和、负、进失球等。结果则为根据规定与过程所得的成绩单。

过程与结果也都可以是暂时的，譬如应赛6场、只赛到4场的过程与结果，也可以是最后的结果。将过程记录下来可以是文字的，也可用图表来辅助，譬如胜负图。根据过程与规定转成结果，则只需用到简单的算术。

算术加点逻辑

过程也可以是推演的。譬如，E组经过4场球赛后的成绩单如下：

E 组	胜	和	负	进球	失球
德国	1	1	0	9	1
爱尔兰	0	2	0	2	2
喀麦隆	1	1	0	2	1
沙特阿拉伯	0	0	2	0	9

由这张成绩单可推得，爱尔兰 2 和的对象为德国与喀麦隆；爱尔兰与这两个国家都赛过了，所以 E 组剩下的 2 场赛事，一场为爱尔兰对沙特阿拉伯，另一场为德国对喀麦隆。

德国会怎么想呢？目前 1 胜 1 和积分 4 分，对喀麦隆若和局大概就保险，因为就算爱尔兰赢了沙特阿拉伯，造成德、爱、喀三队同为 5 分，但德国进球数遥遥领先。

喀麦隆的胜、和、负三数与德国相同，唯进球数太少。论实力爱尔兰应该会赢沙特阿拉伯，而且必须赢，才会晋级。所以喀麦隆尽力想赢，若只和局，怕比进失球数时会被淘汰掉。

爱尔兰除了想赢之外，还希望德国和喀麦隆一定要分出胜负，否则要比进失球数。好在喀麦隆一定拼命，因为求和不一定有利。

以上的推演，除了算术之外，还要一些逻辑。前面说过的，从最后的成绩单，倒推胜负图，也是这一类的推演，也需要算术加点逻辑。

学数学，可以培养解决问题的能力

我们看最后的成绩单，发现这次的预赛，积分达 5 分者就晋级，不到 4 分就淘汰，4 分则有的晋级、有的淘汰。我们会问：这是通则吗？

会这么问，代表我们已经做了归纳。归纳是学数学要培养的一种能力。

我们的问题不限于这一次的预赛，也就是说，所有可能的过程都要计算在内。这已经不是算术，应属于代数思考的范围内。代数并不一定非出现变量 x 不可，只要考虑的对象数量相当多，考虑的方法有系统，就算是代数了。我们再利用逻辑来分析、推论是否 5 分就晋级。

　　至于只得 3 分是否就淘汰，或者 4 分会如何，情形就变得很复杂。单纯的逻辑无法承担复杂的分析工作；引进胜负图，分析与推论就顺利多了。

　　从规定出发，模拟整个过程及可能的结果，我们是在做演绎的工作；从部分的结果，往下探讨可能的变化，我们是在做局部推演的工作。推演与演绎也是学数学要培养的能力。

　　有了观察、归纳、分析、推论、推演、演绎、转化（如引用胜负图）等能力，不但能解决算术问题，而且也可解决许多代数问题。这样，在许多领域中，与数、形相关的问题，就可较容易掌握，有较深入的了解。

第 **2** 篇

说篇

说什么，怎么说

语言中的名词凡牵涉到数与形的，都和数学有关，我们当然会感兴趣。

语言中的名词凡牵涉到数与形的，都和数学有关，我们当然会感兴趣。反过来，用数学的眼光看语言中的一般名词，有时也会看出名堂来。

为各个数目取个名字，是个有趣的数学语言文化史。我们不打算深入探讨，只就两个焦点来谈"命数"（即，为各个数目取名字）发展的胚腾。其一是十进制命数法的建制，它的过程是缓慢的，有点犹疑的，最后才找到规律，可以无穷无尽数下去。另一焦点则是位名的命名，虽然我们的万进制、欧美的千进制、印度的百进制，各为不同的体系，但以等间距方式为位名命名，倒是一个相当齐一的胚腾。

像十、百、千、万等这些整的数，除了标示特殊的数目之外，还能作为"约数"（大约之数），也能代表"很多"的意思。语言虽然面貌各有千秋，但对这些整的

数的用法，也一样有一定的胚腾。

除了数之外，时间与空间也常在语文中出现，如何说得清楚，有时还不是一件简单的事。

语文中所用的名词，常常是归类的结果，某种标准之下属同一类的，就相应有一个名词，譬如桌子、亚洲人。从数学的观点，名词可看成一个集合，而集合论所关注的，集合与成员间的关系、集合的包含、集合的细分等，都会回应到名词之间的关系。

在这种观点下，固然我们会有所得，但有一件事倒值得在此强调：德文、法文对名词做性别的归类，还有中文的数词对可数东西的形状归类，都没做到很好，这在一定程度上增加了语言学习的困难。

语文中有些用语和说法，是与数学有关的，譬如乱七八糟、做了一百八十度的转弯、借箸代筹、中规中矩、外方内圆、举一反三等等。等我们弄清楚数学的本意，就更能体会它们在一般语言中所代表的意义。

2.1　1、2、3……

小时候学 1、2、3……，总有一段奋斗的历程，最后才数得顺畅。我们老祖宗发展数数目的过程也是一样，许多民族的语言都留下了一些痕迹。

三

老祖宗数到 3 时，有一阵子觉得数得已经够多了，再数下去，一时也没需要。3 代表"多"，在中文里就留下了痕迹，譬如

"森" 不是 3 棵树木，而是很多树木的组合。闽南话把 "甜" 字用不同的音调连说 3 次，表示非常甜。把形容词或副词一而再、再而三相叠加的强调说法，是闽南话的特色。

十及十几

人类数到 10，算是完成一大阶段。我们说 "十来个"，不说 "九来个"。10 代表一个大单位，而 9 只是 9 个 1 的组合。十周年比九周年更值得庆祝，它代表旧阶段的完成，及新阶段的开始。

英文把 11、12 分别说成 eleven 及 twelve，其意义为 one-left 及 two-left，表示数到 10 还剩下 1 以及 2；而 13 之后一直到 19，则为 thirteen、……nineteen，亦即 3+10、……9+10。

这两种数法是不同的，前者还是以 10 为中心，后者则是 10 与剩下的部分同等重要。"十几" 这一段的说法，正好留下寻找规律的过程。

到了 20（twenty）之后，说法就规矩起来，先说有多少个 10，再说剩下的是多少。相较之下，中文似乎没有这一段挣扎的过程。

千进位

由十而百而千，中英文十进制系统基本上已经建立起来。

西方世界有了"千"（thousand）之后，好一阵子觉得很够用，没有"万"的说法。真有需要，就以十千为万，百千为十万。

拉丁文的"千"为 mille，意大利探险家马可波罗说，在中国看到"milli-one 的人"（意思是成千上万，one = 很多）。直到十五世纪，milli-one 才演变成西方通用的 million（e），而专指"百万"这个数。

所以，西方十进制系统中的位名是千进制的，亦即每一千倍才立一个新的位名，因此，thousand thousand = million，thousand million = billion（十亿），thousand billion = trillion（千十亿＝兆）……。不过，这是美式英语系统，英式英语系统的 billion 则代表 million million（兆）。

万进制

我们的位名则是万进制的，亦即万万为亿，万亿为兆等等。不过这是 20 世纪以来才这么用的。

封建时期则遵行"十十变之"的原则，亦即十万为亿，十亿为兆，十兆为京等等——每十倍就给一个新位名。

古代算书《术数记遗》说："十十变之"者，称为下数；"万万变之"者，称为中数。亦即从前用下数，现在用中数。

《术数记遗》还提到另一种可能的数法：万万为亿，亿亿为兆，兆兆为京，等等。此种"数穷则变"的数法，称为上数。

前面所说的美式英语系统，从千开始为中数，而英式英语系统则为上数。

清朝末年，清室把海关

交给欧美人管理，他们因而引进了会计系统。在会计报表中，为了让大数目容易读出，就采用了三位一撇的做法，这是配合欧美位名千进位，用中数的数法。

一个大数目 123,456,780,000，用英文念出不难，用中文可就惨了。用四位一撇，1234,5678,0000 就很好念了。可惜会计系统积习已深，要将三位一撇改成四位一撇，是改不过来的。

释迦牟尼很喜欢数大数目！

弄懂了十进制系统，要数大数目，需要的就是位名。传说释迦牟尼就因为知道进位的系统以及位名的需要，让他在一项竞争中胜出。

话说释迦牟尼年轻时向一位公主求婚，和其他五位竞争者参加初试，经过写字、摔跤、射箭、跑步、游泳、算术六项全能竞赛后，释迦牟尼脱颖而出。由数学家阿朱那（Arjuna）主持复试。

当时，印度人已能数到 koti（10^7），阿朱那要他继续数下去。印度的十进制系统位名，从千（hazar）之后，采用百进制，10^4 为 10 个 hazar，10^5 为 lakh，10^6 为 10 个 lakh。

释迦牟尼就从 10^9 开始，为 10 的每个奇数次方取一

个名字，一直到10^{421}。你会千字文吗？可惜生不逢时，不能和释迦牟尼一起竞争！

释迦牟尼的故事当然是个传说，不过，会有这样的传说，正表示印度很早就通晓十进制系统，而且很喜欢数大数目。

2.2 向前看，怎么解？

随手翻阅了桌上的汉语词典，发现"高兴"的解释是"愉快"，"愉快"的解释是"快乐"，"快乐"的解释是"欢乐"，"欢乐"的解释是"快乐"。

看来，"快乐"与"欢乐"是同义词，如果我知道其中一词的意义，其他一词也就知道了；当然，如果两个都不知道，连带"高兴"、"愉快"也就不知道，那么词典就白翻了。

再翻到"多"，它的解释是"不少"；再看"少"，它的解释是"不多"。我的天，这样绕圈子，真是让人晕头转向。

我想起一个故事。有个小镇的教堂每天中午十二点定时敲钟，全镇居民都据此对时，作息无误。有人问牧师，教堂怎么有办法那么准时敲钟？牧师说，他们知道，

镇上的工厂每天早上八点及下午五点都会准时鸣笛一次作为上下班的信号，所以教堂每天有两次机会对时。那个人再去问工厂的老板，他们怎么有办法准时鸣笛？老板说，那还不简单，大家都知道教堂敲钟非常准时，我们都靠它对时！

数学不会跟你玩循环游戏

字词是有限的，用一个解释另一个，不可能永无止境，所以造成循环解释再自然不过。就这么简单的数学原理，我马上原谅了词典的编辑，也知道他们的苦衷。

数学家喜欢提纲挈领，一个一个往下解释，往下推论，不喜欢循环解释，不喜欢循环推论。你问那个

"纲"、那个"领"是怎么来的，他就推说是公理，是无定义名词，不跟你玩循环游戏。

不过，编词典的编辑也可仿照数学，用提供例句的方式，来解除困境。"今天到动物园，玩得很高兴。""阿公给我买了期盼已久的手表，作为生日礼物，我高高兴兴地戴在手上。""连续下了几天雨，今天总算放晴，大家都很高兴。"例句就像数学中的例子，都是用来阐释观点与理念的。

大家都承认数学也是一种语言，它与一般语言不同之处，在于它的精准与精简。数学所描述的对象仅限于数（量）与形，这是数学语言得以精准与精简的原因。一般语言所要描述的对象较宽广、较复杂，相较之下，就无法达到数学语言的精准与精简。我们只能期望一般语言能参酌数学语言的一些特色，使得事情能说清楚明白，达到沟通的效果。

语言里的具体与引申

一般语言常借具体以表达引申的意思。"一而再，再而三"并不表示停在三，而表示很多次，不断如此。

"三"除了所表示的真正数目 3 之外，还可表多数，这在多种语言中是常见的。以中文来说，"森"不是 3 棵树木，而是森林。"淼"则表大水。"入木三分"不是真正"入了木有三分深"，而是"非常深入"的意思。

"十年树木，百年树人""十载寒窗"的"十"，并不刚好是10，只是个约数，表示时间的大致长短；相对于十年，百年就长了！"十全十美"的"十"表示多，不必认真细数有哪十全、有哪十美。

数数目的单位"百""千""万"，都有这样的用法，譬如：百姓、百官、百货、千方百计、千里迢迢、千山万水、万国、万分、万里长城……

"多"和"少"

"前来参加灯会的人很少。""今天的会议出席率很高。"这是表示一个量有多少的两种说法，前者是绝对的量，后者是相对的量。

主办灯会的单位本来预期会有几百人来，结果只来了几十

位，疏疏落落的，觉得很少；今天会议应出席者 25 人，结果来了 20 人，出席率达 80%，很高。

参加灯会的比预期的少得多，虽然也是相对的，但预期数并没有一定的算法，所以参加灯会的人数比较倾向绝对的量。

这两种表示量或程度的说法，一种只有模糊的参考标准，无法化成百分比，另一种大致可化成百分比，是种比率的说法。

前者从多到少，大致有很多、许多、不少、一些、不多、少许、很少等几种程度的说法，它们没有相应的百分比，是种较为主观的认定。

后者的说法，可用相应的大约百分比，列表如下：

百分比	说 法
100%	（圆）满、完全
接近 100%	几近圆满
很高 %（80% ~ 90%）	很多（十之八九）
60% ~80%	相当多
超过 50%	过半
接近 50%	近半
20% ~40%	有些
很低 %（10%~20%）	很少（十之一二）
接近 0%	几乎没有
0%	完全没有

时间与空间的数学

时间是有前后顺序的（我们不谈相对论），确定时间的办法就是把时间排在一条直线上，一个方向是过去，另一个方向是未来。

就像数线需要一个参考点（譬如 0），时间也需要一个参考点，譬如公元纪年、现在。在参考点之前的用"前"或"以前"，在参考点之后的用"后"或"以后"。如果没特别提出参考点，则参考点通常就是"现在"。

像英文，发生在"现在"之前的，要用过去式；在之后的，要用将来式。

中文则在你知我知的状况下，可免提过去或未来。譬如，"我在一个小镇住了一阵子。每天早上先去附近的森林里散步，再买份报纸，到豆浆店边看边吃……"你知我知，谈的都是过去的事，就不必有表示过去的说法。

"在读大学的前两年，我整天玩……"这句话有点模糊。如果指的是读大学之前，就应该说成"在读大学之前的两年间"；如果指的是开始读大学之后，就该说成"在读大学的头两年"。

同样，"在读（完）大学之后的两年间"和"在读大学的末（尾）两年"，是有区别的。

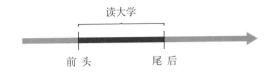

如果在我知你知的情况下，把读大学这段时间单独拿出来谈，那么"在读大学的前两年""在读大学的后两年"这样的说法，才不会有语意不清的顾虑。

"在我读大学的前后，家里的经济状况并不好。""读大学的前后"照字面应表示：读大学之前的一段时间，以及读完大学之后的一段时间，但实际却表示：从读大学之前的一段时间，一直到读大学之后的一段时间，中间包括了读大学的这一段时间。

如果用英文表示成 before, during and after my days at the university，during 这一类字绝对不能省去。

那么空间呢？

"下车前，请注意后方来车。"出租车车门上贴有这样的警语。不但时间有前后之分，空间一样有前后之分。

如果以个人为参考点，眼睛看得到的为"前"，必须转头（身）才看得到的为"后"。如果以房子、村落或山为参考点，则先要确定它的正面是哪一面，才能谈空间的前后。

如果要强调平面的二维性，除了前后的一维外，还可加入左右的另一维。要强调立体空间的三维性，则再加入上下的第三维。我们可以有"左前方"或"左前上方"这一类的说法。

"凡事都要向前看"这一句话的"前"字，请问是时间的"前"，还是空间的"前"？

既然是看的对象，应该是空间的"前"，但我们知道这句话说的是时间，而且是往后的时间！要解开这句话的结，先看"前途看好"。

前途是摆在眼前的路途，说的是空间。不过走上前途是未来的事，前途愈看愈好也是未来的事。所以表面上说的是前面的空间，其实说的是未来的时间。

"凡事都要向前看"也一样，看到的是前方的事，未来的事！时空的纠葛，这是个好例子。

2.3 鸡同鸭讲

自强号快到杨梅，一位瘦瘦高高的查票员进到车厢来，用高昂的声调，很客气要大家拿出车票以便检验。

坐在第一排的一位乘客马上抓住机会问道："到新竹还有几站？"查票员回答说："下一站就是新竹。"乘客喃喃说道:"这一站就是新竹了。"查票员耐心说:"下一站就是新竹。"

就这样,下一站、这一站来回了三次。查票员最后改变了说法:"快到站会广播,你仔细听就知道了。"

是这一站,还是下一站?

对话停止了,但这一站、下一站的语音却在我的脑海里徘徊不去。杨梅离新竹还有段距离,还要一段时间,查票员认为是下一站,当然是对的。那位乘客为什么会认为是这一站呢?

对乘客而言,新竹是特别的一站——她要下车的那一站,因为关心,念兹在兹,那一站就成了这一站。

对查票员来说,每一站都一样,只不过在铁路上一路排序下来。此时此刻,下一个停靠站是新竹,新竹就是下一站。

但那位乘客心中只有新竹这一站,所以对她来说,

这一站也是通的。

你看，在我的谈论中，她从一位乘客变成那位乘客，再变成这位乘客，因为她从上场到引起注意，最后变成我谈论的焦点。

"各位旅客请注意，我们快要抵达竹南，下一个停靠站是苗栗。"随着广播，火车的速度明显放慢下来，眼看就要进站。

坐在旁边的老外转头问我："下一站是苗栗吗？"我说："是的。"他站了起来，从头上的置物架，把一大一小的两个皮箱拿下来。

我想这位老外未免太紧张，竹南到苗栗还有一段距离呢！想不到车一停，他拿起皮箱就要离开。我赶忙跟他

说："这一站是竹南，下一站才是苗栗。"他才又把行李摆回置物架，安心坐了下来。

刚才他怎么会这一站和下一站弄不清楚呢？我想他中文不灵光，一定很紧张，一听到广播中出现他要下车

的苗栗站，让他松了口气。他大概又注意到火车就要进站，所以才问下一站是不是苗栗。

我呢，我则太熟悉广播的方式：快进站时，先说快进这一站了，再说下一个停靠站是什么，所以脑筋中认定苗栗是下一站——该死，我忘了：火车还没到站，在英文里还是下一站，不是这一站！

这一班、上一班、下一班

你跑到车站，刚好看到车子绝尘而去。你恨恨地说："该死，没赶上这班车。"这时广播响起："各位旅客请注意，下一班车十分钟会到。"你的心情稍微平静下来："上一班车虽然没赶上，但下一班车也不必等太久。"又过一会儿，你看到前头有灯光，又喃喃说道："还不错，这班车总算到了。"

你看，随着时间的推移，你的这一班车变成上一班车，你的下一班车变成了这一班车。

用坐标的语言来说，这一班（这一站）是你的焦点，你把它放在坐标原点，下一班车放在原点的一边，上一班车放在原点的另一边。不过，当焦点转移到原来的下一班车，整个坐标就移了一格，所有的指称都要重新来过。

怕的是，谈话的两个人没有共同的焦点，鸡同鸭讲的戏码就上演了。

2.4　分门别类

"老虎很凶猛，动物园的五只中有一只却很温驯。"老虎在这里以不同的含义出现了两次，第一次出现的是集体名词：老虎全体，第二次出现的（动物园中那一只）则是个别名词。

"老虎很凶猛"是老虎全体的一般属性，"那一只很温驯"则是特别一只老虎的特有属性。

生活里的"集合论"

我想用"集合论"的观点，给大家看一些名词。

有些名词是集体名词，它有许多属性。我们想确定哪些属性是绝对的，譬如老虎是哺乳动物；哪些属性是一般的，只具有统计意义的，譬如老虎很凶猛。

我们想确定一个集体名词的成员，也会对于成员中不符合所描述的一般属性的产生兴趣。

另外，"动物园中的老虎"是"老虎全体"的部分集合，"五只"是这个部分集合的个数。

属性、成员、部分集合、个数等等，都是集合论观点下的产物。

为了管理、运作的方便，军队、户籍、行政、公司等无不采用"包含"的编制。

军队有军、师、旅、团、营、连、排、班、兵等各层级。户籍有省、市、县、乡、村、街道、户、个人等各层级。公司在董事会、总经理之下，也有各个层级。

瑞典植物学家林奈（Linnaeus Carous, 1707—1778）开始把生物做有系统的归类，生物学界最后发展了用来归类的界、门、纲、目、科、属、种各层级，这样各生物之间彼此的演化关系就比较清楚。

不但是生物，其他各学问也都在做归类的工作，发展层级的关系，譬如法律有民法、刑法等等的区分，而法律条文则有章、条、项、款等层级。层级是一种胚腾。

有时为了描述得更仔细，分辨得更清楚，会把一个集体名词分成好几个子集体名词，譬如颜色分成白色、黑色、黄色、红色、棕色等等。

不过，需不需细分，要怎样细分，还要根据生活环境而定。

本地很少见到雪，所以"雪"就代表各式各样的雪。住在寒带的人，对各式各样的雪就非常在意，除了雪（snow）之外，还有大雪（sleet）、雪粉（powder）、雪片（snowflake）、暴风雪（blizzard）、春雪（corn snow）、硬雪（crust）、融雪（thaw）等等。

闽南话有时会把绿色也说成青色，譬如"红青灯"，绿青合用，不再区分。

没道理的分类

学语文，自觉或不自觉也会做分类的工作。譬如名词、动词、形容词等等的区分；实字与虚字的区分；现在式与过去式的区分，等等。

法文中的名词有阴性与阳性的区分，所用的冠词也就不同；德文则把名词区分为阴性、阳性与中性，也就是把所有的名词归成三大集合。

为什么德文所有的名词都要有性别呢？也许你会认为雄性的动物归成阳性，雌性的动物归成阴性，动物之外的其他名词都归成中性。错了！

固然雌雄动物大致分属阴阳，但桌子为阳性，厕所为阴性，房间为中性，春、夏、秋、冬为阳性，星期为阴性，天气为中性。

有任何规则可寻吗？没有！德文老师说学德文名词时，要连相应的冠词一起记，也就是说，冠词要看成为名词的一部分。所以要背 der Tisch（桌子）、die Toilette（厕所）、das Zimmer（房间），而不是只背 Tisch、Toilette、Zimmer。

请注意，法文的桌子 table、厕所 toilette 都是阴性。桌子过了德法国界，居然就变了性！

数学非常讲究分类，而分类的目的是要让同类之间有相同的胚腾，异类之间有不同的胚腾，以便了解。而德文与法文的名词性别分类，实在没有什么道理。

个数怎么说才清楚？

一个集体名词除了要描述它的属性外，有时候还要

数它的个数：一个人、二个人……十个人……一个一个数，就会和算术中的数目对应。

有时候不需要一个一个数，只是感受人数的多少，譬如说"火车站里有些人"或"火车站里有许多人"。

另外，"一群人"也可以表示一些人，不过这些人要有某一共同的行为。譬如"火车站里有一群人"这样一句话并没有说完，把它说完，也许是"火车站里有一群人在静坐示威，另外有一大群人在围观"。

如果要强调人数之多，又无法细数，则说成千上万，或用约数："约五六万人"；或转用密度的观念，说"密密麻麻，挤得水泄不通"。

中文的数词非常复杂，除了"个"，还有只、条、把、包、本……起码超过百个之多。每个数词都有特定的使用对象，也就是说中文把可数的名词做归类，动物大致用"只"（也有用头、匹、尾等），条状物用"条"，可一把抓的用"把"……

我们从小浸淫其中，大致成了习惯，很少弄错。老外学中文，遇到数词，一个头两个大。譬如可一把抓的用"把"，但不

可一把抓的火也可加一把成"一把火"。其实，"一把火"是"一把柴火"的简要说法。此外，"一把眼泪""一把鼻涕""一把年纪"……使人学中文的"一把劲"都消失了。

数词的分类也不是最有道理。

老外说"一个书""两个车"，我们会不会原谅他？不说"5 粒葡萄""某家医院"，而说成"5 个葡萄""某个医院"，我们是否原谅了自己？"个"是否渐渐变成万用的数词？

像"一些""一群"指多数，但又不说出多少的数词也不少，如"一串""一束""一堆""一行""一帮""一伙""一系列""一连串"等等。而串、束、堆等也可各自成为数词，如"三串珍珠""四束鲜花""五堆石头"。

"些"与"连串"本身就不可当数词。我们不能说"二"些，因为"些"表示没组织个体之集合，没组织和没组织的放在一起，还是没组织。我们不能说"二"连串，因为"连串"表示相关（或相似）的事件，如果这一连串和那一连串是不相关的，就不必合起来谈；如果是相关的，合起来还是只有一连串。这两个情形都是一加一还是一，不会变成二。

英文也有类似的用法，这倒是我们学英文时遇到的难处。

水、布、煤等没有明显一个个的个体的，是为不可数的集体名词。不过有时候我们会去量它，于是就用到量词，譬如"两匹布""三米布""两杯水""三公升水""两担煤""三公斤煤"。匹、杯、担可大可小，米、公升、公斤就有标准——此谓度、量、衡是也。

英文也有量词的用法。

中文里头还有一些习惯用法，看起来好像用到数词或量词，但实际是不可数、不可量的。譬如一片欢呼声、一笔好字、一团和气、乱搞一通等等。我们说这些是不可数、不可量的，你可试着把"一"换成其他数目就知道了。

2.5 举一反三

有些用语、有些说法带有浓厚的数学味道，但已融入一般语言的用法中，大家太习惯了，也不去追究，或者想追也追不出为什么这样用。"乱七八糟"就是一个例子。

乱"七""八"糟，不"三"不"四"

"乱七八糟"的意思是说，相当乱、没有头绪。为什么用数字表示？为什么是七、八，而不是其他的数字？

每期乐透开奖，七个号码，你看一眼就能记住吗？大概不能。桌上有大哥大、杯子、橡皮擦、手表、印章、名片、录音带七件东西，你看一眼就能记住吗？大概也是不能。这七个号码彼此不相关，这七件东西两两不同类，想到其中一个，不容易联想到另一个。整体看不出规律，个数又多，于是"乱"的感觉出来了。

"个数又多"，对的，这是关键所在。心理学家做过实验发现，如果个数不到5个，大部分人可以硬生生记下来；如果超过9个，整体看不出规律，大部分人无法硬记下来。5到9的中间7，大概就是乱与不乱的分界点了。

古人发明"乱七八糟"的说法，不知是否也做过实验。

用七、八表示"乱"的，还有"七上八下""七折八扣""七拼八凑""七零八落""七嘴八舌""横七竖八"等。

我们认为某人说了一些"不三不四"的话，或做了一些"不三不四"的事，说的当然是不好的话，做的当然是不好的事，但这些话、这些事绝不是"大"话、"大"事。

"大"话、"大"事该怎么表示？"数一数二"是一种说法。一、二、三、四……排下来，一、二排在前面很风光，三、四就没什么了。

伟大的人物我们会指名道姓；泛指一般的，我们用的是张三、李四；特指地位低下的人，我们说"低三下

四"。讲不出反对的大道理,只在小地方指指点点,我们说"推三阻四"。连三、四都排不上,我们就来个"不三不四"。

三七二十一

"管它三七二十一,先□再说。"空格可以是"打""骂""写""买"……任何动词都有可能,"想"除外。外在情势紧张,内心情绪高涨,此时此刻,不可能当个"思考派",一定是个"行动派",先□再说。

"三七二十一"代表常理,代表规矩。情急之下,已经无法思考常理,已经不受规矩束缚。"管它三七二十一"是一种类比的用法。至于为什么借用"三七二十一",而不是"四七二十八"或者"二六一十二",或者"一加一等于二",我就不知道了。

借用数学的某些结果,来表达某些想法,这是常有的事。

某小说家写道:"我们两人的感情,就像两条永不相交的并行线……"大家认为数学是冷冰冰的,直线居然可赋予感情!

某股票分析说:"最近加权指数像指数函数一样的飙涨……"在第0.4篇文章中,我们已见识到,指数函数是

怎么飙涨的。

某老师告诫学生说："吸毒一定会害到自己，这样的结论就像一加一等于二那么简单，你们一定要记住！"有些老师学问比较高深，会把"一加一等于二"改成"两边和大于第三边"。

某政治观察家说："某某部长的政策做了一百八十度的转弯。"严格说，做了一百八十度的转弯，就是要走回头路，或者循之字路上下山，方向回头，准备更上（或下）一层。有时候政策做了极大的改变，但并没有回头，以"做一百八十度的转弯"做模拟，就会让人迷糊。

某武侠小说的主角说："……武林发生空前劫难，在下借箸代筹，献上一计……"古时候没有算盘，就用称为算筹的竹片来计算，难怪"算"字从"竹"头。算筹就相当于算盘中的算珠，因位置而定值。

运筹就像拨算珠，本意就是做计算，"运筹如飞"是算得飞快的意思。后来运筹就提升了层级，用以表示抽象的筹划，"运筹帷幄"已经没有实际计算的意思，"善计者不用筹策"更是点明这一层意义。

"借箸代筹"表示：大家失去了主意，还没有什么计算筹划的，我就像用筷子代替算筹那样，权充一下，帮大家拿个主意。

隐藏在一句英文里的高深数学

英国《金融时报》的专栏作家菲利普·斯蒂芬斯在一篇文章中写道："Politicians in London and beyond are stuggling to square the circle."意思是："英国及其他各国政治家试图在做不可能的事。"

这句话里，square the circle，把它译成在做不可能的事，这也是类比的用法。要了解原意，请注意两个基本的几何图形：正方形（square）及圆（circle）。不过句子里的 square 是动词，square the circle 的意思就是方圆；"方"当作动词用，也就是圆化方的意思，把圆变成正方形。

把圆变成正方形是什么意思呢？原来这是古希腊的三大几何难题之一：给了一圆，请用标尺作图，作一正方形，使其面积与圆的面积相等。

给一圆，知道其半径，设为 r，那么圆的面积为 πr^2，π 为圆周率。假设作成的正方形一边长为 a，则 $a^2 = \pi r^2$，也就是 $a = \sqrt{\pi}\, r$。方圆的问题就是用标尺作出 。

要说某作图题有解，你找到一个方法把它作出来就好。要说某作图题无解，就难了：你试了千万种方法不成，可不能就说一定不成，也许再试一种方法就成了。

数学家试了两千年，圆化方总是化不成。最后把问题用代数方法表出，才有突破，证明圆化方、三分角（把一角三等分）、倍立方（作一立方体体积为原立方体的二倍大），这古希腊三大几何难题都是不可能有解的。

（高中学过 $\sqrt{2}$ 不能表为两整数之商，证明很难，不是吗？不过到底是可证明的。三大几何难题之无解的意义及证明的想法，与之类似，只是难得多了。）

方圆本来是指执行一种不可能达成的任务，反过来英文就借用方圆来表示执行任一种不可能达成的任务。方圆这种高深的数学，居然跑到一般的语言之中，只是不知道原文所提的，是否为"方圆"等级的事。

圆与方自古就是人类熟悉的几何形状。圆形的太阳、

月亮高挂天空，有目共睹。天圆地方是经验的延伸观念，上圆下方的建筑则是天圆地方的表征。圆形古钱币中有个方孔，也是圆与方同时出现的例子。

圆与方经常相伴，但两者相异也是公认的事实。"圆凿方枘"，圆形的凹孔，放不进方形的榫头，表示两物无法契合。"言方行圆"表示言行不一。（英文把"圆凿方枘"说成"圆枘方凿"：You can't fit a round peg into a square hole.）

《孟子·离娄》上篇有言："不以规矩，不能成方圆。"不用规，画不成圆；不用矩（尺），画不成方。要"中规中矩"才能画好圆方，要"规规矩矩"才能做好事情。

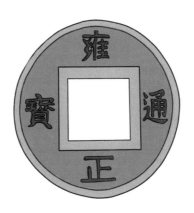

正方形有正方形的特征，圆有圆的特征。正方形是有棱有角的，圆上则没有哪一点特别突出。英国传奇小说中的圆桌武士，武士坐圆桌，表示众武士平等，不分

大小。可是圆桌往往放在方形屋内，方形屋有主墙可看得很清楚，谁坐了主位也就不用说。

正方形的性质可模拟成"言行方正"，圆的性质则有两极化的模拟："外方内圆"，表面方正，内心圆滑；"智圆行方"，表示思虑缜密（或见识通达），行为方正。

《论语·述而》篇有言："举一隅，不以三隅反，则不复也"。意思是说：要你观察（正）方形的一个角有什么特征，你若不会连带注意其他三个角也一样，这样的学生我教不下去了。寻找胚腾是学习的重点，孔夫子早就这么说了。

孔夫子不知道有没有想到圆，他会说"举一点，不以众点反，则不复也"吗？

第 篇

算篇

算什么，怎么算

学会了数数目的原理，当然就会用来数各种东西。

学会了数数目的原理，当然就会用来数各种东西。我们发现物理学家、天文学家、生物学家、地质学家、气象学家、人口学家，甚至历史学家等等，各行各业都在做分门别类的工作，都在点数各门各类的东西。

要数的东西太多，就不可能一一点数，而要用四则运算来算，或者来估算。人口是这样，工程进度是这样，气象报告也是这样。

不但各种专家在计算、估算，个人在日常生活中也一样，也需要计算与估算，譬如银行利息与超市付账。个人要了解公共事务，也需要计算与估算，譬如一地区人口与小学班级数的关系，幼儿园老师人数与大学容量的关系。

墨西哥政府发行新钞，2万元旧钞只换得2元新钞，农民能接受吗？政府要怎样让他们相信"币值不同，但

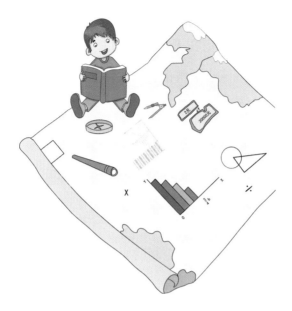

购买力相同"？

厄瓜多尔的大陆龟群岛国家公园（大陆龟群岛就是加拉巴哥群岛），有个加拉巴哥象龟平塔（Pinta）亚种的复育计划，他们认为有八分之七纯种血统的，就是纯种平塔象龟。他们的计算有什么玄机吗？

我们到处碰到潜在无穷的情况，语文发展、分子增新、人类传衍、时空变化等等，都有潜在无穷的可能性。还好我们有不少简单的方法——可称为广义的计算方法，来剖析各种潜在无穷。

我们用整数来标示时间的流逝与空间的区隔；用周期与同余的概念来处理周而复始的现象；用数列的方法

来处理潜在无穷的过程；用统计的方法或点出成员间的关系，来呈现一个潜在无穷集合的静态特征与动态趋势；用排列组合的方法来了解潜在无穷增长的机制。

要了解这个世界，就要会算。

3.1　现代的觉者

我们说过释迦牟尼求婚的故事，说到他数数目直达 10^{421}，充分显示他懂得十进制的原理。

故事还没完，这之后，出题者阿朱那给了最后一道题，要释迦牟尼计算一里长所含的原子数目。释迦牟尼说：7 个原子组成一个微分子，7^2 个原子组成一个分子，……，7^{10} 个原子有一指节长，12×7^{10} 个原子有一掌宽……所以一里长含有 384000×7^{10} 个原子。他还说，用这种方法，就是宇宙中三百万个世界的原子个数也数得来。

释迦牟尼之后，另一位数数目的名人，就是鼎鼎大名的阿基米德（约公元前 287—前 212）。阿基米德，有人称他为伟大的数沙者，因为他说过如何细数宇宙空间可以容纳得下的沙粒数。他要证明这个数是有限的，是可数的，他的答案是 10^{63}。

有限的世界，潜在无穷的数数系统。这是前贤所要强调的。有了前贤树立的榜样，后人有样学样，一直在数着东西。

数什么东西呢？"世界上有多少东西？"这不是好问题，因为我们不会把苹果和香蕉一起数，或把大象与老虎一起算。对的，我们要数同类的东西。

数星星

天上的星星亮晶晶，谁都有个冲动，想把恒星的个数数清楚。从肉眼到望远镜到电波望远镜，能"看"到的恒星愈来愈多。

天文物理学家数出了宇宙约有一千亿个星系，每个星系平均含有一千亿个恒星。所以宇宙共有（$10^{11} \times 10^{11} = 10^{22}$）这么多个恒星。个数这么多，当然不可能是一个个数来的，他们用的是统计的方法，数的结果虽不一定准，但也不会差得太多。

天文物理学家认定我们的太阳是个中等质量的恒星，由太阳的重量 2×10^{33} 克，就推算得到宇宙的重量约为

$$2 \times 10^{33} \times 10^{22} = 2 \times 10^{55}（克）$$

再进一步，就可推算出宇宙的粒子总数约为 10^{80} 个。所以超过 10^{80} 的数目应该都不具物质的意义。

数物种

从天上回到地上，我们想数一数生物的数量。数之前必须分类，否则数不出意义来。

按照演化与传衍的想法，生物按层级分类，分成界、门、纲、目、科、属、种，按顺序上一层包含下一层，就像军队中的军、师、旅、团、营、连、排、班那样。

"种"是生物分类最基本的单位，同种之间才可传衍，异种之间则不可。虎与狮异种，但同为豹属。偶尔虎与狮可混血生下虎狮，但虎狮不具生育功能，无法传衍。大象与老虎异目（老虎属食肉目，大象则属长鼻目）

而同纲（哺乳纲）。

生态学家关心地球上共有多少种生物（约 10^7 到 10^8 之间），彼此之间的关系，及互相之间消长的状况。一种生物少到多少个体就算是濒临绝种，需要保护？

数人

在所有的物种中，与我们关系最密切、我们最有兴趣的当然是人种。世界上的人有多少呢？大约 60 亿。每个人的组成单位是细胞，成人的细胞数约为 60 兆个——是现有人口数的一万倍！

由小往大，细胞可组成组织、器官或系统。反过来往细胞里探究，细胞中最主要的成分是细胞核，人类细胞核含 23 对染色体，每条染色体的结构是有名的双螺旋 DNA。

DNA 含有遗传密码，最重要的构成单位为碱基（也称为盐基），碱基共有 A、T、C、G 四种，一个人体细胞中总共约有 30 亿个碱基。碱基按顺序排列，不同的顺序代表不同的意思，其中有 20 种氨基酸各由三种碱基排列组成。

不同的氨基酸可按顺序结合成某种蛋白质，而代表一种蛋白质的碱基序列就相当于一个基因。每个基因大

概含有几百个到几千个碱基——平均约 1000 个。而人体基因数目大约在 5 万到 10 万之间。

咦，我的算术有点问题？你会这么盘算：人体的基因数在 5 万到 10 万之间，每个基因平均含 1000 个碱基，那么人体的染色体共有 5 千万到 1 亿个碱基，而刚才我却说有 30 亿个。

没错，基因只占碱基数的 60 分之一到 30 分之一。其余有些看似无意义的重复，有些虽然组成基因的样子，但不再有作用；这些大概是演化过程中的淘汰物，或无害也无益的突变物。

演化论刚出来的时候，很多人都不相信，一个理由是演化需要很长的时间，而彼时认定的地球历史只有几

千年。现在的地质学把地球的历史拉长成 46 亿年——是过去认定的 80 万倍长。

有了这么长的时间，只要允许突变，无论速度再怎么慢，演化分支变成必然。生物慢慢演化，界、门、纲、目、科、属、种，一再分支，生物的多样性就变为可能。用电脑模拟，简单的感光器在 40 万年内可演化成人类复杂的眼睛。同样，只要时间够长，地质学的板块说看起来就合情合理。譬如印度板块挤向亚洲大陆，形成了喜马拉雅山脉。

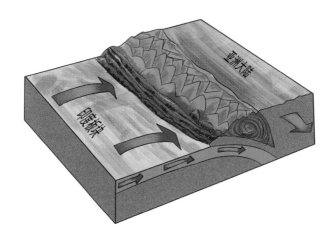

乍听之下，简直不可思议：一年要挤高多少米，才会挤出珠穆朗玛峰圣母峰那么高？其实根据实测，珠穆朗玛峰平均每年长高 0.6 厘米（如果长得太高一定地震不

断），实在"看"不出在长高。不过，经过 150 万年：

$$\frac{8848 \text{米}}{0.006 \text{米/年}} \approx 150 \text{万年}$$

就可以长到现在这么高。150 万年相对于地球的悠久历史，只能算是极短的时间。

到目前为止，我们谈的都是自然科学界数数目的事。社会学科又是如何呢？

已逝的历史学者黄仁宇（1918—2000）在他的诸多著作中一再强调：要变成现代国家，政府就要能够"用数字来管理"。也就是要能掌握人数、生产数、税赋数等等。

具体而言，现代国家都要能够掌握一千多项各种指数，才能做理性的决策，而各种指数都要经过大量的数目估算，才能得到。

释迦牟尼成了佛陀，佛陀的意思是"觉者"，从自然与人世的缤纷中看出这世间的真谛。不过真谛是什么，言人人殊，到现在也没有一致的说法。

现在，各行各业的顶尖人物，不敢宣称要看出世间的真谛，他们只效法释迦牟尼用数数目的方法，从各种角度，厘清自然与人世的缤纷。他们合起来可称为"现代的觉者"。

3.2 焦点新闻数字

现在我国台湾的人口有 2300 万多，那么是什么时候跨过 2000 万的？

前几年的某一天有个热门新闻：当天台湾地区卫生部门要找到第 2000 万的那个小宝宝，有人提供免费奶粉，直到他（或她）断奶为止；有人提供终身免费身体检查；还有……

台湾地区卫生部门为什么要特别关爱这第 2000 万个宝宝？如何真正找到这第 2000 万个宝宝？

先从第二个问题开始研究。

如果只管出生的宝宝，事情会稍微简单些，但人口数除了管生还要管死，而且移出、移入都要管。移出、移入只能以文件认定，但撤销或取得身份证，通常要花相当久的时间。当然，出生、死亡也要以文件认定，只是所花的时间较短而已。另外，也有人在这个地方土生土长，但没有身份证。

所以，一个地方的人口，是用文件认定的，是个假设的数，并不是此时此地数遍每个人所得的真正个数。

就是想用数个数的方法，也是不可能的。2000 万，你要数多久呢？在数的过程中，前面点数过的某人过世了、移民了，点数过的某一区域又诞生了许多小宝宝，又移住进来一些人。这些都需要一再校正，所以要数得很准原本就有困难，要确认谁是第 2000 万人也是不可能的。

第 2000 万个宝宝怎么找到的？

但台湾地区卫生部门还是找到了第 2000 万的那个小宝宝，而且热热闹闹庆祝一番，报纸也花了大篇幅报道，只是没人问他们是怎么找到的。

他们是怎么找的？他们没说，我只能猜。

他们从长年的纪录，知道我们人口的年平均增加数为多少（增加数＝新生宝宝数－死亡数＋移入数－移出数），月平均增加数为多少，甚至到了人口将近 2000 万时，每天的平均增加数为多少（约 800 人）。他们就能推测：理论上哪一天人口会到达 2000 万，甚至推测出几点几分会到达——一切都是有根据的估算。

到了那一天，台湾地区

卫生部门要各医院通报接生了几个小宝宝，几点几分生的，于是，那位生时与预测最近的小宝宝就中奖了。经过这么严密的推算，当然是他了——至少台湾地区卫生部门这么认为。

不过台湾地区卫生部门显然忘了，第2000万个人可能是移入者，而不是一个小宝宝。虽然我有百分之九十九的把握，认定不应该是那个小宝宝，但我无法证明不是他；另一方面，我也相当有把握，他的报到排名离2000万不会太远——虽不中亦不远矣。

他，当然是台湾地区卫生部门要噱头的产品。照理说，在那位小宝宝前后出生的都有可能是第2000万位，都应该得奖，不过这样就无法显示台湾地区卫生署的伟大了。还有，第2000万位得奖，为什么第2000万零一位不得奖？第2000万个小宝宝长得很特别？2000万也不过是诸多数目中的一个，为什么要赋予它这么重大的意义？

当然，台湾地区卫生部门想要借着大家对一个整整的数，提醒民众对卫生保健的关怀。至于台湾地区卫生部门是否还有更深层的用意，我就不知道了。

其实我在意的是：2000万为什么那么重要？为什么大家都不问怎么找到那个幸运的小宝宝？

1999 年 10 月 12 日，报纸的头版都出现联合国秘书长，那一天要到波斯尼亚的萨拉热窝，迎接第 60 亿个宝宝的新闻。

有了台湾第 2000 万宝宝的经验，这条头版新闻的意义大致就清楚了。但为什么是萨拉热窝？只因秘书长当天的行程是访问萨拉热窝，所以就把第 60 亿个宝宝也顺便放在那里，等着秘书长去抱抱！

钢珠店的秘密

报载日本人疯迷钢珠店的景况，说某家钢珠店新开张，大肆宣传要送出几千万日元。于是钢珠迷在开幕的前一天就彻夜排队，准备大捞一场。

钢珠店骗人吗？不会，它在做广告，的确会送出几千万，当然不是现金，而是让钢珠迷比较容易哗啦啦中奖。不过几天后，中奖率会逐渐下降，达到赚赔平衡，最后钢珠店一定赚得多，赔得少。不过此时顾客来源已经稳定了。

三十多年前，有一年我到东京大学当"客座学生"。我有一位小学同学刚好也在东大做研究生，他寄宿在一家钢珠店的楼上，帮着守夜。

他深知钢珠店的运作，说每天早上开店之前，老板要决定那一天的赚赔率，然后打开几台钢珠机，稍微调整里头钢钉的斜度就成了。另外，即使不准备调整赚赔率，也要调整钢钉，使得某些机器变得容易中奖，有些变得较难。

钢珠店不可能每天都要赚钱，每天赚，顾客就跑光了。钢珠店只能有时赚、有时赔，长期的目标当然要合理的赚钱——开赌场的一定赚钱。

进钢珠店，除了享受钢珠哗啦啦的声音外，如果还想展现自己高超的技术，记得，机器背后还有一只调整钢钉的黑手。

工程进度的算法

新闻中也常出现关于工程进度的报道：某某工程现在的进度为 12.35%，落后预定进度 2.53%。这类数字常让我困扰不已。

工程进度是怎么算的？预定整个工程要花多少钱，现在花了多少钱，于是两个钱数相除，就得工程进度的百分比？

但新闻也常报道说，某工程预算还要追加，也就是在相除中那个作为分母的数，其实事先无法算得很准，那么相除之后，取 4 位有效数字，岂不滑稽？

　　也许工程进度不是以所花费的钱来计算，也许是以所需要的工作天数来计算，不过我们也知道工程未完工前，永远不知道真正需要多少工作天数。

　　或者是用整个工程所需要的建材来计算？或用土方？

　　你能想到的方法，都是未完工前的估算，大概不会很准。工程进度永远是估算，所以拜托，下次报道工程进度，小数点之后的多少多少一定要省省，否则岂不自欺欺人？

究竟要不要带伞？

　　每天看电视新闻，最注意气象报告。

　　明天台北的降雨概率为 30%。嗯，降雨概率不太大，不必带伞吧！可是气象报告没说零概率啊！还是有 30% 的下雨机会啊！好吧，各人自行决定，保守的人带伞，不保守的不带。什么叫做保守？带伞的人！倒果为因，还是倒因为果？以前我们会取笑气象预报人员常说"晴见多云转阵雨"。不管明天天气如何，总有对的地方。很狡猾，不是吗？于是气象局从善如流，开始把气象报告科学化，来个降雨概率 30%。人家常说，看一门学问科学化的程度，就是看它数量化的程度。看来，气象报告已经相当科学化了。

只不过，降雨概率 30% 是什么意思？我还是不懂。

我记得科学化的另一要意是：说出来的数字，都可以用大家公认的方法，来检验正确性。明天下雨了，我能说预测不正确吗？它没说不会下雨啊！明天不下雨，也不能责怪气象预测，它没说一定下雨。这样确定的方法是大家公认的吗？大家都会摇头。

"降雨概率为 30%"和"晴时多云偶阵雨"的说法看起来差不多，只是前者披上科学的外衣，一般人哪敢质疑它真正的意义？

我去请教了气象专家什么是降雨概率。他说，依据气象状况，可以把类似的状况归类，然后统计过去在这类状况下会下雨的比率，就能得到降雨的概率。

气象预测依据现在的状况，寻找所属的类别，就得相应的降雨概率。你看，降雨概率多么科学！而且百分比都用 10 的倍数，表示是估算的，绝不像工程进度那样有过度的科学伪装。

如果你想确认气象预测是否正确，得暂时扮演为科学家。要做长期的记录，把预测的百分比，与实际是否下雨都记录下来。然后把预测为 30%（或 40% 等等）的日子合起来看，是否平均有 30%（或 40% 等等）的日子下了雨。如果大致如此，你就不得不佩服气象预测的科学化了。

不过，纵使你确定气象报告很准，降雨概率为 30% 时，你到底带不带伞？也许每个人都该做十支签，三支写上"带"字，带不带伞，抽签决定。

结果，你会发现街上带伞的人占 30%！如果下雨了，有 30% 的人猜对了；如果不下雨，有 70% 猜对了。都有

赢家，结果美满。（千万不要去想有多少百分比猜错了，人生不要太灰暗！）

3.3 差不多先生的一天

这是几年前的某一天。

定期存款到期，上午到银行办续存，小姐计算了一下，给了本利和总数，要我把它填在单子上。我看了总数，跟小姐说："请再查一下有没有算错。"小姐看我很自信的样子，只好再查一下，她果然算错了。

复利的估算

走出银行，庆幸自己的估算能力发挥了功能。事先我并没有用计算器计算，直到进入了银行，才迅速地估算。我的定期存款为 20 万元，年利率 8%，三年期。按月复利，则本利和应为

$$200000 \times \left(1+\frac{1}{12} \times \frac{8}{100}\right)^{12 \times 3}$$

除非用计算器，谁能知道它是多少呢？

我的估算很简单：不管本金 20 万，先看倍数 $\left(1+\frac{1}{12} \times \frac{8}{100}\right)^{12 \times 3}$。本利和当然包括本金（的倍数）1，还有以单利计息的 $12 \times 3 \times \frac{1}{12} \times \frac{8}{100} = 3 \times \frac{8}{100} = 0.24$（倍）。复利当然要比单利多，但多了多少呢？我知道差不多多了"单利的平方除以 2"，亦即 $\frac{(0.24)^2}{2} = 0.0288$（倍）。所以倍数应为

$$1+0.24+0.0288=1.2688$$

因此本利和约为 $200000 \times 1.2688 \approx 254000$（万元）。

我知道这样估算的误差在千分之 3 以内，所以误差不会超过 $200000 \times 0.3\% = 600$（元）。这一切我都可用心

算解决，而且一开始就知道 20 万的千分之 3 为 600 元，所以千元以下的，我就马虎计算。第一次小姐告诉我总数为 252370 元时，我当然知道她算错了。

要记得，本利和倍数的估算公式为

$$1+ 单利 +1/2（单利）^2$$

此处的单利为"年利率乘年数"。这里的单利千万不要再乘本金，而变成单利利息的钱数。懂得算术的人是不该犯这样的错误的，因为如果单利的单位为元，则公式中各项的单位就都不同，怎么能够相加？

这样算得的倍数要比实际的少一点点，其差可用 $\dfrac{（单利）^3}{6}$ 估计。如果年利率为 13%，三年期，则此估计的误差值（约为 1%）相当准。若年利率或期数较少，则误差会更小，反之会较大。

以年利率 8%，三年期为例，则单利为 0.24，估计的误差为 $\dfrac{(0.24)^3}{6}=0.0023$，比千分之 3 小；而真正的误差为

$$\left(1+\frac{1}{12}\times\frac{8}{100}\right)^{12\times3}-\left(1+0.24+\frac{(0.24)^2}{2}\right)\approx0.0014$$

人人都该成为"差不多先生"

每位成年人大概都会有定期存款，学校也都教过复利，但从不教怎么估算。所以除非带着备有乘方计算的计算器（大部分人没有），大概只有听命于银行的计算机了。

估算虽然是算得差不多，但也要知道大概差多少，数学里的差不多先生（小姐）应该做如是解，而我认为人人都该成为差不多先生。

这种复利估算的理论大致可说明如下：设本金为1，年利率为 x，期限为 n 年，则本利和为$\left(1+\dfrac{x}{12}\right)^{12n}$。将此式用二项式公式展开得

$$\left(1+\dfrac{x}{12}\right)^{12n} = 1+12n \cdot \dfrac{x}{12} + \dfrac{1}{2} \cdot 12n \cdot (12n-1)\left(\dfrac{x}{12}\right)^2 + \cdots\cdots$$

$$= 1+nx+\dfrac{1}{2}nx \cdot \left(n-\dfrac{1}{12}\right)x + \cdots\cdots$$

$$\approx 1+nx+\dfrac{1}{2}(nx)^2$$

而 nx 正是相应的单利。"……"中的第一项差不多等于$\dfrac{(nx)^3}{6}$，可作为实际差的估计。

以上的说明并不严谨，严谨的说明需要动用到微积分，这大概就是学校教复利时不教估算的原因。

数学教育有个毛病，差不多的不教，不严谨的不教。其实差不多的不一定不好，因为要求得一点不差，有时技术非常难，有时候根本办不到（就像人口）。严谨不是唾手可得的，从不严谨但有道理的推论开始，结论方可望，严谨最后才可及。

办完了定期续存，就到超市买东西。推着购物车，随手把要的东西丢进去。要结账前，才想起来现金带得不多，赶忙把每样东西的价钱看一遍。价钱大多是两位数，偶尔一两件是一百多元。

我把个位数都做四舍五入的处理，每看一个价钱，就用心算把十位数（以上）累加起来，最后加得总数65。我放心了，总价约为650元，出入不会太多，而我手头有800元。

因为个位数有的舍，有的入，大部分抵消了，我才那么放心，果然收款机告诉我要付658元。

我一共买了15样东西，如果个位数全舍，总价最多比650元多 $4 \times 15 = 60$（元）；如果个位数全入，则最多会少了 $5 \times 15 = 75$（元）。

通常有舍有入，不会离估算总数太远。我又做了一次差不多先生。

如何估算三芝乡的人口？

中午，几位数学老师在远哲基金会见面。黄教授这几年来一直在提倡估算的重要，强调算术一定要与生活及环境连接，才能显示其重要性，而且生活环境中的一些事物，若以估算的观点来探讨，会变得很有趣，也是很好的逻辑思维训练。

他提到一件有趣的往事。

他和几位小学老师到三芝乡，做数学教育的查访工作。中午一起吃饭，话题转到三芝乡的人口。他们只知道三芝乡仅有一所小学，每年级 5 个班。他们用各种观点，譬如大概多少比率的家庭会有小孩在小学读书、每个家庭有多少人等，试图估算全乡的人口。

经过热烈的讨论后，他们得到全乡人口估计值的上下限。饭后，他们打电话问三芝乡公所，果然全乡人口数的确落在估计值的上下限之内。

我听了，随口说：全乡人口大约在一万五千左右，对不对？黄教授有点吃惊。我说，这种估算是我的专长：每年级 5 个班，共约 250 人，乘 60 就是一万五千了。就这么简单？

我们每年的学童数约为 35 万，而人口有 2100 万，

两者相除就得 60。按年龄算人口，在学童年龄层，每年
的人口数变化不大，但到了老年龄层，年纪愈大人口明
显减少。我们平均活到七十几岁，2100 万除以七十几，
所得不到 30 万，一定比每年学童数少。要除得少些才会
差不多，适当的除数就是 60。

　　虽然我的估算方法较为简单，但我只是提出另一个
切入的角度而已。我相信，在他们讨论的过程中，一定
有许多令人眼前一亮的观点。我们常说，解答不一定最
重要（查资料就有了），但求得解答的过程有时候很重要
（靠推论）。

　　下午参加教育部门的讨论，主题是幼教的规模与幼
教师资的提升。有人主张 3 到 6 岁的儿童应该有 80% 到

幼儿园去，而幼儿园教师的学历应提升到大学毕业。我问旁边的人，现在幼教老师有多少是大学毕业的，得到的答案是少之又少。

我的老毛病又犯了，忍不住开始估算。

3 到 6 岁，共 4 个年级，台湾地区每年级约 35 万人，4 个年级共 140 万。乘 80%，就有 112 万小朋友要在幼儿园里。中小学大概每 20 位学生有一位老师，就借用这样的标准来估算，幼儿园需要五万六千位大学毕业的老师。

我们大学的毕业生一年六七万，有多少愿意当幼儿园老师？而且还要修过相关的教育学分。以现在的速度，一年恐怕不到一千人。那怎么行呢？

依照主张，一年起码要培养五六千名幼儿园老师，十年后才能满足所求，而以十年作为幼儿教师平均服务期限，十年之后每年还是要培养那么多的幼教老师。

结论是，要有 10% 的大学毕业生变成幼教老师，我不知道主张幼教师资提升到大学毕业的人是否做过这样的估算。

费曼也做估算

晚上回到家，累了，随手拿一本书来消遣，那是讲二次大战后期，美国的曼哈顿原子弹计划。

原子弹的设计从零开始，许多物理、化学问题都要计算，才能确定设计方向。这些计算都非常复杂，用笔算太慢，当时计算机技术才萌芽，速度也不够快。

于是，物理学家费曼（R.Feynman）所领导的计算小组一面采用估算的方法，迅速决定数值大致的大小，作为决策之根据，另一方面也用计算机或手算，事后检验有没有估算得离谱。检验的结果，估算总是对的。最后，计划进行顺利，赶在大战结束之前，造出了原子弹。

费曼靠的不只是数学，还有对物理与化学理论的洞识，这使他在估算的过程中，知道要舍弃哪些不重要的数据，还要简化重要的数据到怎样的程度。

估算的意义

我的估算本事也不是光靠数学，如果我对教育的统计数字没有概念，数学再好都使不上力。

要把数学与生活环境连接，数学才会变得有趣、有用。

要把数学与科学连接，数学才有可能成为科学之母。

要把数学与人文社会学科连接，你才会有许多惊喜。

但连接所需要的计算，不一定要百分之百准确；百分之百准确有时不必要，有时也不可能。如果认为精准才是数学，那么对数学的认识就太片面了。

我突然想起一个简单的例子，可作为这番认识的例证。

有一本外文书提到某条船长约 240 英尺，翻译者好心，加了括号说明：（即 73.104 米）。240 英尺刚好等于

73.104 米，够准的。但原作者并没有好好的量过船长确为多少，他觉得说长约 240 英尺就够了。

原作者在这个地方做了差不多先生，译者反而认为数学就是讲求准确。其实既然已经是差不多，换算时小数点后算三位，就是画蛇添足了。

本来晚上看书是要做消遣的，但不巧，还是进入了差不多的世界。

（注：这是几年前的事，所用的都是当时的统计数字。）

3.4　去零术

南美的阿根廷发生经济危机，总统连换了好几位，最新的一位总统上台，宣布币值不再紧盯美元，让其随市场机制浮动。一宣布之后，币值马上贬值 30%，后续恐怕不乐观。

有些国家的币值一旦急速下贬，往往一发不可收拾，新钞一再出笼，面额愈来愈大，零愈加愈多，多到买一件东西要说多少钱都有些困难，甚至还不知道怎么说多少钱。于是民间就会自发使用简便的语言，譬如以万为单位，把 15 万说成 15（元），150 万说成 150（元）。或以百万为单位，把后者说成 1.5（元）。

咦，你发问了："15 元"说起来比"15 万"要简单？用中文，只有把"元"省掉才变得简单，但英文要把 15 万说成"one hundred fifty thousand"，把 150 万说成"one million five hundred thousand"，多累赘啊！其他欧洲语言也大致如此。

零太多了，怎么办？

零太多，让人受不了，十几年前的墨西哥就碰到这样的状况。政府发起行动，准备去掉四个零的工作，采用新币值，发行全新系统的钞票。不过他们想到一个必须面对的问题。

有位农民在银行有 150 万的存款，采用新币后，银行怎么告诉他，存款缩水成 150 元，但实质上没有损失？这个问题的答案很简单，不是吗？但墨西哥的乡村人口很多，知识水平不高，这就是问题所在。

墨西哥政府想出了一个绝招。新钞的 2 元纸币有个大大的"2"字，后面跟着 4 个小小的"0"字，变成 20000。然后告诉农民说：你可以把它看成旧币值的 20000 元，也可以看成新币值的 2 元。

如果你持旧币值的想法，拿这张旧币值为 20000 元的钞票去买香烟，可买到几包？1 包，1 包香烟原本就卖

20000 元。如果你持新币值的想法，同样拿这张钞票，但把它看成 2 元，那么可买到几包香烟？ 1 包，1 包香烟卖新钞 2 元。

虽然币值从 20000 变成 2，少掉 4 个零，但购买力不变。再试试去买鸡蛋，买任何东西，就知道你没有损失。

墨西哥政府原本预计用五年的时间，做新旧币值的转换。不过设计得宜，宣传得宜，两年期间就让全墨西哥人都接受"数值不同，但购买力相同"的观念了。大家已习惯大大的"2"字，只说"2"，不理会后面 4 个"0"，时机到了，那 4 个"0"就消失不印了。

　　五十多年前中国台湾也有通货膨胀的问题，买一份烧饼油条，要提一篮纸钞。大面额纸钞来不及印，干脆就用台湾银行的本票当钞票。当时面额一百多万的本票在博物馆中还可看得到。

　　最后没办法，只得发行新台币，4 万元旧台币换 1 元新台币。为什么 4 万，不是 1 万？我不知道其中的奥妙。幸亏民众的知识水平还算不错，不觉得换算有什么困难。

3.5　八分之七等于一

　　拿一张南美洲的地图来，从最南端沿着西岸往上看，海岸差不多是向北的方向，直到智利与秘鲁的交界处，海岸才变成往西北走。从南极附近开始的冷流，就这样沿着南美洲的太平洋岸上行。

　　到了接近厄瓜多尔的边界，海岸又重回向北方向，但冷流不视国界，在海岸转弯之处，继续保持原有方向，从海岸切了出去，流向厄瓜多尔海外 1000 千米，位于赤道上的加拉巴哥群岛。

　　冷流给加拉巴哥群岛带来了不算酷热的天气，带来了丰盛的海洋生物，包括你以为只有在南极才看得到的（野生）企鹅。冷流也使沿着南美洲西岸上行的捕鲸船、

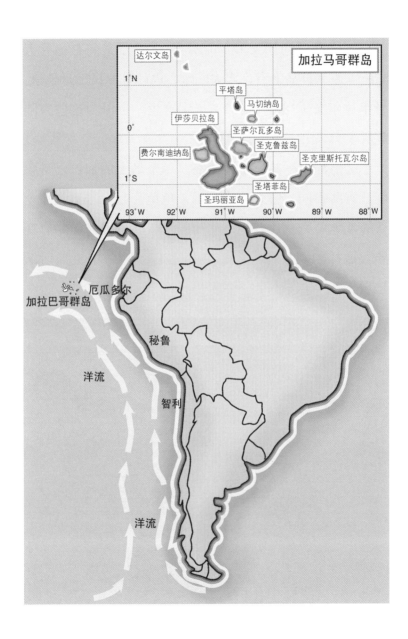

海盗船、探险家自然来到加拉巴哥群岛。

加拉巴哥的原文 Galapagos 是西班牙文，原意为大陆龟。原来群岛上有许多大陆龟，也就是加拉巴哥象龟。当年达尔文（1809—1882）来到这里，也深为这些大陆龟所吸引。

这个群岛一共有十多个岛，每个岛上的加拉巴哥象龟都有些不同，譬如这个岛的象龟龟壳是半球的，那个岛的象龟象壳就比较扁，其他的动植物也因岛而略有变异。这样的观察使演化论在达尔文的脑海中更加活跃起来。

加拉巴哥象龟可长到 250 公斤重，龟壳大到翻过来可作为浴缸。体形巨大，几乎没有天敌。达尔文来访时，还看到它们成群排队，前往水源处喝水。不过我们到访时，加拉巴哥象龟已经濒临绝种，只有在特别的保护区才看得到。

加拉巴哥象龟命运如此之惨，主要是遇到了人类这个天敌。人碰到陆龟，念头之一就是想吃它的肉，偏偏龟肉还真好吃。海盗及捕鲸船最喜欢到这个群岛来补给。他们把加拉巴哥象龟搬上甲板，让它四脚朝天，当然就跑不了，而且也饿不死。于是在长久的海上生活中，这些水手永远有鲜肉可吃。根据估算，大约有 20 万头的加拉巴哥象龟就这样被祭了五脏庙。（如何估算这个数目倒是值得算术痴研究研究。）

孤独乔治

达尔文发表演化论（1859 年）一百年之后，厄瓜多尔政府将此群岛列为国家公园，加强保护，并且成立达尔文研究站。研究站设在圣塔克鲁兹岛（Santa Cruz）上，是旅客一定到访的地方，在这里有加拉巴哥象龟的养育计划，大大小小的象龟还不少。

有个庭院最有人气，许多人会看庭院外木板上的说

明文字，还有许多人拿着照相机，眼睛一直在庭院里的树丛下搜索，准备为庭院的主人拍照留念。原来庭院里住着一只叫做"孤独乔治"（Lonesome George）的象龟，以及它的两只伴侣。

有两只伴侣，为什么还号称孤独呢？

达尔文做过统计，加拉巴哥象龟在群岛上一共有 14 种亚种，而现在还存活的亚种很少。1970 年在平塔岛上发现一只平塔亚种的雄象龟，于是给请到达尔文研究站来，并且找来另类但与之极为相近亚种的两只雌陆龟来做伴。想不到过了好几年，才知道来做伴的是如假包换的雄象龟，难怪一直都没有好消息。

如此这般，这只纯种的平塔雄象龟就有了"孤独乔治"的绰号。

导游说，研究站再接再厉，另外找来另类的、但如假包换的两只雌象龟来，好让乔治传宗接代。研究站的如意算盘是这样的：乔治若能生下雌乌龟，然后再让乔治和女儿乌龟生下孙女儿乌龟，然后再跟孙女儿乌龟生下曾孙乌龟，这样就有了纯平塔亚种的后代了。

众旅客听了都开怀大笑。为了纯种后代，这种"乱伦"的事，大家都可以理解——很多民族的创族始祖传说常是兄妹档或父女档或母子档！

我赶忙细读各种说明，得知象龟可活到 150 岁以上，乔治现年约 80 岁，还算壮年，而雌龟约 25 岁成熟。所以一切顺利的话，乔治在 50 年后，也就是 130 岁时，可以做曾祖父了，可以当再创族始祖了。还真有希望！

血统背后的算术

不过，乔治的女儿只有 1/2 平塔亚种的血统，孙女儿有 3/4，曾孙辈为 7/8 的平塔亚种。曾孙辈就被认定为纯种，7/8 等于 1，这是哪一门的算术？厄瓜多尔人的算术比较特别吗？

算术与历史连接，有时候也会有意想不到的转折。当年西班牙人移民来中南美洲，也从非洲带来许多黑人。西班牙人、黑人还有当地的印第安人难免要混血，而西班牙人对混血的多少很在意，并且会将其作为依据来划定社会阶级。

他们对于不同组合的混血都给予不同的名称。譬如，西班牙男人与印第安女人所生的小孩，叫作 mestizo；mestizo 男人与西班牙女人所生的小孩，叫作 castizo；而 castizo 女人和西班牙男人所生的小孩，就变回了西班牙人。

你看，这不是"7/8 等于 1"，是什么？

另外，西班牙男人与女黑人所生的小孩，叫作 mulatto。而西班牙男人与 mulatto 女人所生的小孩，叫作五分之一 mulatto（这中间的算术真难懂）。西班牙男人与五分之一 mulatto 女人所生的小孩，叫作二十五分之四 mulatto（怎么算的？ ）。

最后，西班牙男人与二十五分之四 mulatto 女人所生的小孩，就变回了西班牙人。如果纯依血统计算，最后所生的西班牙人为 31/32 纯种。31/32 等于 1，这样的算术比"7/8 等于 1"要高明些。

西班牙人在中南美洲人数极少，要有效殖民统治，必须增加白人人口。西班牙人的算术也不赖，知道一旦混血后，就不可能恢复纯种，所以采取漂白到一定程度就算白的策略。印第安人皮肤没有那么黑，所以漂白到 7/8 就可以，而黑人则必须漂白到 31/32 才可以。

西班牙位于欧洲的伊比利亚半岛上，面临地中海，隔着直布罗陀海峡，与非洲相望。自古以来各人种在这里进进出出，最近一次的入侵外族是非洲的摩尔人，一共统治了七百多年，直到哥伦布发现新大陆的那一年（1492年），才完全从西班牙退出。所以西班牙人本身的血统就不纯，以纯度接近1就视为纯种，这毋宁是一个很务实的做法。其实，没有一个种族可以是纯种的，这是有性生殖的必然结果。

3.6 潜在的无穷

面对浩瀚的宇宙，其无边无际，令人震撼；面对闪烁的群星，会有不可胜数的感觉。这种震撼、这种感觉所涉及的共同意念，是为"无穷"。

每个人对无穷都有自己的感受、自己的想法，但对"无穷"这一概念如何做进一步的剖析，经验却有限。

也许你学过（无穷）集合论，知道数学家对"无穷"的痴狂。但这些无法概括"无穷"的全貌，其实许多"无穷"的事物就在身边，各学科也都有各自必须面对的"无穷"问题。

小时候会跟 1、2、3……搏斗，终于赢了，数数目超过 10，再经一段时期，终于开窍了，知道数数目的原理。于是无论数到哪个数，都知道有下一个等着你去数，没完没了。你学会一个掌控无穷的过程。

不过无论数到哪里，你所数过的个数都是有限的；但另一方面你又可以一直数下去。我们说数数目是个潜在无穷的过程。等学会了把所有的正整数看成一个整体，你就会得到一个真正无穷的集合；等学会了数学归纳法，你就会得到一个处理真正无穷集合的方法。

开始学语言，起先一个字一个字、一句一句学，终于领会到窍门，会做字词的排列组合，依情况表示各种不同的意思。虽然再怎么说，你知道的字词都是有限的，但一辈子仍然有可能再造出新的句子。语言一样具有潜在的无穷性。

物质是由分子组成的，而分子是由原子组成的。原

子的种类也不过一百多种，由原子组成的分子种类目前也是有限的，但仍然随时都有产生新分子的可能。分子个数的潜在无穷性让化学家兴奋，也让世界多彩多姿。

人类的基因有 5 万到 10 万个，有的基因每个人可有不同的版本，而借着生殖细胞的重新组合，总是会得到不同面貌的后代。累积到现在，所有在地球上出现过的人，其个数是有限的，但人类还会以潜在无穷的方式繁衍下去，而且后代一个个都不一样。

相对的无穷

这时候，你也许会跳出来说：不对，地球的寿命有限，能在地球上活过的人类总数当然也是有限的。一点不错，是有限的。但对大多数人而言，他所关注的是眼前，或短暂的未来，顶多及于身后的几个世代，所以地球的寿命长得不得了，对他而言，这是一种相对的无穷，也就是广义的潜在无穷。地球上的人数多得不得了，也是潜在的无穷。

天地相会的天际线是旅者眼界的极限。虽然明知相距有限，但你进一步，天际线就退一步。它是真正的无穷，还是潜在的无穷？离开地，望向天，可以望得多远？

天文学家说，顶多 120 亿到 150 亿光年之远，因为

宇宙大概在 120（至 150）亿年前形成，那时候的东西跑得再快，也不会和你相距 120（至 150）亿光年。

就数学而言，120 亿（光）年是有限的，但相较一个人一辈子所处的时空，120 亿（光）年，若不是永恒，至少是潜在的无穷。

无期徒刑到底徒刑多久？你可放心说，最多不会超过 200 年；但对服刑的人，那是无止境的，因为除非获得假释，他无余生可享受监狱外的自由。

历史学家穷研历史，想寻求规律，来作为为政者的资治通鉴。但时代不同，情况不一定重演，所以有时要在历史中找借鉴也不可得。影响历史发展的因素非常多，所产生的可能情况数目，早就超过一般人所能掌控的。这又是潜在无穷的例子。

面对到处都是潜在无穷的现象，微积分不一定管用，无穷集合论更是没有用，所幸还有许多简单的数学原理，可以用来剖析潜在的无穷。

为何没有纪元 0 年？

（正）整数既然是个潜在无穷的系统，我们就可以用它来标示其他的潜在无穷系统，希望借由我们对整数系统的了解，来了解其他的潜在无穷系统。

时间是个简单的例子。

我们选取某一年为起点，设为某纪元之元年，然后一年一年排下去，与正整数序列相对应。每年政府会排一个行事历，规定什么时候上班、什么时候放假、什么时候编预算等等。各学校也有行事历，开学、寒假、暑假、期中考、期末考的时间都可事先预定。日常生活里，我们也会注意到一年中时序的变化，以此为参考农民知道什么时候播种、什么时候收割、什么时候举行节庆。

有了年的想法与数法，又注意到年中行事，我们就能掌握人事物因时间而有的流变。纪元之前的年，则有纪元前多少年的说法，从整数的观点，我们用到了负整数系统。不过，该注意到我们通常都不会有纪元零年这一年。所以从纪元前 1 年到纪元 1 年，并不是经过 2 年（1－（－1）＝2）。这是历法系统与整数系统对齐时的小疏忽。

要呈现某数量随时间而变化的情况时，通常会用 xy 平面上的长条图或曲线来表示。时间通常放在 x 轴上，让它变化。x 轴以一横线表示，并在最右端加一箭头。横线可看成数线，而数线代表时间的推移。箭头表示有需要时可再延续下去，表示潜在的无穷。

数线通常会标上一些数，代表时间（年、月、日等），不过会避开 0 年，以免造成困扰。一维的空间，譬

如一条街道、一条路，也可用一直线来代表，上面通常会有个参考点，常以 0 表示，就像一条路标示里程碑的起点。

带状装饰也可看成一维的空间，通常以几个连续相同的长方形，来表示其潜在无穷的可能性。

在平面上，表示向各方可无限延伸的方法，可用同心圆或同心方形。以一固定点为中心，以愈来愈大的半径做圆，或以愈来愈大的边长做方形。

许多大城市的公共交通，由市中心向外辐射，于是以市中心为中心，向外画了好几个同心圆（或封闭曲线），把大都市分成好几区，然后按乘客所跨越的区数来收费。随着大都市的一再扩张，同心圆个数可一再增加。

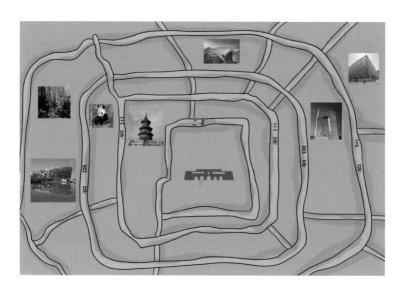

周期与同余

用年把时间分割，然后强调年中周而复始的现象或行事，这是规律作息的办法。用数学的语言来说，年为周期，年年（大致）相同的现象或行事，称为"同余"。

"（每天）几点钟上班？""八点半。"这是以天为周期，而八点半（上班）就是同余。学校的上课时间表，以星期为周期，按时上课就是同余。火车时刻表大致以天为周期（周末除外），班次代号就是同余。飞机时刻表以星期为周期，航次代号就是同余。

有了周期与同余，潜在无穷的现象与行事，大体就可以掌握。"今年受厄尔尼诺现象的影响，春天雨特别多，夏天气温特别高。""今年景气特别低迷。""这十年是转型时期。"……除了同余之外，每周期也有不同的地方，气象学家、经济学家、历史学家非常关注这些不同之处，想要借此建立理论，做较长期的描述或预测。

带状装饰常以几个连续的长方形为单位，让图样做周而复始的变化，这是空间的周期与同余。平面铺砖可以每块砖的图样都一样，也可合几块成一单位，使单位整体的图样不变，而单位内的每块砖则不一样。这也是周期与同余的一种胚腾。

藏在生活中的数学密码

"买到票没？""买到了，只剩下第一排的。"电影票以场为周期，座位就是同余。这是空间的周期与同余的例子。

自强号的火车座位号码，以车厢为单位，有固定的排法。你喜欢靠窗还是靠走道？你喜欢晒太阳吗？要注意是上行还是下行，是上午还是下午，座位号码会告诉你，能否欢欢喜喜坐到自己要的座位。空间的周期与同余又添一例。

生活里的"数列"问题

我们说过西班牙白人到中南美洲，与印第安人混血，又想要漂白的故事。一代一代繁衍，一代一代漂白，是

146

个潜在无穷的过程。我们说，再怎么漂白，理论上都无法漂得纯白，不过愈来愈近于纯白，倒是真的。我们暂且用数学的眼光看待它。

一位纯白人与一位纯印第安人的混血儿女，具有 1/2 的白人血统。这个 1/2 血统的白人和纯白人的混血儿女，其白人血统占了 3/4（即 1/2（1/2+1））。假设这种混血法（混血的一方为纯白人）的第 n 代有 a_n 的白人血统，则再下一代的白人血统成分为

$$a_{n+1} = 1/2 \, (a_n + 1)$$

在这个式子里，a_0 指的是混血源头那位印第安人的白人血统成分，所以 $a_0 = 0$。

从上面的式子，就得 $a_1 = 1/2$，再代入式子，就得 $a_2 = 3/4$。这两个数字和前面所说的吻合。再继续代下去可得 $a_3 = 7/8$，$a_4 = 15/16$，$a_5 = 31/32$……用数学归纳法，理论上可推得 $a_n = 1 - 1/2^n$。因为 n 愈大，愈近于 0，a_n 虽然永远小于 1，但会愈趋近于 1。

像 $\{a_n\}$ 这样一连串的数，彼此之间有前后顺序的关系，我们就称它为"数列"。

我们用数的方法来探讨混血漂白的潜在无穷问题，结果，原来用话说出来的结论："再怎么漂白，理论上都

无法漂得纯白，不过愈来愈近于纯白，倒是真的。"转用数列来看，无非是说："$a_n < 1$，$a_n \to 1$"。

$a_n \to 1$ 表示：随着 n 变大，a_n 与 1 之间愈来愈没距离。用数学语言，我们说 a_n 的"极限值"等于 1。

观察平直的铁轨直到天际。两轨之间的枕木以等间距铺设，长度一样，但在视觉中，却是距离愈远，枕木变得愈短。到了天际线两轨合一，枕木消失。

由近而远，我们可以把枕木编号为 1、2、3……每根枕木在观测者眼中所张的角度设为 a_n。$\{a_n\}$ 成为一个数列。所谓枕木看起来愈变愈短，就是说 "$a_{n+1} < a_n$"；所谓枕木消失，就是说 "$a_n \to 0$"。

虽然理论上，纵使 n 很大，a_n 也不会变成 0，但 n 大到一个程度后，a_n 这个角度就小到眼睛也察觉不出来。

我们也算过祖先的数目，发现一个人的 n 代祖先有 $a_n=2^n$。因为 $\{a_n\}$ 这个数列增长快速，结论是 2^n 有非常多的重复，考虑寻根非得把这样的结论摆在脑中不可。

统计的方法

要怎样知道一个很大的数目大概有多大？除了一点一滴慢慢归类、慢慢分析外，还有很多方法。譬如我们说过怎样用统计的方法，来估算一地区的人口数。

假如池塘里养了很多鱼，不知其数 N，于是从池塘中捞出了 M 条鱼，各做了记号，再放回池中。所以池塘中有 M/N 的鱼是有记号的。

过了一段时间后，再捞一次鱼，发现共有 n 条鱼，其中 m 条有记号。我们有相当的把握，认为 M/N 与 m/n 大约差不多，所以

$$\frac{M}{N} \approx \frac{m}{n}$$

就得到下列结论：池塘中鱼的总数 N 差不多等于 nM/m。

这也是一种统计的方法。统计学家会分析，用这种

方法要注意哪些事情，所得的估计值大约会有多准。

一个集合，若其成员数有潜在无穷，则对此集合全体的大致了解，比对成员的个别了解重要太多。我们可用统计的方法，求得成员中某种度量（譬如一地区人口的身高、体重、平均寿命、对某政治人物的肯定程度等）的平均与分布，就可了解此集合的某些静态特征，再比较不同时间的结果，就可看出这个集合的某些动态趋势。

物理学家要研究气体的力学问题，他不可能只考虑个别分子受力的情形，因为任两分子之间都依运动定律

彼此施力，而分子的个数却是个天文数字。物理学家只能发展统计力学。

剖析"潜在无穷"的其他方法

前面说过，有限的字词可经排列组合，而使语文表达有潜在无穷的可能；有限种类的原子，可经排列组合，而不断产生新的分子。

排列与组合也是剖析潜在无穷的一个方法，不过不是任意的排列组合都能产生有意义的东西。排列与组合有怎样的可能，有怎样的限制，这些变成了剖析的重点。

DNA重组也是用组合的方式，而产生潜在无穷的可能。不过这种组合方式遵循一定的概率原理，这使得物种演化可用概率原理来探讨；遗传与疾病的关系，也有经由概率统计而立论的可能。

时间一年跟着一年，是一种线状排列的关系；一星期7天是种循环排列的关系；生物演化、寻根或传衍是种树状分支的关系；电话线系统、脑神经系统是种网状排列的关系。分析各种关系，也是了解潜在无穷的一种方法。

潜在无穷到处可见，剖析潜在无穷的数学思维，也俯拾皆是。

第  篇

变篇

变什么，怎么变

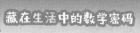

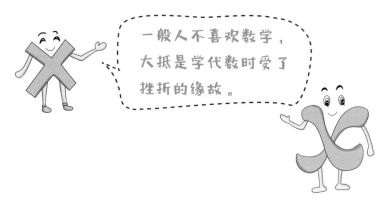

一般人不喜欢数学，大抵是学代数时受了挫折的缘故。

一般人不喜欢数学，大抵是学代数时受了挫折的缘故。算术处理的是具体的数目，代数处理的是抽象的数字。学代数要学会代数的思维方式，代数的运算才会有意思。一般而言，数学的教学并没有把代数思维交代清楚，最后学生落得只知道抽象的代数运算。

代数强调数的变动，譬如 1 只鸡有 2 只脚，2 只鸡有 4 只脚……x 只鸡有 2x 只脚，鸡的只数在变，鸡的脚数随之在变。注意变与相应的变，才是代数思维的中心。在鸡兔同笼的问题中，如果鸡与兔的总只数不变，而你注意到：每增多 1 只鸡（同时也减少 1 只兔），总脚数就少 2 只，那么几乎不用立式子，你就可以把问题解了。

不过，一般解鸡兔同笼问题，用的是未知数的方法：设鸡兔只数各为 x、y，然后写出两个必须满足的方程式，最后依运算规则解题。这里，x、y 是暂时未知的数，不是变动的数——它们被方程式绑住，不能随变乱动。所以这种解题法只是代数技术的运用，不是代数思维的产物。

当 x 代表一般的鸡只数，而不是实际固定、却暂时未知的数时，x 把各种可能的鸡只数看成同一类，而加以类化成系统了。类化是一种代数思维，非常重要。登山队员一人给一个号码，所有的号码从 1 开始相续，这就是一个好用（报数点名）的类化系统。

代数中，除了未知数外，x 通常出现在多项式或其他函数中，是最一般的数，没有类化的含意，所以只能做抽象的演算。未知数的 x 通常是某类化数 x 的特例，类化数 x 又是最一般变数 x 的某种特例—有实质内涵的类化数。未知数的应用非常狭窄，类化数的应用非常宽广，一般的变量非常抽象。类化也是一种胚腾。

代数中有（xy）z=（xz）y 这样的相等关系，一般人都会认定它是对的，但不会特别注意。如果把 x 类化为某百货公司的商品价，y 为打折的百分比，z 为加税的乘数，原来的等式还是相等，但深具内涵，因为它回答了困扰许多人的问题：百货公司打折，你希望先打折再计税呢？还是先计税后打折呢？

两个类化变量之间的关系有些是自然明显的，譬如鸡只数与鸡脚数；有些则需要靠人为的创作，譬如所得与所得税的关系。这种创作的成品称为模型，模型当然要合情合理。模型创作处理的是变与如何应变的问题，它的想法是种代数思维，它是数学与其他领域连接的好桥梁。

等比是颇常见的变化，其来源大体可分成三类。

第一类是数量等级，譬如科学记数法、人才的质与量、城市的人口规模与个数等。

第二类是刺激与感觉间的指数关系，包括地震能量与规模、恒星的亮度与星等、声音的频率与（分）音程等。

第三类则为在某种基础之上的发展，譬如人口增长、老鼠会、对数螺线、放射性元素衰变，甚至影印纸的规格等。等比的变化是随地可见的胚腾，不识等比，看世界就没有那么光彩。

最后，我们谈音阶与数学的关系，包括音程的指数型制作，各种音阶系统的优缺点，以及频率与各种平均观念的关系。音乐之为用就在其变。

变什么、怎么变，才算是变得好？是遇到"变"就要问、就要回答的问题。

4.1 代数思维的核心

到影印店影印讲义，共 120 张。墙上的价目表说 1 张 1 元。老板一手交货，我就把准备好的 120 元交给他。他说等一下，拿起计算器打了一会儿，还我 12 元。

我没看到他怎么打计算器，但从找零 12 元，我猜到他在做什么：印量这么多，该打 9 折优待。$120 \times 0.9 = 108$，$120 - 108 = 12$。他在做算术，而且答案对了。

不过，下次发生类似的状况，影印 150 张，顾客给 150 元，老板是直接找零 15 元，还是一样拿起计算器？

老板会不会想：x 张 x 元，打 9 折变成 0.9x 元，所以找零 x−0.9x=0.1x 元？若 x 是某个定数，譬如 x=120，他会这样想；若 x 是一般的数，他大概不会如此思考。

学习代数的核心在哪？

依影印店老板学习代数的经验，x 要么是未知数，要么是一般数，不过一般数通常是出现在多项式的 x，或一般函数的 x，是非常抽象的，没有实质情境内涵的。而这里的 x 指的是情境中的张数，它把所有 1 张 1 元影印的情境当作同类，一起考虑。我们说 x 把情境类化起来，x 是类化用的一般数。

未知数的 x 通常是固定的数，只是暂时不知道而已——考题中的未知数 x，其实是老师已经知道，而学生还不知道的数。多项式或函数的 x，通常为没有情境的一般数。介于两者之间，就是这种带有情境、用来类化的一般数，可简称为"类化（变）数"。

学习代数常常从未知数开始，然后直接跳到抽象的一般数。未知数的应用有其局限，抽象的一般数是用来做形式的演绎，而要谈数学的连接，类化变量才是学习代数的重心。

再回到影印店。如果老板用未知数的观点解这个题

目，他会令 x 为该找零的钱数——这是他想要知道的未知数。然后再令 y 为影印的价钱，于是他得到联立方程式

$$x+y=120$$

$$y=120 \times 0.9$$

由此得 $x=120-y=120-120 \times 0.9=12$。

你看，这不就是他用计算器做过的事？这是算术，根本算不上有代数思维，只是借用代数的符号而已。

算术的方法，还有未知数的方法，一次只能解一个问题。但是用类化的方法，一次就把同类型的问题都解决了。这才是真正的代数方法，是代数思维的核心。

算术 vs 未知数

我们先来比较，用算术方法与用未知数方法的异同，然后再说明这两种方法和类化方法的关系。我们以鸡兔同笼问题为例：设只数 25，脚数 70，试解出有几只鸡。

未知数的做法如下：设 x 为鸡只数，则兔只数要为 25-x。算脚数，则

$$2x + 4（25-x）= 70$$

因此

$$（4-2）x = 4×25-70，\quad x = \frac{4×25-70}{4-2} = 15$$

未知数原理说，虽然未知数 x 一开始不知道是多少，不过好歹它是一个数，它和其他的数一样可做四则运算。依据所给的情境，就得到 x 所要满足的算式。根据算式以及一般的运算法则，就可把 x 解出来。

用算术方法解这个题目，就是把最后 x 的等式中的各部分解释成：如果全部是兔，就要有 $4×25$ 只脚，但实际只有 70 只脚，所以比实际情形多出了 $4×25-70 = 30$（只）脚。

为什么会多出一些脚来？因为兔子假设太多了。每多 1 只兔，就多 $4-2 = 2$（只）脚，现在多了（$4×25-70$）只脚，因此兔子多了 $\dfrac{4×25-70}{4-2} = 15$（只）。这多出的只数其实是鸡，不是兔。

两相比较，用不用 x 都一样，鸡的只数都表示成

$$\frac{4×25-70}{4-2} = 15$$

用算术方法，运算中的每一步骤都要解释出理由；而用未知数方法，只要把未知数所要满足的算式写好，运用一般的运算法则，就把 x 解出来——不用讲理由。

不用讲理由，解题机械化了，这是未知数方法优于算术方法的地方。不用讲理由，只要机械式运算，这是

未知数方法的缺点，因为它变得枯燥无聊。

把钱投入饮料贩卖机，按键，饮料就"喀隆"一声掉出来，该找的零钱也"嗒嗒嗒"掉落下来。这像未知数方法，按照规矩办事，不啰唆，非常便捷。

不过你总会好奇，饮料贩卖机的操作原理到底是什么？打开外壳，按键，一罐饮料掉下来，不稀奇，另一罐会掉下来补充原有的那一罐。如果缺货，没有罐子压住那个位置，缺货的灯就亮了。

还有，贩卖机怎么知道你投了多少钱，又怎么知道要找你多少钱，怎么找钱？打开外壳，可看得清楚，说个明白，这就像算术方法，每一步骤都要讲出道理。

变动的算术

其实算术方法、未知数方法，都和类化方法有密切的关系。还是原来的鸡兔同笼问题，还是让 x 代表鸡的只数，不过是一般数，暂时不受脚数的限制——x 不是未知数，是类化数。列个表如下：

x（只鸡）	25−x（只兔）	脚数
0	25	100
1	24	98
2	23	96
……	……	……

你发现，鸡的只数 x 由 0、1、2……逐渐增加，脚数就由 100、98、96……逐渐减少。鸡每增加 1 只，脚数就减少 2 只。现在加上脚数的限制，就是要问鸡增加到几只，脚数就会减少到 70 只？

你看，这是算术方法，但却是会变动的算术方法——x 在变，脚数（2x+4（25-x））也相应地在变。会变动，其实就有了代数的想法，其他只是代数的技术问题——变动到什么时候就刚好？刚好的值就是未知数的解。

从算术不要一下子就跳到代数的技术，中间一定要历经变动的算术，也就是真正的代数想法。类化是代数想法，未知数方法只是代数的技术；未知数只是类化变量 x 的一个特殊值而已。

想法比技术重要得多，代数技术在代数想法成熟后，自然就落实。类化才是代数思维的核心。

4.2 类化成系统

我们有地址系统、有户籍系统，各有其功能。

东京只有户籍系统，同时兼用为地址系统，外国人拿"地址"给计程车司机，司机只好开到警察局求救。反过来，如果用我们的地址系统管户籍，一条几千米长的道路，归一位里长管或归一个派出所管，他们是要疲于奔命的。

地址系统由路（街）而段而巷而号，先决定一条线及段落，再决定分支与上面的点；户籍系统，由区而里而邻而户，一再缩小范围，最后到点。两种系统都是把平面一再分割而定点，但方法不同，功能各异。

我们常常需要填写地址。只见单子上印有路（街）、段、巷、弄、号，每项之前都有空格，你的工作就是在空格上填写适当的文字、数字。

这些文字、数字因人而异，都是变项。让变项变动，就成了地址系统。同样道理，○○区○○里○○邻○○户，这些○○也都是变项，变动变项就成了户籍系统。

既然会变动，我们何不用变量来替代？这样 w 区 x 里 y 邻 z 户就是代数化的户籍系统。而 w 标示的都是同为一类的区，是为类化变数；x、y、z 也都是类化变数。

我们也可以用类似的想法，把几何平面系统化。

类似于地址系统，在平面上引进 x 坐标与 y 坐标（把 x 看成路，y 就是号），(x, y)就是坐标化的平面系统。

类似于户籍系统，在平面上引进数学的包含关系，就成了拓扑化的平面系统。拓扑是 topo 的音译，topo 的原意是位置，拓扑学研究区域大小互相包含的关系。

找路还另有一个系统，亦即地标系统。这是平面上的极坐标系统：以某地标为参考点，称为原点或极点，由地标确定目的地的方位与距离，这样目的地的位置就标定了。方位与距离都是变项，也可以称为坐标，整个系统称为极坐标系统。（关于找路，详细请见第 4.1 篇。）

系统化是代数思考的重要步骤

用变动的数字将整体系统化，这是代数式思考的重要步骤。

譬如，我组了一个登山队，共 32 人，每个人赋予一个号码，从 1 到 32。每走一段时间，就停下来休息，同时要队友报数，1、2、3……如果顺利报完 32 号，表示全员到齐，就可放心。如果报了 14 号，没人接腔，就知道 15 号还没赶到，赶紧问与 15 号相熟的人，以确定是否有状况。

我当然也可以用身份证号码作为每个人的代号，但这样的系统很难使用。x 从 1 变到 32，把登山队整体类化，这是简单的代数想法。

先是中国台湾发明了绕圈子的路线，按上○号。似乎绕圈很受欢迎，于是○东、○西、○南、○北都有了。不过，现在绕圈子的路线司空见惯，譬如 52 路、254 路都是，所以绕圈子的小系统也无法用数字标示特色。

接着下来，系统化的努力表现在二段票、三段票的

建立。收二段票的路线冠以 2 字头，200 多号；收三段票的冠以 3 字头，300 多号。不过 5 字头、6 字头可不是要收五段票、六段票。这些字头原来是指跑产业道路的中小型公交车，现在则不知道有什么特别的意义，如 505、606……

台北市市民一定乐见一个有道理的公交车编码系统。有道理，一定是简单代数化的系统，使人一看就知道，是几段票的，往什么地方跑，而不像目前这样，号码只是用来做标签，彼此之间无法类化成系统。

我主编过一本《微积分》，采取了一个特殊的章节系统。1–2–3 表示第 1 章、第 2 节、第 3 段，页数则为另一个系统，4.15 表示第 4 章、第 15 页。

要翻第几章时，先看页数系统的整数；章节系统的第2码，节码，其大小与页数系统的小数部分大约成正比；通常每段不会太长，每一、二页都会有段码出现。这样的章节及页数系统使用起来很方便。

代数式思考，一点也不难

研拟九年义务教育课程数学科部分时，我们以3个码来代表一个能力指标，譬如1-2-3代表第1个主题，在第2阶段要学习的一个能力指标，3是流水号。我们的主题一共有5个：数与量、图形与空间、统计与概率、代数、联接。为了省去主题与号码的对照，我们把第一个码的1、2、3、4、5，以相应主题英文字的代号N、S、D、A、C取代。

这样，看到 N-2-3，就知道主题是"数与量"。另外，"联接"（C）主题的学习是不分阶段的，只能说阶段愈高，可联接的对象与思考愈复杂。

倒是"联接"的思考有哪些，在此之前都未有具体化的呈现。所以我们把"联接"思考的历程分为察觉（R）、转化（T）、解题（S）、沟通（C）、评析（E）5 项，而联接能力指标的第二码，就以上面相应的英文字母表示。譬如 C-T-1 表示"联接"（C）中关于"转化"（T）的第 1 个能力指标。

整体而言，有字母代码，也有数字代码，看起来有点乱，但只要是数学老师，经过稍加说明，就会了解，而且更为好用。代码不限只用数字，字母也可以，这是广义的类化。

新课程一共有 7 个领域，其他 6 个领域的能力指标，也都大致以 3 个码表示。这些领域的人虽然不会说他们用了代数化的系统，但谁说他们没有代数式的思考？

代数式的思考，从系统类化的考量开始。

4.3　关系的类化

我们说过，代数中的 x 起码有 3 种用法：抽象而一般的用法，即一般数；具体（有情境）而一般的用法，即类化数；具体而已定的用法，即未知数。

我们强调过类化思维的重要，把类似的事物或状况，经由某些类化数的引入，组成一个系统。我们也可以把某些特殊的关系，加以类化成为一般的关系，使我们对事物的背景看得更清楚，甚至做更好的选择。

先打折再计税，比较划算吗？

百货店打 7 折，有研究人员在百货店外发问卷，主要的问题为：你认为先打折再计税比较好呢？还是先计税再打折比较？大部分的顾客都认为，先打折再计税比较划算。为什么？——先打折，税就少了！

我们用实例来检验这个问题：假设原价为 1000 元，打 7 折，税外加 5%。那么先打折后计税，所要付的钱数为

$$（1000 \times 70\%）\times 1.05=700 \times 1.05=735（元）$$

而先计税后打折，就得

$$（1000 \times 1.05）\times 70\%=1050 \times 70\%=735（元）$$

答案不是一样吗？因为

$$（1000 \times 70\%）\times 1.05=（1000 \times 1.05）\times 70\%$$

是个等式——左右两边只是乘的顺序不一样罢了。

这样的等式和原价是 1000 元有关吗？没有，任何原价 x 都可以：

$$(x \times 70\%) \times 1.05 = (x \times 1.05) \times 70\% \qquad （原价类化）$$

上面的等式和打几折有关吗？没有，任何折扣 y 都可以：

$$(x \times y) \times 1.05 = (x \times 1.05) \times y \qquad （折扣类化）$$

上面的等式和加税的乘数 z 有关吗？也没有：

$$(x \times y) \times z = (x \times z) \times y \qquad （加税类化）$$

上面这个等式，其实和 x、y、z 是什么无关。只要它们是数，任何的一般数，等式恒成立。我们又把原为类化结果的等式，再一次提升到最抽象的层次。

最后这个抽象的代数公式，每个人都学过，没有人会认为它有很深的内涵，而特别加以注意。面对问卷，很少有人马上就想起来，它就是上面这个最一般式子的特殊情境。很多人都有同样的反应：当然先打折后计税比较好。不但一般人这么想，受过高等教育的人也大多这么想。

配酒精的故事

有位医师跟我说了一个诊所发生的故事。他说诊所从市面上买了纯度 95% 的酒精，然后配成纯度 70% 的酒

精，用来作为一般的消毒。

有一天他考助理这样的问题：如果要配成 100cc 纯度70% 的酒精，那么要用多少 cc 的 95% 酒精？助理是这样算的：

$$100 \times 70\% \times 95\% = 66.5（cc）$$

医师要助理确认答案没错，助理回说已经验算过三次了。

医师问道："我们要纯度 70% 的酒精 100cc，那么要多少纯酒精？"

助理答道："70cc 啊！"

医师说："没错。但你的答案是 66.5cc，纯度 95%。你看，你用的纯酒精不到 70cc，如何无中生有，跑出70cc 的纯酒精？"

助理听得一愣一愣的，不过"不能无中生有"却让他深思，结果他改变了算式，得

$$100 \times 70\% \div 95\% = 73.68cc$$

听到这样的故事，太棒了。现在有计算器，有了算式，根据算式按键计算是一种能力，这种能力大部分人都会。但是怎样把算式列对了，却是另外一种能力，而

且是更重要的一种。我可以用这个故事说明这两种能力的区别。

医师看我一副得意忘形的样子，笑道："平时我们不会去配制 100cc 纯度 70% 的酒精！"

"什么？这不是你出的题目吗？"

"我只是学数学老师出题目，考一般的原理。你看，答案是 73.68cc，但我的量杯没有那么细的刻度啊！通常只要有适量可用的酒精就好了……"

我懂了。虚拟的情境是配制 100cc 纯度 70% 的酒精，实情则是 73.68cc 不好量，而要的酒精适量就可以了。所以我把要的酒精量 100cc 类化成 x，算式就变成为

$$x \times 70\% \div 95\% = \frac{70}{95}x$$

刚才会产生讨人厌的 73.68，原因是有个"不好"的分母 95，那么要有 100cc 左右的酒精，则在上式中取 x=95，就得答案 70。即取纯度 95% 的酒精 70cc，倒入纯水 25cc，就得纯度 70% 的酒精 95cc。（把 95 与 70 倒过来就好了。）如果要多一些酒精，就取 x=190，得答案为 140cc，也很好量。

我们把 $\left(\frac{70}{95} \times 100\right)$ 一般化为 $\frac{70}{95}x$，再把 x 特殊化，取为 95 或 190，或其他的数，主要就是在实际的情境中运作。做了类化的处理，使我们有了自由选择的空间，可作适当的选择，使问题的解决得以简化。

4.4 数学模型

所得税要缴多少？

文莱这个国家不大，石油产量不少。石油由国家所有，靠石油赚的钱足以支付国家的预算，包括让每个人

免费读大学。没有所得税，也没有所得税的数学。

所得税的数学

要缴所得税，就有所得税的数学。最简单就是按人头收税，用图形表之，这种缴税的模型为

不论贫富，税一样多，不太公平吧！把贫富分成几级，最贫穷的免税，其余按级缴税。它的图形为：

看起来蛮公平的。不过落在等级边缘的，分到上面一级或下面一级，税的差别很大。下图是缴税较合理的一种模型：

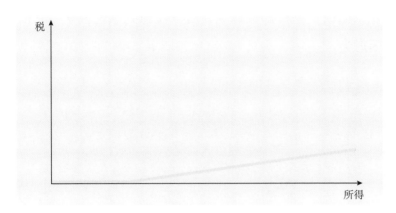

也就是说，所得不超过某数就免税；超过后，超过部分按一定比率缴税，比率就是斜线的斜率。

不过所得多的人，缴税的比率应该高些，这是现代社会的想法。这种想法的极致，应如下图：

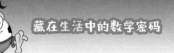
曲线的部分是愈来愈往上弯的，也就是说斜率愈来愈大。

不过麻烦的是该用什么样的曲线？抛物线？不论用什么曲线，算税都很麻烦，所以就想到累进税率，它的图形为

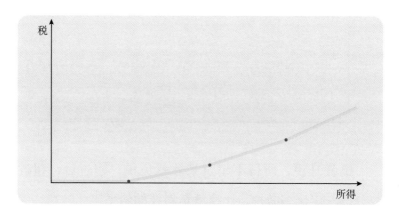

也就是说，把上弯的曲线，改用上弯的折线来代替。这就是中国台湾现在用的所得缴税的原型。

因为每个人（或家庭）总有一些基本的花费，可从所得中扣除，扣除后的称为所得净额，才是真正的扣税依据，图形如下（所得净额为 0 者，不必缴税），这就是所得税的数学模型：

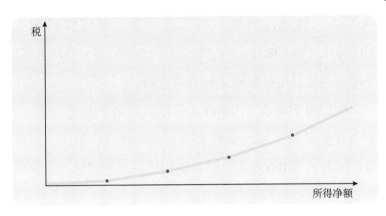

变成公式，则要分段表示。90 年度所得税计算公式如下：

级别	所得净额	×	税率	−	累进差额	=	应缴税额
1	0~370,000	×	6%	−	0	=	应缴税额
2	370,000~990,000	×	13%	−	25,900	=	应缴税额
3	990,000~1,980,000	×	21%	−	105,100	=	应缴税额
4	1,980,000~3,720,000	×	30%	−	283,300	=	应缴税额
5	3,720,000 以上	×	40%	−	655,300	=	应缴税额

累进差额的用意

有的人不懂为什么要减去累进差额，不过大多不会去深究，反正少缴些税有什么不好？其实，如果不减去累进差额，则图形不会是连续的折线。

譬如，所得净额为 369,999 元，属于第一级别，所以应缴税额为 369,999 × 6% = 22,199.94，四舍五入得 22,200 元。如果所得净额再加 1 元成为 370,000 元，则属第二级别，如果不减累进差额，则应缴税额为 370,000 × 13%=48,100，比 22,200 元增加了 25,900 元。这个增加的数目正是要减去的累进差额。

我们说图形在 370,000 元连续，有两个意思：第一，不会发生多赚 1 元，多缴 25,900 元的怪事；第二，所得净额刚好是 370,000 元，则不论用第一级别或第二级别的公式，应缴税额都是 22,200 元。

如果第二级别不减去累进差额，则得右页上图中的虚线，它和折线的第二段平行，并通过原点；两并行线的差，就是累进差额 25,900 元。

很多人误以为所得净额跳了一级，税就增加很多。常听到有人这么说：这次演讲所赚的酬劳全都缴税去了。甚至以为：多赚的缴税都不够。这些人凭感觉下结论，而他们的感觉大致就是：上图中折线的第一段，要接的是虚线，而跳跃了！很多大学毕业生都这样想的。

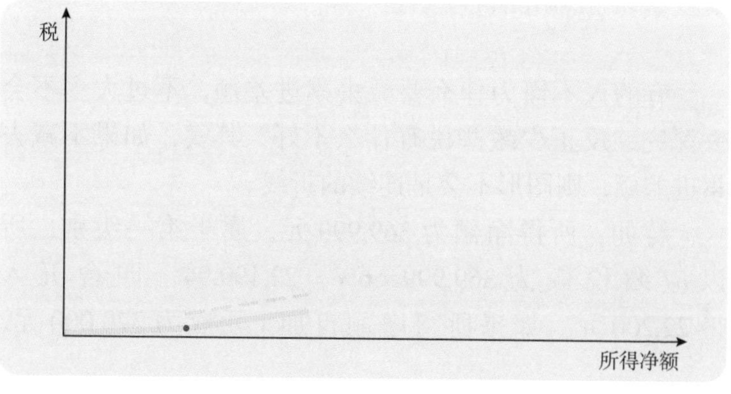

请记得：累进所得税的数学模型是几段一再上弯的线段所组成的连续折线。线段的斜率就是税率（当然都小于1），为了连续，就要减去累进差额。千万不要把累进所得税的数学模型想成下面的图形：

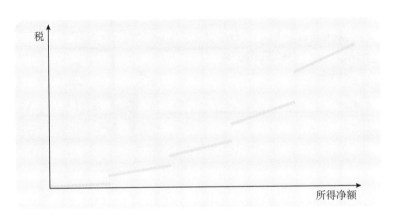

维护费谁付?

有个小区有一座很好的游泳池，不过游泳池要保持良好运转，需要有一笔维护费。问题是，谁出这笔钱？自然是使用者付费啰！不，使用者说，有良好的游泳池使得小区的房价增值，受惠者付费，按拥有坪数摊钱！

问题很复杂吧！大家吵得没有头绪，唯一的结论是：这是很难的数学问题，只能请教住在小区里的数学教授。

数学教授说，这是找模型的问题。使用者或拥有者付费都有道理，所以各出一些钱大家应该可以接受。如

$x_0 + y_0$

果 x 是使用一次的付费单价，y 是拥有一坪的付费单价，a_0 是使用总人次，b_0 是小区总坪数，那么总收入就是 $a_0x + b_0y$。

有了这种线性模型，剩下的问题，就是决定 x、y 的值了。

社区的人发现 a_0x+b_0y 看起来是简单的数学，中学数学也见过类似的式子。不过整个式子似乎有点神秘，因为条件不清楚，怎么解出 x 与 y 呢？

数学教授说，总人次 a_0 我们可用上一年度的统计值，总坪数 b_0 我们是知道的。一年需要多少钱 c_0，我们也可以确定。所以 $a_0x+b_0y=c_0$。

如果取 y=0，则变成完全由使用者付费；如果取 x=0，则变成完全由拥有者付费。不过这是两个极端，相信无法取得一致的赞同。

我们的模型在这两极端之间架一座桥，双方各往对方进几步，在桥上会合，以解决问题。相会的地方，如果是 $x=x_0$，$y=y_0$，那么个人付费的公式为

$$ax_0+by_0$$

a 为个人的使用次数，b 为个人拥有的坪数。

那么 x_0、y_0 是怎么决定的？数学教授说，这要由小区的人共同讨论后决定。数学的问题用民主的方式决定？这不是纯数学的问题，是数学应用的问题，参与应用的人当然要参与讨论。你要主张某 x_0、y_0，你就要列出在这样的 x_0、y_0 之下一些个人付费的例子，来说服大家同意你的主张。讨论的结果可能是妥协的产物 x_0、y_0，虽不满意（不可能人人满意），但可以接受，而且可加个但书：试行一年再检验。

我们用 a_0x+b_0y 这种简单的线性模型，把可能的解，以一般数 x、y 加以类化了，然后选特殊的 $x=x_0$、$y=y_0$ 作为试行的方案。

用模型的好处，就是把可能的情况类化了，并且建

立了变数之间的数学关系。在不太失真的情况下，这些数学关系愈简单愈好，所得税与游泳池也不过是随手可得的两个例子而已。

4.5　等比的世界

我们说过，现代的各行各业都在数着各类大的数目，如原子数、恒星数、物种数、人口数、细胞数、基因数等等。不过得到的数目不是最精准的，而是以科学记数法 $a \times 10^k$，$1 \leqslant a < 10$，所呈现的约数。

在这种表示法中，k 值最为重要，它告诉我们，这个数目有多少位数，亦即大约有多大；其次才是 a 值。

通常 a 取为整数，除非更精准有其必要，而且也能把握，那时候 a 就取至一位小数为止。k 表示数量大小之等级，a 表示在此等级中的相对大小。

人才的分布是金字塔型的

用 10 的次方这样的数量等级表示法，有时更有其深层的意义。以物理学家为例，他们在物理学的尖端研究，有人的贡献无人可比，譬如爱因斯坦，而大部分的，则只是物理学专家而已，谈不上有特殊的贡献。

我们知道类似爱因斯坦的物理学家绝无仅有，而介于他与一般物理学家中间、贡献不等的也大有人在，但贡献愈多的人数愈少。我们用 10^k 来表示贡献与人数之间的关系，如下表：

级别	人数	意义与人物
0	10^0	世纪级：爱因斯坦
1	10^1	年代级：费曼、杨振宁等
2	10^2	诺贝尔奖级物理学家
3	10^3	很好的物理学家
4	10^4	不错的物理学家
5	10^5	物理学家

"世纪级"表示大约一世纪才出现一位。"年代级"表示每十年才出现一位（"年代"的用法和 70 年代、80

年代的"年代"相同)。"诺贝尔奖级"当然是一年一位。

以此类推，很好的、不错的，还有一般的物理学家，大约各有 1,000 位、10,000 位、100,000 位。

当然，诺贝尔物理学奖通常每年不止一位，而且也有不少人该得而未得，所以 10^2 只是个约数，可以是 2×10^2、3×10^2 或 4×10^2。但如果 $a \geq 5$，我们似乎应该把 $a \times 10^2$ 看成为 10^3 数量级。其他级别的相应人数也应该如此看待。10^5 是全世界物理学家的约数。

我们绝不坚持 0 级的只有爱因斯坦一个人，这种级别划分的重点，只是强调物理人才的分布是金字塔型的。

等级的数学

把一国家或全世界的都市，按人口排序，齐夫（G.K.Zipf）注意到下述的统计现象：

> 若百万人口级的都市个数为千万级的 s 倍，则十万级的都市个数也要为百万级的 s 倍。这样的结果还可往下递推。

换句话说，随着都市人口以等比增加，其个数也以等比减少。这样的齐夫定律表示，就人口规模而言，30 万、50 万、70 万的区分不太有意义，十万、百万、千万的区

分才有意义。

　　1999 年 9 月 21 日，台湾发生了规模 7.6 级的地震。7.6 是什么意思？

　　一般人比较在乎震度，台北几级、南投几级等等。震度表示天摇地动，房舍家具震动的程度。

　　气象部门采用的震度分成 7 级：无感（0 级）、微震（1 级）、轻震（2 级）、弱震（3 级）、中震（4 级）、强震（5 级）、烈震（6 级）。

　　什么叫"强""中""弱"？"弱"比"轻"要强？震度大体诉诸感受，不可能细分，不像规模可达几点几。

　　规模是较科学的测量，芮式规模 M 是以地震仪测得的

地震波幅, 转算出地震所释出的能量 E, 依下列公式所表出的值:

$$E=a \times \left(10^{1.5} \right)^M \approx a \times 32^M$$

E 与 M 有这样的关系, M 值当然不太可能是整数值, 所以可取为小数, 不过通常只取到一位小数。

"9·21 大地震", 一开始估算规模为 7.3, 后来国际的估算为 7.6。两者相差 0.3, 相差不大? 如果换算成能量相比, 则两者相差 $32^{0.3}$ (≈ 2.8) 倍, 可算是不小了。

在能量公式中, 比例是 $10^{1.5}$ (≈ 32), 为什么不用简单明白的 10? 用 10 当然也可以, 但用了 10, 规模就要变大 1.5 倍, 大的地震规模就会超过 10。缩了 1.5 倍, 最大规模的地震都不会超过 10 (能量不可能一直累积下去), 用起来比较方便。

规模指的是震中所释出的能量等级, 但震波传得愈远, 破坏力通常就递减, 然而各地地壳的组成也可能影响到破坏力。所以各地的震度大致离震中愈远就愈小, 不过也会有例外的。

规模谈的是地震的整体, 震度则为各地的感受。无论是规模或震度, 其分级的原理大抵是等比型的, 以相应的比率指数为级数。

恒星亮度等级的设计原理也是一样。

公元前二世纪，希腊的天文学家希巴尔卡斯（Hipparchus，约公元前190—前125）根据目视，把恒星的亮度分成6等级，最亮的为1等星，最弱的为6等星。

后来科学发达了，知道如何测量亮度，发现希巴尔卡斯的1等星亮度，大约是6等星的100倍。于是，就以比例为2.5（$\approx \sqrt[5]{100}$）来规定相邻两星等之间的亮度比：亮度为6等星的2.5倍的，是为5等星；亮度为5等星的2.5倍的，是为4等星。以此类推至1等星，刚好是6等星的2.5^5（≈ 100）倍。

以2.5为比率，就可类推到肉眼看不到的7等星、8等星等。现在最强的望远镜所能观测到的是23等星。

我们也可以用同样的比率，从1等星推得0等星的亮度、负1等星的亮度等等。用这样的尺度，从地球上看到天空中最亮的星星是太阳，它的亮度等级为 –26.8。

韦伯—费克纳定律

像地震的规模，还有恒星的亮度，以等比的方式呈现，有什么道理吗？十九世纪的科学家韦伯（E.Weber）做了下面的实验：

他让人感受两个重量是否有区别，发现一个人若能

感受 10 克与 9 克的区别，但不能感受 10 克与 9.1 克的区别，那么那个人就能感受 100 克与 90 克的区别，但不能感受 100 克与 91 克的区别。

换句话说，感受区别的能力，相对于刺激而言是相比的差别，而不是相差的差别。这样的关系可推广到一般的刺激量 E（譬如声音的能量）与感受等级 M（音量的感受度）之间，而得 $E = ar^M$。

物理学家费克纳（G.Fechner）努力宣传这样的想法，还写了专书发扬光大，所以这种刺激量 E 与感受等级 M 之间的指数关系，现在就称为"韦伯—费克纳定律"。他们两人可算是"计量心理学"的开山祖师。

我们可以把"韦伯—费克纳定律"做下面这样的扩大解释：E 代表某种量，M 代表相应的质。量以等比增加，相应的质以等差增加——"量"要增加到相当的程度，"质"才会感到有显著的增加。

人才的金字塔型、都市的规模等，也可纳入这种质与量的一般关系。

卖屋广告的学问

有人利用台湾地区"中央研究院"李远哲先生的话，来做卖房子的广告。大意是这样的：李院长说过，他每一步比别人做好 5%，100 步之后就成为别人的 1.05^{100}（$\approx$ 131.5）倍。广告接着说，超水平建筑规划，细项不止 100 项……

李院长要强调的是，他步步很努力；广告要强调的是，建筑规划处处很细心。步步很努力，而有 1.05^{100} 的成就，表示每一步都为下一步奠下基础，所以成就是相乘的，不是相加的。

建筑规划处处很细心，是否每一处都为另一处奠下基础呢？我们换一个方式来呈现问题之所在。假定百货公司宣布，所有的 100 件商品都降价 5%，整体而言，我们会得到不到 1 折（$0.95^{100} \approx 0.006$）的折扣吗？当然不，

我们得到的还是 95 折的折扣。

百货公司改以服务态度为号召，100 位职员人人努力，比以前好 5%。从整体感受来看，我们会觉得比以前好 1.05^{100} 倍吗？

如果昨天我去一次，只与一位职员接触，今天再去，也只与一位职员接触。两天下来，我会觉得 1.05^2 倍的好感吗？大概不会。

如果同一天短时间内，连续接触两位职员，我就有可能觉得 1.05^2 倍好感，因为有了对第一位职员的印象，第二位的印象马上又来了。如果马上接触第三位，也许印象比率增加成 1.05^3 倍。

不过，随着职员人数的增加，每个人 105% 的努力，在实际的感觉上会打折扣，最后大概会趋近于 100%——也就是说：没特别感觉。

按比率成长

在既有的基础上，按比率成长的事物，其实还不少。

譬如谣言的传播，一传十，十传百；"老鼠会"的吸金也是如此。不过总人数有限，没传几次，每个人都会说："我听过了。"或者说："怎么又找到我？"谣言止于大家都听过了，"老鼠会"止于找不到"新的老鼠"。

种子教师成长的想法，其实是"老鼠会"的想法，希望的是，很快地，所有的教师都成长了。

螺的成长也是奠基于既有的基础之上。

形态学家采用数学简化的说法，认为一开始形态大约是个三角形，最长边是开口的。

在开口那个方向，以最长边为基础，长成了另一个相似三角形。由第二个三角形，又依同理长成第三个相似三角形（如下图）。如此一直成长下去。所有的三角形以等比率成长，而折线组成的边缘成了等角螺线——折线的转角是固定的。

著名的昆虫学者法布尔（Jean-Henri Fabre），最喜欢用数学的眼光看昆虫。他赞叹沾了露水的蜘蛛丝下垂成悬垂线，有如灿烂的钻石。他发现蜘蛛网的经线以等角（下图中的 θ）散开，而纬线则成等角（图中的 φ）螺线旋转。

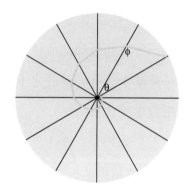

　　繁衍后代也是在既有的基础上来成长。繁衍在英文也可用 multiply（乘）这个单词，人口在短期内的确会依固定的比率而增长。

负成长

　　放射性元素在固定的时间内，会有一定比例衰变成另外的元素。衰变到剩下一半所需的时间称为半衰期。衰变也是一种成长，只是比率小于 1——也就是负成长。当时间以半衰期等差在增加时，放射性元素的量以 1/2 的等比在减少。

　　全开纸张对折，成为对开，面积少了一半；对开又对折，成为四开，面积成为一半的一半，也就是原来的 1/4。再对折成八开，再对折成十六开。纸张对折也是种衰变，比率为 1/2。

　　影印纸的规格有 A、B 两系统。和"开"的想法一

样，A_n（或 B_n）对折后成为 A_{n+1}（或 B_{n+1}），不过 A_{n+1} 与 A_n 还要相似。

假设 A_n 的长与宽各 x 与 y，则 A_{n+1} 的长与宽各为 y 及 1/2x，如下图：

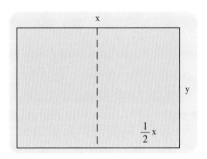

两长方形相似的条件变成

$$x : y = y : \frac{1}{2} x$$

由此可得

$$x : y = \sqrt{2} : 1$$

亦即，这系列的纸张，长与宽有固定的比例。

A_n 系统的影印纸规定，A_0 的面积要为 1 平方米，因此长与宽各为 $\sqrt[4]{2}$ 与 $1/\sqrt[4]{2}$ 米。用厘米表示，则 A_0 的长与宽各约为 1189 与 841。

由 A_0 的规格马上得到 A_1 的规格，因为 A_1 的长为 A_0 的宽 841，A_1 的宽为 A_0 长的一半 $1189/2 \approx 595$。知道了

A_1 的规格，就可依次推得 A_2、A_3、A_4……的规格，而有下表：

A_0	1189×841
A_1	841×595
A_2	595×420
A_3	420×297
A_4	297×210

形式上的规矩，就是把每列右边的数目往左下斜移，把每列左边的数目折半后往右下斜移，这样就得到下一列的两个数目。

B_n 系统的规格，则规定 B_0 的长与宽各为 $\sqrt{2}$ 米及 1 米。无论是 A_n 系统或 B_n 系统，都是衰变系统，长与宽各以 $1/\sqrt{2}$ 的比率衰变，而面积则以 $1/2$ 的比率衰变。

我们的等比世界分为三大类：数量等级、刺激与感受，还有，在既有的基础上成长。它涵盖的范围，每个领域都会触及。

4.6 音，调对了吗？

数学和音乐的关系是什么？有人说是打拍子。这当

然不能否认。但是，这样就可以了吗？不是的。

古希腊哲学家认为数学有四分支：算术、几何、天文、音乐，合称四艺（quadrivium）。这种把音乐归为数学的看法一直延续到中世纪。

四艺的说法源自毕氏学派。毕达哥拉斯（Pythagoras）主张数学原子论，认为宇宙的一切事物，都可以用（正）整数来了解。算术处理的当然是整数，毕氏认为可相比的两几何量，其比都等于两整数之比；诸行星到地球的距离比，都是简单的整数比；而音乐中诸音调之间，也有简单的整数比关系。

毕氏的数学世界是分数世界，尤其是简单的分数。怎样利用简单的分数，把音阶设计得好，是音乐成为数学四艺之一的最主要原因。

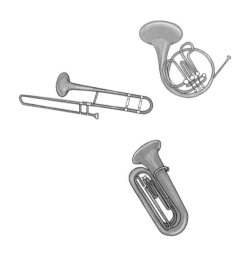

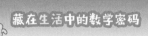

拨弦发音就知道，弦长愈短音调愈高；而弦长刚好一半时的高音与原来的低音，无论是同时发音或接续发音，听起来非常悦耳，两音是调和的。

西方音乐所称的八度音程，最高音的弦长是最低音的一半。如果低音为 C（Do），则高音为高八度的 C′（Do″）。如果把弦长再减半，则得再高八度的 C″。也就是说，C″ 与 C′ 的关系，就如 C′ 与 C 的关系。

西方音乐的七声音阶，就是要在相邻两八度音中间，插入 6 个音，D（Re）、E（Mi）、F（Fa）、G（So）、A（La）、B（Si），同时把它们之间的关系，平行移至高八度的 C′ 与 C″ 之间，或低八度两个 Do 音之间。这样每八度音之间有 7 个音（C、D、E、F、G、A、B），称为七声音阶。

中国的古乐，则在 C 与 C′ 之间插入 4 个音，它们与 C 共同组成五声音阶：宫、商、角、徵、羽。

五声音阶与七声音阶的对应为：宫＝C、商＝D、角＝E、徵＝G、羽＝A。但1978年在湖北出土的曾侯乙坟墓，里头的钟也呈现七声音阶。

音阶里的数学

中国与希腊相距那么远，两种音阶居然能够对应，原因是音阶的设计要使音乐悦耳，而悦耳的条件则是各音调频率之间要遵循简单的数学关系，而数学关系是超越时空的。

弦长与音调有关，笛孔的位置也是，但一样会发高低音的人或钟呢？

为了寻求音调之间的数学关系，我们以声波震动的频率来表示音高。我们知道频率与弦长是成反比的，C的弦长是C′的2倍，所以C′的频率是C的2倍。

除了C与C′非常和谐之外，两音合

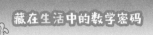

奏要悦耳，自古就知道相应的两弦长要有简单的整数比，亦即，两音的频率要有简单的整数比。

既然频率之比才是要点，为了方便讨论，可设 C 的（相对）频率为 1，C′ 的（相对）频率为 2。要在两者之间插入与它们相调和的一个音，就是要找 1 与 2 之间的一个简单分数。3/2 就是这样一个分数，它相当于 G。

毕氏设计七声音阶的办法是这样的：

既然频率 3/2 倍大的 G 与 C 彼此调和，那么频率再 3/2 倍大的 C 也会和 G 彼此调和。虽然这个音频率为 C 的 $(3/2)^2 = 9/4$ 倍，已经超过 C′（2），但这个音与频率为其半的 D 音（9/8）的关系，就像 C′ 与 C 的关系（频率比都是 2:1），所以两者相调和。

由递推关系，G 与 D 也相调和：D 是由 G 的频率乘 3/2 × 1/2 = 3/4 而得的。由 D（9/8），将频率乘 3/2，得 A（27/16）。由 A 乘 3/4 得 E（81/64），再乘 3/2 得 B（243/128）。

另外，反其道而行，从 G（3/2）回到 C（1）是将频率乘 2/3。所以从 C 乘 2/3，就得到频率小于 1 的音（2/3），因此要乘 2 而得 F（4/3）。

"乘 3/2" 与 "乘 2/3" 是互逆的，"乘 3/4" 和 "乘 4/3" 也是。F 与 G 在 C 与 C′ 之间，成为对称的关系：

G（3/2）: C（1）= 3 : 2　　C′（2）: F（4/3）= 3 : 2

F（4/3）: C（1）= 4 : 3　C′（2）: G（3/2）= 4 : 3

　　我们把上面所得的音调，依频率的大小排列，就得毕氏的七声音阶：

C	D	E	F	G	A	B	C′
1	$\dfrac{9}{8}$	$\dfrac{81}{64}$	$\dfrac{4}{3}$	$\dfrac{3}{2}$	$\dfrac{27}{16}$	$\dfrac{243}{128}$	2

　　我们可以把毕氏七音音阶的建构过程图解如下：

$$F \xleftarrow{\frac{2}{3}} C \xrightarrow{\frac{3}{2}} G \xrightarrow{\frac{3}{2}} D \xrightarrow{\frac{3}{2}} A \xrightarrow{\frac{3}{2}} E \xrightarrow{\frac{3}{2}} B \ (\bmod *2)$$

　　往右的过程中，频率要乘 3/2，往左则乘 2/3；mod*2 表示必要时再乘 1/2 或乘 2，使频率介于 1 与 2 之间。

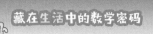

把 C 与 C′ 看成一样，则七声音阶为 7 个音的环状排列。建构过程简单说，就是从 F 开始，在此环状排列中，一再往左移三个音就对了。

另外，在建构过程中，从 C 开始，往右 4 个步骤，就得

$$C \rightarrow G \rightarrow D \rightarrow A \rightarrow E$$

这就是中国古乐的五声音阶。在此我们看到中西音程背后的数学关系。

不过中国古乐的音程是以管乐的观点为之，称为"三分损益法"。C→G 的管长为 C→C′ 的三分之二，亦即折损了三分之一；D 的高八度音 D′ 所相应的管长 C→D′，为 C→C′ 的三分之四，亦即增益了三分之一。换句话说，三分损益法和毕氏音阶的建构原理是一样的。

"等间隔"原理

相对于上面的累乘方法，音阶的设计也可采用所谓的"等间隔"分割原理。

在埃及，曾有公元前二十世纪的笛子出土，笛长 90 厘米，在笛长的 12/12、10/12、9/12、8/12 处各有一指孔。这些指孔位置的倒数比，就是相应音调的频率比：

$$12/12 : 12/10 : 12/9 : 12/8 = 1 : 6/5 : 4/3 : 3/2$$

这些可看成为 C、E♭、F、G 四个音。如果在 6/12 笛长处再有一指孔，那么还会有 C′ 这个音。这种四音音阶的指孔位置看来像是等间隔的，但实际上跳过了 11/12、7/12 等位置。埃及往后发展了五声音阶。

其实，毕氏也是用类似的"等间隔"分割法，在单弦琴上做实验，为音阶设计奠下基础。他的分割方式为 12/12、9/12、8/12、6/12，如此就得八度音 12：6（＝2:1），五度音 9:6（=3:2），四度音 8:6（＝4:3），及全音 9:8（详见下一页）。

在管乐器或弦乐器上设音，自然会采取距离的观点。将各距离通分，有了公分母，看起来就像是用了"等间隔"的原理。音调和谐骨子里是频率相比的问题，换成距离，则成了距离倒数相比的问题，它实际是与"等间隔"不相关的。

毕氏音阶的优缺点

在毕氏的七声音阶中，相邻两音之间的频率比只有两种：9:8 与 256:243，前者比后者大，前者为全音程，后者为半音程。我们通常说 C、D、F、G、A 为全音，共

201

有 5 个,而半音只有 2 个:E 与 B。

在毕氏的七声音阶中,五度音程(C→G,D→A,E→B,F→C′)都以 3:2 的频率比相隔,这是它的优点——当然,设计的基本构想就是要呈现这样的优点。

除了 2:1、3:2、4:3 外,5:4 应该也是简单的整数比,但在毕氏音阶中,这样的比到哪里去了?

5:4 称为大三度音程,应该跨越两个全音,譬如 C→E、F→A,还有 G→B,但在毕氏音阶中,它们的频率比都是 81:64,不是简单的整数比,比 5:4 小一点点(这两个比的比为 81:80),当两音齐发或接续发声时,并不显得最调和。

托勒密音阶

为了兼顾大三度音程的 5:4,公元二世纪在亚历山卓城的希腊数学家托勒密(Ptolemy),设计了另一种七声音阶:在建构完

$$F \xleftarrow{\frac{2}{3}} C \xrightarrow{\frac{3}{2}} G \xrightarrow{\frac{3}{2}} D$$

之后,就直接把 E(5/4)引进来,而让 A:G(3/2)= E(5/4):D(9/8),而得 A 的频率为简单的 5/3。这样,

$D \rightarrow A$ 的五度音程由原来的 3/2，变成为稍小的 40/27。

最后，$E \rightarrow B$ 则保持五度音程的 3/2，而得 B 为 15/8。所以，托勒密的七声音程为

C	D	E	F	G	A	B	C′
1	$\frac{9}{8}$	$\frac{5}{4}$	$\frac{4}{3}$	$\frac{3}{2}$	$\frac{5}{3}$	$\frac{15}{8}$	2

由于这些分数都很简单，它们倒数的公分母为 180，不算大；如果制造等间隔的托勒密笛子，各指孔的位置应为：180/180、160/180、144/180、135/180、120/180、108/180、96/180、90/180。

托勒密的七声音阶只牺牲一个五度音程 $D \rightarrow A$（它不是 3:2），但使三个大三度音程 $C \rightarrow E$、$F \rightarrow A$、$G \rightarrow B$ 都为 5:4。不过它的全音程却有两种：$C \rightarrow D$、$F \rightarrow G$ 为 9:8，$D \rightarrow E$、$G \rightarrow A$ 为 10:9，而半音程则为 16:15（$E \rightarrow F$、$B \rightarrow C′$）。

12 个半音

毕氏和托勒密这两个系统都把五个全音各分成 2 个半音，使得八度音程之间共含有 12 个半音。我们只列出毕氏八度 12 个半音的建构及结果：

$$\overset{\frac{2}{3}}{D^{\#}} \overset{\frac{4}{3}}{\leftarrow} A^{\#} \overset{\frac{4}{3}}{\leftarrow} F \leftarrow C \overset{\frac{3}{2}}{\rightarrow} G \overset{\frac{3}{4}}{\rightarrow} D \overset{\frac{3}{2}}{\rightarrow} A \overset{\frac{3}{4}}{\rightarrow} E \overset{\frac{3}{2}}{\rightarrow} B \overset{\frac{3}{4}}{\rightarrow} F^{\#} \overset{\frac{3}{4}}{\rightarrow} C^{\#} \overset{\frac{3}{2}}{\rightarrow} G^{\#}$$

$$\frac{2^5}{3^3} \quad \frac{2^4}{3^2} \quad \frac{2^2}{3} \quad 1 \quad \frac{3}{2} \quad \frac{3^2}{2^3} \quad \frac{3^3}{2^4} \quad \frac{3^4}{2^6} \quad \frac{3^5}{2^7} \quad \frac{3^6}{2^9} \quad \frac{3^7}{2^{11}} \quad \frac{3^8}{2^{12}}$$

这中间的半音程有两种，$2^8/3^5$ 及 $3^7/2^{11}$。

如果把最右边的 $G^{\#}$（$3^8/2^{12}$）再乘 3/4 得下一个音 $3^9/2^{14}$，它和最左边的 $D^{\#}$（$2^5/3^3$）相比之值 $3^{12}/2^{19}$，远比其中的任何半音程要小得多（后面会说明，它大约只有半音程的 1/4），所以这个音该是什么呢？它应该就是 $D^{\#}$，但有些失准。

这个事实的另一种看法是这样的：从 C 开始一再乘 3/2 mod*2，经过 12 次后，会得到一音 $3^{12}/2^{19}$，它比 C（1）稍大，相比之值即为 $3^{12}/2^{19}$。

要保持五度音程都为 3:2，来构建 C 与 C′ 之间的任何音程，都会有个基本的困境，亦即：从 C 开始，一再乘 3/2 mod*2，永远回不到 C（1）。

到不了的原因很简单：如果到得了，则要有两个正整数 m 与 n，使得 $3^m/3^n=1$，亦即 $3^m=2^n$，但这是不可能的，因为等式的左边为奇数，右边为偶数。

十二平均律

毕氏与托勒密的两种音阶，是古代西方世界常用的系统，一直到十六世纪之后，才有人开始提倡使用其他的音阶系统。到十九世纪开始，随着音乐教育和钢琴的普及，统一规格的十二平均律音阶，才渐渐广为大家所接受。

十二平均律的想法很简单，就是把 12 个半音的音程都弄得相等。假如相邻两半音之间的音程为 r，则从 C 到 C′ 有 12 个半音，表示 $r^{12}=2$，亦即 $r=\sqrt[12]{2}=1.059463094$。

用复利的观点来看 r 值也很有意思。$(1.059463094)^{12}=2$ 表示：若利率为 6%，则 12 次复利后，本利和几乎刚好倍增（$1.06^{12}\approx2.012$）。

用十二平均律的好处是：所有的五度音程、大三度音程都是定比，转调可以做得很顺手，不怕半音程的长短不一。坏处很明显：各种调的特殊风格消失了，而且 r 不是有理数，更不用说是简单的分数（整数之比）。

不过吊诡的是，任何音调都与某些简单分数相当接近，而且使用十二平均律的音阶，不同乐器合奏以增加音色方为可能，所以音乐还是悦耳的。

分音程

在十二平均律音阶中，各音调的频率为 r^m（m 为正整数），亦即用指数 m 来定调。你看，这不是上一篇文章

所说的，刺激量（频率）与感受等级（十二音阶）之间的指数关系吗?

为了更仔细度量音程，并使各种音阶之间能方便比较，乐理中引进了 1 分音程的音程单位，它等于 $r^{1/100}$。一个 X 分音程，表示此音程为 $r^{x/100}$（ $=2^{x/1200}$ ）。

十二平均律音阶规定，每个半音为 100 分音程，全音为 200 分音程。相对于 C，C 的音程为 0 分，$C^{\#}$ 为 100 分，D 为 200 分……C' 为 1200 分。

各种音阶之间的比较

我们把毕氏、托勒密及十二平均律三种的七声音阶，相对于 C 的音程、分音程及相邻两音之分音程差，列成下表，以供比较。

音阶	毕氏音阶			托勒密音阶			十二平均律音阶		
	音程	分	差	音程	分	差	音程	分	差
C'	2	1200		2	1200		2	1200	
			90			112			100
B	$\frac{243}{128}$	1110		$\frac{15}{8}$	1088		$\frac{243}{128}\left(\frac{15}{8}\right)$	1100	
			204			204			200
A	$\frac{27}{16}$	906		$\frac{5}{3}$	884		$\frac{27}{16}\left(\frac{5}{3}\right)$	900	
			204			182			200
G	$\frac{3}{2}$	702		$\frac{3}{2}$	702		$\frac{3}{2}$	700	
			204			204			200
F	$\frac{4}{3}$	498		$\frac{4}{3}$	498		$\frac{4}{3}$	500	
			90			112			100
E	$\frac{81}{64}$	408		$\frac{5}{4}$	386		$\frac{81}{64}\left(\frac{5}{4}\right)$	400	
			204			182			200
D	$\frac{9}{8}$	204		$\frac{9}{8}$	204		$\frac{9}{8}$	200	
			204			204			200
C	1	0		1	0		1	0	

相应于音程 9/8 的分音程是怎么算的？我们让 $2^{x/1200}=9/8$，由此得 X=（1200 log 9/8）/ log2 = 204。推而广之，音程与分音程的关系为

$$分音程 = \frac{1200\log 音程}{\log 2}$$

譬如前面所提到的 $3^{12}/2^{19}$，代入此式中，就知道它相当于 23 分音程，约等于半音程（100 分音程）的 1/4。

表中十二平均律音阶那一大项的音程（近似值），是就毕氏与托勒密两者中选较近于百分音程者，而把较远者放在括号内。我们发现，除了相等者（C、D、F、G、C′）外，毕氏的都较近，但音调较高；托勒密的都较远，音调较低，但分数较简单。

以 400 分音程为例，其音程为

$$2^{400/1200} = \sqrt[3]{2} \approx 1.25992105$$

托勒密的 5/4=1.25 是它的近似值，相当于 386 分音程，而毕氏的 81/64 ≈ 1.265625，是个更好的近似值，相当于 408 分音程。整体而言，毕氏与托勒密的音阶有不同的，相差就达 22 分音程，而十二平均律则介在两者的中间。

毕氏的十二半音音阶中，半音程有两种，$2^8/3^5$ 及 $3^7/2^{11}$，相应的分音程为 90 及 114，这两个数目也可从上个表中推导出来（204-90=114）。从表中也可推得托勒密的半音程共有 3 种：112、92（= 204-112）、90（=182-92）。用这些数据，参考上表，也可列出 3 种十二半音音阶的分音程比较表。

以上讨论的都是音调之间的相对关系（也就是音程）。乐器上各音的音调，可就要使用绝对的高低。

国际上规定，中央 A 的频率为 440 次／秒。依照毕氏音阶，则 C 的频率要为 440 的 16/27，亦即为 260.7；若用托勒密音阶，则为 $440 \times 3/5 = 264$；若用现在通用的十二平均律音阶，则为 $440 \div 2^{900/1200} \approx 261.6$。

音，调对了吗？首先要知道音阶设计的原理。

音乐与数学的关系

毕氏是古代西方数学非常主要的人物，他的数学观对后世有很大的影响。虽然他对数学原子论的坚持，过不了由毕氏定理所产生的 $\sqrt{2}$ 这一关——$\sqrt{2}$ 不是整数之比，但后人不得不认真面对无理数的问题。

毕氏对音阶设计的整数式思考，一样无法圆满，但用数学探讨的结果，发现音阶设计，永远没有最佳的答案，这未尝不是另类的答案。

托勒密也是一位伟大的数学家，他的最大贡献

是集天文学及三角学的大成。

十九世纪的数学家傅立叶（B. J. Fourier），将一个声音的音波分解成几个正弦函数之和，从这些正弦函数，可以得到该声音的强度、频率、主音、泛音等性质。

除了节奏、音阶之外，音乐和数学还有更密切的关系。

4.7 频率的平均

在上一篇文章中，我们谈到：在 C 与 C′ 的八度音程中间，怎样插入 4 个或 6 个音阶，来形成中国古乐的五声音阶，或西洋古典的七声音阶。

我们知道，首先引入的是 G 音，因为 C → G 的音程为 3/2，它是除了 C → C′ 的音程 2 之外，最简单的分数。

另外，F 音（4/3）也很受重视，而且 F、G 在八度音程中形成了某种对称关系。

现在我们要从"平均"的观点再看得仔细一些。

调和平均

从频率的观点来讲，G（相对于 C）的频率为 3/2，它正好是 C（1）与 C′（2）的算术平均。如果改以弦长的观点，我们很好奇想知道，G 的弦长（位置）应该相应于 C 与 C′ 两者间的何处。

假设 C 与 C′ 的弦长分别为 1 与 1/2，而 G 的弦长为 h。换成频率的观点，得

$$\frac{1}{h}\ (\ :1) = \frac{3}{2} = \frac{1}{2}\ (1+2) = \frac{1}{2}\ \left(\frac{1}{1} + \frac{1}{\frac{1}{2}}\right)$$

亦即 h=2/3，且为 C 的弦长 1 与 C′ 的弦长 1/2 两者的"调和平均"。

一般来说，假设两音的频率分别为 x、y，而相应的弦长为 p、q，则

$$y : x = \frac{1}{q} : \frac{1}{p}$$

因此

$$\frac{x+y}{2} : x = \frac{1}{2}\left(\frac{1}{p}+\frac{1}{q}\right) : \frac{1}{p}$$

亦即频率 x、y 的算术平均 a〔= 1/2（x + y）〕，所相应的弦长 h，是由 p、q 依下式决定的：

$$\frac{1}{h} = \frac{1}{2}\left(\frac{1}{p}+\frac{1}{q}\right)$$

h 就称为 p 与 q 的调和平均；"调和"的用法当然和音乐有关系。

算术平均与调和平均的对应

所以，我们得的结论是：两频率的算术平均所相应的弦长，要等于两频率相应弦长的调和平均。

由于频率与弦长有互为倒数的关系，是称对的关系，把上述结论中的"频率"与"弦长"对调，结论还是正确的。亦即：两弦长的算术平均所相应的频率，要等于两弦长相应频率的调和平均。

以 C 与 C′ 的弦长 1 与 1/2 为例，两者的算术平均为 3/4，它所相应的频率 h，与 C、C′ 的频率 1、2 的关系为

$$\frac{1}{h} = \frac{1}{2}\left(\frac{1}{1} + \frac{1}{2}\right) = \frac{3}{4}$$

亦即 h=4/3，相当于 F 音。果然，F 与 G 在 C 与 C′ 间有特殊的对应关系：就频率而言，F 是 C 与 C′ 的调和平均，G 是 C 与 C′ 的算术平均；就弦长而言，F 是 C 与 C′ 的算术平均，G 是 C 与 C′ 的调和平均。

我们把上面讨论所得到的结果以图表之；表中之 a 代表两端点的算术平均，h 代表两端点的几何平均。

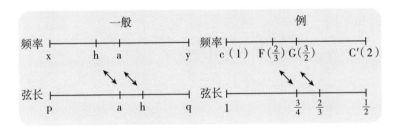

只要两变量有倒数的关系，算术平均与调和平均就有对应的关系，例如流速问题。

设行船顺水及逆水速度各为 u、v，各行走同样的距离 d，则全程的平均速度 w 为何？速度、距离与时间三者，只要距离固定，时间与速度就有互为倒数的关系。

顺水与逆水所需要的时间各为 d/u、d/v，合起来共走了 2d 的距离，如此可得

$$w\left(\frac{d}{u}+\frac{d}{v}\right)=2d \text{ 或 } \frac{1}{w}=\frac{1}{2}\left(\frac{1}{u}+\frac{1}{v}\right)$$

所以全程的"速度" w，其实就是顺水与逆水速度的调和平均。

另外，上面的式子也可改写成

$$\frac{d}{w}=\frac{1}{2}\left(\frac{d}{u}+\frac{d}{v}\right)$$

因此顺水与逆水时间 d/u、d/v 的算术平均，就是速度调和平均 w 所相应的时间。

还有，上式又可改写成

$$\frac{1}{2}\left(\frac{1}{\frac{d}{u}}+\frac{1}{\frac{d}{v}}\right)=\frac{1}{\frac{d}{\frac{u+v}{2}}}$$

表示顺水与逆水时间 d/u 与 d/v 的调和平均为 $\dfrac{d}{\frac{u+v}{2}}$，

它正好等于算术平均速度 $\dfrac{u+v}{2}$ 所相应的时间 $\dfrac{d}{\dfrac{u+v}{2}}$。

在这里我们一样看到，在倒数关系下，算术平均与调和平均的相互对应。图示如下：（$\dfrac{u+v}{2}$、$\dfrac{d}{w}$ 为算术平均，

w、$\dfrac{d}{\dfrac{u+v}{2}}$ 为调和平均）

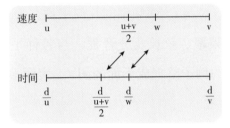

频率的几何平均

通常提到算术平均，都会连带到几何平均（x 与 y 的几何平均为 $\sqrt{xy}$ ）。然而谈频率（或速度），算术平均与调和平均却成了孪生兄弟。那么，几何平均在探讨频率时，是否有它的角色呢？有的。

频率的几何平均，相应到分音程就是算术平均：假设两频率 x、y 相应的分音程为 X、Y，则

$$x = 2^{\frac{X}{1200}}, \quad y = 2^{\frac{Y}{1200}}$$

215

藏在生活中的数学密码

因此

$$\sqrt{xy} = 2^{\frac{\frac{X+Y}{2}}{1200}}$$

分音程与频率的关系是指数型的，凡是指数型的对应，算术平均就对应到几何平均。

如果取 x、y 为 C（1）、C′（2），则相应的 X=0、Y=1200。两者的算术平均为 600，在十二平均律中，算回频率就是 F#音。亦即，C 与 C′ 两频率的几何平均，为 F# 的频率。

我们把频率、弦长及分音程，与各种平均之间的关系，及已有的例子整理成下面的图（g 表两端点的几何平均），以供参考。

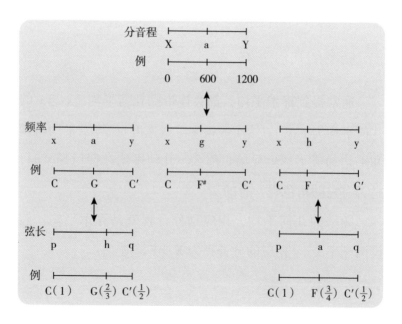

调和平均<几何平均<算术平均

我们看上面频率的例子：C 与 C′ 的频率的算术平均为 G，几何平均为 F#，调和平均为 F。

我们知道 F<F#<G，而这样的大小关系其实与频率无关。两不等正数 x、y 的算术平均 a、几何平均 g 及调和平均 h，都有同样的大小关系：h<g<a。

这样的不等式通常用代数的方法导出，但在这里，我们要用几何的方法导出，因为这样，不等式就具有了几何的直观性，很容易了解谁大谁小。

假设一直线上有三点 o、x、y，ox 长、oy 长仍以 x、y 表之。以 xy 为直径作一圆，设圆心为 a，oa 长亦以 a 表之，它就是 x、y 的算术平均。

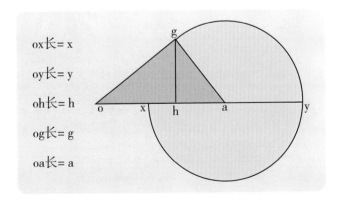

ox长 = x

oy长 = y

oh长 = h

og长 = g

oa长 = a

从 o 作一切线 og，其长 g 刚好为 x、y 的几何平均

（因为 $og^2=ox×oy$）。从 g 作直径之垂线 gh，则 oh 之长 h 即为 x、y 的调和平均，这是由于 gh 为直角三角形 oga 的垂线，因此

$$h×\frac{x+y}{2}=h×a=g^2=x×y$$

亦即

$$\frac{1}{h}=\frac{1}{2}\left(\frac{1}{x}+\frac{1}{y}\right)$$

由图即知 a 到 og 上的投影为 g，g 到 oh 上的投影为 h，所以 h<g<a 就很明显，而且两投影的比例是相等的，亦即 g:a=h:g（或 $g^2=h×a$），其比值都等于 cos ∠o（角 o 的余弦值）。

第 **5** 篇

看篇

看什么，怎么看

数学的研究教材是数（量）与形。

数学的研究教材是数（量）与形。提到形就联想到平面几何、平面几何的证明与作图。传统平面几何固然是形的一部分，但更贴近于生活层次的内容往往不包含在内。

生活中常遇到找路的问题。找路为的是要去不熟悉的地方，通常我们会问附近有什么熟悉的地方，或引人注意的地方，这就是地标。由熟悉着手，破解不熟悉，这是解决问题的一种胚腾。

都市的街道较复杂，它的住址系统往往变成找路的参考系统，或者就是参考系统。住址系统可分为好几类：有棋盘式的坐标系统，也有区里邻户式的拓扑系统，各有胚腾，且不一而足。采用怎样的系统，和都市的地理环境、历史发展都有关系。从看地图看出一个都市大致属于哪类系统，自然提高了找路的效率。

　　确定远近也是常碰到的问题。地球是圆的，站得高，就看得远。我们以登高可看得多远为例，说明用简单的平面几何学，就可看出高与远之间简单的定量关系。登高远眺的例子很多，灯塔、树顶瞭望台、宣礼塔、空中预警机都是。反过来，我们也可从高与远的定量关系，登高测量一个角度，就可看出地球的半径有多大。平面几何的确也可以很实用。

看到一片土地，我们会有大小的感觉，有时更想知道到底有多大。经过测量，确定这片土地的边界，当然是必要的。由边界所围成的形状往往是不规则的，地政事务所登记的每笔土地大抵如此，台湾本岛也是。

我们没有现成的公式，计算面积的大小，但是我们有简单的画格子方法，格子愈画愈小以求得愈来愈准的面积值，这是微积分中的积分原理。把"愈来愈准"的过程以动画呈现，就看得出来，格子所界定的范围，逐渐与我们所关心的曲线所围的范围趋于一致。由此演绎，我们可设计电脑程序，输入边界，就得到面积。

除了位置、远近、大小这类有关形的比较定量型问题外，我们对各种形的相对配置的那类定性型问题，一样感兴趣。左边与右边的配置常常是自然的产物，位置与方向有左右之分，形状可左右对称。人们师法自然，把道路分两侧，规定靠左或靠右走。车子设计得像人一样大致左右对称，但又配合道路左右之分，靠右走方向盘放在左侧，靠左走的放在右侧。

左右之分本来只为的是方便，惯用右手，常引申"右"是好的，"左"是不好的。"吾其披发左衽矣""旁门左道""左迁"，这些说法充分呈现习惯背后的文化偏见。宗教常有绕行圣物（地）的仪式，绕行的方向有左

旋的、有右旋的，各宗教派别各有其偏爱，各有其坚持。

左右对称的配置引发对称美的感觉。除了左右对称外，平移对称、旋转对称也常见。自然界充满了对称美，人在工艺制品、建筑艺术、平面铺砖、带状装饰的各种舞台上，尽情发挥对称之美。这种对称美的胚腾，可用数学眼光来看，但是对称美的实体，则靠艺术心来发挥。看对称美，加点数学眼光，可看得更贴切些。

5.1　找　路

夜深睡得正沉，一阵紧急的敲门声。我用日语问道："谁呀？""警察。"异国的深夜，警察来找，睡意全消，马上整理仪容，开门一看，果然是警察。

他指着旁边一位拿着大皮箱的男士问我："是你的朋友吗？"一看是何老大，忙应道："是，是。"警察说："让计程车司机忙了一夜，车资还没付呢！"

我赶忙付了车资（加了不少谢金），谢了警察，把何老大拉进了房子里。

东京地址与拓扑系统

我笑着对何老大说："到日本来也不先通知一下，就

自己坐出租车来找，算你运气。"

何老大说："我有你的地址啊！司机居然把车子开进警察局，真差劲！"一脸无辜的样子。

我说："你看，我的地址是东京都文京区本乡三丁目8之5，在台湾相当区里邻系统，叫他怎么找？幸亏他还热心，没有把你丢在街上。本乡是文京区的一个町，相当于台湾的里。管辖本乡的派出所里有张大地图，上面标示着各丁目的范围，丁目就像台湾的邻。在三丁目中，再找8号在哪里，最后再确定之5是哪一户。我寄宿的地方，从大马路进来，必须七弯八拐的，到了晚上我也没有把握找得到地方！"

何老大恍然大悟，说道："怪不得日本人的数学好，他们用的是拓扑系统，而不用坐标系统！"何老大和我都是学数学的，他说的是反讽的话。

用逐步缩小范围，来确定一个地点的方法，在数学中称为拓扑系统；用街、巷、号的方法，则类似于数学的坐标系统。引进坐标，可以把问题量化，容易说得准、算得准。而拓扑系统则较注意包含的质化观念（区中有里、里中有邻、邻中有户），有时较有弹性。

从找路的观点，坐标系统当然较方便，而要行政管理好，则非拓扑系统莫属。

"那么在日本坐出租车，怎么告诉司机你要到哪里？"何老大好奇地问，似乎想好好与日本的出租车司机亲近亲近。

我想了想说："我家的祖坟在桃园龟山的乡下。如果从台北叫出租车去扫墓，我会对司机说：'到桃园龟山。'出租车快到龟山，再对司机说：'前面第二个红绿灯左转。'转弯后约一千米，再说：'前面有家大工厂，过了工厂后，右边有个下坡岔路，下到斜坡底就是了。'在东京坐出租车也一样。"

何老大说："这就是认地标的方法。城市出租车到乡下地方当然会采用认地标的方法，就是有地址，司机也

找不到。可是东京这么繁华的地方居然也用地标！"

我说："一般人对位置与方向的想法没有那么强烈的坐标化；他们只有认定先后顺序的地标，愈来愈近于目标的想法，这是比较拓扑型的想法。"

芝加哥的街与道

何老大想了想说："还是芝加哥的地址系统最好……"

何老大和我是大学同学，也都到芝加哥大学读研究所。其中有一年，我的指导教授到日本东京大学担任客座教授，我则随着教授游学，做个"客座学生"。何老大要回香港探亲，中途在东京下了飞机来找我。找路有这么一番曲折，自然就想到了芝加哥。

芝加哥在大湖旁边，地势平坦，街道采棋盘式，东西向叫街（street），南北向叫道（avenue），相邻两街相距 1/8 英里，相邻两道也相距 1/8 英里。

东西向的伦道夫街（Randolph St.）为第 0 街，由此往北数为北 1 街、北 2 街等，往南数为南 1 街、南 2 街等。南北向的密西根道（Michigan Ave.）为第 0 道，由此往东

数为东1道、东2道等，往西数为西1道、西2道等。

整个棋盘式街道就成了坐标平面，伦道夫街为 x 轴，密西根道为 y 轴，两街道的交叉十字路口，就成了坐标的原点。

我在芝加哥的第一年住国际学舍，其地址为 1414 E.59th St.S.，亦即在南 59 街上，与东 14 道交叉之处，往东的第 14 号。如果以东、北方向为正，西、南为负，则国际学舍的坐标为（14.14，–59）。

在这种街道系统中，给了地址，出租车司机一定二话不说，把你送达目的地。如果想到北 52 街一家餐厅吃饭，我知道南北一共要跨越 111 条街，而 8 条街相当于 1 英里，所以约有 16 英里之远（当然还要加上东西向的差异）。

以上的说明是大致的结构，但都市在发展的过程中，不免发生一些不规则。

譬如，芝加哥从南 1 街开始用的是第 1 任总统的名字，称为华盛顿（Washington St.）。此后依继任的总统称南 2 街为麦迪逊街（Madison St.），南 3 街为门罗街（Monroe St.）等等。但市区的发展很快把已有的总统名字用光，所以到十几街之后，就乖乖以数序命名。

用美国总统命名，很有美国文化味，但美国人也很少有人弄得清楚第几任总统是谁，所以向数序妥协是明

智的选择。

芝加哥街与道的用法有时候也会倒过来，譬如在北边有条东西向的街叫作芝加哥道（Chicago Ave.），而在城中间，有几条南北向的却叫做街。

还有，当初定为南北轴的密西根道，北段距东边的密西根湖很近，而湖岸则向东南方延伸。所以在这个街道系统中，原点的东北向（第一象限）几乎没有陆地，而东南向（第四象限）则愈往南陆地愈多。

于是，东南区的"南"字就可省去，譬如国际学舍地址的"S."可去掉，而成为 1414 E.59th St.，因为不可能有 1414 E.59th St.N. 这样的地址（若有的话，它要在湖中）。

台北街道乱中有序

台北的街道系统大致也是坐标式的，以忠孝西路、东路接八德路为 x 轴，以中山北路、南路接罗斯福路为 y 轴，只是街道不是很直，有时还弯得很（譬如安和路）。

台北早期街道的命名用的是大陆都市位置系统，于是西藏路在台北市的西南，抚远街在东北，迪化街在西北，厦门街在东南，汉口街在城中。但是中间有忠孝、仁爱、信义、和平混着用，后来建国、复兴、光复跟着来，整体而言不成为系统。

台北市东西向的街道，门牌号码双数的在南侧，单数的在北侧；南北向的街道，双数的在西侧，单数的在东侧。号码或段数离开原点愈远就愈大。

在台北找路，首先要知道在哪条路上，然后是几段几号。哪条路，使得视觉焦点从原本二维空间的台北，转到一维的那条路，几段几号就是这一维空间的坐标。台北市不用两个坐标，只用一个坐标，这样的系统可称之为拟坐标系统。

英国门牌号码学问大

不过无论是什么系统，认路可别忘了找地标。在英国乡下开车，每到一小村镇，远远会望到一高耸的建筑物，那就是教堂，朝教堂开去，就可到村镇中心的小广场。在此停车游逛准是错不了。

伦敦的门牌号码看起来很有学问。我曾看过道路的一边号码为51、52、53、54、55，而另一边则为56、57、58、59、60。看样子，英国人的数学不好，没有单数、双数的概念！或者，道行太高，我看不出名堂来？

伦敦的门牌号码还有一个可注意处，那就是偶尔会出现 $51\frac{1}{2}$ 号、$51\frac{3}{4}$ 号等。

我们会用51号之1、51号之3，是整数以下十进制的用法。英国人整数以下习惯用二进位，譬如1/2英寸、1/4英寸……一直到1/64英寸，或其倍数；又譬如半小时（"7点半"说成 half pass seven）、1/4小时（"6点45分"说成 a quarter to seven），而门牌号码有必要时，也会添加 1/4、1/2、3/4 等（$3/4=1/2+1/2^2$）。

墨西哥人的数学还不赖！

墨西哥中部城市普埃布拉（Puebla）的街道系统，基本上是纯坐标式的。但南北向主道往东用的是双数道，往西则用单数道；东西向主街往北为双数街，往南为单

数街。

因此，地址为双数道、双数街的一定在东北（第一象限），单数道、双数街的一定在西北（第二象限），单数道、单数街的一定在西南（第三象限），双数道单数街的一定在东南（第四象限）。

让单、双分别与负、正相对应，就成了我们习惯的 xy 坐标系统。看样子墨西哥人的数学还不错哩！

脑中的坐标系统让我迷路了！

有一年春天我到法国普罗旺斯，租车游玩。有一天傍晚，到了法国南部文化古城亚威农（Avignon）的郊外，赶忙找了一家汽车旅馆，安顿下来。

安顿之后，向柜台要了一张亚威农的详图，并请柜台在上面用笔点出旅馆的位置。旅馆刚好在十字路口的一个角落，所以这两条路自然就成脑子里的坐标系统：我知道哪条路是东西向，哪条路是南北向。

弄清楚了路向，就开车往城里跑，准备去吃晚饭，顺便欣赏夜景。开了一段路后，照理说会碰到城墙，再找城门就好了。可是城墙在哪里啊？再一阵子，居然就跨过了桥，赶紧出了大路，来到一家超级市场。找了路人，经过比手画脚，加一点法语的沟通，我确定自己是在郊外，要到市区，非回头过桥不可。其余的，无法沟通。

无计可施之际，我决定用最笨的方法，凭记忆，沿着来路倒回走，直到旅馆。很幸运，真的让我摸回旅馆。马上找柜台人员，请她好好在地图上，把旅馆位置点明清楚。结果与原来的位置差了一个角落。也就是说，我脑中的坐标系统，刚好把实地的街道转了 90 度。

当晚进了城，第二天也在亚威农及其附近打转。不过每到一路口，我总要努力，把脑中已错误印记的坐标系统旋转 90 度，才不会转错方向。

我第一次领悟到，出门在外，我是这么依赖坐标系统，而错误的坐标系统，居然会有这么可怕的后果。

哪个系统好？

芝加哥的街道近乎纯坐标系统，台北为拟坐标系统，永和的街道扭曲得只能说是网状系统，东京则为拓扑系统。就找路而言，依序一个比一个难。

我不知道东京人会不会因其街道为拓扑系统，而感到不便，不过他们一定理直气壮，因为拓扑系统的都、区、町、丁目、号、之几，范围逐渐缩小，终至明确到所要的地点，而且找路用的是路标。

藏在生活中的数学密码

反观美国人写地址，先从号码写起，再来是街，再来是市，再来是州，最后是美国。对看地址的人来说，这样的顺序愈来愈发散，等把地址看完了，前面是什么都忘了；真的要找路，要把地址从后往前看。

东京人一定失笑：美国人的逻辑在哪？

5.2　登高远眺

小孩子到海港边，看着船只进进出出，兴奋无比。船只离港，航向大海，船身愈变愈小，终于消失于天地之间的边际。看，有个黑点在天际线出现，愈变愈大——有一艘船又要进港了。

船只往一个海港驶去，船员首先看到的是灯塔顶端

的灯光，然后塔身，最后才是整个港口。老师教学生地球是圆的，因为船只入港，岸上的人先见其桅，后见其身；船员也知道地球是圆的，他只希望早点见到灯塔的灯光——他希望灯塔愈高愈好，愈高，则愈远就见得到。

假定灯光离水平面的高度为 h，那么理论上离开多远就可以看到灯光？画个简图来了解我们的问题。

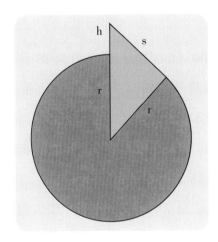

r 是地球半径，约为 6400 千米，h 就是突出水面的高度，s 为切线之长。我们要找的距离到底是切线长 s，还是相应的弧长？

因为 θ 角很小，切线长 s（$= r\tan\theta$），与弧长 $r\theta$ 的相对误差要小于万分之一，所以切线长或弧长都可以。我们就用较简单的切线长。

由勾股定理知

$$s^2 = (r+h)^2 - r^2 = 2rh + h^2$$

$$s = \sqrt{2rh}\sqrt{1 + \frac{h}{2r}}$$

除了灯塔，我们还要谈各种高度的登高远眺。如果 h=100 千米，则 $\sqrt{1 + \frac{h}{2r}} \approx 1.004$，几乎就等于 1。所以高度在 100 千米的范围内，s 的公式可简化为

$$s \approx \sqrt{2rh} = 80\sqrt{2h} \text{ 千米}$$

如果 h=100 米，则相应的 s 约为 36 千米。这样的距离是够让船只避开暗礁，并做进港的准备。如果灯塔的高度加倍，h=200 米，则 s 约为 51 千米，它大约是 36 千米的 1.4 倍。由于 h 在根号里头，h 加倍或减半，相应的 s 就要乘或除以 $\sqrt{2}$（大约等于 1.4）。

中亚的乌兹别克斯坦共和国有三个大的绿洲都市，在历史上都很出名，这三个都市是撒马尔罕（Samarkand）、布卡拉（Bukhara）及基发（Khiva）。

撒马尔罕曾经是十四、十五世纪帖木儿帝国的首都。帖木儿（Timur）的孙子兀鲁伯格（Ulubeg）是位有名的天文学家，可是在宫廷发生政变时，遭暗杀身亡。

基发在阿姆河下游，那一带古时称为花剌子模（Khwarezm）。八世纪下半叶，基发出了一位数学家，有

了名气后，先到布卡拉南方的谋夫（Merv）工作，再辗转到巴格达。那时候伊斯兰教势力如日中天，巴格达是学问中心，他应邀出任首席天文家，后又任图书馆馆长。他的名字就叫作 Al-Khwarezmi——"来自花剌子模的人"。

他的最大成就就是整理了算术与代数，使两者都成为有系统的学问。印度—阿拉伯数字加上演算规则所成的算术，终于征服了欧洲，征服了世界。欧洲人起先称算术为 algorithm，就是把他名字拉丁化后，用以指称他的演算法则。现在电脑术语算则——演算法则，就是承续这个字的这个意思。

基发四周围有城墙，城内到处都是清真寺、神学院及宫殿，全城经联合国教科文组织认定为"博物馆都市"型的文化遗产。在西门城外，面对西门的右侧城墙前，有座铜像，它就是这位"来自花剌子模"的人。

既然是"博物馆都市"，景仰完了"来自花剌子模"的人，我们就由西门进城。才到城门，就看到城内不远处有个矮矮胖胖的楼——宣礼塔。

要站多高，才能看到 400 千米远？

它是一座蓝色瓷砖覆盖的圆锥形建筑物，但高度只

有 26 米就停建了，所以看起来更接近圆柱形，而显得特别矮胖。它有个绰号，叫作"矮宣礼塔"。

停建的传说有很多种，其中有一种最具数学味。这是 1852 年的事，当时基发的阿敏（Amin）汗王，想建一座高达 109 米的宣礼塔，高到可以远眺 400 千米外的布卡拉。布卡拉的汗王一听说，认为事态严重，于是收买建塔的主事者，要他怠工。结果阿敏汗王知道了这件事，怒杀主事者——宣礼塔真的不到半途就废了。

等一等，宣礼塔若真建到 109 米高，可看到的视界有多远？根据前面学到的公式，只有 37 千米远，还不到两地间距离的十分之一！如果真要能看到 400 千米之远，则宣礼塔需要高达 12.5 千米——比喜马拉雅山还高。

或者两城各有海拔以上的高度？——站的基地高，看得当然更远。如果看与被看两者的标高各为 h_1、h_2，如图所示。

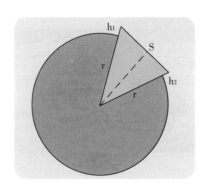

则 s = 80（$\sqrt{2h_1}$ + $\sqrt{2h_2}$），而要让 s 超过 400 千米，$\sqrt{2h_1}$、$\sqrt{2h_2}$ 两者之一至少要超过 2.5 千米，即 h_1、h_2 两者之一要超过 3 千米——远大于这两城的标高。

这两位汗王，或者捏造这个故事的人，真该打屁股，要为身为"来自花剌子模的人"的后人，感到惭愧呢！

澳大利亚西南角有高树森林区，产油加利等树种，高达数十米。朋伯顿（Pemberton）小镇是个好去处，那里有棵树，高达 60 米，树干钉有螺旋攀升的长钉，你可以缘木而上，爬到树顶，欣赏四周风光。

你可看多远？用我们的估计公式，大约 21 千米。

这种高树展望台原来不是观景用的，它是消防人员监看森林是否发生火灾的好地方。

你可以想象，在这一大片森林中，一定有许多这样的展望台，每两个之间的距离最多不会超过40千米，它们各自的视野区，把整个森林做了蜂状的分割。

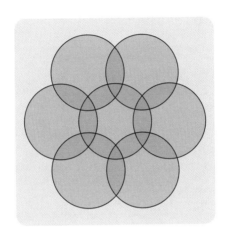

有人在日出之际，登上珠穆朗玛峰，看到山影投向西边天际，为其投射之远，深感震撼。到底多远？山高8848米，代入公式，就得 s 约为336千米。

搭乘飞机喜欢靠窗的座位。晴空万里，航高11000米，往外望，视界可达370千米。空中预警机飞得更高，当然监视的范围更大。

以上的讨论都用估算来进行，主因是把地球当作完全的球，取其半径为6400千米，都不是最准确的。但我们所要的答案其实也是大约就可以了，所以估算不但容易算，而且也不会差太多。

我们怎样知道地球的大小呢？最常使用的原理是：测量在同一经度上两点，在同一时刻的阳光斜角 θ_1、θ_2，还有测量这两点之间的距离 d，则地球的半径 r=d/θ，$\theta = \theta_1 - \theta_2$，如下图所示。

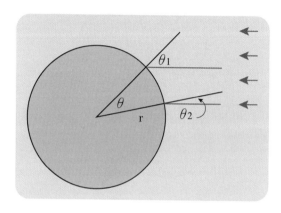

那位"来自花剌子模"的数学家就曾利用这样的原理，求得相当准确的地球半径值。

另一种方法，就是把本节的第一个图倒过来用：假定 r 未知，但在 h 高处，量得切线与铅垂线的夹角（为 θ 的余角），则此夹角的正弦值要等于 r/（r+h），由此可求得 r 值。

十世纪花剌子模的天文学家比鲁尼（Al Biruni）就是用这种方法，求得地球半径大小。

5.3 左边的路给谁走？

南非是我第一次见到开车靠左边走的国家，特别选了人烟稀少的乔治城（George），下了飞机，租了车。驾驶位置移到车子的右侧，心里惦记着要把车子开在马路的左侧。

一切稳当，可以加速了！踩了离合板，右手猛找排挡杆，却摸不到东西，这才想起来，排挡杆在左手边才对。到了十字路口要右弯，一个不小心差点弯进马路的右边车道，与对面的来车相撞。赶忙在路边停了下来，整理一下思绪。

我想起了某军阀的故事。

某军阀的管区，进口的车子渐多，交通乱成一团，于是有人提议学外国，把马路从中分成两边，规定车子走右边。军阀想了想：车子只能走右边，自然排成一纵列，就有秩序了，但是，左边的路要给谁走呢？

在乔治城，我替军阀找到两个可能的答案：左边的路是给规定靠左边开车的国家走，或给另一方向来的车走的。

镜射

从外观而言，车子是以中线而左右对称的。

这里所说的对称是种镜射，亦即，把镜子摆中间，可把一边的景物映成另一边的景物：左边的窗子映成右边的窗子，左边的门映成右边的门，左边的大灯映成右边的大灯，左边的轮胎映成右边的轮胎等等。

至于雨刷则有两种可能，镜射对称或平移对称，小车大抵采用平移对称。

从外观而言，车子
是以中线而左右对称的

平移

把驾驶位置从左侧移到右侧来，是平移，而不是镜射：驾驶座下面由左而右的离合板、刹车板及油门板，随着方向盘移过来而保持由左而右的顺序不变；但原来放在中间的排挡杆如果也平移，就要摆到门边，没有操作空间，会非常不方便，所以采镜射方式而留在中间。

"离合板、刹车板及油门板"是否也该采镜射方式，变成由左而右为"油门板、刹车板及离合板"这样的顺序呢？不可以，因为驾驶人本身是平移而非镜射到右侧来。用脚踩这些板踩习惯了，若顺序换了，左右脚乱踩的结果一定会出车祸的。

排挡杆并不需要在瞬间反应使用，摆中间是一种折中。至于灯号杆及雨刷杆，做平移或做镜射的设计都是无所谓的。

动向

由靠右走变成靠左走，驾车动向的改变是镜射的。原来右弯为小转弯，镜射后，左弯为小转弯；原来左弯为大转弯，镜射后，右弯为大转弯。

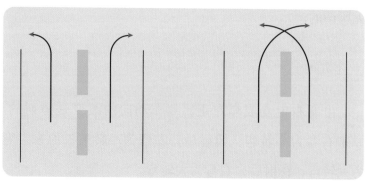

小转弯   大转弯

原来交流道由右侧插入高速公路，镜射后，则由左侧插入。原来超车时，要打左边方向灯，把车子左移到内线，镜射后，则要打右边方向灯，把车子向右移到内线。

三种运动

基本上，我们可以把上面提到的平移与镜射，看成是平面上的变动。平移是平面上所有的点，都朝某一相同的方向，移动了相同的距离，如下图所示：A 点移到 A′，B 点移到 B′，而 $\overrightarrow{AA'} = \overrightarrow{BB'}$（方向与距离都相等）。

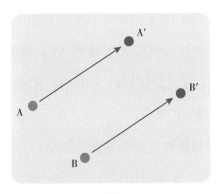

平移

镜射是平面上所有的点，就某固定直线 L，移动到其镜影处，如图所示：L 为固定直线，A 点移到 A′，而 L 垂直平分 AA′（也垂直平分 BB′）。

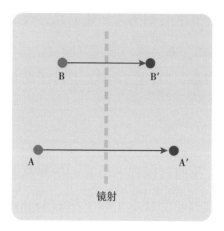

镜射

镜射

这两种变动，平移与镜射，有个基本上不同的地方：平移可靠着整个平面的运动达成，但镜射则否。

就镜射变动中的 A、B 两点而言，我们可以把平面依 L 的垂直方向平移，使得 A 点移到 A′；这时候 B 点移到 B′ 的右侧 B″。我们再以 A′ 为中心，把整个平面旋转，使得 A′ B″ 与 A′ B′ 重合。

经过平移与旋转这两个平面的运动后，A 移动到 A′，B 移动到 B′，看起来，似乎达成任务。但是若加入了第三点 C，你就知道它不可能靠着平移和旋转，移动到镜射该有的位置。

如果平面以 L 为轴，能够在空间中转 180 度，那么镜射的变动就此完成。

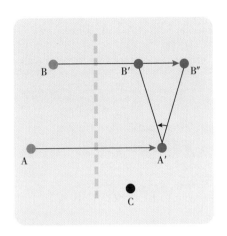

通常说平面的主要运动有三种：平移、旋转与镜射，指的是广义的运动，包括允许在空间中的翻转。如果不准翻转，就说是真运动；真运动只含平移与旋转，以及两者的合成。

全等

平面几何讲两个三角形全等，指的是在广义的运动下，一个三角形完全可以叠合到另一个三角形上。以两边一夹角相等就全等为例，图示如下：

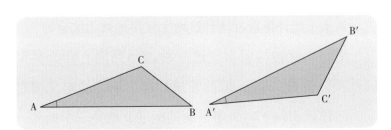

（1）平移：△ABC→△A′BC

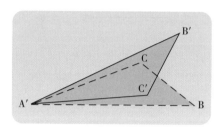

（2）旋转：△A′BC→△A′B′C″

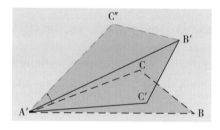

（3）镜射：△A′B′C″→△A′B′C′

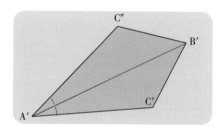

如果不允许镜射翻转，这两个三角形就无法全等。

平移、旋转与镜射，这三种运动到底有什么共同的性质，值得放在一起来考量？其实把运动定义清楚了，问题就明白了。所谓平面的运动，就是一平面到同一平面的点变动，使得任两点的距离，在变动前后保持不变。

你很容易验证：平移、旋转与镜射都能够保持距离。反过来，数学家会证明：任何平面上的运动，都可由这三种特殊的运动组合而成，就如上面将△ ABC 变动到△ A′ B′ C′ 的运动所示。

对称

我们说过，车子就外观（窗子、门、大灯、轮胎等）而言，是镜射对称的。用平面运动的语言来说，亦即：车子正面的平面图样，在以中线为轴的镜射运动之下是不变的。

有的雨刷装置不采用镜射对称而采用平行对称——移动了半个窗子，雨刷还是朝同一方向的雨刷。

方向盘、刹车板、油门板、离合板的设计，就没有什么对称可言，只是到了靠左边开车的国家，这些装置要往右平移到对称的位置。

前面小转弯与大转弯的图也一样，只表示不同国家的动线位置成镜射对称，并不表示，同一条路上居然有对称的动线。

对称的位置与图样的对称是要做区分的。

旋转

旋转运动与旋转对称也可以用车子及开车来说明。

想象自己开车在路上一点 A，几分钟后从对街反向开回来（让军阀知道谁走了左边的路），到 A′ 点，如下图所示。则 A 这个箭头（代表车的位置与方向），以 M 为中心旋转了 180 度后，就得到 A′ 这个箭头。

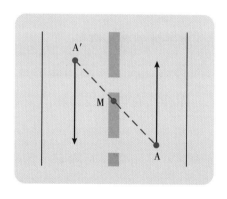

同样再转 180 度后，箭头会与原来的重合，这样的旋转称为二瓣旋转，而箭头 A 与 A′ 在此旋转下具有对称的位置。

车子在跑，轮子在转，轮辐的对称设计，有三瓣的、四瓣的、五瓣的等等。每转一瓣，轮子整体与原来的无法分辨，轮辐有旋转的对称。

5.4　孪生的左与右

人大致是左右对称的动物，前后又分得清楚，自然很早就产生了左与右的观念。

人当然不是完全左右对称的动物，否则不会把左边定义成心脏所在的那一边。不过，这样的定义其实也是有问题的，因为有些人的内脏左右完全倒了过来。我们要说左边就是大多数人心脏所在的那一边。

对一般人来说，左与右没有什么基本上的不同，但在许多场合，左与右不得不分清楚。有些国家靠左走，有些靠右走，出国在外，不特别注意，就会要命的。

路通常是双向通行的，我在路的一边靠右走，对向走在路另一边的人，也说他是靠右走的。所以路的左与右是相对的。不过河水有一定的流向，左岸、右岸就分清楚。巴黎塞纳河左岸是个浪漫的地方，在左岸喝咖啡实在写意。

左右不分

拿一张幻灯片从反面看去，则街景左右互换，你看得出来？通常不容易，除非你很熟悉幻灯片中的景物。

不过，有时你会说："反了，车子怎么靠左走？"或者说："店招的文字反了。"甚至说："日期的数字反了。"

车子靠边走是人为的规定，文字、数字是人造的产物，都有左右之分。有一次要小侄儿算 6 加 9 是多少，他背着我，用手指捏了半天，在纸上写了 13 作为答案。我说"错了"，他马上把 3 擦掉，改写成 ε。有些小朋友在某一段时间，分不清一个简单的字及其镜射字，譬如 3 与 ε，5 与 ろ，6 与 ∂，等等。不过年纪稍长，就不再有这种困扰。我说"错了"，我的侄儿以为写错了，而不是算错了——那时候他对算比对写要有信心。

谁最会写镜射字？刻印章的人！你想看镜射字吗？最直接的办法就是拿面镜子来。找不到镜子也无所谓，只要把字纸翻到背面，对着灯光看就是了。

欧洲许多国家的议会，持保守主张的议员，习惯坐在议长的右手边，持自由主张的坐在左手边。日子久了，左派与右派就成了标签。

《论语·宪问》篇中，孔子说道："微管仲，吾其披发左衽矣。"要不是有管仲，我们就要为胡人所征服，披头散发，穿着衣襟向左开口的衣服了。胡服向左开襟是他们的习俗，中原人士穿了会觉得是奇耻大辱。左与右在习俗之下，居然有这么深层的含意。

皇帝南面为王，就找称为左辅右弼的左右手，来帮他治国。左和右表示在附近，就如左右手，佐和佑都是辅助的意思。这些左右手需要给他们官名，有的称为左丞或右丞，有的称为左将军或右将军。唐朝中书省位于宣政殿殿廊右边，就称为右省；门下省位于左边，就称为左省。

左与右谁大？

左边比较大，还是右边比较大？我猜原来是一样大，甚至左边比较大，因为左右并列时，我们总是先说左后说右，譬如左顾右盼、左邻右舍。日本早期置有左大臣及右大臣，通常认定由右大臣变成左大臣叫作升任。

不过人的左右手长期较劲下来，大部分的人左手较差劲，所以落了下风。我们说左迁是降级，右迁则是升官。左官指的是地方官，右官指的是京官。旁门左道就不入流了。

主人坐北朝南，请老师坐西席，就坐在主人的右手边。主人的右边座位比较尊贵，不过当尊贵的客人进了门，侍者会跟他说，请往左边坐，所以有人说左边比较尊贵。其实这是相对的，主人的右手边，就是进门客人的左手边。

英文表示右边的 right 字，原意是直的、对的。直
到十三世纪才有右边的意思——右手较能干，总是做对
了。表示左边的 left 字，原意是弱的，后来才有左边的意
思——左手比起来是较弱的。

左旋与右旋

参加比赛跑运动场，总是向左弯绕着跑。向左弯前进，通常说是逆时针方向，因为和时针、分针绕行的方向正好相反。不过，时针为什么都走"顺"时针方向？

没特别理由，只因时钟制造者都习惯这么设计。近年有不少"逆时针"方向行走的时钟上市，成了时髦的典藏品。时针方向就和左边一样，只是大家共同的规约。

从北极上空看下来，地球是向左转的（从南极看则右转）。因此北半球的台风其旋转是逆时针方向，也就是左旋的；南半球的台风，刚好相反，是顺时针方向，右旋的。

空间里的左手系和右手系

到目前为止，我们谈的基本上都是平面的左与右。到了空间，我们就有左手系与右手系的不同。

左手的镜射是右手，右手的镜射是左手，但在三维空间中，左手与右手无法叠合。

右手的拇指、食指、中指可代表空间的三个方向，左手也一样。但依拇指、食指、中指这样的顺序，这两系统的三个方向却无法一致。于是，我们有两种三维

空间的坐标系统，左手的、右手的。通常我们用右手系统——没有什么特别道理。

电磁学中有两个定则，左手的、右手的，利用手的头三根指头记住电磁学的重要定则。

DNA 的双螺旋围绕着想象中的轴旋转，如果以右手拇指代表旋转的前进方向，则其他四指弯曲握掌的方向正和旋转的方向相同，所以说 DNA 双螺旋是右旋的。

其实，前进的方向不是绝对的，把前进的方向倒过来，你会发现右旋的还是右旋的。

物理、化学中一样有左旋与右旋的区分。

左与右，就像是孪生兄弟。

5.5 对称

艺术之为美并没有一定的标准，不过有一类图形，你会感到它有对称之美。图形是否对称倒是有标准可言，当然，在这里我们谈的是数学的对称。

一个平面图形有对称，表示在平面的某种运动之下，图形并没有改变。平面运动有许多可能，其复杂的程度可以把一个三角形变化成另一个任意给定的全等三角形，就像前文所展示的（见第 4.4 篇）。

通常谈平面对称，运动指的是基本的三种：平移、镜射与旋转，或它们之间的简单组合。

平移对称

我们说过大部分小车子的雨刷做平移对称的装置，向左移半个窗子，原来右边的雨刷就移成左边的雨刷。不过这并不符合最严格的平移对称：在此平移之下，左边的雨刷呢？左边的左边并没有窗子，更不用说雨刷了！严格说，我们得到的是局部的平移对称。

笔直的道路上，等间距的一排棕榈树或路灯，更接

近严格的平移对称。平移时，第一个移到第二个、第二个移到第三个……虽然不可能永远移下去，但在视线所及之处似乎无穷无尽。这就够了，足够形成视觉的平移对称。

地毯上一再重复的图形，水道桥下一再重复的桥孔，浮雕中一个接一个的俘虏，铁轨间一条接着一条的枕木，一而再，再而三，都构成了平移对称的图形。

镜射对称

自然造物，产生许多镜射对称的生物，人是我们天天见到的。动物中的蝴蝶让人叹为观止，两翅一开一合就告诉我们什么叫作镜射对称。兰花种类很多，但从数学的观点而言，它们都有相同的胚腾：镜射对称。

有湖、有河的景色最美，湖边、河边的景色映入水中，成了镜射对称之美。不过，湖水、河水到底不是平静清澈如镜，所以影像不免有些朦胧，色彩不免有些变调。可是，这可能是摄影家、绘画者的最爱。艺术家不喜欢数学式的严苛，他们喜欢基本架构下的变化，他们感受胚腾，但更求表现。

树之间的距离都相等

　　其实自然的景物，呈现严格的左右对称者绝无仅有。人大致是左右对称的，只是细节就不一定，每个人照镜子仔细看就知道了。透过镜射的方法，用大头相片的左半脸，可合成一个左右完全对称的新脸孔；用右半脸也是可以的。两张新脸是不一样的，当然跟原来的脸也是不同的。

　　有一次去到亚马逊河的支流马德雷迪欧斯河（Madre de Dios），在秘鲁境内的马多纳多河港（Puerto Maldonado），要转乘独木舟去支流马奴（Manu）的生态保护区旅游。

　　独木舟的船夫先把旅客的行李，一件一件摆到船头的中央，然后依序指定旅客上船，左边坐一个，右边坐一个，左边的一个如果是胖的，右边的那个吨位也不轻。左右随时维持大致平衡。渐渐地，船身不再大幅摇晃，旅客上船顺序，体重大小就没有那么讲究。

这也是一种镜射对称，注意的是重量的大致平衡。

旋转对称

圆是具有旋转对称的标准物，就圆心无论旋转多少角度，圆还是圆。圆的具体物是车轮，不过要车轮能够滚走，就要加上轮辐。加上轮辐，车轮就不是圆形旋转对称。辐线有 n 条，只有旋转 360/n 的整数倍度数，图形才会保持不变——这是正 n 边形的对称，是 n 瓣的旋转对称。

自然物中有旋转对称的不少，譬如年轮、某些花朵，还有雪花。雪花呈六瓣旋转对称的胚腾，但每片雪花都

可以不一样。这是自然的奇迹。

人造物中一样有许多旋转对称的。印度阿育王碑是四瓣的，美国国防部建筑是五瓣的，韩国国旗上的阴阳图是二瓣的。许多公司的标志采旋转对称设计，各种瓣数都有可能。

有些旋转对称是有方向的，例如万字，有左旋的卍，有右旋的卐。

另一个明显的例子是电扇，它的叶片本身不是镜射对称的，叶片呈镜射对称就刮不起风来，方向弄错了，就把风吹到电扇的后方去。

圆和正方形的对称除了旋转外，还有镜射。有方向的旋转，就失去了镜射对称，例如左旋的卍字经过镜射之后，不再是左旋的，而变成了右旋的。

旋转对称的想法推广到三维空间，圆就变成球，正多边形就变成正多面体。球形的海藻、正多面体形的放射虫，都是有名的例子。

锥与柱也可以看成是圆的推广，不过基本上这些都是圆对称，可以看成是平面的，只是锥是由不同大小的圆堆成的。用辘轳做陶胚，更是由不同大小的圆堆成的具体物——用几何的语言，它们是旋转体。

镜射再镜射

平移、镜射、旋转是三种基本的平面运动，相对应的，我们有三种不同的对称。地毯或布料的构图、建筑正面的设计、平面的铺砖等，往往把这三种对称做适当的合成，使得对称更为华丽。

到理发店，如果座位的前后都有镜子，那么你看到的是无穷的延伸，有正面的你，也有背面的你，是镜射再镜射的结果：镜射再镜射就成了平移。

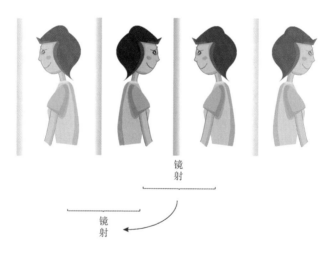

我要一颗四象限印章，上面有1、2、3、4四个数字，如下图所示：

刻印章，要刻镜射字，可用中间图各边为镜子，得到4个镜射图。那么这4个图要刻哪一个比较好呢？

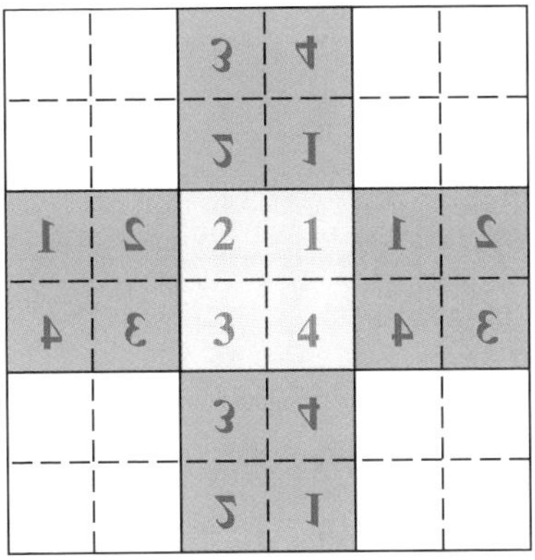

首先请注意，左边与右边的两个图其实是一样的，它们是平移对称（镜射再镜射的结果）。同样道理，上面与下面的两图也是平移对称。

再进一步，以右图的左上角为中心，将平面旋转180度，可把右图转成上图，两者是旋转对称的。同样道理，上图与左图、左图与下图、下图与右图，也就是说，4个图都是对称的。

所以，用哪个图刻印章都一样，只要角度转对了，所盖的章都是中间所要的四象限图。

我们可以把各图一再以各边做镜射，这样可以创造一块地毯的图案。这地毯整体有镜射对称，有平移对称，也有旋转对称，是相当复杂的组合式对称图案。

这是平面铺砖的一个例子。

图案用1、2、3、4，太数学了。换成一条龙或一幅

风景画，似乎就艺术起来。这里艺术与数学的分界很清楚，单位图案的延伸（靠平移、镜射、旋转）属数学，单位图案的设计属艺术。

什么叫作平面铺砖？最广义的说法就是用砖把平面铺满，砖可以是任意形状的。

有些城市的确用不同形状的石头，铺成街道，颇有中古的风味。现代城市的人行道通常没有那么任意，所用的砖形状变化不多，甚至是很呆板的长方形或正方形，一片接一片，不必花心思，就把人行道铺满。当然也有讲究变化，力求美观的。

从正方形，自然就想到正多边形。想用同样的正多边形来铺满平面，则边数只能为3、4或6，因为只有这样的正多边形，它的一个角的角度才可整除360度，才

有可能用相同的正多边形，围绕着共同点，把空隙填满。
铺完了砖，上面还可以画上图案。

　　铺砖连同图案，如果在整个平面的某种运动之下，
可以保持不变，我们就说有了对称。

红宫平面铺砖对称图案

　　多边形的平面铺砖连同图案，其对称可能有多少种

变化？各民族在地毯上、墙壁上，都努力呈现各种可能的对称，成就最大的要数阿拉伯人。

穆斯林禁止以动物的形象入画，他们就努力发展文字画及几何画的艺术。几何画的最精彩呈现，就在西班牙格拉纳达市的红宫（Alhambra）。

从八世纪开始，北非的摩尔人入侵西班牙，统治了半岛的大部分地区达七个世纪之久。在西班牙人逐渐反攻之下，1492 年 1 月 2 日，摩尔人的最后一位统治者巴伯迪尔（Baobdil），眼看大势已去，撤离了红宫，在正要翻过山头往地中海去时，他回头望红宫一眼，不禁伤心落泪——这么美丽的皇宫！落泪之处现在称为"摩尔人之叹"。

红宫内院各个建筑的墙壁及天花板，到处都有平面铺砖对称图案，其对称的结构变化共有 17 种之多。后世的数学家证明也只能有这么多种。

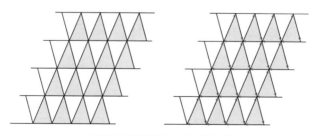

17 种平面铺砖图案中的 2 种结构

艾雪的画作与广义对称

近代的荷兰画家艾雪（M.C.Escher,1898—1972）画了许多平面铺砖图案画。他的画不一定遵行严格的平面铺砖图案对称原理，但总可看出背后一些数学的胚腾。

艾雪说他不懂数学，但谈起他的画，数学家却能说出一些数学道理。这是典型的艺术与数学交流：艺术创造在先，数学解释胚腾在后。数学家注意艺术的骨架基础，艺术家则不自觉地在骨架之上添加自己喜欢的门面。

艾雪的画有些要从广义的对称观点，才能看出胚腾。

为了谈点广义的对称，我们再看小汽车的正面。

它大体是镜射对称，但雨刷大概不能含在内；雨刷大概采用平行对称。整个正面不是严格的对称，只能说有局部的对称：当你忽略了雨刷，汽车正面是镜射对称；当你专注于雨刷，它是平行对称。

大的建筑也一样，有的部分为镜射对称，有的部分为平行对称，甚至有的部分还有旋转对称。大教堂常是这样的。

铺砖也不一定非全用相同的多边形不可，各种形状的砖头混着用，也有可能铺满平面，而且具有相当的对称。

另外，对称的概念也不必限于平面的运动，譬如相

似形的想法，把所有的圆（球）看成一样，所有的相似三角形也不再区分。第3.5篇所提到的等角螺旋就是相似之下的对称图形。相似也可看成为平面上的一种变化，它不保持距离（大小），但保持形状不变。

我们也可考虑不同于平面的二维空间，譬如球面或轮胎面，还有上面的变化；有空间、有变化，就有对称图形，艺术家就能有非凡的创造。艾雪就是这方面的能手，虽然他不懂相关的数学术语与理论。

5.6　带状装饰

有些腰带或其他带状物，譬如地毯的边缘，上面有连续的图案，图案之间有某些对称的关系，我们称为带状装饰。每个民族都有自己钟爱的带状装饰，但经仔细分析，发现都有一些相似之处。相似是因为带状装饰都遵守某些共同的数学结构（胚腾），钟爱则取决于基本图案的设计。

先看下面三个例子：

带状装饰结构的底层是相同连续排开的长方形，表层是长方形中的图案。我们只画出三个长方形，因为3可表示多数，虽然只画了三个，但可无限延伸的意旨，

尽在不言中。

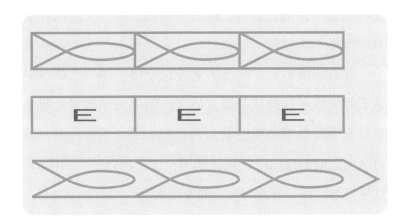

　　每个带状结构中，三格的图案都是一样的，我们说每个带状结构都有平移对称——把整个带状横移一格，结果图案不变。每个带状又都有上下的（镜射）对称（非左右镜射），亦即把镜子竖在长方形横向的中间，在镜子外，图形只剩下一半，但这一半呈现在镜子里的映像，恰好和挡在镜面后面的另一半一模一样。

　　如果图案画在纸上，就像我们的例子这样，你把有图案的纸张，在空间中，上下翻转到背面，经透光看到的图案，如果和原图案一模一样，这样也可确定图案是上下对称的。

　　前两图的图案当然是不一样的，但就对称的观点而言，它们都有平移的对称，以及上下的对称，而且除这

两者外，没有其他的对称。所以从数学的对称结构而言，这两图是一样的；当然，就艺术的观点而言，这两者是不一样的。

与第二图相比，第三图更接近于第一图：把第一图格子间的纵线抹掉就是第三图了。第三图的图案看起来像是有个头及两条尾巴的东西，把头部切下来，向左移到两尾之间的空白处，就回到第一图。所以一、三两图，只是长方形格子分割与组合的变化而已。

从数学观点而言，它们是一样的；从艺术观点而言，每个人可有其偏爱。

长方形图案的对称

要研究带状装饰的对称，先从单一长方形的图案对称入手。如果图案空白，只剩下长方形，那么它有三种对称：上下对称、左右对称及就中心旋转 180 度的对称，如下图所示：

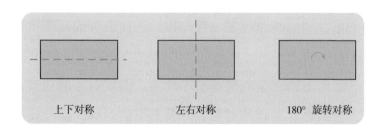

上下对称　　　　　左右对称　　　　　180° 旋转对称

如果有图案，带图的长方形要有某种对称，除了图要有该种对称外，长方形本身也要有该种对称。所以对称只能有上下、左右及旋转180度三种。

假定图案就是简单的P字，那么它在上下对称、左右镜射及旋转180度的运动之下，呈现如下的结果：

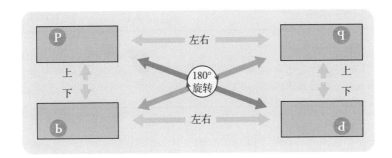

这四个图案都不一样，所以P图是没有任何对称的。

有对称的图案如下一页所示。

原本只有上下、左右、旋转三种对称，但若同时具有其中的两种，自然会具有第三种对称。请参考上面的图：譬如上下镜射之后做左右镜射，结果与直接旋转180度是一样的。三种对称同时具有者称为长方形对称。

汉字绝大多数是不对称的。只左右对称的有一些，其次是长方形对称的，仅仅上下对称或仅仅旋转对称的字很少。

图案	字母	文字	具体形象	对称
	E	⊢	倒影	上下对称
	M	門	蝴蝶	左右对称
	S	互		180° 旋转对称
	H	非		长方形对称

7 种对称

带状装饰的对称，就是将长方形图案与平行运动合起来看，一共有 7 种，列表如下图。

左边的第一图是把不对称的 P 图案，一再平移，就成了平移对称的带状装饰。第二至第五图则是把长方形 4 种对称图案各做平移而得的。第六图的平移是移两格才对称的，"平移后上下"的意思是先平移一格，然后上下镜射。

图案	文字	具体形象	对称
	比	路灯	平移
	囍	女儿墙、拱廊	平移、左右
	巛	岸边路灯倒影	平移、上下
		铁栏杆	平移、旋转
		铁栏杆	平移、长方形
	上下	脚印 独木舟	平移、平移后上下
	MOW	瓦片	平移、左右、平移后上下

　　最好的例子是沙滩上一个人的足迹，一左一右，一左一右。独木舟指的是多人划的，一左一右。第七图的长方形图案本身就是左右对称的。

　　模仿第六图的做法，我们可以把 P 图平移之后，做左右镜射就得 ▭ ，不过两格看成一格，它和 ▭ 是一样的。平移与旋转的组合，也不会产生新的图案，因为 ▭ 等于 ▭ 。

　　其他的组合都没办法产生新的对称，带状装饰的对

称就是前一页图的那 7 种。而这 7 种都可由最基本的长方形图案，像 P 图那样，经上下镜射、左右镜射、旋转及平移运动而得到。

数学与艺术相遇

带状装饰也是艺术与数学的接触点。数学原理告诉我们，带状装饰一共 7 种；告诉我们如何从基本的图案得到这 7 种；告诉我们可以抹掉长方形的分格线，也可以将长方形变形。（平面铺砖也可做抹掉分格线与变形的变化。）

真正创制带状装饰者，则要设计最基本的图案，决定如何将长方形变形，甚至涂上颜色等。这些都属于艺术的范畴。长方形图案的制作也可以和剪纸相关，要得到左右对称图案，可以把长方格左右对折后，任意剪出一个图案，再展开就好了。

艺术与数学接触的地方还很多。平面铺砖比带状装饰复杂多了，但艺术与数学各自的角色，在铺砖与带状装饰是相同的。要学绘画，先学素描，素描有一定的数学投影原理；学会素描，如何变招那就是艺术的事了。

第 **6** 篇

想篇

想什么，怎么想

人之异于禽兽者几希。我想，用于沟通兼思考的语言是其中的一个。语言可用来沟通，但像用人类听不到的频率传达信息，也是一种沟通。语言用来做复杂的沟通与思考，就应该是人类独有的本事。

一般语言是约定俗成的，约定的基础往往靠的是归纳。看了几只老虎很凶猛，就得出老虎很凶猛的结论，连没见过老虎的人，也会受到语言沟通的影响。

"老虎很凶猛"只代表统计上绝大多数的老虎很凶猛，但并非老虎只只凶猛，没有例外。

归纳是思考的一个起点，如果归纳只凭直觉，所得的结论可能就有问题，像认定某人会算命的过程往往就如此（"听说很灵呢！"）。统计式的思考可使归纳的结论更为可靠。

一般语言比较容易陷入跳跃式的思考，只凭直觉就

归纳是原因之一，胡乱把"因为"与"所以"配对也是，甚至人云亦云也是（譬如世纪之交很神圣）。

数学也可用以沟通与思考，也是一种语言，它的应用范围较窄，但思考得较缜密，沟通得较精准。一般语言若能将数学的思考纳入，于沟通及思考一定能发挥较大的功能。

语言常涉及集体与个别的相互关系。"老虎很凶猛"

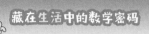

的老虎是通称，是个集体名词。我们说个别的老虎很凶猛大概也错不了，不过有可能会有例外。"人皆有死"的人，一样是通称，是个集体名词，但"有死"却没有例外。另外，"人为万物之灵"的人，一样是通称，但它不再是集体名词，而是一整体名词，因为所有的人合成一整体，才会成为万物之灵，我们不能说特别的哪一个人是万物之灵。

你看，集体或整体与个别之间的关系还蛮复杂的。数学中的集合论，研究的就是集体与个别之间的关系。戴上数学的眼镜，有助于相关语意的澄清。

"人皆有死""水往低处流"这些对集体名词无例外的描述，是逻辑中三段论法的基础。三段论法看起来有点无聊，譬如"人皆有死"，因为"我是人"，所以"我会死"。三段论法会增加我的思考能力吗？看来不见得。你看古往今来，有多少人梦想得到长生不死的药呢！"水往低处流"不是很明显吗？但有人因此能确定某条河流不是尼罗河的上游，有人却对罗布泊有伏流，成为黄河河源的想法深信不疑。

有人反对"小班教学"的主张，因为有许多学校已经是小班教学，但效果并不佳。其实这种主张，只是把"小班教学"当作"教学有效果"的必要条件，而不是充分条件。必要条件的意思就是没有它一定不成，并不是有它一定成；有它一定成是充分条件。

"水至清则无鱼"表示"水至清"为"无鱼"的充分条件，"无鱼"为"水至清"的必要条件。与"水至清则无鱼"的等价说法是"有鱼则水不至清"，而不是"水不至清则有鱼"。

三段论法，充分、必要条件意义与关系，都是学了一般数学就可掌握的思考利器。

学数学还可掌握另一个思考的利器，就是认知二元对立并不是事物的必然。买对卖、开对关、冷对热都是二元对立，但本质上它们是不同的：没有买就没有卖，但并不是"没有开就没有关"，而是"不是开就是关"。

关于冷与热，既非"没有冷就没有热"，亦非"不是冷就是热"。"不冷"不是热，"不热"也不是冷，否则"不冷不热"怎么说？冷与热是某种程度的对立，极冷与极热是两极，大部分的状况，都介于两者之间。黑白、好坏等等都是这类的对立。

联招与单招也是属于这类的对立，没办法说哪种招生方法绝对好或绝对坏，只要适当融合两种招生方式，就能做得更好。我们说这不是 0（全无）或 1（全有）的选择，而是 0 与 1 之间的选择。数学中的加权平均就是

非常具体的例子。

语言是约定俗成的，字词的定义不如数学名词的精准，句子的意义不如数学推演的清晰，讲话的情境也不像数学那样一定要讲明。许多笑话与幽默，就在这种模糊温床中产生，用以挑战约定，还有凸显特色。当你欣赏了这些笑话与幽默，其实无形中已经用了数学的观点。

有了数学的观点，思考可以更清晰，表达可以更清楚；反过来，笑话与幽默也可用数学的观点来欣赏。

6.1　数学是一种语言

夜市上，一位老外看中了一只手表，问道："How much？"老板虽然不懂英语，但猜到是要问价钱，于是伸出两根手指，口中说："两百！"老外看到两根手指，马上回以一根手指，并应道："One hundred！"老板摇摇头，右手手心向上往上提了两下，表示还价高一点，并把左手中的计算器交给老外。老外在计算器上敲出150，老板点头成交。

"how much""one hundred"与"两百"无法直接沟通，靠着一根指头、两根指头，大概就知道对方的意思。计算器上的"150"就非常确定，不是15也不是1500，

一根指头、两根指头没有会错意。

语言是用来沟通表达的，但一般语言靠着声音，结果南腔北调，不一定相通。肢体与数学也可用来沟通表达，虽然广度不及一般语言，不过深具世界性。

从沟通表达的观点而言，一般语言都把数学纳入其中，所以单独谈数学语言，似乎画蛇添足。不过作为一种

语言看待，数学自有其特色，也与一般语言有相异之处。

语言的规约，没什么道理

我有一位远房侄儿，从小在澳大利亚长大，最近到成功大学读中文。有一次扫墓祭祖，碰到他。

我说："澳大利亚没有地震吧！这次九二一，你感觉如何？"

他回道："九二一的前天，我刚好回澳大利亚去！"

我当然懂他的意思，不过趁机跟他说："中文的前天一定是相对于今天来说的。九二一的前天，要说成九二一的两天前或前两天。"

他应道："哇！英文把前天说成 day before yesterday，但九二一的两天前，不能说成 day before yesterday of 921，而要说成 two days before 921。中英文的规约在这里是相同的。"

不错，不说"九二一的前天"，而说"九二一的两天前"，中文、英文都有相同的规约。语言是约定而俗成的，不一定有绝对的道理。

中文说"60 分以上方为及格"，换成数学语言则说"得分大于或等于 60 分为及格"。英文并没有"以上"的直接说法，它要说成"The passing score is 60."；如果硬要直接说，就成了数学语言："Scoring more than or equal

to 60 is passing."

这是中英文各自约定而成不同俗的例子。

中文说："我家兄弟三人。"译成英文要说："I have two brothers."英文说："I have three brothers."译成中文要说："我家兄弟四人。"男性用中文数兄弟要把自己数在内；用英文数，则不包括自己。

这是规约，没有道理好说。

统计的观点

数学讲究清楚明白的规约，一般语言就较马虎。我们提过"老虎很凶猛"的例子。这里的规约是说："一般的老虎是很凶猛的。"（但动物园养的就不一定了。）一般语言如果讲究精准，就会变得啰唆。所以你知我知的事，就省略不讲。如此一来，我以为你知的，你却不知，误会就来了。

用数学语言就可以讲得更清楚吗？不一定，因为"老虎很凶猛"一般并不在数学研究范围内，如果一定要用数学语言，则说："从统计的观点，老虎是很凶猛的。"或说："一般的老虎是很凶猛的。"真有人这样说吗？也许心存统计的观点就好，我知你知"老虎很凶猛"是什么意思。

用一般语言沟通表达，比较容易陷入跳跃式的思维，而数学语言则力求逻辑式的思维。

张三找某甲算命，觉得很准，李四找某甲算命也很准，于是一传十，十传百，某甲算命就出了名。某甲说了几件不最明确的预测，张三在自由联想中，发现某个预测似乎应验在自己身上，于是觉得某甲算命很准。

数学式的思维，则要明列共预测了几件事，每个预测到底是什么，再来验证到底有几个预测是对的。对张三如此，对李四也如此，最后由统计数字来判断某甲是不是很会算命。

数学作为沟通表达的工具，就要尽可能把这种统计式的思维说出来给大家听，以有别于任意归纳式的思维。于是"民意调查共访问了950人，有95%的可信度，误差在正负3%内"，类似这样的话，就常出现在报刊杂志上。

几率的观点

乐透开奖，头奖由乙店卖出，于是大家疯狂汇集到乙店来，抢着买乐透。咦，好歹大家都学过概率：一家店卖出头奖的概率本来就很小，连续两次卖出，很小又很小，概率变得更加小，这不是概率的乘法原理，是什么？

俄国有句俗语说："白乌鸦拉屎在我头上！"表示实

在太倒霉，或太走运了。白色乌鸦本来就少见，"乌鸦拉屎在我头上"也是少见，少见又少见，简直难得一见。到乙店买乐透没中奖，可就要回味一下俄国人的这一句俗话。

如果不管头奖原先由哪家店卖出，"任何人到乙店买乐透中奖的概率"跟"任何人到任何店买而中奖的概率"是一样的。

概率思维也该融入生活之中。

前因对不上后果

有个基金会举办成长班，一期共上课 10 次，学员只要缺席不超过两次，就可以得到结业证书。承办人向董事会做了这样的报告："成长班一共办了两期，第一期的结业率为 80%，第二期为 70%……大概因为第二期报名的人数比较多吧！"

承办人本来没去注意结业率降低的原因，在报告中突然觉得该给个原因，又突然看到两期报名人数，于是就"找到"了原因。在一般的谈话中，常常掺用着"因为""所以"这样的用语，好像说得有根有据似的。其实仔细检查后，往往发现前因对不上后果。

结业率是结业人数与报名人数两者相除的结果，作为分母的报名人数增加了，整个比率就有可能降低。但是如果没有其他的原因，报名人数增加了，水涨船高，结业的人数也会跟着增加。现在第二期结业率的确小得多，理由当然不能赖上报名人数的增加。

逻辑不通

"这次参加竞赛的学生，表现突出，一个比一个有才艺。"这是一句赞美的话，但是否有点毛病？一个比一个

有才艺，那么谁最有才艺？

其实要说的是：各有才艺，很难比出高下来。

某单位发生办公室丢失物品的事件，于是在办公室楼口贴出公告说："办公区域，外人勿进，更不可在内乱来。"

这样的说法逻辑上是有点问题的：既然外人勿进了，怎么还有可能发生乱来的事？

其实公告要说的是："办公区域，外人勿进，违者论处；如果不但进入，而且乱来，则罪加一等。"

说多了就成真

有篇二十世纪末的文章，想谈二十世纪初废止的科举制度，做了如下的开场："……能够横跨两个世纪的人在人类总体上总是少数……"接着说这些少数的幸运儿，总要做些事，于是回忆起那一世纪到底发生什么大事，于是想到了科举的废止。

开场白的确不容易，这样的开场白倒还很新鲜，只是跨世纪人物为少数是不对的。

什么是跨世纪的人物？是活过 2000 年 12 月 31 日及 2001 年 1 月 1 日这两天的人？

二十世纪是人口增加迅速的世纪，下半世纪比上半世纪的人要多得多，平均寿命已超过50，所以过半的人都是跨世纪人物，跨世纪人物绝不是少数。

在二十世纪的最后几年，"建立跨世纪的团队""提出新世纪的教育主张""迎接新世纪的第一道曙光"，这类口号震天地响，好像新旧世纪之交是多么神圣的时刻。久而久之，与之相关的事物就变成很稀有，很值得珍惜。

一般的语言描述得不一定精准，比较容易随意做推论。参用较多的数学语言，说明可以做得较为精准，推论可做得较有把握。

数学作为一种语言，它比较精准，比较能掌握推论，比较有代表性，虽然沟通的内容不像一般的语言可以天南地北。

6.2　集体与个别之间

我们说过集体名词的属性，有的是绝对的，有的只具有统计意义，"老虎很凶猛"就属于后者，所以"动物园的老虎一定很凶猛"，就不一定是当然的结论。

"他到处旅行，所以各地风土民情无所不知。""他到处旅行，但各地风土民情却一无所知。"这两句话都通。可见第一句话的"所以"并不是数学式的用法，从"到

处旅行"这个因，不一定得到"各地风土民情无所不知"这个果。

到处旅行的人可看成一个集体，此集体的成员有一统计性质，亦即多数的成员于"各地风土民情无所不知"，因此我们用了"所以"的说法。

但是有少许人常常因公务出国开会，匆匆去，匆匆回，只知道去了什么地方，不知道那地方有什么特色，于"各地风土民情一无所知"。这样的成员在到处旅行的人中居于少数，所以第二句中用了"但"字。

从来不旅行的人也可能有这两种属性，但是"所以"与"但"就要倒过来用，图解如下。

我是你初中的同学

有一天接到一个电话，对方说："我是 ×××，还记得我吗？我是你初中的同学。我明天去看你，好吗？"

的确，我记得初中同学中有这么一个名字，但除了名字之外，什么印象都没有了。

"我是 ×××"的"是"字是相等的意思：说话的那个人等于 ×××（某甲）。"我是你初中的同学"的"是"字就不是相等，因为"我的初中同学"除他外还有不少人。"我的初中同学"只是某甲的属性之一。

回家之后，赶紧翻阅初中毕业纪念册，看到了某甲的照片。嗯，四十年前他长得是这个样子，我又知道了某甲的另一个属性。见了面，发现某甲还隐约像他四十年前的样子，不过当然是五十开外的人了。聊起来，知道他大学毕业后就去新加坡，是造船工程师，做了二十年退休后，回来在顾问公司做顾问……点点滴滴，我对某甲认识愈来愈多。

我们可以把某甲的点点滴滴，看成为一个集合，而这一集合全体正是某甲——某甲是个集体名词。这集合

中的任一点滴 A，都可以用来说明甲，而说"某甲是 A"。

其实某甲的名字并不等于某甲，它不过是某甲的一个点滴而已——名字当然是重要的一个点滴。只是约定俗成，我们总是把名字和人弄成相等。

但请注意，人是可以改名字的，可以以其他名字出名的，或者因同名同姓而不知道谁是谁。只知道某人的名字，不知道他的任何点滴，等于不认得这个人。

"昨天见了面，某甲的心情是愉快的"，"某甲是工程师"，同样是某甲的点滴，前者时间短暂，后者时间较持久。当然持久的点滴更能描述某甲，于是有些语言就用不同的"是"，来区别短暂与持久的"是"。

譬如西班牙文用 estar 表短暂的"是"（在家、忙碌、愤怒中……），而用 ser 表示持久的"是"（名字、性别、职业、婚姻状况……）。

当然，某甲也可看成是由持久的、可称为属性的点滴所组成的集体名词。

人＝"没长毛的两足动物"？

有一天柏拉图（Plato）把人诠释成"没长毛的两足动物"，第二天戴奥真尼斯（Diogenes）就带了一只拔光羽毛的鸡来找柏拉图理论。

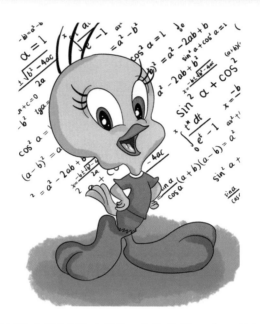

　　"没长羽毛的两足动物"可看成是"人"的属性，但要让它等于"人"，就要小心了。

　　用一两个简单的属性，就要定义一个集体名词，经常是办不到的。集体名词和名词一样，有时也得承认无法定义得清楚的，只能靠着多举例子，多做讨论，才能你知我知，有共同的认知。

　　"人"的成员是很清楚的，"黄种人"是"人"的一部分，是"人"的子集合，它本身当然也是一个集体名词。

　　但有混血的问题，"黄种人"的成员无法很清楚界定，所以一切有关"黄种人"的描述，都不可能百分之百正确。因为对黄种人而言，"百"本身指的是什么，就

无法确定。况且说黄种人是如何如何的人，往往也不知道自己所说的黄种人是哪些人。

曾经看到报纸说：某政治人物"讲了重要的言论"。这句话是有语病的。

一个政治人物在各种不同的场合讲了话，这些不同场合的讲话，可标成讲话（一）、讲话（二）、……共同组成了他的"总讲话"。但"总讲话"不只是各讲话的集体名词而已。

从"总讲话"可看出他的思想流变、他的主张、他的策略……只看个别的讲话，就不一定看得出这些名堂的。

为了强调这种超越个别之整体性，我们就用"言论"代替了"总讲话"。所以政治人物常出版"言论集"，它是由许多"讲话"组合起来的，而不是由许多"言论"组合起来的。

同理，当"人"超越了个别人的集合时，我们有时也用了"人类"这样的字眼，这时它像专有名词或抽象名词，英文用人的单数原型 man 或 human 称之，而且不加定冠词。

当集体名词超越了其所代表的成员，集体成了整体，它的描述就不一定能用到个体的成员。譬如说"人是万

物之灵"，但不因我是"人"，而让我有"万物之灵"的感
觉，或者会有"我是万物之灵"的说法。

"人定胜天"也是整体性的说法。

1 加 1 等于?

"就像 1 加 1 等于 2，这么简单，你还不会? !"在
言谈或文章中常见到这类的说法。

"嘿嘿，团结是力量，1 加 1 不一定等于 2!"偶尔
也会听到这种另类的说法。

当然，两个"1 加 1"的含义是不同的，一个是个体
堆成集体的想法，另一个则是个体合成整体的想法。古
典的科学理论，认为把个体以及个体间的关系研究清楚，
集体就清楚了。现在的科学渐渐在许多场合承认：一个
整体要比它的个别成员的加总还多得多。

6.3 人皆有死

"人皆有死"是铁律，"皇帝万岁"的口号从生物的观
点看来很可笑，只能从政治的观点来剖析：皇帝不是（普
通）人。

严格说，皇帝万岁，皇帝还是会死。不过等皇帝活

到将近万岁时，再喊皇帝万岁，皇帝一定大不乐，要人改喊"皇帝万万岁"。所以"皇帝万岁"的实质意义就是"皇帝不死"。

"人皆有死"的"人"是个集体名词，所有的人有个共通性，都会死。皇帝也是人，所以也会死。这是所谓的三段论法。

某人死了，亲人哭得死去活来，友人劝慰说："人死不能复生，请节哀顺变。"承认了"人死不能复生"这个大前提，有了"某人死了"这个小前提，三段论法说"某人不能复生"，就是结论了。

加勒比海的那些岛国，尤其是海地，以前巫毒教（Voodoo）非常流行。传说很多人死后会复活，但眼神无光，不会说话，只发鼻音，形同僵尸，称为zombi。

那么zombi（生前）是不是人？如果是人，而且死而复生，则"人死不能复生"这句话就要改了。zombi到底死过了吗？复生了吗？ zombi有心跳，能走路，绝对是活着。那么死过了吗？这正是谜底所在。

传说巫毒教士相中了某个年轻人，就会摄其魂，注以适量毒药，使其濒临死亡。家人以为真死，将其埋葬，教士再挖坟，把他救了过来。不过zombi中毒已深，神志不清，从此为教士所控制，为其做粗工。"人死不能复

生"，zombi 并没有违反这个说法，因为 zombi 并没有死过。

水往低处流

李文斯顿（David Livingstone）是位十九世纪英国的传教士，他非常喜欢到非洲大陆探险。先是从开普敦前往赞比西河，做了全河探险，后来对尼罗河的源头感兴趣。他一直认为尼罗河的源头，应该在坦干伊喀湖（Lake Tanganyika）的西南方，而认定那里的卢拉巴河是尼罗河的上游。

他在非洲过世后不久，另外有一位探险家喀麦隆（Verney Cameron），来到卢拉巴河的商旅小镇尼安格威（Nyangwe）。他量了该地的标高及卢拉巴河水量，宣称卢拉巴河不是尼罗河的上游。

喀麦隆的理由是这样的：尼安格威的标高比尼罗河中游的刚多科罗（Gondokoro）处要低，而且尼安格威的河水流量也只有刚多科罗的 1/5。

"水往低处流"是个大前提，尼罗河的水当然也要如此。如果卢拉巴河是尼罗河的上游，那么尼安格威的标高就要比刚多科罗的要高，但测量的结果正好相反，所以原来的假设错了。第一段的大前提是公认的，如果第三段的结论与事实不符，则第二段的小前提就错了。

卡麦隆把三段论法倒过来用，否定了李文斯顿的想法。

河流从上游往下，不断汇入支流水量，所以愈往下，流量愈大，这是"总量大于分量"这个大前提所得的结论。卡麦隆再次用三段论法否决了李文斯顿的想法。（流向沙漠的内陆河有的正好相反，愈往下游流，蒸发愈厉害，水量反而减少。）

卡麦隆原本要顺卢拉巴河而下，直接验证是否会跑到尼罗河。但尼安格威镇上有权势的阿拉伯商人提普·提卜（Tippu Tib）劝他不要这样做，因为沿河有茂密的森林，瘴气很重，又有食人族，还有许多急湍。沿途这么危险，李文斯顿也认为直接顺流而下是件愚蠢的事，

所以就诉诸直觉地认定。但卡麦隆用三段论法间接证明李文斯顿的认定是错的。

三年后，另一位探险家史坦利（Henry Morton Stanley）在庞大的资金支持下，花了五个月的时间，沿卢拉巴河而下，最后来到刚果河，从大西洋出海。史坦利直接证明李文斯顿错了。

《汉书·西城传》中，有一段话很有意思："……东注蒲昌海，蒲昌海一名盐泽者也。去玉门阳关三百余里，广袤三百里。其水亭居，冬夏不减，皆以潜行地下，南出于积石为中国河云。"大意是说塔里木河注入水量固定的蒲昌海（现称罗布泊），而蒲昌海其实有伏流，往南出于（青海的）积石山，是为黄河的河源。这样的想法是张骞出使西域开始有的，张骞没注意到积石山与蒲昌海高低相差悬殊，水怎么可能由低往高流！

"物稀"不一定"贵"

"物以稀为贵"，所以白老虎就很珍贵了。钻石在矿物中算是稀少的，所以价钱就卖得贵。世界上几个大钻石商深知物以稀为贵的道理，于是联合控制钻石矿的开采，免得一下子有太多的钻石在市面上流通，而使价格急速下降。

矿物是各种矿的集体名词，而每种矿本身就是一个集体名词。矿物以稀为贵，是以各个集合名词（各种矿物）来比较数量的。

我们说过，"老虎很凶猛"这句话是"老虎"这个集体名词的统计性叙述，个别的老虎可以例外。

与之类似，"物以稀为贵"也不一定是真理。譬如我得了稀有绝症，虽然变得很稀有，但绝对贵不起来——大概只有研究病理的医师才会如获至宝。

如果钻石不坚硬，一碰就碎，恐怕再稀有也没人要。

大前提的条件

看到太空舱里有水滴，从航天员的脚边往头的方向漂流，你对"水往低处流"就会起了怀疑。我们当然可以说"水往受力的方向流"，不过这太抽象，太有学问了。其实就地面上的"正常状况"而言，"水往低处流"是错不了的。

数学中众所公认的定理，就是数学语言中的大前提，譬如"三角形内角和为180度"是个定理。在某个几何题中有一个三角形，我当然可用"该三角形内角和为180度"这种三段论法的结果。

不过，如果我在地球仪上画一个三角形，再测量角

度，会发现内角和超过 180 度。我们的大前提就必须说得更精准些：平面上的三角形，其内角和为 180 度。如果跳到球面上，大前提就要改为：球面上的三角形，其内角和超过 180 度。

数学要找的规则，要找的定理，都是在特定条件下放之四海皆准的大前提。其实各门科学莫不如此，只是数学要找的是数与形的规则与定理，或谈得广义些，也就是数与形的胚腾。

三角形内角和超过了180度，地球仪上三个点连成一个立体三角形（不是平面三角形）

6.4　浑水可摸到鱼？

"人皆有死""皇帝有死""水往低处流""尼罗河水往低处流""物以稀而贵""钻石因稀有而贵"等句子，都可拆成两部分：甲与乙，且有"由甲导得乙（甲⇒乙）"的关系。

譬如第一句，甲＝人，乙＝有死；最后一句，甲＝钻石因稀有，乙＝贵。甲乙之间有甲推出乙的关系，而"导至"有时用肯定的字眼表示，有时省略。

"充分"条件与"必要"条件

在谈到大众必备的能力时，总会想到基本计算，所以说"基本计算为大众必备的能力"。这句话要说成甲⇒乙的形式，则变成"大众必备的能力含有基本计算"，甲＝大众必备的能力，乙＝基本计算。

大众必备的能力还有很多，譬如基本的语文能力，所以乙其实可以有多种可能。同样道理，如果"甲＝人"，则乙也有多种可能，譬如"乙＝有父母"。

套用数学的语言，如果甲⇒乙，则说乙是甲的"必要条件"，而反过来，甲是乙的"充分条件"。

譬如甲为 $a^2+b^2=0$，则乙可以为 $a=0$ 或 $b=0$ 或 $a=0$，$b=0$。$a=0$、$b=0$、$a=0$，$b=0$ 都是 $a^2+b^2=0$ 的必要条件；而 $a^2+b^2=0$ 都是 $a=0$、$b=0$ 或 $a=0$，$b=0$ 的充分条件。

反过来，只是 $a=0$ 或只是 $b=0$，并不能导致 $a^2+b^2=0$，所以都不是 $a^2+b^2=0$ 的充分条件。

但若 $a=0$，$b=0$，则可推出 $a^2+b^2=0$，因此 $a=0$，$b=0$ 对 $a^2+b^2=0$ 既是必要而且也是充分条件，我们就说 $a=0$，$b=0$ 是 $a^2+b^2=0$ 的充要条件。

反之，$a^2+b^2=0$ 也是 $a=0$，$b=0$ 的充要条件。

听到"小班教学"的主张，有人反对，而认为师资才是关键所在。反对的理由很简单：有许多学校因就学的人少，早就是小班教学，但效果并不佳。

其实"小班教学"的主张要说的是："教学效果要好的必要条件是小班教学"，即"效果好⇒小班教学"，但并不是说"小班教学⇒效果好"。

要效果好，还得要师资好，亦即师资好与小班教学合起来，才成为效果好的充分条件："师资好与小班教学⇒效果好"。

因此，认为师资是关键所在的人，也要同时认为：小班教学也是关键所在。

"甲⇒乙"与"非乙⇒非甲"等价

有一本介绍印加文化的书说：If coca did not exist, neither would Peru. 如果没有古柯叶就没有（今日）秘鲁（的样子）。

让甲＝秘鲁，乙＝古柯叶，则这句话就是"非乙⇒非甲"，而与"甲⇒乙"是等价的，亦即原文的意思为"秘鲁有古柯叶"，或把隐藏的意义说出来：秘鲁今天这个样子是因为它有古柯叶。原文强调古柯叶在秘鲁的文化中扮演了很重要的角色。

我们也可以让甲＝没有古柯叶，乙＝没有秘鲁，则英文的内容表示甲⇒乙，而它的等价表示为非乙⇒非甲，非乙＝有秘鲁，非甲＝有古柯叶。

"甲⇒乙"与"非乙⇒非甲"是等价的。

有一本书谈到选举时买票的事，说有些候选人"明知买了不一定上，不买却一定不上。"用充分必要的语言来说，亦即，"买票"不是"选上"的充分条件，"不买

票"却是"选不上"的充分条件。

从"不买票⇒选不上",可得"选上⇒买票",亦即选得上是靠买票的。特别值得注意的,这里的甲、乙不再限于一集体名词及其属性,而推及一般的"由甲至乙"的推论。

哥伦布的故事

哥伦布横渡大西洋,遇到陆地,以为是亚洲。但头两次碰到的陆地都是(今加勒比海的)海岛,找不到(亚洲)大陆。

1498 年的第三次横渡,方向稍为偏南,来到一岛屿(今千里达岛)与一陆地之间的海域。此处正是陆地上一条河流的出海口〔这条河即现今的奥里诺科河(Orinoque River)〕。哥伦布发现海口的淡水区竟然达 40 英里之远,于是他推测这是一条大河,而大河所在的陆地就是大陆了。(他以为是亚洲大陆,其实是南美洲大陆。)

若设甲=河口有广大的淡水区,乙=大河,不但甲⇒乙,而且乙⇒甲,所以甲与乙互为充要条件。若设甲=陆地有大河,乙=陆地为大陆,则甲⇒乙,但乙⇒甲不一定成立。所以甲为乙的充分条件,但非必要条件。

　　哥伦布从"河口有广大淡水区"，推至其充要条件"河为大河"，再由大河推至其必要条件"大陆"。哥伦布靠着逻辑推演，确定自己找到了大陆。

容易犯的逻辑错误

　　有许多台大医学系毕业的医生跟我说，联招千万废不得，否则像他们这种乡下穷苦人家的小孩，就无法出人头地。

　　简单说，他们的逻辑这样的：联招⇒他们出人头地，"因此"非联招⇒他们无法出人头地。这是标准的由"甲⇒乙"得到"非甲⇒非乙"的错误推论方式。记得由"由 $a^2+b^2=0 \Rightarrow a=0$"，得不到"$a^2+b^2 \neq 0 \Rightarrow a \neq 0$"。

另外，他们把少数人等同于乡下穷苦人家的小孩，以部分代表全体，也会产生推论的错误。其实在联招制度之下，许多乡下穷苦人家的小孩是失败者。

与"水至清则无鱼"的等价说法是"要有鱼则水不清"；千万不要把它等价成"水不清则有鱼"，而认为"浑水一定可以摸（到）鱼"！

6.5 0与1之间的选择

废联招是个热门的话题。它之所以热，是因为联招给教育带来不少的坏影响，而且也因为废了联招之后，不知道用什么方式来招生。这是个又热门又看起来无解的话题。

如果废联招，要用什么方式招生？当然是"单招"了？！

各校单招会有什么景况，你很容易想象：一般的高中毕业生会多报名几个学校，整个高三下学期或整个暑假，南北征战，非常辛苦。发榜时，刚好考上一个学校的学生固然会有一些，不少学生会考上不只一所大学，许多大学录取也不足额。于是报到后，要请调剂的来，或者再一次招生。

若调剂的学生来报到，调剂者原来录取的大学又缺额，再一次招生也很麻烦。于是学校忙得团团转，学生也考（烤）得晕头转向。

所以单招不可行，于是又回到联招，但联招是不好的……在许多讨论招生的场合里，这种一下子单招、一下子联招的钟摆式思考方式屡见不鲜。

偶尔会有人说：各校用单招先招收一些学生，剩下的名额再用联招来解决，如何？这时，讨论会很热络，充满希望，而不会觉得总在单招与联招之间摆动，看不到出路。

大规模单招的缺点，小规模单招当然也会有，不过不必有第二次单招，而且可采联合作业方式：各校招生简章限期汇整，共同上网；学生限报名校数（譬如3个），将数据寄至一个联合收发中心。收发中心将资料转至各生的第一志愿学校，限期决定，并将不录取者送回收发中心，再转第二志愿学校……单招中有联合作业，可省去许多麻烦。

联招中的联合考试可让考生爱考几科就几科，而校系采用的考试科目数只做下限的规约，而且可做加权处理。如此则联招中可发挥一些单招想要达成的功能。

联招与单招互融，不做全有或全无的选择。

二元对立

二元对立其实深藏于我们的语言之中，而且早已融为文化的特色。从小我们就学着对字，买对卖、开对关、冷对热……这种二元观逐渐内化，成了既定的思想，下意识的反应。

传统的二元对立大约可分为三类。第一类是关系相对，如买卖、授受、天地、师生、夫妻、亲子、男女等等。如果没有买，当然没有卖；天下没有男人，就没必要发明女人这个词。

第二类是状态互补，如开关、出缺（席）、晴雨、离合、真假等等。如果不是开的状态，就是关的状态；如

果不是真的，就是假的。

第三类为两极指向，如冷热、老少、快慢、悲欢、宽窄、高低、贫富、好坏、多少等等。这一类其实是相对程度，而非只有两极。我们不能说不冷就是热，不多就是少，否则不冷不热、不多不少，又要做何解释？

在语文教学中，我们很少区辨这三种不同的二元对立，尤其没有特别强调两极指向只是指向而已，实际状况常常介于两者之间，而要注意的是相对程度——多冷多热，多到什么程度，少到什么程度。

二元对立的语文，养成二元对立的心态，造就二元对立的思维。于是忠奸分辨、黑白分明、非好即坏、非此即彼。说联招好的，说它好得不得了，说它坏的也认为坏得不得了。

其实联招有它可取之处，但是让联招这一招生渠道独大，就会产生许多坏处。同理，单招固然也有其可取之处，但让它独大，一样不好。

招生的方法不只联招与单招二元，我们可把两者混着使用，也可以引入新的渠道。我们知道学生是多元的，教育是多元的，学校是多元的，所以招生的方法也要是多元的。任何非此即彼的二元对立，任何一元的独大，

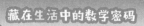

都不是正确的想法。

非此即彼，用数学的观点来说，"非此"表示"此"完全没有，是为0；"即彼"表示"彼"完全占有，是为1。二元对立是0或1的选择，但不要忘了，0与1之间，还有很多的可能，可供选择。

有没有折中办法?

在第3.4篇中，谈到游泳池的维护费，主张由使用者付费，与主张由拥有者付费，都有道理，但这种二者择一的对立主张，都无法使对方接受。结果各付部分费用的折中办法，暂时能为双方接受。这就是扬弃0或1的选择，而就0与1之间某种选择的好例子。

用该篇文章的符号，设a_0、b_0、c_0各表游泳的总人次、社区的总坪数及总维护费，而x、y分别表示每游一次及每一坪的付费：

$$a_0x + b_0y = c_0$$

取$y=0$，亦即维护费全由使用者负担的极端办法，而x_1为相应的x值，则

$$a_0x_1 = c_0 \qquad\qquad (1)$$

又取 x=0，亦即维护费全由拥有者负担的另一极端办法，而 y_1 为相应的 y 值，则

$$b_0y_1=c_0 \qquad (2)$$

再取 x=x_0、y=y_0，亦即维护费由使用者及拥有者各负担一些的折中办法，则

$$a_0x_0+b_0y_0=c_0 \qquad (3)$$

将（1）、（2）两式代入（3）式，得

$$C_0 \frac{x^0}{x^1} + C_0 \frac{y^0}{y^1} = C_0 \text{ 或 } \frac{x^0}{x^1} + \frac{y^0}{y^1} = 1$$

亦即，原来全由使用者负担的 $c_0 = a_0 x_1$，做了加权 x_0/x_1 后，所得的钱数 $a_0 x_1 \cdot x_0/x_1 = a_0 x_0$，就是采取折中办法后使用者的负担。而原来全由拥有者负担的 $c_0 = b_0 y_1$，做了加权 y_0/y_1 后，所得的钱数 $b_0 y_1 \cdot y_0/y_1 = b_0 y_0$，就是采取折中办法后拥有者的负担，而此两个加权数之和为 1。

我们说，折中办法是两极端办法的加权平均。

一般来说，如果 m_1、m_2 为两个数，w_1、w_2 为两个 0 与 1 之间的数，而 $w_1 + w_2 = 1$，则说 $m_1 w_1 + m_2 w_2$ 为 m_1、m_2 两数的加权平均，w_1、w_2 为各自的加权数。

最简单的加权数就是 $w_1 = w_2 = 1/2$，就是 m_1、m_2 的算术平均。游泳池例子里的 w_1、w_2 不一定要等于 1/2。

加权平均的概念及用法可推广到 n 个数及 n 个加权数（都在 0 与 1 之间，且其和为 1）。

最简单的例子，就是大学所给的学期成绩：m_1、……、m_n 为你这学期 n 门课各科目的学期成绩，w_1、……、w_n 为相应科目学分数占总学分数的比重，那么相应的加权平均就是你的学期成绩。

某跳水比赛有 11 位裁判，各给同一选手一个成绩，而规定把其中最高分、最低分各去掉一个，再做平均，作为该选手的最后成绩。这也是加权平均的应用：n=11，其中有两个加权数为 0，其余 9 个都为 1/9。

应用加权平均的例子很多，都可归于 0 与 1 之间的选择。

6.6　挑战约定，凸显特色

美国前总统福特曾说："我是一辆福特（Ford），不是一辆林肯（Lincoln）。"美国人听了会心微笑，我们可能就无动于衷。会心微笑表示福特的说法有幽默感，无动于衷表示这种幽默有文化的内涵，非一般外人所能领会。

福特是总统，林肯也是，不过林肯是公认的伟大总统。福特是种平民车，林肯是种高级车。福特总统利用一字（Ford 和 Lincoln）双解（总统、品牌车），利用福特车与林肯车的对比，类比成福特总统与林肯总统的对比，表示他虽然不如林肯总统伟大，但却是很亲近人民的。

这则幽默可用下面数学形式的式子表示：

福特总统∶林肯总统 ＝ 福特车∶林肯车

在这里"∶"表示对比，"＝"表示类比；四项中的后三项已有既定的评价，类比一成立，福特总统的评价就确立。

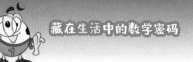

幽默的三种类型

幽默或笑话，都是用语言表示的。一种类型是类比型的，利用比喻、对比、类比等方式，以幽默的语气，达成陈述特色、规劝、责难等效果，甚至营造出好笑的气氛。这一类的笑话往往有较深的文化内容，不经解说，外人不容易了解。《笑林广记》中的例子有很多属于此类。

另一种类型则与所用语言本身的要素有关，譬如同音异义、一字多解、一语双关，来表达意想不到的内涵。《笑林广记》中也有不少这样的例子。

《笑林广记》中有个笑话可归为第三类型的。

有个人拿了一根长竿要进城门，他上下竖着拿，结果进不了门，换成左右横着拿也进不了。正苦恼之际，旁边有个老人说话了，他说：我虽然不是聪明人，但看得多了。你把竿子折成两段不就得了。拿竿子的一听，恍然大悟，照做了。

气氛的营造，让人预期老人会建议前后水平拿竿，想不到他居然做了另类建议，而且拿竿的人照做，当然也通了。

预期当然是根据经验，经验多了，就理所当然，成了必然。这个笑话要挑战的是，约定俗成的并不必然。

这种曲折的历程，让人会心微笑，甚至大笑。另外，只执着于竹竿的进入，造成解题的盲点，也令人发噱。

这种逻辑型的笑话，在《笑林广记》中为数并不多。

转化思维

语言是约定俗成的，字词的定义不如数学名词的精准，句子的意义不如数学推演的清晰，讲话的情境也不像数学那样一定要讲明。

第二、三类笑话或幽默，就在这种模糊的温床中产生，用以挑战约定，还有凸显特色。这两类比较有世界性，容易流通，底下就举一些这两类型的笑话。

丢了才算垃圾

"不要随便丢垃圾！"这句警言看起来没问题，英文的说法"Keep litter in its place."数学家看在眼里，心里就会想：litter 用作动词，表示随地丢东西，用作名词表示丢错地方的东西，现在把东西丢在该丢的地方（Keep litter in its place.），怎么会是丢错地方的东西？

遇到定义不清楚的字词，逻辑有瑕疵的表达，数学家自然产生挑毛病的欲望。

要走多久？

有个正在走路的人碰到寓言故事作家伊索，问他走到城里要多久。

伊索说："走啊！"

那路人再问一遍，伊索还是要他走。路人很生气，就愤而离去。

路人走了一段路后，伊索大声喊道："两小时。"

路人怒道："你不早说。"

伊索回道："你不走，我怎么知道你走多快！"

要走多久，你可马虎答，但要答得正确，就要知道走多快。

我正在跟你讲话呀！

有一次，我太太打电话找她的弟弟，结果是小侄女接电话，于是跟小侄女招呼几句，问她："你在做什么啊？"

小侄女答道："我正在跟你讲话呀！"

电话中问："你在做什么啊！"约定俗成，问的是你刚才（或这一阵子）在做什么。但小侄女还没有接受这样的规约，觉得姑姑问得有点奇怪。

倒数第二名

小明跟妈妈说，班上的演讲比赛他得到第二名。

妈妈问："那么小华呢？"小明回答："倒数第二名！"

妈妈吃了一惊，忙问道："他不是常常第一名吗？"小明答说："是啊！这次只有我们两人参加比赛。"

第二名很好，倒数第二名很差，大体如此，成了思考的惯性；但大体如此，就有例外。

偷斤两

米店与水果店比邻做买卖，老板都喜欢偷斤两。

有一天米店老板跟太太说："今天不要到隔壁买水果。"

太太问："他又用什么方法偷斤两，让你看到了？"

老板说："早上他跟我借了秤去。"

总觉得隔壁作弊，想不到是自家人帮着作弊，找原因找到非预期的原因。

睡衣

某甲到朋友家吃晚饭，饭后下大雨，朋友留宿，某甲说不行，因为没带睡衣来，朋友就借了他一套睡衣。

两个钟头后，有人敲门，开门一看，某甲全身湿透，手里拿着自己的睡衣，说："还是觉得穿自己的睡衣好。"

这则笑话和竹竿的笑话一样，都是非预期的发展——都有点道理，但是……

弗洛伊德讲的笑话

猜身体的一个器官：突出睡衣裤，长而硬，可挂帽子。

答案：头。

这是心理分析学家弗洛伊德给的笑话。弗洛伊德总

是把心理认知的问题与性牵扯上关系，你如果把答案想歪了，正加强了他的观点，用意是在凸显特色。

下次再来

参加了丘吉尔生日宴会，有位年轻的记者在离席前向他说："希望明年能再来。"

丘吉尔回说："看你这副健康的样子，应该是可以的。"

记者的意思是希望丘吉尔长命百岁，丘吉尔的回话暗示自己没有问题，对方是否还健在才是关键点。记者从俗，丘吉尔却提出了另一种不无可能的可能。

黑白配

有位知名的舞蹈家给名作家萧伯纳写信说：两人如果结婚，小孩有她的容貌，有他的智慧，该多完美。

萧伯纳回信道：小孩如果有她的智慧，有他的容貌，就糟了。

郎才女貌是约定成俗的想法，甚至认定会依样遗传，萧伯纳提醒她还有一种很有可能的可能。

骂总统

苏联时代，有位美国人在莫斯科的红场碰到一位苏

联人。

美国人说："我们美国人最自由了，可以在纽约的时代广场大声骂美国总统。"

苏联人说："我们苏联人也一样，可以在红场大声骂美国总统。"

同样是骂美国总统，表面上看起来一样，但内涵却大大不同。戴上数学的眼镜，对某些幽默与笑话的本质，大概可看得比较清楚。

涨本事的**数学**密码书

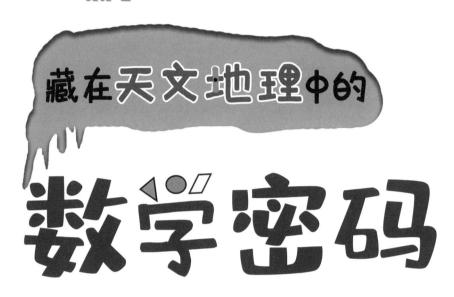

藏在**天文地理**中的

数学密码

曹亮吉 著

九州出版社
JIUZHOUPRESS

图书在版编目（CIP）数据

藏在天文地理中的数学密码 / 曹亮吉著. -- 北京 ：九
州出版社， 2021.10

（涨本事的数学密码书）

ISBN 978-7-5108-8170-1

Ⅰ. ①藏… Ⅱ. ①曹… Ⅲ. ①数学—少儿读物 Ⅳ.
① O1-49

中国版本图书馆 CIP 数据核字 (2019) 第 130032 号

本书由台湾远见天下文化出版股份有限公司正式授权

目录

第 5 篇 地图的绘制 · 217

导言

仰以观于天文，俯以察于地理

曹亮吉

　　数学教育的目的不仅是要学会数学的基本内容，还要训练逻辑思考能力，更要能将其体现在日常生活中。在各学科中，有许多需要数学的地方，有需借助逻辑思考的时候，而且通过日常生活、其他学科中有相关情境的思考，数学的基本内涵才能真正显现。

　　《涨本事的数学密码书》这套书前三本分别从旅行、日历、生活等与数学的关联，使读者感受到身边到处都有数学。本书则专注于天文地理。先说天文，目前天文的热门话题是大爆炸、黑洞等，与宇宙本体论相关的话题，还有诸如火星大接近、彗星撞木星、日月食等观星活动，再就是宇宙飞船在太阳系的探险。天文学通论的书籍很少，从数学的观点介绍天文的书籍更是少之又少。简单的数学观点可谈大小、方位、距离、位置及模型，譬如地球的大小，某颗星的方位、距离，还有行星运动的模型。

　　从大小、方位、距离、位置及模型的数学观点，一样可以谈论一些地理的问题。地球的大小是天文、地理共有的话题。地球上任何一点都可以用经纬度来标定其位置，从一点到另一点有方位与距离的问题。

　　地图绝对无法忠实反映地球表面上的所有地理；地图只是地表的一种模型。地理学者发明各种投影法，制作各种模型地图，来反映地表上的某些特性。

　　从大小、方位、距离、位置及模型的数学观点，天文、地理的许多话题就可放在一起来谈，况且谈及这方面的地理，往往离不开相关的天文。譬如方位的规范、

地球的大小，及经纬度的确定等，若只限于观测地球本身，会有"不识庐山真面目，只缘身在此山中"的困境，所以必须往外看，观测天文才能解决问题。

《周易·系辞》说"仰以观于天文，俯以察于地理"，好像天文、地理各干各的。其实很多时候，先要"仰以观于天文"，才能"俯以察于地理"。

数学为什么有用

本书用到的数学大致属中学阶段。我们用到一些平面几何（地月地日距离、恒星日月长度、潮汐周期、日照时间等）、圆锥曲线（地球真正的形状、开普勒运动定律、万有引力导出椭圆轨道等）、立体几何（球、大圆、恒向线、球面三角公式的推导、投影等）、三角（三角测量、三角化方法、球面三角等）、微积分的极限概念（开普勒运动定律、纬带面积、墨卡托投影等）。用到但用得较少的是对数指数（星等）、向量（万有引力到椭圆轨道）等。

另外是建立模型的观点，并重视其演变。关于地球，怎样从地平到地圆、怎样量其大小；怎样实证地球是圆的，从哥伦布西航，到麦哲伦环绕世界一周，到科学家怎样测量地球的实际形状，到航天员得到地球实体的照片。关于行星运动，早期认定以地球为中心，有圆模型、同心球模型、本均轮模型；后来修正，以太阳为中心，而有开普勒运动定律、牛顿万有引力定律，及扰动运动模型。

了解建立模型的重要性，并重视其过程，才有助于了解数学之应用。这方面是现有数学课程中薄弱的地方。缺了这一环，数学教育就成了纯粹的数学技术训练，无法了解数学为什么有用、如何有用。

本书的安排大致顺着历史的发展，可算是简易版数学观点的天文地理学史，希望能对数学应用的了解有所助益，也希望增长大人和孩子的数学通识。

第 **0** 篇

序篇

> 古代西方的天文地理，
> 由二世纪的托勒密集大成，
> 现代天文地理学的发展，
> 也大都可溯源至托勒密。

本书的主旨是要说明，人类如何用简单的数学观点来了解天文与地理。

人类基于身边的经验，开始冥想宇宙的图像。除了冥想，人类还会不断观察，逐渐修改图像。这方面古代的希腊人下的功夫最大，科学式的古代天文地理学逐渐成形，最后由二世纪的托勒密集大成。近代的天文地理学较为简单基本的部分，也往往可追溯到托勒密的工作。

本序篇就以《古代的宇宙图像》及《托勒密的天地》两文，来呈现本书的背景。

0.1　古代的宇宙图像

古代的许多文明，大抵都发源于平原、有河流的地方，那里的人很自然地认为，相对于天之圆顶形，大地基本上是平的。天圆地平成为许多文明共同的宇宙图像。

天圆地平

古巴比伦人认为大地如圆盘，大地之外为一环形之海，海之外有七座山撑起半球形的天穹。这种天圆地平的图像深深影响了希伯来人，以及早期的希腊人。

在希腊神话中，巨人族的阿特拉斯（Atlas）被派到已知世界的极西，地狱门之旁，撑起了整个天空。非洲西北角的阿特拉斯山脉高耸入云，使人想起了古巴比伦人的说法，也激起了希腊人的想象。

欧洲中世纪的世界观，天为多重天，七曜各居一透明的同心球上，众星共居更外一层的恒星天，上帝则在最外层的宗动天，掌控整个宇宙的运动。地图采用的是基督教会认可的想法——所谓的 TO 图，主要的内容为：圆盘形的大地外，有一环形之海，此即 TO 图的 O。大地内部的黑海、红海及地中海则形成 T 字型（东方朝上），亚洲在 T 字之上，欧洲在 T 字的左下，非洲在 T 字的右下。

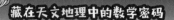

盖天说

中国的天圆地平想法，出于古算书《周髀算经》，其学说被后人称为盖天说。盖天说认为，天穹的顶点距地有 8 万里，而正方之平地每边长 81 万里。这样天就盖不住地了，于是说地的远方有八根柱子把天撑起来。

这样的想象岂不和西方类似？不过有人煞风景，问：那八根柱子在哪里啊？于是有人把盖天说改成为"天象盖笠，地法覆盆"。天像斗笠，地像倒置的碗盆。天还是盖不住地，但两者之间是否要有东西撑开就不管了。而且地不再是平的，似乎往地圆说进了一步。

浑天说

除了盖天说外，东汉张衡则主张浑天说，并制作浑天仪阐释天体的运动。他在《浑天仪图注》中说道："浑天如鸡子。天体圆如弹丸，地如鸡中黄，孤居于内。"亦即，天地就像鸡蛋，天是蛋壳，其形圆如弹丸，地就像蛋黄，孤单单位于蛋壳之内。这样的说法本质就是地球中心说。

有了浑天说，还有浑天仪，观测天象就方便得多，准确得多。不过这是以地球为中心的说法，虽可用来说明恒星相对于大地的运动，但无法说明行星的运动。

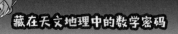

宣夜说

于是又有宣夜说。《晋书·天文志》载有宣夜的说法："日月众星，自然浮于虚空中，其行其止，皆需气焉。"宣夜之说不再说天有如蛋壳之具象，而是一片虚空，充满了气。这些气就把日月众星推来推去——这样众星的运动原理就交给无可捉摸的气了。

把宣夜说的气换成牛顿的引力，或者爱因斯坦的场论如何？虽然以浑天或宣夜作为天地的几何模型各有优点，但中国的天文地理学，从来没有把地是否为球形说清楚，而且遇到计算的问题时，总是把大地躺平了。

人类会一再观察，一再思考，于是古代宇宙图像一再改变，近代的宇宙图像逐渐形成。从地平到地圆，从地球中心说到太阳中心说，到大爆炸说，这当中数学的观点扮演了重要的角色。

0.2　托勒密的天地

本书想从数学的观点，了解一些相关的天文与地理知识，用的数学相对简单，几乎不用微积分。持这样的观点，我们发现古代西方的天文地理，由二世纪的托勒密

（Claudius Ptolemy，约 75—145 年）集大成，现代天文地理学的发展，也大都可溯源至托勒密。他是位承先启后的人物，值得近距离看一看。

生平不详

想近距离看，却发现他的生平不详，面貌非常模糊；我们只能从他的著作，加上一些背景，重新塑造其形象。

托勒密活跃于公元二世纪上半叶，在埃及亚历山大城工作。他应该是希腊人，但也有人说可能是埃及人。不管怎么说，当时的埃及是在罗马人的管辖之下。

公元前 323 年，东征西讨的亚历山大大帝死于征战途中，他所建立的帝国分裂成三大块，大将军托勒密（Ptolemy I Soter）掌握埃及这一块，建立了托勒密王朝，直到公元前 30 年才为罗马所灭。我们的主角托勒密，虽然也叫托勒密，但应该不是前朝贵族之后，不过他的工作场所就在大将军托勒密所建的亚历山大城之内。

亚历山大数学

大将军托勒密建了亚历山大城，城内设有图书馆及书院，从世界各地搜集到不少图书来充实图书馆，又从各地招请学者到书院来研究学问，开授课程，开启了亚历山大时期数学的风光时代。

欧几里得就是在这样的背景之下，被请到亚历山大城来教授数学课程。他把希腊已发展起来的数学基础部分编成《原本》（*The Elements*）一书，作为教材。《原本》的内容不是欧几里得的原创，而是由他集大成，并做逻辑顺序的安排。除了集大成式的著作外，欧几里得的生平也一样不详，所以托勒密在这两方面，倒是和亚历山大时期数学的开山祖欧几里得非常相像。

先行者

与亚历山大相关的数学家还很多，阿基米德就是最有名的例子，他是从西西里来此留学的。另有一位多才多艺的学者埃拉托色尼，担任此地图书馆馆长，他用了非常简单的方法，测得地球的大小，我们要在 1.2 节说他的故事。

再就是来自小亚细亚佩尔格的阿波罗尼奥斯（Apollonius, 261—190 B.C.），他也是集大成者，著有《圆锥曲线论》。约一千八百年之后，开普勒等人发现，行星及彗星的运动是循着圆锥曲线式的轨迹进行的。

公元前二世纪生于小亚细亚尼西亚的希巴克斯（Hipparchus, 190—120 B.C.），也来到亚历山大留学，不过他主要的工作地是地中海的罗德岛（Rhodes）。他从古巴比伦人那里得到许多天文观测的结果，又从希腊人那里学到许多数学知识。他将这两方面的知识结合，发展了天文要用的三角学，为天上星星定位及亮度分类，同时也为地上各位置标上经纬。他测量日月的相对远近，发现了岁差，主张地球是宇宙的中心，还提出本均轮的行星运行模型。

希巴克斯是先行者，托勒密吸收了他所有的研究，加以综合及扩张，写成了天文地理的巨作《天文学大成》（*Almagest*）及《地理学》（*Geography*）。

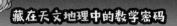
集大成

《天文学大成》共有 13 册，谈的是天文。第 1 册说明宇宙观，并介绍主要的数学工具、平面及球面三角学，还包括制表原理及数表。当时希腊人标准的宇宙观，认为地是球形的、不动的、居于宇宙中心的；地球邻近（不包括月球）的物质是可变的，由土、水、火、空气四元素组成，只做直线运动；在月球之外的属于天堂，充满以太（ether），物质是不会变的，运动是圆形的。

第 2 册谈的是球面三角的应用；第 3、4 册则关注太阳与月亮；第 5 册提出月球运动的新模型；第 6 册则专注于日月食的探讨；第 7、8 册罗列许多恒星的天球经纬度，并探讨岁差；第 9 至 13 册，则改良本均轮的行星运动模型，引入等距点（equant point），使得模型的预测更吻合实际的行星运动。

《地理学》则有 8 大册，主题是介绍地球上用经纬度标定位置的方法，并给了 8000 个地方的经纬度。另外介绍了锥面投影画地图的方法。

这两大巨著经阿拉伯人之手，在西方流传了下来。阿拉伯人认识到《天文学大成》的重要，还特别把它改名为 Almagest，意思就是"最伟大的"。

地球中心说

虽然地球中心说是当时的主流想法，但有人却认为太阳才是宇宙的中心，公元前三世纪的天文数学家阿里斯塔克（Aristarchus, 320—250 B.C.）就是这么认为的。如果地球绕着太阳转，住在地球上的人怎么没有感觉呢？远处恒星的相对位置为什么不会改变呢？诸如此类的疑点，使得太阳中心说只是少数人的意见，何况托勒密的改良式本均轮理论，又可把行星运行的轨道算得还算准确。

基于宗教的理由，中世纪基督教坚持地球中心的理论，任何把地球移离宇宙中心的说法，都是异端邪说。公元16世纪的哥白尼主张太阳中心说，他的作品直到临终时才发表，而且有人替他写篇序文，强调地球中心说才是对的，用太阳为中心只是为了计算的方便。公元17世纪上半叶的伽利略也主张太阳中心说，但随即遭到宗教法庭的处罚，将他软禁。

此时正值宗教改革，教廷权威不及的地方，不同想法得以冒出。从16世纪末到17世纪下半叶，经布拉赫（Tycho Brahe）、开普勒、伽利略、牛顿等人的努力，太阳中心说终于确立，而且行星轨道的计算更精密有效，托勒密的本均轮理论，终于成为历史上的一段注脚。

印地安人

欧洲地理大发现时代，欧洲人对世界的了解也深受托勒密《地理学》的影响。他们需要地图，就利用《地理学》所介绍的投影法，以及所列的各地经纬度来绘制，然后才随着航海的发达，逐渐修正内容。

在《地理学》中，关于地球一周的长度，托勒密采用波赛东尼奥（Poseidonius, 135—51 B.C.）3 万千米的主张，而不是埃拉托色尼 4 万千米的较准确说法。这样的错误，加上欧亚大陆横跨的经度估计过大，使得哥伦布深信，从大西洋往西航行几千千米就会到达亚洲。这样的阴错阳差，使哥伦布航行到新大陆而不知，总以为看到的当地人为印度的人，而称之为印第安人。

两张画像

1507 年，日耳曼人华德西穆勒（Martin Waldseemüller, 1470—1519 年）画了一张世界地图，图上方画有两个人的肖像。右边一张是维斯普奇（Amerigo Vespucci, 1454—1512 年），他也到过美洲，并认为美洲是新大陆，并广为宣传。华德西穆勒误以为他是美洲的发现者，所以为他画像，并以他的名字称呼新大陆。左边的画像是制图学之父托勒密，也是旧世界的代表人物。他戴着阿拉伯式的头巾，满脸胡须，大鼻子，两眼圆睁——这当然是想象中的影像；在其他的画像中，他也曾戴着博士型的方帽！

影响

托勒密的宇宙模型是错的，不过留下了有用的三角学，还有恒星的天球经度随着时间的改变可利用岁差来调整的方法。托勒密的地理学促使了地理大发现，虽然地球大小的数值是错的，各地经纬度也相当失准，因为方向与远近但凭旅者之言，或依罗马人在各处所立的里程碑，而非经精密的实测。

这些是托勒密在天文地理方面的影响。其实托勒密受到波赛东尼奥的影响，还花了很多的精力想把占星术弄得体面，而提升成一门科学，以期从知晓天地，进一步到达天人合一的境界。当然，用占星术来占卜人世的变化，注定是要失败的，不过一直到开普勒的时代，天文学家往往还为他人占卜。

第 **1** 篇

地球的大小

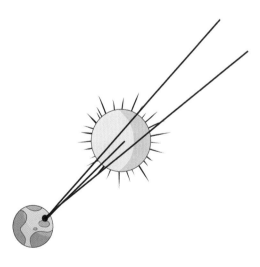

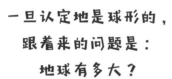

一旦认定地是球形的，
跟着来的问题是：
地球有多大？

　　地球大小的问题可分两个层次来看：第一，地是球形的；第二，地球的半径（或周长）是怎么量测的。

　　最早，大家都认定天圆地平，要认定地是球形的，必须经过很多观察与推论。所谓观察，并非像现代的航天员，真的看到球形的大地，而是看到许多现象，与地平的假设有矛盾。推论指的则是，想到地应该是球形的，才好解释这些现象，才能解释这些现象。

　　现代的航天员直接看到了球形的大地，并拍照下来以资证明，但是美国还是有个地平学会，会员坚持地是平的，航天员看到的是幻象，拍到的是经过特殊技术处理的照片。可见"地是球形的"还不是一个理所当然的想法。

　　地球大小的测量也可分成两部分来谈：理论部分与实测部分。理论部分很简单：固定子午线上两点，测量这两点对某一恒星的视线角度之差；此差就等于这两点

在球心所张的角度。再测量这两点间的距离，就可算出
地球的周长。

$\wp$

测量的主要困难，在于地球上两点间距离的实测。
每个人都可以根据理论去测量，但得到的地球大小却无
法精准，也无法证实，于是"相信"就成了"事实"的
根源。直到牛顿之前，大家都还相信地球周长为 3 万千
米（而不是现在认定的 4 万千米）是合理的，于是哥伦
布敢于提出并实现西航到东方的计划，牛顿却因数据不
相符而搁下万有引力的想法，长达 20 年之久。

有了三角测量法，并且用镜头内有刻度的望远镜测量角度的大小后，距离的测量才能精准起来。如此，地球的大小就求得精准，牛顿的万有引力就确立了。

有了万有引力，牛顿更推导出地球并不是完美的球形，而是个椭圆球，赤道方向比南北极方向稍大。为了确认牛顿的主张，法国科学院派了两队人马，分别前往赤道附近及极区，用三角测量法测量，结果证实了牛顿的主张，更确立了万有引力的想法。

1.1 地是球形的

《周髀算经》认为地是平的，并利用相似形原理测量太阳的高度。这个测量方法是后来的"重差术"的先驱。

如下图，假设 AB 为地面上一直线，太阳 S 在 AB 上的垂线为 ST。在 A 点立一高为 h 的竹竿 AK（此竹竿称为表或髀），得竿影 AC。将竹竿往后移距离 $d_1 = AB$ 到 B 点，又得竹竿 BL 之影 BD。作 $LE /\!/ SC$，则：

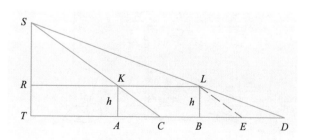

$$DE = CD{-}CE = CD{-}KL$$
$$= CD{-}AB = BD{-}AC$$

所以 $d_2 = DE$ 为两影 BD 与 AC 之差。

所谓重差术，就是利用两竿位置之差 d_1，及两竿影之差 d_2 这两个差，以及竿长 h、竿影 AC，来表示太阳之高 ST 及其远 AT：

$$ST = \frac{d_1}{d_2}h + h, \quad AT = \frac{d_1}{d_2}AC$$

测太阳的高与远

上面两个公式适用于一般情境中高与远的问题，这就是一般的重差术（图中的 C 可看成视线 SK 落地之处；公式的推导请见第 36 页的附录）。

回到《周髀算经》谈太阳的高与远的问题。当时用的竹竿高 $h = 8$ 尺，与太阳的高相较，可略去不计，因此太阳的高可用 SR 代替，而公式为：

$$SR = \frac{d_1}{d_2}h$$

《周髀算经》的说法是：夏至在洛阳测得影长 $AC = 1.6$ 尺，而影长的变化为千里差一寸，亦即 $d_1 =$ 千里时，$d_2 = 1$ 寸。所以：

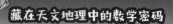
太阳之高：$SR = \dfrac{d_1}{d_2} h = \dfrac{千里}{1寸}$ 8 尺 =8 万里

太阳之远：$AT = \dfrac{d_1}{d_2} AC = \dfrac{千里}{1寸}$ 1.6 尺 =1 万 6 千里

到了南北朝时，刘宋的军队曾经远征今之越南境内。夏至时，在那里有人立了竹竿，却发现不但千里差 1 寸不对，而且太阳影子居然跑到南方去（越南在北回归线之南），而那里离洛阳远不及 1 万 6 千里。

一行禅师的测量

唐朝僧人天文学家一行禅师，在河南地区的一条子

午线上选了四个地点，测量的结果发现，影长之差与距离差之间没有固定的比例。另外，他倒测得北极的高度差，与南北距离差成正比，都为每 351.27 唐里差 1 度；同时他也听说，在越南所能看到的星座与中原的不同。

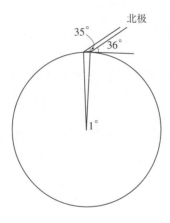

洛阳北极高 36°，往南 351.27 唐里高就差了 1 度。

其实这几点正可以推导出地不是平的，而至少在南北的方向上，地是圆形的。可惜一行禅师及后人并没有往这两个方向去推导，虽然后人以北极高度的变化，来估量南北的距离，而不再采用千里差 1 寸的说法。

类推与冥想

公元前 600 年开始，希腊有一批哲学家，开始从神话中抽身，实际来推想大地的形状是什么。毕达哥拉斯认为既然日月都是球形的，大地也该如此，何况球形是最完美的几何形体。观察了日月的形体，认为大地也该如此，算是一种类推；认为大地该有最完美的形体，可这种想法属于哲学，甚至是冥想的范围。

观察与推论

后来，其他的哲学家更从观察与推论的观点，确定地是球形的。亚里士多德在其著作《论天地》（*On the Heavens*）中，归纳出数条理由来说明地是球形的。

在海港边观察船只从天际线出现，最先看到它的桅帆，然后才见到船身。出港则反过来，船身先消失于天际线之后，才不见了桅帆。

如果海面是平的，那么整条船在眼睛中所呈现张角的大小，决定我们是否看得到它。如果张角太小，眼力不够好，就看不见它。张角大到一定程度，就看见了，而且看见整条船，从桅帆到船身。

观察船只的进出，海面显然不是平面，应该是凸弯的，而且各方向都是如此，所以海面是球面成了最合理的猜测。当然，陆地除了有凸起的山岳外，也应该是个球面。

海面上先见船桅后见船身

平面张角的大小决定是否看得见整条船

旅行者常报告说，往北走，许多星座在北方天空出现了，另有许多星座在南方天空消失了。某个季节，埃及的人在傍晚看得到西方有某些星座，但在东边一点的希腊却看不到。这些现象也只有大地的南北向、东西向都要是弯曲的，才能解释通。

另外，无论是哪一次月食，大地在月亮上的阴影总是个圆盘的一部分。投影都是圆，本身非得是球不可。

地平的困境

早先认为地是平的，引起了两个困境。平地是无穷延伸的，还是有限的？无穷是人类无法想象、无法理解的事物。有限的话，那么有限的外面是什么？从边缘往外一步，就掉入无底的深渊？那又是什么？

地是平的，就有上下之分。所有在上面的东西都会往地上掉，那么整个大地也应该一直往下掉才对。古印度人的说法正足以说明这个困境。印度人说大地不会沉沦，因为整个大地的下方有四根大柱子撑着。那么这四根大柱子呢？有大象背负着。大象呢？站在大乌龟上。大乌龟呢？趴在大蛇上。大蛇呢？

一个站在另一个的身上，依据数学归纳法，这样的关系会一直延伸下去，一样要面对无穷的问题。

解困

地是球形的，我们一下子就从上面这两个困境中脱出。地是球形的，既没有无穷延伸的问题，也没有边缘的问题。地是球形的，所有的东西都往球心掉，彼此互相撑着，不必面对一层又一层直到无穷的支撑，也不必面对一直往下掉所引起的问题。

有了"地是球形"的说法,希腊的哲学家松了一大口气。

但是,地真的是球形吗

从公元前四世纪的亚里士多德之后,西方的天文学家都认为地是球形的,虽然中世纪的教会另有异议。不过,地之为球形,一直都属理论范畴,直到哥伦布向各个皇室请求支助,想横渡大西洋到亚洲去,才让这样的理论真正受到挑战。

哥伦布并没有真正到达亚洲;他所信服之地为球,让他到达新大陆,不过并没有因而证明地之为球。麦哲伦也没有,他死于环球壮举的途中(1521年死于菲律宾);直到他的手下继续西航,于1522年回到葡萄牙,才让人相信,固然西方的东方是东方,西方的西方也是东方,东与西只是相对的用法。但地真的是球形的?还是,譬如像苹果那样?

20世纪60年代,航天员飞往月球途中,回头望到人类所居的家乡,拍下如假包换的球形大地时,眼见为凭,地是球形的。

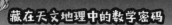

重差术公式的推导

这两个公式的推导很简单，要注意的是相似三角形的对应边成比例：

$$\frac{SR}{h}=\frac{SR}{AK}=\frac{SR}{TR}=\frac{SK}{CK}=\frac{SK}{EL}=\frac{KL}{DE}=\frac{AB}{DE}=\frac{d_1}{d_2}$$

即

$$SR=\frac{d_1}{d_2}h$$

由此得

$$ST=SR+RT=\frac{d_1}{d_2}h+h$$

且

$$\frac{AT}{AC}=\frac{RK}{AC}=\frac{SR}{AK}=\frac{SR}{h}$$

即

$$AT=\frac{SR}{h}\cdot AC=\frac{d_1}{d_2}AC$$

1.2 地球有多大

一旦认定地是球形的，跟着来的问题是：地球有多大?

一行禅师的数据

我们说过唐朝的僧人天文学家一行禅师，曾经测得南北距离每隔 351.27 唐里（唐朝的路程单位），北极的高度就差 1 度。如果一行禅师认识到这就表示地是球形的，那么此 1 度即为 351.27 唐里在地球心所张的角度（参见第 31 页的图）。

如此则 351.27 唐里乘以 360，就得到绕地球一圈的距离。已知一唐里约等于 367.9 米，所以 351.27 唐里约等于 129 千米。根据一行禅师的数据，可得地球的周长为

$$129 \text{ 千米} \times 360 = 46{,}440 \text{ 千米}$$

与现今认定的 4 万千米相比，仅约有 16% 的误差。可惜一行禅师并未得到地为球形的结论，所以这样的周长只能作为事后的补充而已。

图书馆长的估计值

在西方，首先想到用这类方法，测地球大小的是公

元前 3 世纪的埃拉托色尼（Eratosthenes，276—196 B.C.）。埃氏生于昔兰尼（位于现在利比亚境内的古希腊城市），到雅典的学院学习，毕业后就到亚历山大城的图书馆当馆长。

埃氏算是阿基米德的后辈，绰号叫作 β（Beta）。β 是希腊文的第二个字母，表示各门学问无所不通，只是分心太多，都无法独傲世人。这样的人其实很适合担任图书馆馆长。

井底阳光

他听说在亚历山大城（下图中的 A）正南方的塞尼城

（图中的 S，现今的阿斯旺）有一口井，夏至时阳光直射井底，于是他在 A 城立一竿子，测量其与阳光的夹角 θ。此角即为 AS 弧在球心 O 所张的角度。

他量得 θ = 7.2°，$\overset{\frown}{AS}$ = 5000 希腊里，因此地球的周长为：

$$5000 \text{ 希腊里} \times \frac{360}{7.2} = 250000 \text{ 希腊里}$$

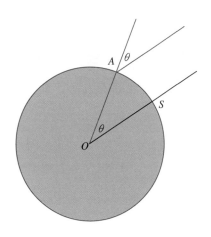

希腊里有多长呢？一种说法认为 1 希腊里等于 185 米，因此地球的周长为

$$0.185 \text{ 千米} \times 250000 = 46250 \text{ 千米}$$

与一行禅师的数据演绎所得的差不多。（也另有说法认为 1 希腊里还要短些，使得 250000 希腊里约等于 4

万千米！）

经过亚历山大的征讨，希腊人所知的世界，从直布罗陀一直到印度，幅地广大，但再怎么算都不会超过 1 万千米。如今埃氏的估计，地球周长居然有 4 万千米，对希腊人而言，这样的地球太大了。

可接受的数值

过了一百多年，另一位天文学家波赛东尼奥，用了天空中亮度仅次于天狼星的老人星，代替了太阳，用广义的视差原理，来测量地球的大小，如下图。

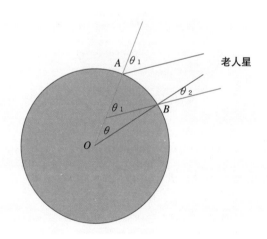

假设在 A、B 两点各测得老人星与天顶方向的角度为 θ_1 及 θ_2，则 AB 弧在球心 O 所张的角度为 $\theta = \theta_1 - \theta_2$。

如此，则地球周长为：

$$\overset{\frown}{AB} \cdot \frac{360}{\theta}$$

如果 $\theta_2 = 0$，那么就回到埃氏的方法。如果天顶方向换成水平方向，那么它和一行禅师可以延伸的想法也是一样的。

波赛东尼奥用老人星得到地球周长约为 3 万千米，是实际周长的四分之三。3 万千米的周长较能为希腊人所接受，托勒密的《地理学》就采用了这个数值。

后人根据托勒密的资料，所制作的世界地图及地球仪，用的都是这样的数值，而亚洲的东缘就画在欧洲西方五、六千千米处。15 世纪末，哥伦布就因为这样的距离，认为以当时的航行技术是没有问题的。有此信念，他就到处寻找支助；他哪里知道，在欧洲西方五六千千米处，躺着的是个全新的世界，而亚洲东缘还在遥远的一万五千千米之外。

进入精准的时代

有了麦哲伦舰队世界一周之旅（1519—1522 年），测量地球的大小当然就更有把握。17 世纪，牛顿构思万有引力，想把地球拉住月亮旋转的力量，以及地心吸引苹果落地的力量，做统一的解释。他需要地球大小的数值，他以当时普遍接受的数值代入公式中，却发现两者数值相差过大，于是放下万有引力的构思达 20 年之久。

1684 年，他的朋友哈雷（Halley, 1656—1742 年）告诉他，法国天文学家皮卡尔（Picard, 1620—1682 年）于1669 年测得地球大小的新值。他很兴奋地将其代入预想的公式中，居然就成立了。于是经过 3 年的撰写，他的划时代巨著《自然哲学的数学原理》（Principia）就诞生了。

皮卡尔用了很科学的三角测量法（见 5.3 节）来测量距离，而且他用了有刻度的望远镜，将角度量得准确，使地球大小的测量进入了精准的时代。

1.3　哥伦布西航

"亚里士多德把大地是球形的说得那么清楚……你看这张地图，从欧洲的西端到亚洲的东端，横跨了这么多的经度……大家都忘了把这两件事摆在一块儿看：想想看，我们不必往东走去亚洲，我们乘船往西走，一样可以到亚洲。马可波罗说，亚洲有个土地广大、物产丰富的大汗国，有个到处是黄金屋顶的黄金国……我算过，驾船往西走，五六千千米就可到那个黄金国。这是天意啊，上帝要我走这条路，把福音带给他们啊！"

游说

1484 年，哥伦布向葡萄牙国王提出西航的计划遭到拒绝后，前来西班牙，于 1486 年向费迪南二世（Ferdinand）及伊莎贝拉一世（Isabella）求助。国王与王后就组建了一个由学者与航海家构成的委员会，来讨论哥伦布的计划。在委员会评估期间，哥伦布随着王室游走于各城市间。

哥伦布在西班牙北部的萨拉曼卡城（Salamanca），结识了萨拉曼卡大学的教授 Diego de Deza，经其引介，在该

大学的哲学系，再次提出了西航计划的构想。

萨拉曼卡大学成立于 1218 年，是所非常古老的大学，当时西班牙的学者专家都在那里。在讲堂里、在铺满石头的校园广场或径道上，常常听到哥伦布这样的急切构想。

这样的构想已经酝酿了好几年，不知道和王公贵族、学者专家说了多少遍；不过一有机会，他还是乐此不疲，希望能说动一些人，帮他实现梦想。

梦想的实现

1490 年，委员会还是拒绝了哥伦布的计划，因为他们不信任哥伦布对航程的估算，更因为出身寒微的哥伦布居然狮子大开口，除了资助三艘船舰外，还要求封他为海军大元帅，成为新到地方的总督，并拥有当地财产的十分之一。哥伦布失望之余，于 1492 年准备前往法国求助；此时西班牙皇室的传令兵到来把他召回宫廷去。

就在 1492 年的年初，费迪南国王与伊莎贝拉王后联手，终于把占据西班牙达 700 年之久的摩尔人，从最后的据点格林纳达（Grenada）赶走，统一整个西班牙。意气风发的王室，不顾委员会的反对，决心赌注在哥伦布身上，来与葡萄牙在海外决一雌雄。

1453 年土耳其人攻占了君士坦丁堡，继续扩张，在欧亚之交成立了奥斯曼帝国，阻断了欧亚之间的陆路交通以及贸易。15 世纪的葡萄牙国内安定，积极向海外发展。他们的策略是由海路南下非洲，最后的目标是要绕过非洲，通过印度洋到东方。他们的进展还算顺利，所以对哥伦布的计划不感兴趣。

　　等到西班牙完成统一，想往海外发展时，沿非洲西岸南下的海域已经成了葡萄牙的势力范围。时来运转的哥伦布，终于能够借助西班牙王室，来实现梦想。

梦想的酝酿

　　哥伦布 1451 年生于意大利的热那亚（Genoa），25 岁之前的生平不详，只知道他很早就离开家乡，为各地武装商船做水手，甚至当过海盗。1476 年在一次海战中，船沉后游到葡萄牙的海岸，暂时就在那里定居。

　　那时候正值葡萄牙努力开拓海外事业，有关天文、地理、航海话题的讨论非常盛行，葡萄牙王室还特别组织一个数学家委员会，来讨论航海的种种问题。哥伦布在此气氛感染之下，也勤读这方面的书籍、地图，与同行交换意见，同时开始憧憬一个更大的世界。

　　亚里士多德为大地之为球做总结，但后来的罗马地理学家斯特拉波（Strabo，约公元前 63 年—公元 23 年），才挑起地之为球的另一种意涵：要到有人居住的世界，两头走都有可能。

我们说过，测量地球大小的第一人埃拉托色尼，他的数值比较准确，但并未为人所接受，反而是后人波赛东尼奥的周长 3 万千米，经天文地理学家托勒密的采用后，一直流传了下来。

15 世纪时，海运逐渐开展，许多人利用托勒密《地理学》的数据，以及新近旅行者的述说，重新制作世界地图及地球仪。

有位意大利的学者托斯卡内利（Toscanelli, 1397—1482 年）就制作过一份地图，图上在非洲西海岸的西边，约 90 度经度的地方，画了一个叫 Zipangu 的国家，这就是马可波罗的黄金国，也就是日本。黄金国再西边就是大汗国、印度等混在一起的地方。

托斯卡内利把他的地图寄给一位朋友，并说要到印度最近的路就是横渡大西洋。这份地图辗转到了哥伦布手里，哥伦布大喜，把信封上的收件人改成自己，而且在随后的西航中，这份地图就摆在身边。

黄金国的远近

当时还有一位日耳曼航海家贝罕（Martin Behaim,

1459—1507 年），也在里斯本。他的想法和托斯卡内利相近，后来回到纽伦堡，于 1492 年做了一个地球仪。在他的地球仪上，欧洲西端到亚洲东端为 240 度，再经 25 度才是日本；另一头，欧洲西端到非洲外海的加那利群岛（Canary Islands，又称福岛）为 15 度。如此，从加那利群岛出航，到日本为 80 度（托斯卡内利的地图也差不多）。

当时认定的地球周长为 3 万千米，哥伦布后来就沿着加那利群岛的北纬 28 度西行，这样到日本的距离应为：

$$30000 \times \frac{80}{360} \times \cos 28° = 5900 \text{ 千米}$$

而在真实的地球上，在加那利群岛之西 5,900 千米处，躺着的却是前所未知的西印度群岛（名字是后来取的）。

印第安人

哥伦布第一次西航，在西印度群岛所在的加勒比海各岛间游走，找寻他念兹在兹的黄金国。虽然找不到黄金国，他倒坚信已经到达亚洲，所以把当地人叫作印第安人（Indian，即印度人），因为他弄不清楚印度到底在亚洲的什么地方。

他回到西班牙时，王室正好搬到巴塞罗那。于是他

带着随船而来的几位印第安人，经陆路赶到巴塞罗那，作为到达亚洲的见证。今天在巴塞罗那的港口，竖立着一座 60 米的高塔，塔上站着哥伦布的铜像，面向东边的海港，右手指着右方。指的方向应该是美洲吧？错了，指的方向居然是非洲！哥伦布自己不知道去了什么地方，建造铜像的人也不知道他去到哪个方向。

亚美利哥发现新大陆？

哥伦布一共西航四次，第三次还到达过南美洲鄂伦诺克河（Orinoque）河口，发现它的淡水区达 40 海里，认定它是条大河，认定唯有大陆才有大河，认定这就是他要找寻的亚洲。终其一生，哥伦布都没想到他发现了新大陆。

哥伦布西航后，不少人也抢着跟进。他们不像哥伦布那样迷恋亚洲，其中有些人认为那是个新大陆，意大利航海家维斯普奇就是其中一位，并且大肆宣传。

1507 年，哥伦布死后的第二年，日耳曼制图家华德西穆勒出版了新的地图，在地图上方的左边放了托勒密的肖像，右边则为维斯普奇的肖像。他认为维斯普奇发现了新大陆，与托勒密可并列为今古两大地理学家，而他也用为维斯普奇的名字 Amerigo 来为新大陆命名。哥伦布在美洲留名的只有哥伦比亚这个国家，以及几个哥伦布市。

环绕世界第一人

大地是圆的，哥伦布没有实际证明。麦哲伦才是环绕地球第一人？也不对，他在菲律宾的宿务（Cebu）遭当地人刺杀身亡。麦哲伦手下的一位船长 El Cano 率领残舰残兵，回到了西班牙，国王查理五世赐予贵族头衔，并称许他是环绕世界第一人。

也许是吧。不过麦哲伦以前曾绕过好望角，经印度洋到马来亚，带了一位马来人回去。这次环球壮举，这位马来奴隶随行，在宿务时居然发现和宿务国王语言相通。如果这位马来人没有与麦哲伦同死于宿务，当船舰来到马来亚时，他就成了环绕世界第一人。

1.4　橘子还是柠檬

二十几年前，有同事问我这样的问题：根据牛顿的说法，因为自转的缘故，地球不会是完美的球形，而是赤道方向比南北极方向稍长的椭圆旋转体；而另一种说法是：赤道附近的 1 纬度之弧长，比极区的要来得短。这两种说法不是互相矛盾吗？

两种椭圆旋转体

他画了一个图，如图（1），并加以说明：这是一个椭圆，代表过南北极并垂直于赤道面的一个平面与地球的截痕，赤道方向比南北极方向要长。将它相对于 y 轴在空中旋转一圈，就得到代表地球的椭圆旋转体，如图（2）所示。

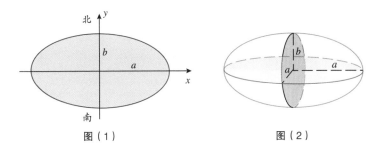

图（1）　　　　　　　　图（2）

和牛顿唱反调的学者认为地球不是这样的椭圆旋转体，而应该是另一种，如52页的图（4）。亦即，过南北极并垂直于赤道的平面与地球的截痕，其赤道方向比南北极方向要短，如52页的图（3）所示。将图（3）相对于 y 轴旋转，就得图（4）。

所以依牛顿的说法，地球比较像橘子，赤道突出，南北极较扁；反对派的说法，则认为地球比较像柠檬，赤道较瘦，而南北极突出。

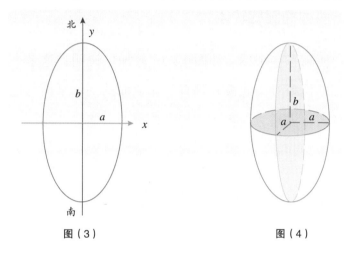

图（3）　　　　　　　　　　图（4）

牛顿错了？

我的同事在图（1）上，添加了一些东西，如图（5）。他说牛顿认为地球比较像橘子的另一种说法是：如果 $\overset{\frown}{AC}$、$\overset{\frown}{BD}$ 各在球心处所张的纬度角 φ 相同（可取为 1度），则 $\overset{\frown}{AC}$ 比 $\overset{\frown}{BD}$ 要短。但这又怎么可能呢？你看，就局部而言，$\overset{\frown}{AC}$、$\overset{\frown}{BD}$ 几乎就是圆弧的一部分，所以 $\overset{\frown}{AC}$ 大约等于 $a\varphi$，a 为椭圆的半长轴，而 $\overset{\frown}{BD}$ 大约等于 $b\varphi$，b 为半短轴，$\overset{\frown}{AC}$ 当然比 $\overset{\frown}{BD}$ 大，因为 $a > b$，怎么可能反过来呢？

纬度的测量

我被问得一愣一愣的：到底引述错了，还是牛顿真的错了？回家查了百科全书，才发现我们对纬度的认识太粗糙了。

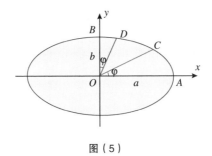

图（5）

如果地球是个完全的球形，那么图（5）的椭圆就要是个真正的圆，而 C 点的纬度自然就是 $\overset{\frown}{AC}$ 在球心 O 所张的角度 φ。

不过，当你站在 C 点，如何量测 φ 角呢？没办法直接量。间接的方法有两种，其一是找到 A 点，量得 $\overset{\frown}{AC}$ 的弧长，再除以球的半径；其次是量北极的高度，也就是北极方向与水平方向所成的角度就是 φ。

不过，当地球不是个完美的球形，量得 $\overset{\frown}{AC}$ 的弧长，我们无法换算成 φ 角，因为椭圆的离心率未知；另一方面北极的高度并不等于 φ 角。

纬度的定义

站在 C 点，怎样决定 C 点的纬度呢？换成图（6）。前人只能量北极的高度，亦即，北极方向（与 y 轴平行）与地平线（椭圆在 C 点的切线）的夹角 λ（lamda，为相

当于 e 的希腊字母；e 代表纬度）。如果地球是个完美的球形，这个夹角 λ 与 $\overset{\frown}{AC}$ 在球心所张的角度 φ 完全相等；λ 就是 C 点所在的纬度。

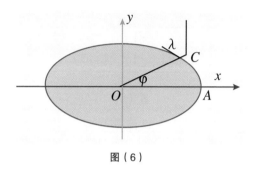

图（6）

如果地球不是个完美的球形，因为无法直接测得 φ 角，只能舍弃 φ，而 λ 以作为 C 点的纬度——原来作为主角的 φ 一直无法现身，只好把作为配角的 λ 扶正。

牛顿问题初解

要了解牛顿的问题，把椭圆与圆画在一起，如图（7），就发现：由于椭圆的切线比圆的切线更倒向 x 轴，纬度 λ 比张角 φ 要大。

换句话说，如图（8），如果 C 的纬度为 λ，D 的纬度为 $90° - \lambda$，虽然 $\overset{\frown}{AC}$、$\overset{\frown}{BD}$ 相应的纬度差相等，都为 λ，但相应的张角 $\varphi_1 = \angle AOC$ 比 $\varphi_2 = \angle BOD$ 要小，这是因为 $\varphi_1 < \lambda$，$90° - \varphi_2 < 90° - \lambda$，亦即 $\varphi_1 < \lambda < \varphi_2$。虽然在 $\overset{\frown}{AC} \approx a\varphi_1$，及 $\overset{\frown}{BD} \approx b\varphi_2$ 两式之中，$a > b$，但是因为 $\varphi_1 < \varphi_2$，

经过仔细计算，可得 $\overset{\frown}{AC} < \overset{\frown}{BD}$ 。

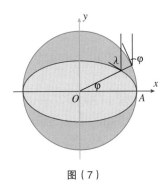

图（7）

一般而言，同一子午线上两点间的纬度差若保持不变，则此两点之间的弧长，随着两点从赤道往极区移动，会愈变愈大；极区附近与赤道附近同纬度差之两弧，其弧长之比值约为 $a^3:b^3$ 。

如果地球是南北较突出的柠檬形椭圆旋转体，则有关同纬度差之弧长的变化情形，正好就要反过来。

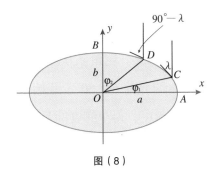

图（8）

纬度长实测

法国天文学家皮卡尔测量巴黎附近的弧长，推算地球的大小，使得牛顿能够确信万有引力是对的。由万有引力，牛顿推导出地球应该是赤道微突的椭圆旋转体。

法国天文学家卡西尼父子（Giovanni and Jacques Cassini），把皮卡尔的测量，向南北各延伸到西班牙边界与敦刻尔克海边。根据 1720 年发表的结果，结论与牛顿的理论预测正好相反，北方的弧长比南方的要短。

法国科学院对这样引起争议的测量结果深为重视，决定派一组人前往秘鲁（1735 年），另一组人前往拉普兰德（Lapland，1736 年），各测量纬度 1 度之弧长。

那时候的秘鲁指的是大秘鲁，包括有赤道通过的厄瓜多尔。测量队就从厄瓜多尔南部大城昆卡（Cuenca，约南纬 3 度）的旧天主堂出发，一路往北测量，直到北部大城基多（Quito）北方 24 千米处的赤道为止。结果是：赤道附近 1 纬度的弧长为 110.62 千米。

拉普兰德是拉普人居住的地区，在芬兰湾的北边，现在属于芬兰、瑞典及挪威。测量队从注入芬兰湾的托尔尼奥（Tornea）河口（约北纬 64° 50′）开始，往北测到小村落 Kittis（约北纬 65° 50′），得 1 纬度的弧长为 111.96 千米。

先前，科学家测得钟摆（同样的摆长）在北边比在赤道摆得快，在平地比在高山摆得快，根据万有引力的推论，这都是与距地心远近有关。现在这两支远征队的结论与牛顿的推论又相符，万有引力理论再次得到肯定。

卡西尼家族的第三代 César-François（1714—1784 年）继承父祖的测量事业，再次重测法国境内的弧长。1744年的测量结果，使他背离了父祖不赞成牛顿理论的态度，

转成为牛顿理论的拥护者。

地球仪

地球是个椭圆旋转体，那么地球仪是否要依样画葫芦呢？没有必要，也不太可能做到。原因是地球的 a 与 b 只差 21 千米。相对于半径之接近 6400 千米，21 千米也不过只占 0.3%。也就是说，如果地球仪的 a 为 1 米，b 就应为 99.7 厘米。这样准确的地球仪纵然用高技术把它做出来，人眼还是看不出来的。

地球表面上还有高山，这也影响到地球成为完美球体；同样地，纵使是最高的珠穆朗玛峰，其高度 8848 米也只占 6400 千米的 0.14%，在地球仪上是看不出来的。

顺带一提，如果认真计较，珠穆朗玛峰离地心有 6382.25 千米，它并不是离地心最远的；离地心最远者为厄瓜多尔的第一高峰钦博拉索山（Chimborazo，标高 6310 米），距离达 6384.45 千米，因为它所在的南纬 2 度，比珠穆朗玛峰所在的北纬 28 度离地心来得远。

虽然地球不是完美的球形，但是误差的百分比实在微乎其微，所以如果只考虑大方向，通常就认定地球是完美的球形。

纬度弧长的数学

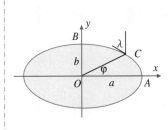

图（9）

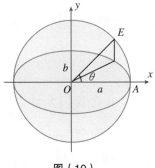

图（10）

假设 C 点的纬度为 λ，而 $\overset{\frown}{AC}$ 在地心所张的角度为 φ，如图（9）。我们先要求得 λ 与 φ 的数学关系。

以参数 θ 来表示 C 点的坐标：

$$x = a\cos\theta, \quad y = b\sin\theta$$

请注意，θ 并不是 φ，而是如图（10）所示的 $\angle \mathrm{EOA}$，而 E 为从 C 作平行于 y 轴之直线，与以 OA 为半径之大圆的交点。E 的坐标为：

$$x = a\cos\theta, \quad y = a\sin\theta$$

从图知道：

$$\varphi < \theta$$

而且

$$\tan\varphi = \frac{b}{a}\frac{\sin\theta}{\cos\theta} = \frac{b}{a}\tan\theta$$

下面我们要计算 λ 的大小。椭圆在 C 点的切线，其斜角为 $90° + \lambda$，所以：

$$\tan\lambda = \frac{1}{\cot\lambda} = \frac{-1}{\tan(90°+\lambda)} = -\frac{dx}{dy}$$

$$= \frac{a}{b}\frac{\sin\theta}{\cos\theta} = \frac{a}{b}\tan\theta$$

综合上两个式子，就得：

$$\tan\lambda = \frac{a}{b}\tan\theta = \frac{a^2}{b^2}\tan\varphi$$

而且

$$\varphi < \theta < \lambda$$

回到图（8），则

$$\tan\varphi_1 = \frac{b^2}{a^2}\tan\lambda$$

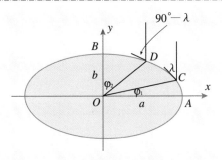

图（8）

假定 λ 很小（C 点靠近赤道，D 点靠近极区），则 $\tan\varphi1 \approx \varphi1$，$\tan\lambda \approx \lambda$，所以：

$$\varphi_1 \approx \frac{b^2}{a^2}\lambda，\ \widehat{AC} \approx a\varphi_1 \approx \frac{b^2}{a}\lambda$$

另外，

$$\tan(90°-\varphi_2) = \frac{b^2}{a^2}\tan(90°-\lambda)$$

亦即：

$$\tan\varphi_2 = \frac{a^2}{b^2}\tan\lambda$$

$$\varphi_2 \approx \frac{a^2}{b^2}\lambda，\ \widehat{BD} \approx b\varphi_2 \approx \frac{a^2}{b}\lambda$$

如此就得：

$$\widehat{AC} : \widehat{BD} \approx \frac{b^2}{a}\lambda : \frac{a^2}{b}\lambda$$
$$= b^3 : a^3$$

亦即牛顿的结论

$$\overset{\frown}{AC} < \overset{\frown}{BD}$$

如果不在赤道也不在极区，则弧长要介在两者之间，其大小可用上述两值的线性和来估算（譬如在60度附近，弧长约为 $\frac{1}{3}\overset{\frown}{AC} + \frac{2}{3}\overset{\frown}{BD}$ ）。

反之，如果求得两不同纬度段的弧长，则可推导出上述的 $\overset{\frown}{AC}$ 与 $\overset{\frown}{BD}$ 、a、b 之值，以及地球的扁率 $f = \frac{a-b}{a}$（与椭圆离心率的定义不同）。

牛顿猜 $f = \frac{1}{300}$；依大秘鲁、拉普兰远征的结果，再经校正后的资料，可得 $f = \frac{1}{216.8}$。现在认定 $a = 6378.16$ 千米，$b = 6356.77$ 千米，因此 $f = \frac{1}{298}$，与牛顿的值非常接近。

第  篇

星球的位置

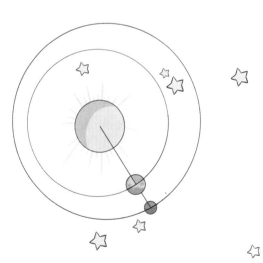

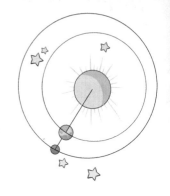

> 一个星座内的众星
> 彼此是邻居吗？
> 从视线方位的观点而言，
> 当然都是邻居；
> 但是就距离而言，
> 就不一定了。

在众多星星中，你也许会对某颗星特别感兴趣。它的位置在哪里？你会告诉我方位，譬如赤经多少、赤纬多少，或者告诉我，它与某个星座的关系如何。

不管远近，众星似乎挂在球形的天穹上面。将这样的想法数学化，想象有个很大的天球（面），以地球为中心，包含所有的星星。从地球观看某颗星，就将视线延伸，推到天球上，得到该颗星在天球上的投影位置。

如果在天球上，仿照地球上的做法，规定有经纬线，那么众星的视线方位就可确定。我们也可先确定一些熟悉星座的经纬度，作为其他星球视线方位的参考点；星座就像地球上的知名城市，可作为其他城市位置的参考。

视线方位只是星球位置的一部分，加上与我们的距离，才能真正定位。视线方位可以直接测得，距离远近可就要用间接的方法，为此三角学就派上用场了。

首先要间接测得地球的大小（这是第 1 篇的主题），作为进一步测量的一把标尺。下一步，利用日、月食，可测得地月距离，以及地日距离为这把尺的多少倍。地日距离称为天文单位，成为更大一把标尺。再来就用视差的方法测量行星及更远星球的距离为几个天文单位。

出了太阳系，天文单位这把尺就显得太短，于是想到光一年走过的距离，称为光年，用之为更大的一把标尺。

超过几百光年，视差方法就测不出视差，测不出距离，于是（目视）星等、红移等星星的物理现象就考虑进来了。

一颗星球把它摆在 2 倍远，亮度就减为 $\frac{1}{4}$，星等就增加 1.5；摆在 32.6 光年远的标准距离，所呈现的星等称为绝对星等。如果两颗星球的绝对星等一样（譬如有相同的物理状况），则两者目视星等之差就与两者相对的远近挂上钩。

20 世纪上半叶，天文学有个大发现：远方星系的光谱都呈现红移现象，亦即离我们而去，而且离去的速度与该星系的距离成正比。此发现也表明，在遥远的过去，所有的星系应该都挤在一起，因而有各种开天辟地的大爆炸理论。另一方面，我们也可以从现在红移的程度，估算某星系远离我们的程度。

星球的位置，包括视线方位与距离，用几个简单的数学原理，就可以说得清楚，算得准确。

2.1 太阳的起居活动

白天太阳由东往西跨过天空，晚上众星一样由东往西跨过天空，周而复始，似乎地球是宇宙的中心，众星围着它团团转。

不同调

仔细观察却发现，众星与太阳有一点点不同调。虽然众星绕地球旋转一圈，大约也费时一整天，不过每天在东边及西边迎接太阳升落的星星都略有不同。也就是说太阳与众星的相对视线距离每天会略有变化，不像众星之间的视线距离似乎保持不变。

这样的现象，用地球绕太阳公转的观点来看，就很容易解释：

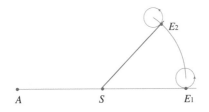

假定 E_1 为地球赤道上一点，正好看到太阳 S 西落，而西落方向的远方正好有一颗恒星 A，亦即 E_1、S、A 在同一直线上。一天 24 小时后 E_1 转了一圈到了 E_2 的位置，又正好看到太阳西落，但恒星 A 已经不正好在太阳西落的方向上。对自认在地球上固定一点 E_1（E_2）的人而言，太阳 S 与恒星 A 的视线起了变化，其变化的大小就是 $\angle S$（ $= \angle E_1SE_2$）。

黄道十二宫

地球在 E_1 的位置时，我们可以说，太阳辛勤工作整个白天后，落脚处为恒星 A。随着时日的变化，一年中太阳每天的落脚处不同，在天空（天球）中画了一大圈，一年之后又落脚在恒星 A。太阳在天球中所走的这一大圈就称为黄道。

虽然太阳的落脚处每天都不同，但不一定正好有颗恒星在其背后。巴比伦人在黄道附近找到 12 个星群，大约把黄道分成 12 份，这就是黄道上的十二宫，亦即 12 个星座。这样，一年有 12 个月，太阳每个月就固定在其中的一宫落脚——宫比单独的一颗星宏伟多了！后人认为出生时，太阳的落脚处会对人产生很大的影响，这就衍生了占星术。

恒星日

地球上的 E_1 点移动到 E_2 点，刚好花了一整日，因为 E_1S、E_2S 都是切线，正是太阳西落的时候。但是地球自转却超过了一周角，超过的部分就是图中的 θ。

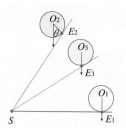

假设 E_1 到达 E_3 时，地球刚好自转了一周角，也就是说 O_3E_3 与 O_1E_1 平行，都垂直于 E_1S；这里的 O_i，i=1，2，3 都是地心。我们说从 E_1 到 E3 所需要的时间为一恒星日，因为相对于遥远的恒星，地球的确自转了一圈。

θ 角的一边为 O_2E_2，它垂直于 E_2S，另一边与 O_3E_3、O_1E_1 都同向，也要垂直于 E_1S，因此 θ 的大小与 $\angle S$ （$\angle E_1SE_2$）相等。

假设一恒星日的长度为 x 小时，它相当于一周角，而 θ 在圆 O_2 所对应的弧长相当于 $24-x$ 小时，所以：

$$\theta = \frac{24-x}{x}(\text{周角})$$

另一方面，与 θ 大小相同的 $\angle S$ 则相当于一周角的 $\frac{1}{365.25}$（回归年长约为 365.25 日），所以：

$$\frac{24-x}{x} = \frac{1}{365.25}$$

亦即一恒星日长为：

$$x = \frac{365.25}{365.25+1} \times 24 = 23.9345 \text{ 小时}$$
$$= 23 \text{ 小时 } 56 \text{ 分 } 4 \text{ 秒}$$

这就是说，一颗恒星在通过某地子午线正上方后，第二天会早 3 分 56 秒就再次通过该子午线的正上方。所以在夜间同一时间所看到的各星座会随季节往西边变动。这就是众星与太阳不同调的真实状况。

四季

地球上万物滋生的能源来自太阳。就几何的观点而言，地球的自转使得阳光发生变化，造成白天与晚上的区别。另外，地球的赤道平面与太阳的黄道轨迹不同，地球在公转中，各地接受的日照量会有变化，从而造成四季的区分。如下图，春、秋分时，太阳直射赤道；夏（冬）至时，太阳直射北（南）回归线。其他日子，太阳则直射南北回归线间的某个纬度。

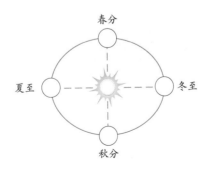

黄赤两系统

天文学家很早就观测春分（日夜等长）时，太阳所在的方位，其方位可作为黄道十二宫的起点。其他星星的方位可经由两个角度来决定。

其一是离开黄道或赤道（地球赤道平面延伸与天球的交圆）有几度（称为黄纬或赤纬）。另一则是以春分点（黄道与赤道的一个交点）为经度 0 度时，该星星所相应的经度（称为黄经或赤经）。

这是两个不同的天球坐标系统；黄经、黄纬用于太阳系比较方便，为早期西方所用的系统，而赤经、赤纬则便于研究恒星，为中国早期就开始使用的系统。

岁差

有了经纬度的想法，天文学家就开始观测并记录众星的方位，并制作星图（表）。公元二世纪的希巴克斯把

> ☞ 中国古代天文学家依东西南北四个方位，划分天空中的恒星。分别为东方苍龙七宿：角、亢、氐、房、心、尾、箕宿；西方白虎七宿：奎、娄、胃、昴、毕、觜、参宿；南方朱雀七宿：井、鬼、柳、星、张、翼、轸宿；北方玄武七宿：斗、牛、女、虚、危、室、壁宿；共二十八宿。

自己的记录与前人的比对，发现星星的黄纬不变，但黄经却有变动，而且度数一直在增加中。经过仔细核对，知道作为经度的起点春分，在黄道诸星背景中一直往西移，这种现象称为岁差。

经后人的仔细观测，岁差的角度每年约为50秒，也就是大约26000年，春分点在黄道上绕一圈后，会回到原来的地方。

发生岁差的原因是，地球的自转轴会发生变动，其指向每26000年在天球上画出一小圈。由于自转轴方向会做周期的变动，赤道平面也跟着做周期运动，使得赤道平面与黄道的交点春（秋）分，在黄道上向西滑动。

因为岁差的关系，黄经会有变动，于恒星的定位会有不便。恒星经度的定位，在中国采用的是与28宿中某宿某星的经度差，这种定位方式比较不会受到岁差的影响。不过也因此比较不容易发现岁差的现象，不很重视岁差的意义。

星座运势

日历是以年为基准的，年指的是春分到春分（或冬至到冬至）的时间。由于岁差的关系，黄道十二宫的方位，与春分点其实是脱钩的，所以太阳在某一宫（某一星座）

的日期也会变动。春分点每 26000 年在黄道上绕一圈，所以太阳在固定星座相应日期，约 2000 年会移动一个月。换句话说，在同一日期出生的人，2000 年前与现在，太阳的方位是差了一个星座的。

譬如说，2000 年前春分点在白羊座，所以白羊座的日期从 3 月 21 日春分开始，到 4 月 19 日止。但现在春分点已移至双鱼座，所以生于白羊座的人，太阳的实际落脚处却在双鱼座。

这个事实，谈星座运势的人不可不知。

2.2　月亮的起居活动

月亮的活动在晚上，它在群星中的位置，每日也有变动。于是古人在月亮活动的群星背景中，找出 28 个星座，称为 28 宿，月亮每日轮流在一宿中休息。

这 28 宿又分成 4 群，每群 7 宿，相应于四季。每群又可分成 3 小群，各含 2、3、2 宿，每小群又可与 12 个阳历月对应。

恒星月

月亮绕地球一周平均为 29.53 日，但地球本身也在公

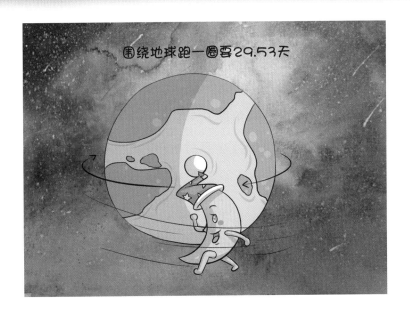

转，所以从地球看月亮在群星中绕一圈的日数 y，比盈亏月的 29.53 日要短些。此 y 称为恒星月，其计算方式如下：

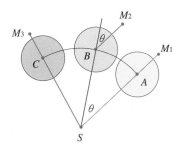

假定地球在 A 的位置时，正好看到满月，亦即太阳 S、地球 A 及月亮 M_1 在垂直于黄道的同一平面上。过了一盈亏月后，A 移到 C，M_1 移到 M_3，又是满月，即 S、C、

M_3 还是在同一平面上。但是还不到一个盈亏月，而刚好满了一个恒星月时，亦即，相对于恒星，月亮回到同一方位时，则 A 移到 B，M_1 移到 M_2，而 BM_2 与 AM_1 平行。

图中两个相同的角度 θ，各有一个数学上的解释：$\angle ASB$ 这个 θ 为地球走了 y 日后所转的角度（相对于太阳而言），与转了一周角所需要的 365.25 日相比，得：

$$\theta = \frac{y}{365.25} \text{（周角）}$$

另外一个 θ 相应于月亮完成一盈亏月的时间 29.53 日，与完成一恒星月的 y 日之差，所以：

$$\theta = \frac{29.53 - y}{29.53} \text{（周角）}$$

两式相等，得：

$$\frac{y}{365.25} = \frac{29.53 - y}{29.53}$$

即：

$$y = 1 \bigg/ \left(\frac{1}{365.25} + \frac{1}{29.53} \right) = 27.32 \text{ 日}$$

一恒星月为 27.32 日，但我们在天上却准备了 28 个宿舍，让月亮一日一宿，不免使月亮无所适从。于是有时候古人会把其中的两个宿场（譬如室、壁两宿）合并，而成为 27 宿。

上弦月

月亮有盈亏变化，其变化的几何原理很简单。如下图，上弦月的发生是当月亮在左图中的 M_1 位置。此时太阳 S 的光线照在月亮的半球面，正好与月亮面对地球的半球面互相垂直，所以地球上实际看得到的月亮只有半弦月，亦即右图中，ACB 弧与 ADB 弧之间的部分。从地球上的 E_1 点看此半弦月，则弧 ACB 变成直线，弧 ADB 还是圆弧，所以看到的是形如下图中 M_1 的月相。

图中逆时针方向的箭头为地球的自转方向，所以 E_1 点正值黄昏时刻，太阳在其西方，月亮在其南方；午夜时，E_1 转到 E_2 的位置，月亮在其西方。亦即，上弦月时，月亮在黄昏从南方出现，午夜从西方消失。

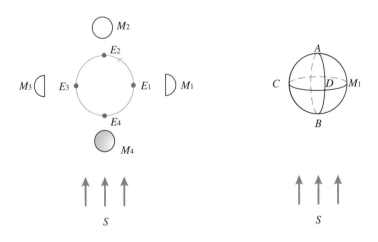

望月

望月的发生是当月亮在图中 M_2 的位置。此时阳光照到月亮的半球面，与月亮面对地球的半球面完全相同，所以地球上看到的是满月。E_1 在黄昏时刻，太阳在其西方，满月在其东方；午夜时，E_1 转到 E_2，满月在其南方；破晓时，再转到 E_3，月亮则在其西方。亦即，满月时，月亮在黄昏从东方出现，午夜时转到南方，而于破晓时从西方消失。

下弦月

下弦月时，月亮在 M_3 的位置，E_2 点在午夜初看到月亮在东方；当清晨破晓时，E_2 转到 E_3，月亮在其南方，旋即因阳光出现消失了。亦即，下弦月在午夜从东方出现，破晓时从南方消失。

朔

当月亮跑到 M_4 的位置，阳光照在月亮的半球面，与月亮面对地球的半球面，正好相反，所以从地球就看不到月亮了。此时称为朔。

盈亏

从朔到上弦月、到满月、到下弦月，再回到朔，月相的变化是连续的，出没时间与方向的推移也是连续的。参考上弦月、望月、下弦月及朔的解说，月相的各种变化一样可用上图推得。

如果望或朔时，太阳、地球及月亮又刚好在同一直线上，就会造成月食或日食的现象。

潮汐

除了盈亏带给人类无穷的想象，月亮也给地球带来了潮汐。月亮对其正对面地球的海水施以引力，而使之涨潮；地球背后的另一面海水也因离心力而涨潮。太阳

也会引起涨潮，不过影响只及月亮的三分之一。所以大
致而言，地球上固定一处的海水一天会有两次涨潮；当
然在望日或朔日，月亮与太阳的影响相加，就有大潮。

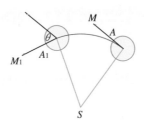

由于地球会自转，月亮 M 在地球上一点 A 的正对面
后，到下一次月亮移到 M_1，A 移到 A_1，而 M_1 仍然在 A_1
的正对面时，所经过的时间设为 z 小时，则 z 比 24（小
时）大。

假定超过的时间 $z-24$ 所相应的角度为 θ，则从地球
自转的观点得出：

$$\theta = \frac{z-24}{24} \text{（周角）}$$

但从月亮绕地球旋转的观点出发，则：

$$\theta = \frac{z}{29.53 \times 24} \text{（周角）}$$

两者相等，得：

$$\theta = \frac{z-24}{24} = \frac{z}{29.53 \times 24}$$

即：

$$z = 24 \times \frac{29.53}{29.53 - 1} = 24.84 \text{ 小时}$$
$$= 24 \text{ 小时 } 50 \text{ 分}$$

如果只计相邻两次涨潮，一次月亮在正面，另一次在背面，则其间隔刚好为上述时间的一半，即 12 小时 25 分。

2.3 相对远近

太阳远还是月亮远？这个问题太没学问，是吗？如果长辈老师没告诉过你，书本上也找不到答案时，你会答吗？

月亮较近

古时候的人在填饱肚子之余，也不免问起同样的问题。有烤火经验的人，会说太阳比较近，月亮比较远，因为阳光比月光热得多。

不过当你知道日食时，会吃掉太阳的天狗就是月亮，太阳比月亮远就成了自然的结论。而且日食有全食也有环食，所以日月看起来大约一样大，也得到肯定的答案。

日月远近比

日月看起来一样大，所以日月的远近比与大小比就一样了，这是相似形的结果：

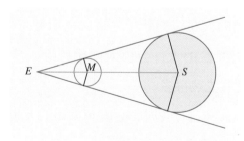

那么这个比是多少呢？公元前三世纪的希腊天文学家阿里斯塔克做了如下的观测：

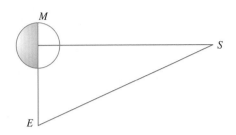

刚好是月半时，地球 E、月亮 M、太阳 S 形成一个直角三角形。这时如果测得 $\angle E$，那么太阳的距离 SE 与月亮的距离 ME 相比，就是 $\angle E$ 的正割值：

$$\frac{SE}{ME} = sec \angle E$$

阿里斯塔克量得 $\angle E = 87°$，而得太阳的距离为月亮的 19 倍（sec 87°），因此太阳直径也要为月亮直径的 19 倍。

然而 $\angle E$ 很难量得准，尤其它接近 90 度，一点点误差，就会使倍数有很大的变化。现在知道 $\angle E$ 为 89° 51′，因此倍数为 382（sec 89° 51′）倍。不过阿里斯塔克的原理是对的，"太阳比月亮远得多、大得多"的结论也是对的。

行星与恒星

天空中除了太阳、月亮外，晚上还看到众多的星星。

看久了就看出一些名堂来：众星由东往西移，但彼此之间的相对位置并没有改变。而少数几颗星却与众不同，和其他星星的相对位置一直在改变。于是给这两类星星取了不同的名字，前者称为恒星——相对位置恒常不变的星星，后者称为行星——到处行走的星星。

假定不远处有人行走，其方向不是正对着你而来，也不是正背着你而去，而在更远处有棵大树。你会发现随着行人往前走，大树似乎往后退。

行星与恒星的相对关系就像行人与大树那样，于是古人就认定：行星离我们较近，恒星就远得多。极端（但看起来合理）的想法，更认定所有的恒星都在一个很

大很大的天球上，地球居于天球的球心位置，天球绕着
地球旋转，行星及日月则于天球的内部，距地球不远的
地方游走。

七曜的远近关系

古人看到的行星有五颗——水、金、火、木及土星，
再加上也会动的太阳与月亮，就合称为七曜。

水星和金星总是和太阳靠得很近，只在黄昏或清晨
时才看得到。偶尔月亮会挡在水星或金星前面，造成月
掩星的现象；另外，偶尔也会发生水星或金星凌日的现
象，亦即水星或金星从我们的眼前通过太阳的圆盘面。
于是得到如下的结论：月亮离地球最近，其次为金星与
水星，再其次才为太阳。

而金星与水星两者，金星较近于地球，因为水星较
近于太阳。认定水星较近于太阳，是因为水星与太阳两
者在地球上观测者的张角范围较小。其实，水星、金
星、地球都绕着太阳跑，诸星与地球之距离变化是很复
杂的。

至于火、木、土三行星，则因为视线角度变化不同，
认定变化大的较近，变化小的较远，因此离地球由近而
远的顺序为火星、木星、土星，而且三者都比太阳远。

视线角度变化

以视线角度变化的大小，来判定行星的近远，其主要的假定是：两行星的运动速度相差不会太悬殊，同一时间所走的距离差不太多，因此较近者视线角度的变化就较大，如下图所示。

这是相当大胆的假定；17 世纪初开普勒的第三定律出现，证明这样的想法对行星而言是对的（不过地球要改为太阳）——近的线速度及角速度都比远的快，而且此定律为行星间相对于太阳的距离提供了极为准确的规律。2.4 节将会详细阐述。

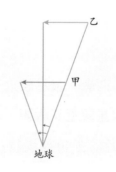

甲乙两行星的位置与视线角度的变化

2.4 太阳系的尺度

在第 1 篇我们说过，古希腊的埃拉托色尼等人，曾经测量地球的大小。后人要求得日月的远近，自然就想到利用地球的大小，作为一把量测的标尺。

月亮的半径

公元前二世纪，另一位天文学家希巴克斯，利用月食，测得月球上地影的大小，进一步求得月亮的远近。

他的想法如下：

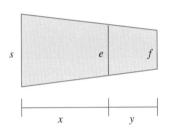

假定 s、e、f 各为太阳、地球、地影的半径，而地日距：地月距 $= x : y$，则 e 的大小为 s 与 f 相对于距离的加权平均：

$$e = \frac{xf + ys}{x + y}$$

另外，假定 m 为月亮的半径，从 2.3 节，我们知道：

$$s : m = x : y$$

再者，希巴克斯利用月食，实测得地影 f 为 m 之 z 倍：

$$f = zm$$

将后两式代入第一式就得：

$$e = \frac{xf+ys}{x+y} = \frac{xf+xm}{x+y}$$

$$= \frac{x}{x+y}(f+m) = \frac{x}{x+y}(z+1)m$$

或：

$$m = \frac{x+y}{x} \cdot \frac{1}{z+1} \cdot e$$

如此，月亮的半径 m 就可以用地球的半径 e 来表示。

地影的测量

在 2.3 节，我们说过阿里斯塔克测量 $x:y$ 的原理，现在来说希巴克斯求得 z 值的原理：

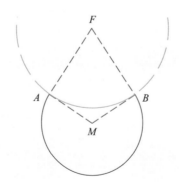

月食时，在眼睛与月亮间置一半透明物，在上面描

出蚀月的曲线（图中实线部分），并推算出月心 M，地影心 F 之所在。则：

$$z = \frac{f}{m} = \frac{AF}{AM}$$

地月距离

希巴克斯的 z 值为 2.8。虽然阿里斯塔克给了 $x : y$ 的测量原理，但当时实际很难测得准，不过 x 比 y 大得多，是个不争的结论。所以 $\frac{x+y}{x}$ 几乎等于 1，于是：

$$m \approx \frac{1}{z+1}e \approx \frac{1}{3.8}e \quad （真值为 3.7）$$

另外，观测满月，得视角约为半度，因此地月距离 EM 与 m 的关系为：

$$\frac{m}{EM} \approx \frac{1}{4}（度）= \frac{1}{4} \cdot \frac{\pi}{180}（弧度）\approx \frac{1}{229}$$

由量得的 z 值及上面的数值，希巴克斯推得地月距离 EM，大约要为地球半径 e 的 60 倍——现在知道的距离几乎就是如此（$60.2e$）！

三角法测地月距

虽然希巴克斯量得了地月距离，但谁也不知道他是否量得准。18 世纪法国天文学家拉卡伊（Lacaille，1713—1762 年），曾于 1750 至 1754 年，在南非的好望角观测星象。他和在柏林的拉兰德（Lalande，1732—1807 年）同时间观测各自的天顶方向与月亮方向的夹角，由他们的结果可推得月亮的距离。

　　如下图，假定柏林（B）和好望角（G），在地心（E）所张的角度为 θ（可由两地的经纬度求得）。假定当月亮（M）正好在两地间大圆的正上方，则四点在同一平面上。假定此时量得图中的 θ_1 及 θ_2 两个角度，如此就可算得 $\angle M = \theta_1 + \theta_2 - \theta$ 的角度，还有 $\angle MBG = 90° + \dfrac{1}{2}\theta - \theta_1$。把正弦定律用到 $\triangle MBG$ 中，就得：

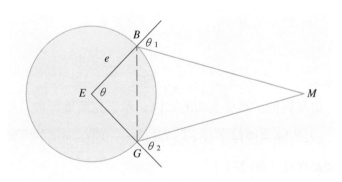

$$\frac{GM}{GB} = \frac{\sin \angle MBG}{\sin \angle M}$$

　　另外，我们知道：

$$GB = 2e \sin \frac{1}{2} \theta$$

两式相乘，就得：

$$GM = 2\sin \frac{1}{2} \theta \frac{\sin \angle MBG}{\sin \angle M} e$$

$2\sin \dfrac{1}{2} \theta \dfrac{\sin \angle MBG}{\sin \angle M}$ 就是以地球半径 e 为标尺，所量得地月距离的倍数。拉卡伊所得的结果，此倍数也大约为 60。

现代人用激光射向月亮，量得来回所需要的时间，就由光速求得地月平均距离为 384400 千米。另外，地球半径也用多种办法确定为 6357 千米到 6378 千米之间。

地日距离

因为阿里斯塔克求得的日月距离比并不可靠，虽然地月距离得到了，地日距离无法随之即得。拉卡伊的方法可用到地日距离的测量吗？

如果从地球一直径的两端 E_1、E_2，遥望 1 亿 5 千万千米外的太阳 S，则 $\angle E_2 S E_1$ 的大小约为：

$$\frac{2 \times 6400}{1 亿 5 千万}（弧度）= \frac{2 \times 6400}{1 亿 5 千万} \cdot \frac{180}{\pi}（度）\approx 0.3°$$

它远比拉卡伊的 $\angle M$（$\approx 1.28°$）要小得多，以当时

的技术是无法测得准的，因为在耀眼的太阳面上，要找到一特殊点，让 E_1、$E2$ 同时去测视线角度，是不太容易的事。

开普勒的周期律

继续其有名的两个行星运动定律，开普勒于 1619 年提出第三运动定律说，任两行星之周期 T_1、T_2 及平均距日距离 a_1、a_2，有如下的关系：

$$a_1^{\ 3} : a_2^{\ 3} = T_1^{\ 2} : T_2^{\ 2}$$

或者：

$$a_1 : a_2 = T_1^{\ 2/3} : T_2^{\ 2/3}$$

从第三定律马上推导出，行星离太阳愈远，周期就愈长，因此从太阳到行星的视角变化速度就愈小。

开普勒并不是确知各行星到太阳的距离，而得到第三定律的；他用的是合理的猜测。不过牛顿用其运动定律及万有引力定律导出了开普勒的三个运动定律。

各行星的周期较容易测得准，各行星到太阳的相对距离也跟着确定，所以要知道各行星到太阳的距离，只要知道其中一个行星的就好了。

火星冲日

这个行星的首选自然是地球了；可惜前面说过，用拉卡伊的方法是行不通的。1672 年发生火星冲日的天文现象，法国天文学家卡西尼（第一代）认为机不可失，于是他在巴黎，另外一位天文学家里歇尔（Richer，1630–1696 年）在法属圭亚那的开云岛上，用后来拉卡伊所用的方法，来测得相应于火星的∠M。这个角度约为 0.56°，且因为火星比太阳看起来小得多，而且远比太阳暗淡，所以可以量得准。

所谓火星冲日，就是火星走到地球相对于太阳的另一侧，太阳、地球、火星成一直线的时候。假定 a_1、a_2 各为地球、火星与太阳的距离，那么卡西尼和里歇尔所得的距离为 $a_2 - a_1$。由：

$$a_1 : (a_2 - a_1) = T_1^{2/3} : (T_2^{2/3} - T_1^{2/3})$$

就可得到地球到太阳的距离 a_1。

当金星在太阳与地球的中间时，它与地球的距离比上述的 $a_2 - a_1$ 要近，可惜受到太阳的影响，同时金星的圆盘面太大，边缘又因为有云气显得模糊，所以上述的方法也不能用。

太阳系的标定

卡西尼和里歇尔算得地日距离为 1 亿 4 千万千米，与真值 1 亿 4950 万千米相当接近。1931 年，天文学家用小行星爱神（Eros）代替火星，做类似的观测。爱神星在火星轨道之内，离地球最近时只有地日距离的 0.2 倍，相应的角度够大，而且在望远镜中够小，因为它本身很小，只有 24 千米宽。如此，就得到更准确的地日距离。

有了地日距离及开普勒第三定律，太阳系的尺度就标定了。

2.5 天文的三把标尺

人类要测量长度，都会发展标准尺度的观念。各地的人民不约而同会有尺与里的标尺；尺较短，大约与身长大小等级相近，里就长得多了，是为尺的累积单位，用来度量远近。

周有周尺，唐有唐尺；希腊有希腊里，英国有英里，中国有华里，各时代各地方各有自己的标尺，互相换算造成不便，于是出现了米、千米。

地球半径

地球上能够量得的最长距离，跟地球的大小有关，譬如地球的半径、直径或周长。从地球外望天空，米、千米太短，地球的半径成为天文测量的第一把标尺。上文谈月球的大小及近距离星球的远近，用的就是地球半径这把标尺。

天文单位

地日距离 149500000 千米用地球半径这把标尺来量，约得 23440 倍。外行星的距离更远得多，这把标尺就显得不够长，于是就想到天文的第二把标尺：地日距离。

地日距离称为 1 天文单位。

用天文单位，则开普勒第三定律中相应于地球的 a 值可取为 1，同时时间以年为单位，那么第三定律可简化为行星到太阳的平均距离 a，及该行星的周期 T 有如下的关系：$a = T^{2/3}$。

用天文单位这把标尺，太阳系最外头的冥王星在 39.5 天文单位远。有些彗星可远在 10^{12} 千米外，相当于 6700 天文单位处。出了太阳系，最近的邻居半人马座比邻星有 4.04×10^{13} 千米远，约 270000 天文单位。所以天文单位适用于太阳系范围内，超出范围就不好用了。

光年

超越太阳系的范围，通常用的是天文的第三把标尺：光年。光一年所走的距离是 9.46×10^{12} 千米，约等于 63280 天文单位，而比邻星约在 4.27 光年处。

光速如何测？

原籍意大利，到法国工作的卡西尼（第一代），想利用木星四颗卫星的周期，来确定地球上的经度，于是对这些卫星的周期做仔细的观测。结果从丹麦来的天文学家罗默（Roemer，1644—1710 年）发现，从地球上看这些卫星从木星背后出现的时间，会随地球与木星间的距离而不同，地球与木星愈接近，出现的时间比预定的时间愈早。

罗默认为光的速度有限，卫星从木星背后出现到被地球上的人看到，需要时间。他由距离差及时间差，算得光速每秒为 227000 千米，与现值 300000 千米相去不远。光速是有限的，保守的卡西尼持反对意见。

过去，光的速度到底有限还是无穷，一直是争论的话题。在地球上两山头间测光速的尝试总是失败；光速是天文级的，只有在星际之间才测得出来。

邻居的距离

以下三张表，是太阳系内及邻近星球在这些标尺下的尺度。

表 1		
	地球半径	天文单位
地月	60.2	0.0026
地日	23440	1

表 2		
	天文单位	光年
最远彗星	6700	0.1
比邻星	270000	4.27

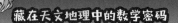

表 3

	天文单位	光时（光年 / 365×24）
水　星	0.387	0.0535
金　星	0.723	0.102
地　球	1	0.1384（8 分 18 秒）
火　星	1.524	0.211
木　星	5.203	0.722
土　星	9.539	1.321
天王星	19.182	2.66
海王星	30.058	4.26
冥王星	39.518	5.47

2.6　视差法量距离

从地球上不同的两点，同时测一行星的视线角度，来计算行星距离的方法，只能用于邻近的行星。较远的行星则因其到此两点的张角太小，这样的方法就不管用；恒星就更不用说了。

恒星的张角

从地球上同一点，但在相差刚好半年的时间，去测一恒星的视线方位，则因观测时两点 E_1、E_2 相距 2 天文单位，比地球直径大了 23440 倍，恒星 S 在 E_1、E_2 的张角 $\angle S$（$\angle E_1 S E_2$）较大，就有可能测得出来。（行星在半年内也会大幅移动，这个方法就不行。)

不过在19世纪之前，这样的角度在技术上还是测不出来的。其实当哥白尼提出日心说，认为地球绕着太阳转时，反对的人就说，测不出任何恒星有因地球运动而呈现了张角。哥白尼回应说，恒星太远了，张角是测不到的。

张角的测量

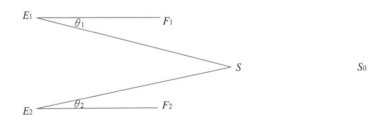

张角$\angle S$的测量理论是这样的：在恒星S后面更遥远的地方找另一颗恒星S_0，在E_1、E_2各以对向S_0的视线E_1F_1、E_2F_2为准，测得图中的θ_1、θ_2。因为E_1F_1、E_2F_2可假设为平行（S_0够远的话），$\angle S$就等于θ_1、θ_2之和（或之差）。

通常，在选择E_1、E_2点两时，使得大致S在E_1、E_2的正前方。因为S很远，SE_1、SE_2大致相等，而且E_1E_2

可看成以 S 为圆心，圆心角 $\angle S$ 所张的弧长（$\angle S$ 以弧度计算）。所以：

$$SE_1 = SE_2 = \frac{E_1 E_2}{\angle S}$$

视差

在这种星际测量中，通常计算的是 $\angle S$ 的半角 $\theta = \frac{1}{2}$ $\angle S$，它所对应的弧长 $\frac{1}{2} E_1 E_2$ 就是 1 天文单位，其图形如下：

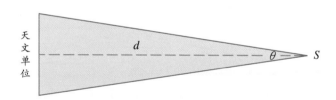

因此恒星 S 到太阳的距离 d 为：

$$d = \frac{\text{天文单位}}{\theta}$$

θ 就称为（星际）视差（Stellar Parallax）；视差的大小与距离成反比。

秒差距

为了方便比较，通常取 θ 为一秒角时所相应的距离为另一标尺。"秒角"的意思是 1 度的 60 分之 1（分角）的 60 分之 1°。用弧度表示，则 $\theta = \frac{1}{3600} \cdot \frac{\pi}{180}$，所以相应的 d 值为：

$$d = 3600 \cdot \frac{180}{\pi} \text{ 天文单位} = 206265 \text{ 天文单位}$$
$$= 3.26 \text{ 光年}$$

此一标尺称为秒差距（parsec），它是由天文单位及视差导出的，不算是基本的标尺。通常运用时，要决定一秒角为所得视差 θ 的若干倍：1 秒角 $= n\theta$，距离就为 3.26 光年的 n 倍。

哪些星较近

星际测量的理论有了，实际要测哪颗星呢？ S 要尽量近，背后的 S_0 要尽量远。在浩瀚的星海中要选哪一颗作为 S？还是，会不会所有的恒星都一样远，都挂在一个真正的天穹上，就像开普勒认为的那样？

突破来自两个想法。第一，天空中比较亮的星大体来说应该比较近。太阳亮得不得了，因为它近得不得了。如果把太阳推远 11 万 4 千倍，也就是推到 1.8 光年远，那么它的亮度就和天空中第一亮恒星天狼星差不多。一般而言，距离加倍，亮度就减少为 $\frac{1}{4}$。

另一想法来自天文学家哈雷于 1718 年的发现。他发现天狼星、南河三（Procyon）及大角星（Arcturus）这三颗星的方位，与古代希腊的星图有相当大的出入，譬如大角星差了两个月亮远。哈雷认为恒星有自行（proper motion），会朝某个方向移动，极远的看不出来（恒星的原意），但有的比较近，其自行短期内看不出来，累积近两千年就显现出来了。

实测

所以较亮的星，或者有明显自行的星，就有可能是较近的星。1838 到 1840 年间，亮度第三，位于南半球的半人马座 α 星，亮度第五的织女一（Vega），以及自行很明显的天鹅座 61 号，分别被三位天文学家选上了。这三颗星的视差，经校正后，分别为 0.76 秒、0.12 秒以及 0.29 秒（秒差距各为 1.316、8.333、3.407），相应的距离各为 4.29 光年、27.1 光年以及 11.1 光年。

后来发现半人马座的另一颗星比邻星才是离太阳最近的恒星（4.27 光年）。

当视差小于 0.03 秒时，就无法测得准。所以视差法的极限约为 100 光年。

几颗最邻近太阳的恒星

恒星	光年
1. 半人马座比邻星（Proxima Centauri）	4.27
2. 半人马座 α 星（Alpha Cen.）	4.29
3. 巴纳德星（Barnard's Star）	5.9
4. 沃尔夫 359（Wolf 359）	7.7
5. 拉兰德 21185（Lalande 21185）	8.3
6. 鲸鱼座 UV 星（Cetus）	8.4
7. 大犬座天狼星（Sirius）	8.6
8. 罗依天 726，728（Luyten 726,728）	8.9
9. 罗斯 154（Ross 154）	9.4
10. 罗斯 248（Ross 248）	10.3

卫星测视差

有一颗名为希巴克斯的人造卫星，在轨道上用高倍望远镜，专门测量太阳系附近诸星的视差。避开大气的干扰，这样的测量可精准到 0.001 秒差，达 3000 光年之远。

北极星经此确定距离为 360 光年。北极星是一颗造父变星，现在又确定其绝对距离，我们可用它为指标，利用造父变星亮度变化的特性，得到其他遥远星系的距离（见 2.7 节）。

公元前二世纪，希巴克斯测得地月距离，是人类向太空量测的第一步；从月亮到太阳、到太阳系，再到太阳系邻近，或更远，一步接着一步，此人造卫星担负起了中间的一大步，其命名自有深意。

从距离看星座

一个星座内的众星彼此是邻居吗？从视线方位的观点而言，当然都是邻居，否则也不会把它们看成一个群体——星座；但是就距离而言，就不一定了。

譬如金牛座，含有名为昴宿与毕宿的两个星团，距离我们各约为 541 光年及 150 光年。而名为毕宿五的红巨星，被看成昴宿星团七姊妹的随从，也称为金牛的眼

睛，它在金牛座中最亮，因为它只有 68 光年远。如果视线的起点不在地球，昴宿与毕宿两星团可能分得很开，而毕宿五也可能不是毕宿星团的一员，整个金牛座七零八散，成不了一个星座。

因视线方位而成的星座，经不起距离的考验。

2.7 看星等定距离

前文提到看起来比较亮的星有可能比较近，这表示星星有的比较亮，有的比较暗，而亮与暗也与目视者的远近有关。

公元前二世纪希腊天文学家希巴克斯，将天上的星星依其看起来的亮度，分成 6 等。1 等最亮，依等数增加逐渐转暗，到 6 等时几乎看不见。此为（目视）星等的滥觞。

各星等

后来，科学家有办法用仪器把亮度量得精确，天文学家就转用量化的方法来定义亮度。他们发现 1 等星的亮度大约为 6 等星的 100 倍，就让相邻两星等的亮度比

为 $r = \sqrt[5]{100}$（≈ 2.512），而规定星等 m 的亮度为 kr^{-m}。如此，不但 1 等星的亮度为 6 等星的 100 倍，而且星等 m 可推广到其他的整数及非整数。这里的 k 是个固定的亮度，相当于 0 星等。

经此量化的结果，原来列为 1 等星的许多明亮恒星就升格了，譬如天狼星要为 –1.5，老人星 –0.7，大角星 –0.1，织女星 0；当然也有保持 1 星等不变者，如角宿一。

行星也可用此系统表示亮度，譬如金星 –4.3，火星 –2.8，木星 –2.5，而月亮为 –11，天空中最亮的太阳则为 –26.7。

另一方面，用肉眼只能看到 6 等星，有了望远镜之后，7 等星、8 等星等都出现了，现在的望远镜可分辨到 20 几等星。

平方反比

星等公式中的 k 值是怎么决定的？也就是问：0 等星到底有多亮？以例回答，就是如同织女星那么亮。要用量化的观点回答这个问题，就必须先谈亮度与距离的关系。

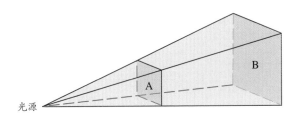

光源

如上图，B 与光源的距离若为 A 的两倍，则 B 的面积为 A 的 4 倍，而光源照到 A 或 B 的光量相同，所以从 B 看光源的亮度要为 A 的 $\frac{1}{4}$。距离加倍，则亮度再变为 $\frac{1}{4}$；同理，距离成 d 倍，则亮度变为 $\frac{1}{d^2}$。

把 1 等星推向 10 倍远，就变成 6 等星（亮度为原来的 $\frac{1}{100}$），那么推向 2 倍远，则会变成几等星呢（亮度为原来的 $\frac{1}{4}$）？设变为 x 等星，则由 $4 = r^x = 2.512^x$，可得 $x = 2.5$。亦即由 1 等星变成 2.5 等星，增加了 1.5 个星等。推而广之，任何星星若推到 2 倍远，则星等要增加 1.5。

绝对星等

既然亮度与距离相关，为了方便，我们分两部分来讨论星等：先固定一标准距离；再让距离变动。

标准距离取为 10 秒差距（32.6 光年）。把一颗星摆在此标准距离，所得的星等称为绝对星等，以 M 表之，亦即亮度为 kr^{-M}；而当此颗星就在它原来的距离 d（以秒差距

为单位）时，距离为标准距离的 $\frac{d}{10}$ 倍，所以亮度 kr^{-m} 要为

kr^{-M} 的 $\frac{100}{d^2}$ 倍：

$$\frac{100}{d^2} = \frac{kr^{-m}}{kr^{-M}} = r^{M-m} = 10^{\frac{2}{5}(M-m)}$$

等式两边取常用对数，得：

$$2 - 2\log d = \frac{2}{5}(M-m)$$

即：

$$M = m + 5 - 5\log d$$

这是一颗星的绝对星等、（目视）星等及距离三者间的关系，称为星等距离公式。由此公式也可马上导出：距离加倍，星等增加 1.5。

绝对星等可代表星星发出的光度，而（目视）星等就表示因距离而感受到的亮度。

星等等于 1 的亮度是这样规定的：它相当于 1 千米远之处，看到一根国际标准蜡烛的亮度。如果从 10 千米处望之，则成为 6 等星的亮度。

由标准距离 10 秒差距与 1 千米的平方比，我们就可算得 1 等星的亮度 kr^{-1} 要相当于多少根蜡烛摆在 10 秒差距远；由此可决定 k 值。

星星跟蜡烛亮度都成比例呢！

太阳不是最亮的

太阳的 $m = -26.7$，$d = 0.000005$。代入星等距离公式，就得 $M = 4.9$。也就是说太阳之所以亮，是距离近的关系，如果把它摆在标准距离的 32.6 光年远，太阳也不过是颗不起眼的恒星。

天空中最亮的恒星天狼星，其（目视）星等为 $m = -1.5$，距离为 $d = 2.64$ 秒差距（$= 8.6$ 光年）。代入公式，得 $M = 1.4$。这表示在同样的 10 秒差距远，天狼星比太阳亮得多。从量化的观点，两者绝对星等差 3.5，本质上天狼星要比太阳亮（$r^{3.5} =$）25 倍。

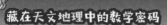
H-R 图

绝对星等的观念是丹麦天文学家赫茨普龙（Hertzs-sprung，1873—1967 年），在 20 世纪初提出来的。他发现，星球的颜色和它的绝对星等有相当大的关系。通常蓝白色的星等低，比较亮，黄色的星等不高不低，比较暗淡，红色的星等高，更为暗淡。但他也发现有些红色星球非常亮，于是推想它一定很大；后经证实宇宙中果真有红巨星。

美国天文学家罗素（H. N. Russell, 1877—1957 年），于 1914 年正式提出星球颜色与绝对星等的相关图。星球颜色由光谱决定，而光谱可分 O、B、A、F、G、K、M 等型，中间经过连续变化，相应于星球温度之由高而低，

造成离子化程度不同的结果。

关系图以光谱型为横轴，由高温往低温排。以绝对星等为纵轴，由大往小排。根据其光谱型及绝对星等，每颗星都对应于图上的一点。这样的图称为 H–R 图（赫茨普龙—罗素图），对星球距离与演化的了解很有帮助。

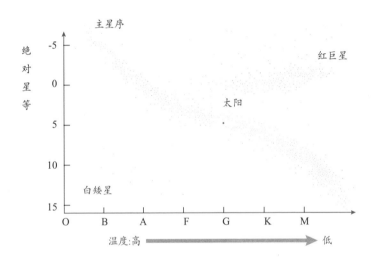

H–R 图最明显的特征是，90% 以上的星球都落在一条由左上往右下的曲线上，少数则在图的右上角或在左下角。

质量亮度定律

根据英国天文学家艾丁顿（Eddington, 1882—1944 年）于 1924 年发表的结果，星际气体因重力内缩，温度一再提高，直到引起氢融合，使得产生的温度及辐射往外的力量与重力取得平衡，于是恒星诞生了。恒星燃烧氢气的稳定期非常长，此时它就占据着那条左上到右下曲线中的一点，而且几乎固定不动。此曲线称为主星序，而一颗星位于主星序上，我们就称之为主序星。太阳位于主星序的中央，光谱型为 G，绝对星等 4.9。

艾丁顿又发现主序星在主星序上的位置，完全由其质量大小来决定：质量大的，氢的燃烧量就要大，才能与重力抗衡；燃烧量大，亮度也跟着大，绝对星等就减少。这样的关系，称为质量亮度定律。

用 H-R 图求距离

根据 H-R 图，测得了主序星的光谱型，就知道它的绝对星等（连同大小），再测其（目视）星等，就可用星等距离公式，求得其距离。

当主序星的氢用得差不多了，星球就会膨胀，温度渐减，颜色转红，成了红巨星（如果质量很大，可变成蓝、黄或红色的超巨星），于是主序星就离开了主星序，移到了 H-R 图的右上角。不过巨星的状态不会维持太久，它很快（相对于在主星序的时间）就会变成白矮星，而移到 H-R 图的左下角，或变成中子星、黑洞等。

造父变星

通常每颗星都有其固定的（目视）星等，但也有例外。有一些称为造父变星，为很亮的黄色脉动超巨星，已离开主星序。造父变星的亮度会做周期性的变化，从最亮渐渐变暗后，又转而渐亮，最后回到最亮，是为一周期。最亮与最暗，对同一造父变星是固定的，周期也不变。最早被注意到有这种现象的是仙王座造父星（Cepheid），故名"造父变星"。

周期公式

1912 年，美国天文学家利维特（Henrietta Leavitt, 1868—1921 年），研究小麦哲伦星系中的造父变星，发现一有趣的现象。这些造父变星的平均星等 m，与脉动周期 p 有一定的关系：亮度愈大周期愈长，两者关系可用函数 $m = f(p)$ 表示。

由于小麦哲伦星系离我们很远，星等距离公式中距离那一项，对此星系所有的星星而言，几乎是个常数。从地球望之，小麦哲伦星系宽为 2°，即为距离的 $\frac{\pi}{90}$ 弧度（≈ 0.035）倍，距离那一项最多差为 $5\log\frac{\pi}{90} = 0.075$。所以我们可把公式中的 "5 – 5log$d$" 看成为常数 e。

如此，对小麦哲伦星系的造父变星而言，其绝对星

等可写成为：

$$M = f(p) + e$$

相对距离

绝对星等 M 及周期 p 都与距离无关，所以上面这个绝对星等周期公式，应该适用于所有的造父变星，不限于小麦哲伦星系。所以对一般的造父变星，星等距离公式变成：

$$f(p) + e = m + 5 - 5\log d$$

如果有两颗造父变星，其周期、星等、距离各为 p_i、m_i、d_i（$i=1,2$），代入上面公式，再相减，得：

$$f(p_1) - f(p_2) = m_1 - m_2 - 5\log \frac{d_1}{d_2}$$

这样，知道了两造父变星的星等及周期，两者的相对距离就可求得。

北极星

更进一步，只要有一颗造父变星我们知道其距离（连同星等与周期），则 e 值就确定，其他造父变星的距离跟着就可求得。

开普勒的第三定律给出了太阳系行星间相对的距离关系，而由三角测量法确定了地日之间的绝对距离，其他行星的距离就确定了。与此类似，有了造父变星间相对距离的公式，剩下的问题就是用其他的方法找出某颗造父变星的距离。

当时，视差方法所适用的范围（100 光年）内，并没有任何造父变星。研究大、小麦哲伦星系，其所含的个别恒星又无法像造父变星那样可以辨识得出来，所以无法用 H-R 图确定距离，于是只能猜测 e 值来猜测这些星系的距离。

北极星也是一颗造父变星，长久以来天文学家都在猜测它的距离。有了希巴克斯人造卫星，终于确定（目视）星等 2.1 的造父变星北极星，其距离为 360 光年。如此，由大、小麦哲伦星系所含的造父变星，得知两者的远近各为 15 万及 17 万光年。

仙女座

大、小麦哲伦星系都比我们的银河系小得多，距离也近（相对于其他的星系距离），算是银河系的相伴星系。再远一些的有仙女座星系。起先根据造父变星得其

距离为 80 万光年，再根据这样的距离，推得其他星系的远近与大小，结果发现银河系为宇宙中的巨无霸。

后来发现，造父变星有两类，各有一周期与星等的对应关系，而先前用来决定仙女座远近的却是另一类。用了周期与星等的对应关系，仙女座星系的距离确定为 230 万光年，而银河系不再是巨无霸，只是不大不小的星系。

造父变星提供了比视差法更大的标尺，可深入其他星系，最远达 6 千万光年。

远离银河中心

美国天文学家沙普利（Harlow Shapley, 1885—1972 年），

估算一些造父变星的距离，利用利维特的方法，来研究球状星团的距离。所谓球状星团就是银河系中，在一个直径不大（约75光年）的球形范围内，挤着几万到几十万颗恒星，而这样的球状星团居然有上百个之多。

沙普利在1915到1920年间，利用加州威尔逊山天文台的100英寸天文望远镜观测这些球状星团，并依据利维特的公式推测这些星团的相对距离，发现它们大致分布在一个圆球形的表面上，而该圆球形的中心大概在人马座的方向。基于对称的想法，沙普利认为该中心应该就是银河系的中心，而太阳系距离该中心有5万光年之远。

哥白尼的想法是把宇宙的中心，从地球转移到太阳，沙普利的想法又把太阳贬到银河系的边缘（现在公认太阳距银河系中心约为3万光年），而地球也不过是一颗不起眼恒星（太阳）的一颗行星而已。

2.8 哈勃定律

仙女座星系是银河系之外的另一个星系，真是应了"人外有人，天外有天"这一句老话。那么仙女座之外呢？

原先天文学家用望远镜看到的仙女座是一团云，所以称为仙女座星云。直到哈勃（Edwin Hubble, 1889—1953年）在威尔逊山天文台，利用刚建好的 100 英寸望远镜，才看到此星云和我们的银河系一样，其实是众星的群聚，而且也找到了一些造父变星，使得日后能借之确定仙女座星系有 230 万光年之远。

哈勃是美国密苏里州人，年轻时学法律，不久把专业转向天文。他曾在芝加哥大学约克（Yerkes）天文台服务，第一次世界大战时转往威尔逊山天文台。除了让仙女座星云变成仙女座星系外，他最主要的成就是提出"哈勃定律"，为更远方的星系定距离，也为宇宙是有限还是无穷的争论，提出另类的解答。

众星离我们而去

哈勃用望远镜搜索，许多星云变成了由众星组成的星系。他利用星系中的造父变星估计星系的相对距离，又发现远方星系的星光都有红移的现象，表示这些星系离我们而去。他利用红移的程度，估算星系离我们而去的速度，发现星系远离的速度 V，与它离我们的距离 d 有正比的关系：$V = Hd$。这就是哈勃定律，是在 1920 年发现的。

这里所称远方星系的"远方"，并不包括"近距离"的星系。银河系附近的星系，包括仙女座星系在内，合称"本星系群"。本星系群之间还有重力的因素，在哈勃定律中，是要看成为一个单位的。

哈勃定律，无远弗届

更远方的星云可能是由许多星系聚集而成的团体。因为太远，星系中的个别星体，无法在望远镜中看得出来，利用造父变星定距离的方法就行不通。

然而每个星系因为远而看起来小，就干脆把它看成一光源，从而测量其星等。天文学家就以一星系团中第十个最亮星系的星等代表该星系团的星等，而以其大小

来估算诸星系团的相对远近。

某星系团可能会有特别明亮的星系，以第十个最亮星系为代表，从统计的观点是较有稳定性的。另一方面，同一星系团的诸星系，与我们之间的相对远近是差不多的，所以由这种特定的星等，估算星系团的相对远近，是有道理的。天文学家发现哈勃定律可适用到目视所及的范围内。

因为由星等决定的距离是相对的，所以哈勃定律中的常数 H，无法用简易方法求得，直到最近才有较为确定的数值：H = 15 至 30 千米／每秒 × 每百万光年。亦即距离 d = 百万光年时，星系离我们而去的速度 V = 15 至 30 千米／秒。

有限还是无穷

哈勃定律说，距离从百万光年加倍成 2 百万光年，则星系离开的速度同样加倍而变成 30 至 60 千米／秒；如果距离减半为 50 万光年，则速度减半为 7.5 至 15 千米／秒。

反过来，从星系的红移程度，可得星系离开的速度，再由哈勃定律就得星系的大致距离。

光速为 30 万千米／秒，它与哈勃定律中的速度 15 至 30 千米／秒相比，要大 1 万至 2 万倍。把百万光年扩大 1 万至 2 万倍,就得 100 亿至 200 亿光年;也就在这么远处,星系离我们而去的速度要达到光速。所以理论上我们就看不到这些星系,亦即,我们能看到的宇宙,最远为 100 亿至 200 亿光年。这就别出新裁地回答了宇宙有限还是无穷的问题:宇宙纵使是无穷的,我们能看到的是 100 亿至 200 亿光年的有限范围(称为可观测的宇宙)。

开天辟地

另一方面,既然众星系随着时间的推移,离我们愈来愈远,把时间倒回去看,众星系随着时间的回溯,离我们愈来愈近。回溯到最早的时间原点,所有的星系都应该挤在一起。于是宇宙怎样被创造,就有了各种开天辟地的爆炸说。

宇宙的中心

远方的星系都离我们而去,离去的速度又与距离成正比。这么说来,我们银河系是宇宙的中心啰?地球、太阳为宇宙中心的说法都经不起考验,那么银河系呢?

相对论给的答案说,哈勃定律适用于任何星系的观测者,也就是说,每个星系都发现其他星系离它而去,每个星系都可自认为宇宙的中心！

我们可用一个简单的模拟，来想象这种情况：把三维的宇宙空间想象成二维的球面，星系就是球面上的点。随着时间的推移，宇宙空间的扩张就想象成球的膨胀，球面上的各点（各星系）都觉得其他的点（其他的星系）离它而去。（这种想象的缺点是三维的空间变成二维的球面。）

哈勃空间望远镜

百万光年远的星系，其光线要旅行百万年，才到得了我们的眼睛；所以我们看到的其实是此星系在百万年前的样子。距离愈远，我们看到的是愈古老的东西。

　　1990 年，装有精密望远镜的人造卫星成功发射，专门观测各种距离的星体。从传回来的众多照片，我们开始了解宇宙创造初期及发展过程的各种景象。此望远镜被命名为哈勃空间望远镜。

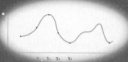

第 **3** 篇

行星的运动

开普勒的行星运动定律，
定性定量兼顾，
看起来比传统的托勒密模型
更简单更准确。
不过大家还是要问：
为什么是椭圆轨道？

前人发现行星相对于恒星，是明显运动的，于是对行星怎么运动产生了兴趣。

简单的观测可知，行星运动大致在天球上画了一个圆，于是圆成了行星运动一个简单的模型。运动模型的最主要功能是要有预测力，可惜圆之于行星运动的预测力是有问题的。

于是古希腊出现了两种替代的运动模型，一种是同心球模型，另一种是本均轮模型。两种的预测力都较强，可惜都太复杂了。不过经过托勒密改良的本均轮模型，在西方一直都维持正统的地位。

虽然正统，但根据本均轮模型所编的星表，时间一久就失去预测力。代之而起的，首先是哥白尼的太阳中心说，接着是开普勒的行星三大运动定律，再就是牛顿的万有引力。

哥白尼用的还是圆，不过圆心从地球移到太阳。开普勒改为椭圆，而且还有三个严格的限制条件。牛顿则用万有引力摄，不但在单一行星与太阳配对时，能推导出开普勒的三大运动定律，而且能够处理众行星互相之间的干扰。靠计算找到海王星及冥王星是最有名的例子。

∽

具有超高的预测力，万有引力成为行星运动的最佳模型。不过就个人想了解行星运动的立场来看，由万有引力无法直接看出行星的运动轨道，要计算只有专家才有办法。倒是开普勒的三大运动定律，让人很有几何感。如果你连这样的运动模型都觉得太抽象了，那么再退而求其次，以圆为行星的运动模型，如何？

3.1　圆形的世界

对古人而言，会动的星球就数日、月及水、金、火、木、土五颗行星。它们的运动有规律可循吗？

粗看起来，太阳与月亮都是绕着地球，由东往西运行，运行的轨道大致是个圆，于是圆成了最早的日月运

动模型。后来发现日月运行轨道并不是完美的圆形，因此，修正日月运动模型就成为天文学家的工作了。

逆行

行星运行的轨道大致也是圆形，不过除了不完全是圆形外，它们还有逆行的现象。由地球看行星，大致与日月一样，都是由东往西运行的，这就是顺行。不过也有由西往东运行的时候，称之为逆行。顺行转为逆行，或逆行转回顺行的短暂时间，行星看起来不动，就称之为暂留。

为什么会有顺、留、逆的现象呢？用太阳中心说的观点就很容易说得清楚。我们以火星为例。火星绕行太阳的轨道为地球的 1.64 倍。地球与太阳连线的角度变化速度，依据开普勒的第三运动定律（参见 2.4 节及 3.3 节），约为火星太阳连线角度变化速度的 2.1（$1.64^{\frac{3}{2}}$）倍。

假定地球 E 的三个位置为图中的 E_1、E_2、E_3，而相应时间火星 M 的三个位置为图中的 M_1、M_2、M_3。

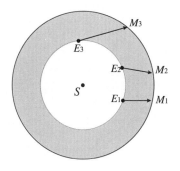

地球从 E_1 转到 E_2，火星的视线从 $\overrightarrow{E_1M_1}$ 转成 $\overrightarrow{E_2M_2}$，方向做了顺时针的转动，亦即火星由东往西行。不过当地球从 E_2 转到 E_3 时，火星的视线则从 $\overrightarrow{E_2M_2}$ 转成 $\overrightarrow{E_3M_3}$，方向做了逆时针的转动。亦即在这一段期间内，火星看起来像是发生了运行方向的逆转。这就解释了，火星有顺行与逆行的现象。有顺行有逆行，当然就会有暂留。

反过来，火星人看地球会怎样？看图中视线 $\overrightarrow{M_1E_1}$、$\overrightarrow{M_2E_2}$、$\overrightarrow{M_3E_3}$ 方向上的变化，一样发现有顺行有逆行；当然

一样有暂留。

就像由地球看火星，其他两颗外行星木星与土星，一样有顺行有逆行，还有暂留。就像由火星看地球，由地球看内行星水星与金星，一样有顺行、逆行以及暂留。

古人没有太阳中心说，他们如何解释行星这些奇怪的运动现象呢？他们必须提出，比圆形轨道更复杂，但较能解释行星运动现象的数学模型。

同心球模型

首先提出这样模型的是公元前 4 世纪的希腊天文学家欧多克索斯（Eudoxus, 408—355 B.C.）。他是柏拉图的学生。柏拉图主张圆及球是最完美的，所以行星要为球形，运动要为圆形。欧多克索斯想到一个办法来美化并加强柏拉图的主张。

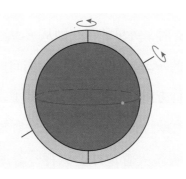

欧多克索斯的主要想法图解如上。有个很大的透明

球面，上面有个转轴，所考虑的星球（想成一点）就在相应于此转轴的赤道上。转轴旋转，星球就在此圆形的赤道上运动。

但星球运动轨迹不是真正的圆形，于是欧多克索斯在原来的透明球面之外，再加上一个更大的同心透明球面。原来球面的转轴延伸，附着于新的球面，而新的球面另有一个转轴。新球面的转轴一转，就带动旧球面做转动，此转动加上旧球面转轴的转动，两者合成的转动，使该星球不再做圆形的运动。如果再增加一个同心透明球面，则星球的运动轨迹会变得更为复杂。

欧多克索斯有办法选择3个适当大小的同心球面，

选择各同心球面的转轴，使得合成的运动，可用来描述太阳的运动。同样，月亮也需要 3 个同心球，其他 5 个行星，则各要 4 个同心球。欧多克索斯把其他的恒星，统统放在一个巨大的同心球面上。这 27 个同心球组成了欧多克索斯的宇宙，其运动是由各种圆形运动合成的。欧多克索斯不愧是柏拉图的门徒。

宇宙钟

为了让欧多克索斯的同心球模型，能更准确呈现星球的运动，后人又添加了好多个同心球，使各行星的同心球彼此相连。亚里士多德共用了 56 个同心球，使所有

的星球，包括太阳、月亮、各行星及所有的恒星，都在不同的同心球面上，且最外面的同心球一动，所有的星球都按照观测到的一样运动起来。整体看起来像是个宇宙运动钟；这是同心球运动模型的极致。

有了两个以上的同心球，当然可以想象合成运动的轨迹不再是圆形，也可以想象随着球数的增加，轨道愈变愈复杂。但要想利用它解释顺行与逆行，可就不容易了。

本均轮模型

公元前2世纪的希巴克斯提出了另一运动模型，试图简化行星运动的解释：一颗行星 P 绕着称为本轮（epicycle）的圆形轨道运动，而本轮的圆心 M 又同时绕着以地球 E 为中心，称为均轮（deferent）的圆形轨道而运动。本轮、均轮的大小要适当选择，P 与 M 的速度也要做适当的设定，则行星 P 相对于 E 的运动，就有可能呈现从地球所看到的实际运动。

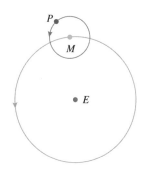

这样的本均轮行星运动模型，比同心球模型要简单多了，而且也很容易看得出来，行星 P 有时候会有逆行的现象。

托勒密的改良

相对于同心球模型可选择更多的同心球，本均轮模型只有两个圆可选，选来选去不容易达成行星运动的精准描述。公元 2 世纪的托勒密于是提出了改良式的本均轮模型。

如下图，托勒密把地球 E 从均轮的圆心移开，然后在 E 与圆心 C 的延线上取一点 R，使得 $CR = CE$；R 就称为等距点（equant point）。原本的本均轮模型，M 的运动是匀速圆周运动，而改良后的本均轮模型，则是图中的角 θ 做匀速的变化。

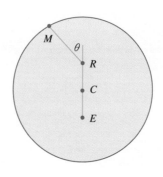

对每颗行星，还包括太阳与月亮，托勒密可选择适当大小的本轮、均轮以及 E 点的所在，还有 P 在本轮上的运动速度，及 θ 的变化速度，使得 P 的运动非常吻合实际的观测。

成了传统

虽然希巴克斯及托勒密放弃了同心球的计算，但他们还是认定，各星球在各个不同的同心球面上，地球是宇宙的中心，各星球绕地球转，离地球由近而远依序为月亮、金星、水星、太阳、火星、木星、土星，再外面则是众恒星所在的大圆球恒星天，恒星天之外则是宗动天，它使宇宙有规律地运动。九重天是古代西方的宇宙观。

但在技术层面，一切按照改良后的本均轮模型计算，是托勒密巨著《天文学大成》的重心。这种圆上加圆的模型，一直为西方及阿拉伯世界所用，直到 16 世纪哥白尼的出现，才受到挑战。

3.2 椭圆形的世界

托勒密的本均轮模型成为西方描述行星运动的经典，依此模型加上实地观测，天文学家计算了各种星表，来预测某行星某时会走到哪个方位。

13 世纪西班牙卡斯提尔国王阿方索十世（Alfanso X）是位有学问的人，他命人制作一份星表，结果这份星表流传了四个世纪之久，直到开普勒的时代。

用本均轮模型制作星表是非常费时费力的。阿方索说，上帝创造天地时，如果问他的意见，他会建议较简单的架构。三个世纪之后，哥白尼会说，前人都误解了上帝创世的架构。

哥白尼

哥白尼于 1500 年时，发现阿方索星表已经相当失准。到了 1507 年他又发现，如果以太阳为中心，各行星绕着它运行，则星表会更有规律、更容易呈现。

哥白尼深信太阳中心说是对的，因为从定性的观点，它很容易说明水星与金星，为什么总是和太阳靠得很近，又为什么其他的行星有逆行的现象。

阿方索向上帝说了俏皮话，教会就迫使他交出王位。哥白尼的时代，教会对违反教会传统的说法更不能容忍。哥白尼一直没敢发表他的学说，直到 1543 年临终前，才有人替他出版，并冠上一篇序文，表示宇宙还是以地球为中心，以太阳为中心只是为了方便计算。这是新瓶装

以太阳为中心的椭圆形世界

旧酒的说法，为的是掩人耳目；然而，哥白尼的著作其实是旧瓶装新酒才对。

哥白尼著作中的序言，真的让人误以为是新瓶装旧酒，所以没引起多少人的注意。纵使知道这是旧瓶装新酒的人，也不敢轻易尝鲜，第谷就是最好的例子。

第谷

第谷·布拉赫（Tycho Brahe, 1546—1601 年）是瑞典裔丹麦贵族。1563 年木星与土星都与地球接近，第谷发现阿方索星表的预测居然有一个月的误差，于是就把兴趣转到天文来，兴起自己制表的念头。

他的成名作《新星》，陈述他在 1572 年看到一颗星突然变亮了起来，而且比金星还亮。这样的结果惊动了西方天文界，动摇了自古以来认定恒星世界不变的信念。

1577 年，他观测到一颗大彗星，用视差方法计算，认定它远在月亮之外，这又与古希腊人所认定"彗星是地球大气"的现象相违。更怪的是，此彗星的轨道不是圆形，而是非常扁的卵形，因此其轨道会穿过好几个行星所在的各同心球面；古希腊人心目中的同心球，到底还是虚拟的。

虽然第谷的发现与古希腊人的认知相违，但他是保守派，总认为托勒密的模型是对的，《圣经》是对的，何况又不觉得地球在动，而且恒星也看不出因地球运动而该有的视差变化。

不过三番两次的冲突，终于使他的信心动摇，但是又放弃不了地球为中心的神圣地位，于是提出他自己的行星运动模型：太阳与月亮都绕着地球运行，而其他的行星才是绕着太阳运行的。

皇帝的数学家

第谷受到丹麦国王的眷宠，让他在文岛（Hven）上

建立天文台，装备最先进的观测仪器。不过他那高傲孤僻的个性，得罪了不少要人。老国王过世，新国王继位，对他忍受不了，撤销了资助，第谷只好离开丹麦，移往布拉格，成为神圣罗马皇帝鲁道夫二世（Rudolph II）的数学家——亦即天文官。

第谷的最大长处是行星方位观测得非常精确。哥白尼可准到 1 度的 $\frac{1}{6}$，而第谷进步到 1 度的 $\frac{1}{30}$；这是肉眼观测行星方位准确度的极限。

第谷的另一个大贡献，就是把开普勒请来当助手。他们两人是绝配：第谷贵族出身，开普勒出身贫贱；第谷是保守派，而开普勒早就服膺太阳中心说；第谷是超级的行星方位观测者，开普勒则眼睛不好，但很会想、很会算。

1601 年，第谷死了，开普勒继承天文官的职务以及所有的观测纪录，终于成为扬弃希腊天文体系，开创新天文的人物。

开普勒

开普勒是日耳曼人。他倒是有一点和第谷相像的地方：他们都研究占星术，想把它弄得很体面，虽然都失败了。但他们为皇帝贵族占卜，增加了一些收入，也赢得一些友谊。自古以来天文与占星，就是相伴发展，天文学家往往也是占星家。不过等到开普勒开创了新天文，两者的区分就愈来愈明显了。

面积律

第谷观测最多的是火星，开普勒就利用这些数据来验证火星绕太阳的轨迹是否为圆形。他发现太阳不可能在圆形轨迹的中心；他又发现如果把太阳 S 放在某处，并把圆分成几个小段，火星在每段上运行的时间相同，则太阳在每段小弧所张的面积似乎是相等的。开普勒似乎在传统的匀速圆周运动之外，找到了新的行星运动法则。

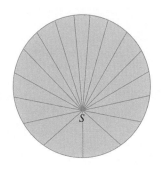

经由更精确的计算，开普勒知道，这样的结论与实际的数据不相吻合。他终于放弃了圆，转而寻求各种卵形线，最后找到了椭圆，并确定把太阳放在椭圆的一个焦点，则上述有关行星运动的面积律是对的。1609年他发表了《新天文学》一书，正式结束了托勒密所代表的古典天文学。

《新天文学》

《新天文学》包含了开普勒的两条行星运动定律。一、轨道律：行星绕行太阳的轨道为椭圆，太阳居其一焦点。二、面积律：行星与太阳连线在相同时间内扫过相同的面积。

由轨道律可知，行星与太阳的距离并不固定；由面积律又知，行星离太阳较远时运动速度较慢，较近时则较

快。北齐（公元6世纪）的天文学家张子信已经注意到，春分后太阳的运动速度较慢，秋分后则较快。但这样的观察仅止于定性的描述，面积律则以定量的观点看待。

这样的运动模型，显然不是只掌握匀速圆周运动者所能预期的。

运动速度

由面积律，可以推导出：行星的切线速度正好反比于行星到太阳的距离 R。如下图，假定在单位时间 Δt，行星走过的弧长为 Δs，而 Δs 在太阳 S 所张的角度为 $\Delta\theta$，则

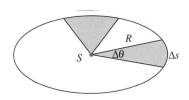

$$速度 = \frac{\Delta s}{\Delta t} = \frac{R \Delta \theta}{\Delta t} = 2 \cdot \frac{\frac{1}{2} R^2 \Delta \theta}{\Delta t} \cdot \frac{1}{R}$$

因为面积律说：在单位时间 Δt 内，行星与太阳连线所扫过的面积 $\frac{1}{2} R^2 \Delta \theta$ 为固定，$2 \cdot \dfrac{\frac{1}{2} R^2 \Delta \theta}{\Delta t}$ 为常数，所以速度与距离成反比。

同理，由面积律也可以导出，行星与太阳连线变化的角速度与距离的平方成反比：

$$角速度 = \frac{\Delta \theta}{\Delta t} = 2 \cdot \frac{\frac{1}{2} R^2 \Delta \theta}{\frac{1}{2} \Delta t} \cdot \frac{1}{R^2}$$

《宇宙的和谐》

发表了《新天文学》之后 10 年，开普勒又出版了《宇宙的和谐》。新书充斥着诸多无稽的神秘想法，不过在众多的思想泥沙中，却出现了一颗闪亮的珍珠，这就是开普勒的行星第三运动定律（周期律）：设行星椭圆轨道的长半轴为 a，周期为 T，则 a^3 / T^2 为定数。所谓

"为定数",是说对所有的行星,a^3 / T^2 这个比值是固定的。如果取地球的 $a = 1$(天文单位),$T = 1$(年),则对任何行星,$a^3 = T^2$ 都成立(a 用天文单位,T 用年为单位)。

轨道律及面积律表示,所有的行星运动都遵循同类型的轨道,并且遵守一样的速度变化规则。周期律则表示各行星在规律中的参数 a 与 T,彼此之间还有非常紧密的关联。这三个定律合在一起,呈现了宇宙的和谐。

周期律的结果

从定性看周期律,行星距离太阳愈远,周期愈长,周期律还告诉我们两者之间的定量关系。由面积律得知同一行星在轨道上运行时,线速度与角速度,都与该行星到太阳的距离相关,距离愈近,速度愈快。有了周期律,这样的关系可推广到不同行星间,平均线速度、平均角速度的比较。

设 a_1、a_2 为两行星轨道的半长轴,T_1、T_2 为周期。假设 $a_1 < a_2$,则由 $\dfrac{a_1^{\,3}}{T_1^{\,2}} = \dfrac{a_2^{\,3}}{T_2^{\,2}}$ 可得:

平均线速度:$\dfrac{2\pi a_1}{T_1} = \dfrac{2\pi a_1}{a_1^{3/2}} = \dfrac{2\pi}{a_1^{1/2}} > \dfrac{2\pi}{a_2^{1/2}} = \dfrac{2\pi a_2}{T_2}$

平均角速度:$\dfrac{2\pi}{T_1} = \dfrac{2\pi}{a_1^{3/2}} > \dfrac{2\pi}{a_2^{3/2}} = \dfrac{2\pi}{T_2}$

期待终极的解释

用第谷的数据得到行星运动定律之外，开普勒还制作了新的星表，称为鲁道夫星表。经过开普勒的努力，太阳中心说终于成为天文学的主流想法，相应的鲁道夫星表也取代了几世纪以来一直使用的阿方索星表。

1609 年伽利略听说有人发明了望远镜，他马上就自己制作了一架。当他把望远镜指向木星，发现木星有四个卫星，俨然是一个小型的太阳系统。1611 年伽利略送了一架望远镜给开普勒，开普勒更发现他的运动定律似乎在此小型系统中也成立。显然开普勒的行星运动模型还不是终极的解释，要解释天体的运动，还有待牛顿的来临。

3.3 引力的世界

开普勒的行星运动定律，定性定量兼顾，看起来比传统的托勒密模型要简单又准确。不过大家还是要问：真的是太阳为中心吗？为什么是椭圆轨道？为什么要遵行开普勒的三个定律？

伽利略

1609 到 1610 年，伽利略开始用望远镜观看太空。他发现木星有四个卫星，围着木星绕，地球中心说受到重创。1630 年伽利略出版了《两个世界系统的对话》，用清晰的意大利文，解释托勒密的地球中心说为什么是不对的，哥白尼的太阳中心说为什么是对的。伽利略因而受到宗教法庭的审判，遭到软禁。

居家隔离的牛顿

1665 年 6 月英国发生大瘟疫，剑桥大学被迫关闭，刚大学毕业的牛顿，只好回到自己的出生地，躲在母亲的农庄，居家隔离，想自己的事。

他在大学时就研读过开普勒与伽利略的作品。苹果因地心引力而落地，这是伽利略的研究结果。那么月亮是否也受到地心引力？为什么不落地呢？伽利略又说过，把东西投掷出去，它会循抛物线轨道而落地，力量愈大，落地之处愈远。那么力量够大时，它会不会就不落地，变成绕地球而行，就像月亮那样？（如下图。）

平方反比律

苹果落地与月亮绕行的起因都是地心引力吗？牛顿想起了开普勒的第三运动定律（周期律），想把它用到匀速圆周运动的特例上（开普勒定律包括这样的特例）。

假定此圆形轨道之半径为 a，周期为 T，则依周期律，$T^2 = ka^3$，k 为常数，而角速度 $\omega = \dfrac{2\pi}{T}$（以弧度／时间为单位），如此则向心力为（m 为质量）：

$$m a \omega^2 = m a \left(\frac{2\pi}{T}\right)^2 = 4\pi^2 ma / T^2 = \frac{4\pi^2 m}{k} \frac{1}{a^2}$$

牛顿的结论是这样的：行星（或卫星）运动的起因如果是引力，而且所有的引力都遵行同样的定律，则由匀速圆周运动的特殊例子，可知引力要与距离的平方成反比。

苹果的引力

牛顿想验证苹果落地所受的引力，一样遵守平方反比定律，他计算了月亮受到地球的引力有多大。月亮绕地球几乎是匀速圆周运动，圆周半径 a 即为地月距离，当时确知为地球半径 e 的 60 倍，所以 $a = 60e$。周期 T 要取为恒星月，即 $T = 27.32$ 日 $= 27.32 \times 86400$ 秒。

牛顿以当时所知的 e 值，代入向心加速度的公式：

$$a\omega^2 = 60e\left(\frac{2\pi}{T}\right)^2$$

结果发现所得之值，与地面加速度 9.8 米 / 秒 ^{2}（伽利略的结果）的 $\frac{1}{60^2}$ 有些差距。

牛顿也想过引力方向的问题。他推得向心律（引力的方向在两质点之间的直线上）与面积律是相当的。他也推得平方反比向心力与轨道律是相当的。所以就行星运动而言，牛顿的平方反比向心力与开普勒的运动定律是契合的。

牛顿的困境

可是平方反比向心力是万物皆同的吗？牛顿所算得的地球对月亮的引力，与地球对苹果的引力，并不符合距离平方反比的定律。

牛顿还遇到一个技术上的问题：地球各点吸引月亮各点的引力总和，是否相当于地球质量集中于地球心，来吸引集中月亮质量于月球心的引力？这是个复杂的三维积分变数代换的问题，当时牛顿是不会的。

牛顿懒于发表研究结果，尤其是不很确定的万有引力想法；他的想法一搁就将近 20 年。 1684 年，牛顿的好友、哈雷彗星的发现者哈雷问牛顿：如果是平方反比律，行星运行的轨道是什么？牛顿马上回答说是椭圆，因为他早就算过。哈雷要牛顿赶快发表，因为牛顿的死敌虎克（Robert Hooke, 1635—1703 年），宣称已经得到行星运行的引力法则。

重燃希望

1672 年牛顿当选英国皇家学院院士，马上发表棱镜散光的研究，年长的虎克却说，他自己早就研究过了。现在牛顿想起旧恨，又添新愁，不免紧张，于是对哈雷说明苹果与月亮关联不起来的苦恼。哈雷马上跟他说，两者是否相联，地球半径大小是关键。而 1669 年法国天文学家皮卡尔用较精密的方法，已经量得地球半径为 6320 千米（现值为 6370 千米）（见 1.2 节）。牛顿兴奋之余，把此 e 值代入向心加速度的公式中，得：

$$a\omega^2 = 60e\left(\frac{2\pi}{T}\right)^2 = 60\times6320\times1000 \ \text{米} \times \frac{4\pi^2}{(27.32\times86400 \ \text{秒})^2}$$
$$= 0.0027 \ \text{米} \, / \, \text{秒}^2$$

正是苹果向心加速度 9.8 米 / 秒 ^{2} 的 $\frac{1}{60^2}$ ——完全符合平方反比律！另外，牛顿也解决了前述积分技巧的问题。

巨著问世

在哈雷的催促下，懒于发表的牛顿开始认真写书，1687年，科学史上的巨著《自然哲学的数学原理》终于出世。该书的排版、印刷、校对、宣传、付费等出版事宜，完全由哈雷一肩承担。

牛顿连皮卡尔的成就都不知，这正是他孤僻封闭的结果。这样的人还有哈雷这样的朋友（几乎是唯一的朋友），也算是他的运气。牛顿与虎克的意气之争则持续下去。虎克一直是皇家学院非常有权势的成员，直到1703年过世，牛顿才顺利成为皇家学院的院长。

在《自然哲学的数学原理》一书中，牛顿介绍了他的引力观，解决了许多天文的问题，譬如潮汐与岁差。不过最重要的是，他能从万有引力推导出开普勒的三个定律，这样万有引力就取得公信的源泉，而回过头来，当它应用到其他问题上时，就更有说服力了。

互推

现在的微积分课本，如果做万有引力与开普勒运动定律的互推，大概是分三层来处理的。首先，证明向心力与面积律是可互推的。其次，假定了向心力（及面积律），则平方反比律与轨道律是可以互推的。最后，假定了平方反比向心力，则万有引力公式中的常数值与行星无关，与周期律是可互推的。

虽然牛顿发明了微积分，但并不用微积分的方法来做万有引力与开普勒运动定律之间的互推；他用的是古典的平面几何，这是当时科学家才能了解的数学语言。

向心力与面积律

怀着诚敬的心，翻阅牛顿巨著的英文本，我发现居然看得懂向心力与面积律的互推，而且有初等平面几何训练的人都看得懂。其互推如下：

如下图，假定在第一个单位时间内，行星沿直线由 P_0 走到 P_1；而在第二个单位时间内，如果太阳 S 并没有施力，则行星继续走直线到 P_2，而且 $P_0P_1 = P_1P_2$。此因根据牛顿的第一定律（也是伽利略的定律），不受力则方向与速度保持不变。如此，则 $\triangle\,P_0SP_1$ 与 $\triangle\,P_1SP_2$ 的面积相等。

不过实际上行星是受到太阳的引力的。假设第二个单位时间内，因为行星受到太阳的引力，而改变方向，从 P_1 走到 P_2'，如此则方向由 $\overrightarrow{P_1P_2}$ 改成 $\overrightarrow{P_1P_2'}$，所以受力的方向为 $\overrightarrow{P_2P_2'}$。

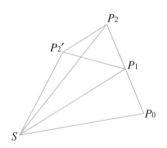

此受力方向 $\overrightarrow{P_2P_2'}$ 为向着太阳（向心）的意思就是 $\overrightarrow{P_2P_2'}\ /\!/\ \overrightarrow{P_1S}$，

而互相平行的充分且必要的条件，就是 $\triangle\,P_1SP_2$ 与 $\triangle\,P_1SP_2'$ 的面积相等（等底等高），亦即，$\triangle\,P_0SP_1$ 与 $\triangle\,P_1SP_2'$ 的面积相等。这是时间为离散情形时，向心力

与面积律的互推。把单位时间取得愈来愈小，时间就趋近于连续，折线就趋近于曲线，就得到连续的互推。

轨道律如何推导

看懂了向心力与面积律的互推，怀着兴奋的心情，翻到平方反比律如何导得轨道律的地方，发现怎么看都看不懂，真怀疑自己的古典几何功力。当读到古斯丁夫妇（D. Goodstein and J. Goodstein）所著的《费曼遗失的演讲稿》（*Feynman's Lost Lecture*），发现大物理学家费曼也承认看不懂这一段，让我松了一口气：原来我并不是很差！

不过费曼不气馁，干脆自己想出一个用古典几何，能够由平方反比律推出轨道律的方法，这就是费曼在加州理工学院为大一新生讲课的内容。我努力看懂了作者重新整理过的费曼方法，决定用我自己的话写下来，请读者来分享我的喜悦。

轨道图

我们的出发点是假定了向心力，亦即同时假定了面积律，这样不免想起了以下表示面积律的图形。

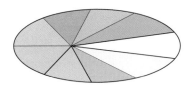

它表示在相同的时间内，行星与太阳连线扫过同样的面积。

由这个图出发证得了轨道律吗？费曼说他实在没办法，最后想到一个变招，以等角代替等积的分割法，亦即在轨道上取 n 个点 P_0、P_1、P_2、P_{n-1}，使得 $\angle P_0SP_1 = \angle P_1SP_2 = \cdots = \angle P_{n-1}SP_0$。以直线连接 $P_{k-1}P_k$，则得一简化的轨道图（P_0 取为轨道上最接近 S 者，所以 $P_1P_0 \perp SP_0$）。

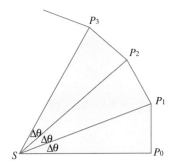

以 $\Delta\theta(=\dfrac{2\pi}{n})$ 代表这些等角。当 n 很大（$\Delta\theta$ 很小）时，

$$\Delta P_{k-1}SP_k \approx \frac{1}{2}SP_{k-1} \cdot SP_k \cdot \Delta\theta \approx \frac{1}{2}R^2\Delta\theta$$

此处 R 为行星与太阳之间的距离。因为行星从 P_{k-1} 到 P_k 所需要的时间 Δt 与面积成正比，所以 Δt 与 R^2 成正比。

速度图

另外，设 V_k 为行星在 $P_{k-1}P_k$ 上的速度，则此速度的方向为 $\overrightarrow{P_{k-1}P_k}$，而大小则正比于 $\dfrac{1}{R}$（见 3.2 节）。

如下图，让这些向量 V_k 有共同的起点 E，而终点各为 Q_k，亦即，$V_k = \overrightarrow{EQ_k}$。将终点依序相连，得到一多边形的速度图。我们要证明它是一个正多边形。

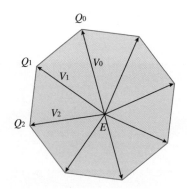

速度图是正多边形

考虑向量 $\Delta V = V_k - V_{k-1} = \overrightarrow{Q_{k-1}Q_k}$，它是相邻两速度向量的差。因此，如果 F 表示行星所受的引力，则：

$$|\overrightarrow{Q_{k-1}Q_k}| = |\Delta V| = F\Delta t$$

它要正比于 $\dfrac{1}{R^2} \cdot R^2 = 1$，亦即 $\overrightarrow{Q_{k-1}Q_k}$ 之长为常数，所以此多边形的各边等长。

另外 $\overrightarrow{Q_{k-1}Q_k} = V_k - V_{k-1}$ 的方向，就是行星在 P_k 点受力的方向，亦即轨道图中 $\overrightarrow{P_kS}$ 的方向。在速度图中，由 $\overrightarrow{Q_{k-1}Q_k}$ 变成 $\overrightarrow{Q_kQ_{k+1}}$，其改变的角度，正是速度图这个多边形在 Q_k 点的外角。由 $\overrightarrow{Q_{k-1}Q_k}$ 变成 $\overrightarrow{Q_kQ_{k+1}}$，对应到轨道图，就是由 $\overrightarrow{P_kS}$ 变成 $\overrightarrow{P_{k+1}S}$，其角度的变化就是 $\Delta\theta$，与 k 值无关，所以速度图多边形的外角都相等。前面又已证得多边形各边等长，所以速度图为正多边形。

极限

在轨道图中，由 SP_0 转到 SP_m，角度转了 $m\Delta\theta$；在速度图中，由 Q_0 转到 Q_m，角度也转了 $m\Delta\theta$，而此角度也正是 Q_0 到 Q_m 在多边形中心所张的角度。让 $\Delta\theta$ 趋近于 0，就得到平滑的轨道图与圆形的速度图，如下图所示。

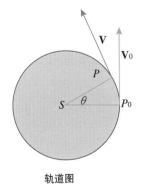

轨道图　　　　　　　　　速度图

此处 P 为轨道上的一般点，其在速度图上相应点为 Q，两图中的 θ 是相等的；O 是速度圆的圆心，速度向量 $\vec{EQ}$ 就是 P 点的切向量 V：$\vec{EQ}$ =V。

两图重叠

此时费曼得到自认为很棒的想法，把速度图顺时针方向转了 90 度，并取 EQ 的垂直平分线，交 OQ 于 P。费曼说此 P 点的轨迹是椭圆，而且与轨道图相似。如下图。

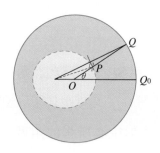

轨道为椭圆

因为 P 在 EQ 的垂直平分线上，所以 $PE = PQ$，因此

$$PE + PO = PQ + PO = OQ = 圆半径 = 定长$$

所以 P 点的轨迹是以 E、O 为焦点的椭圆。而且 $\angle 1 =$

$\angle 3 = \angle 2$，所以垂直平分线为此椭圆在 P 点的切线。

比较此椭圆与原来的轨道图，则两图的 P 点有相同的方向角 θ，且椭圆的切线与轨道图的切线是平行的（都垂直于图中的 EQ）。所以此椭圆与原来的轨道圆是相似的，亦即轨道图本身是一个椭圆。

平方反比向心力说的是力的方向与大小，椭圆轨道却是几何图形，前者可推导出后者（其实后者也可推导出前者），而且可用古典的几何方法。真庆幸自己有机会欣赏这样的杰作。

有了牛顿的巨著，天文学进入了引力的世界。

3.4　模型的世界

早期的观测发现，行星运动像是在天球上画了一个大圆，就说行星的运动轨迹是个圆。我们说圆是行星运动的一个模型，因为行星运动并没有真正留下痕迹，我们也无法实际验证它是如假包换的圆。通常我们只画小小的圆来表示，而真正的轨迹则很大，且只近乎圆形，两者在尺度上不可相提并论，但形状倒有几分相似。

圆

认定行星运动轨迹是一个圆，就会进一步预测什么时候行星会走到哪个方位。短期内这样的预测可能还不离谱，但时间一拉长，预测就失准，于是就知道圆作为行星运动的模型并不符合实情，必须修正。

同心球与本均轮

欧多克索斯提出同心球的模型来取代圆的模型，但它又复杂又不准确。希巴克斯改用本均轮模型，再经托勒密的修正，终于成为古典的行星运动模型。

同心球模型再怎么复杂，任一行星的运行轨道都不能脱离以地球为中心的某一球面上，亦即行星与地球的距离保持不变。其实古人注意到行星的亮度会变，早就怀疑是因距离会变的缘故。同心球终究不是好的行星运动模型。

这些模型都离不开圆（球）或它们之间的组合，原因有三：因为圆（球）是最简单的几何形体，古人容易掌握；而匀速圆周运动是除匀速直线运动之外，古人唯一能了解的运动方式；此外，这些希腊人都带有几分哲学家味道，总认为圆（球）是最美的形体，所以行星要为完美的球形，运行的轨道要为完美的圆形。

地球为中心

受到经验的影响，这些都是地球为中心的大思维之下所建立的模型。以太阳为中心的大思维，在古代也有人提过，公元前3世纪的阿里斯塔克就这么主张，可是几乎没有人赞同。

哥白尼主张太阳中心说，也不是马上有回应。其实彼时宗教气氛浓，权威重，公然主张太阳中心说，会受到宗教法庭的制裁，布鲁诺（Bruno，1548—1600年）惨遭火刑，伽利略遭到终身软禁，就是两个最有名的例子。

椭圆轨道

哥白尼之后50年，开普勒很快接受太阳中心说，不过还是认定圆为最好的行星运动模型。可是数据显示有问题，于是学托勒密把中心偏离圆心，居然找到了面积律——一个变速运动中的等式规律。不过他到底比较像现代的科学家，会再仔细核对资料，终于确定圆的模型与事实不符。

他改试各种卵形线，最后终于找到了椭圆。椭圆、双曲线及抛物线，在古代希腊就已研究过。古希腊人从圆锥各种平面截痕的观点，来统视这三种曲线，而将它们合称为圆锥曲线。公元前3世纪的阿波罗尼奥斯，将圆锥曲线的研究汇编成8大册的《圆锥曲线》。就像平面几何，圆锥曲线也有许多漂亮的性质，但谁也没有想到这些曲线会有真正的用途。

动态数学

古代希腊的数学只能处理静态的事物，阿基米德的静力学是一个代表。除了匀速圆周运动及其合成外，对动态事物几乎束手无策。开普勒的定律开始有动态的感觉，但那时候还没有处理动态事物的数学。

直到牛顿发明了处理动态事物的微积分，才能从基本的引力概念，来给予行星运动更精准的模型。"力"定义成质量乘以加速度，加速度就是一个微分的观念。牛顿要推导出面积律，需要有个求面积的方法，而求面积正是积分学的根本问题。

彗星轨道

从引力的观点看世界，任何两个质量体之间都有引力，太阳与彗星之间也不例外，所以彗星的轨道也是椭圆，由轨道的大小可知其周期。由此猜测哈雷彗星已来过几次，而且也可预测下次再来的时间与方位。

不过有些彗星的轨道看起来不是椭圆，万有引力错了吗？在3.3节，我们把 E 点画在圆内，得到椭圆。如果 E 点在圆上，则相应的轨道为抛物线；如果 E 点在圆外，则轨道为双曲线。循抛物线或双曲线轨道而来的彗星，只访问太阳一次，访问之后，永不再相见。

扰动

任意两质量体之间都有引力，太阳与地球之间有，火星与地球之间也有，甚至任何行星与地球之间都有。这些行星对地球引力的总和，远比太阳的引力小，不过到底还是会迫使地球偏离"该有"的椭圆轨道。这种现象称为扰动。任何行星都会受到其他行星引力的影响，而产生扰动现象。火星的轨道也会有扰动的现象，实际的轨道与理想中的椭圆轨道会有出入。有人认为开普勒当时如果有更精密的测量仪器，说不定就不会认为火星的轨道为椭圆，说不定行星运动定律就不会问市。

天王星

1781 年德裔英国天文学家赫歇尔（W. Herschel，1738—1822 年）用望远镜发现一颗新的行星——天王星，检验它是否符合开普勒的运动定律，结果不尽符合，纵使把扰动现象也考虑在内。有人认为这是万有引力不尽正确之故，有人则认为还有一颗未知的行星，它带来的扰动足以解释天王星偏离预期轨道的程度。

海王星

英国天文学家亚当斯（J. Adams, 1819—1892 年）在学生时代就对这个问题产生兴趣，相信问题出在另一颗未知行星的扰动。他计算出该未知行星的大小及应有的轨道。他在 1843 年所得的结果，不受皇家天文台的理会，因为天文台长艾里（Sir G. Airy, 1801—1892 年）对万有引力持怀疑的态度。

稍后，法国天文学家勒威耶（Le Verrier, 1811—1877 年）也算出此未知行星的大小与轨道。他在柏林的朋友加里（J. Galle, 1812—1910 年），于 1846 年，根据莱威利埃的报告，找到了海王星。

冥王星

虽然有了海王星，海王星一样偏离连扰动都算在内的轨道。美国天文学家洛威尔（P. Lowell, 1855—1916 年）依样画葫芦计算另一颗未知行星的大小与轨道，但直到 1930 年，另一位美国天文学家汤博（C. Tombaugh, 1906—1997 年）才找到了冥王星。因为它又远又暗，望远镜不容易看到它，更不容易看到它的移动，用比对不同天照片的方法，才让它露出行踪。

模型的建立

　　人类思考及确立行星运动的模型，历经观测、设立模型、据之预测、再观测、再修正、再预测等反复过程。这样的过程是人类确立各种理论的标准。这中间有误入歧途的模型，譬如同心球或本均轮模型。有愈来愈准，但愈来愈复杂的模型演化，譬如从圆到椭圆到万有引力。

　　用这些模型来了解世界，我们应根据自己的背景及目的，在"简单"与"精确"之间，做一个协调性的选择。

第 **4** 篇

旅者的方位

> 不论航海或航空，
> 随时转向总是不方便，
> 况且沿着大圆转向要
> 随时算得准，相当不容易；
> 方向与省时，是船长或机长
> 所要面对的两难选择。

第1篇从地球的大小谈起，然后在第2、3两篇转到宇宙星空去，谈到了恒星的位置与行星的运动。本篇又回到地球来，要谈地球经纬度的设置，以及大域旅者的航线。

我们以星星在天球上的方位，与离我们的远近，来决定其位置。在地球上设置了经纬度，就可以标定一个地点的位置。但从一个地点移向另一个地点，如果相距甚远，就面临了航线方位与距离的问题。

星星的经纬度，我们可以直接观测。身在地球上某地点，我们要知道它的经纬度，就不那么直接。纬度相对没问题，可由北极的高度来决定；经度的测量则没有什么简单的方法。

经度的错估，导致哥伦布的西航，相关的故事已经在1.3节中说过；现在我们要添加葡萄牙、西班牙之间的争执，以及海难的故事，经度测量的故事，最后是，一只不会晕船的钟表打败众多的天文学家。

$$\wp$$

行星的运行受制于引力，只好规规矩矩运行在一定的轨道上。人在地球面上旅行就自由多了，但是想在相距很远的两点之间走捷径，问题就来了。球面上两点之间的快捷方式，就是经过这两点的大圆，要决定大圆的距离，及大圆航线的航角等，我们不得不把话题转到球面三角学及其应用。大圆观念的副产品是半球，从半球的观点看世界，也是很奇妙的。

航海航空靠罗盘，如果保持罗盘的方向不变，则船只飞机走的是恒向线，亦即与各经线保持等角的航线。可是，通常恒向线不是大圆；大圆与各经线的交角一直在变。走恒向线还是走大圆呢？船长机长面临了两难的选择。

4.1 地球的经纬

公元前3世纪的亚历山大城图书馆馆长埃拉托色尼，还记得这个人的故事吧！他量了亚历山大城到塞尼城的距离，及两地相对于太阳光线的角度之差，而得到地球的大小。

经纬线网

后来他画了一张世界图，上面有一条纵线，经过亚历山大城与塞尼城，还有其他四条与它平行的纵线。另有一条与这些纵线相垂直的横线，从直布罗陀海峡，经地中海，画过罗德岛（Rhodes），一直到印度。

塞尼城大致在亚历山大城的正南方，两者之间的纵线大致是一条经线，而直布罗陀与罗德斯岛之间的横线大致是一条纬线。埃拉托色尼可算最早用到经纬线，以作

为画地图时的参考。不过他并非有系统的使用经纬线网，因为那五条经线的间距很随意，何况纬线只用到一条。

公元前 2 世纪的天文学家希巴克斯，开始系统地使用经纬线网，并规定一圈为 360 度，而公元 2 世纪的托勒密，更为 8000 个地方标明了经纬度。

纬度

纬度的规定很简单：赤道是最特殊的纬度线，规定为 0 度。与赤道平行的纬度线，在北的称为北纬，在南的称为南纬，愈往两极，纬度愈大，直到两极为 90 度。譬如直布罗陀与罗德岛之间的纬线为 36 度，它在往后托勒密的地图中占有重要的地位。（托勒密的圆锥投影地图，切线在 36 度。）

脚踏两半球

"赤道"的西班牙文为 ecuador。南美洲厄瓜多尔（Ecuador）这个国家，就是因为跨过赤道而得名。首都基多北边 24 千米处有个赤道碑，9 层楼高的石材建筑上，顶着一个巨大的金属地球仪。碑的两侧各有条红线，代表赤道。许多游客在红线的两侧跳来跳去；当然，拍摄脚踏南北两半球的纪念照是免不了的。

0 度经度线

经度的规定就不简单了，因为经线中没有哪一条最特别，能自然成为 0 度经线。最早就用亚历山大城—塞尼城这条经线为参考，后来用过非洲外海的加那利群岛（又称福岛），以其经线为 0 度，如此欧洲人已知的世界都在此经线的东边；也用过罗马或耶路撒冷等政治或宗教中心的经线为 0 度。最后在 1884 年，各国终于同意以当时海权大国英国的伦敦为准。

伦敦东郊格林威治天文台前的草地上，画有一条白色的直线（夜晚就代以激光线），它就是本初子午线（经度0 度）。它的一边属于东经的范围，另一边则为西经的范

经线0°

围。你可以把双脚跨过白线，脚踏东西两半球。

想象的线

无论白线或红线都是指代，只代表本初子午线或赤道的一小部分。所有的经纬线都是想象的，都不是实际在地球上天生具有的线。

相邻两国通常以山的棱线或河流等天然曲线为边界；若不然，边界纠纷可能免不了。美国与加拿大的边界，从西海岸开始到大湖区，大多是以北纬 49 度来划分的。虽然它不是自然的，是人为的、想象的，但却是很明确的。美国怀俄明和科罗拉多两州形状，都是等腰梯形，两底是两条纬线，两腰是两条经线——州界是人为划分的。

葡西界线

15 世纪葡萄牙有一位王子，绰号"航海者亨利"，大力提倡葡萄牙船舰做远洋探险。于是葡萄牙发现了比加那利群岛更为西边的亚速尔群岛（Azores）、马德拉群岛（Madeira）、绿角（Cape Verdes）等群岛，还沿着非洲西岸逐渐南下，终于来到好望角，绕过好望角，经印度洋，到达东方。

西班牙的费迪南国王及伊莎贝拉皇后联手，在 1492

年把摩尔人赶出伊比利亚半岛。同年，他们积极资助哥伦布，来和葡萄牙人相抗衡（见 1.3 节）。为了确保投资的成果，他们在 1493 年怂恿教宗出面，协调西班牙与葡萄牙的势力范围，认定非洲外海最远的绿角群岛再西边 100 里格（leagues，约 480 千米）的经度为界，以西新发现的土地归西班牙，以东的土地归葡萄牙。葡萄牙认为这条经线不够西边，会妨碍其船舰在非洲外海的活动，于是第二年与西班牙在（西班牙的）托德西斯拉（Tordesillas）达成协议，将此经线再向西推 270 里格（约 1300 千米）。亦即，此经线大约在现在的西经 48 度与 49 度之间。

葡萄牙的巴西

1500 年葡萄牙航海家卡布拉尔（Gabral）在非洲西海岸往西漂流，意外发现了巴西。巴西的海岸在托德西斯拉条约那条经线的东边，所以巴西就成了葡萄牙的势力范围。葡萄牙人在巴西殖民，势力逐渐伸往内陆，甚至超越那条分界经线，西班牙也阻止不了。

在南美洲这块西班牙人称霸的大陆，巴西成为唯一的葡萄牙世界。西班牙人应该很后悔没有坚持 1493 年原来的约定，因为整个巴西是在原约定经线的西边。（巴西

的首都巴西利亚刚好在新约定经线的东边一点点，西经47° 55′ 之处。）

纬度好测，经度难定

人为的经纬线网的确为地球上的所有地方带来很好的位置系统。下一个问题是怎样为一个地方实际定位，亦即怎样测得一个地方的经纬度。

纬度比较简单。晚上看到北极星（或南十字星），测量其仰角（再作适当的调整）就对了。白天就看太阳的仰角，不过比较麻烦，因为此仰角随着白天历经的时间而不同，而且也随着季节变化而变化；较简单的办法是看正午时太阳的仰角（一天中最高者），它只与所在地的纬度及季节的变化有关。

经度可就麻烦透顶了。经度是相对的，要相对于某条参考经线。假定我们要知道甲地的经度，首先找到参考经线上与甲地纬度相同的乙地，量甲乙两地东西向的距离，再用该纬度的余弦值，调整成两地经度在赤道上的距离。最后这个距离再换算成这两条经线之间的角度差。

距离换成角度，当然要知道 1 度角相当于多少距离。这个问题牵涉到地球的大小，持地圆说的天文学家都有兴趣，我们在 1.2 节也谈过这部分的历史。

经度错了

我们说过托勒密的《地理学》上标录有 8000 个地方的经纬度；这是个庞大的数据库，后人可根据它重绘托勒密心目中的地区图或世界图。它对地理大发现初期有很大的影响。

不过托勒密采用的地球大小之值，却只有真实值的四分之三，亦即他的经度、纬度的 1 度长，只有真实值的四分之三，或者说他算得的两地经度差为真实值的三分之四倍。

　　另外，托勒密并不实际测量各地之间的距离或方向，他根据的是旅者的描述或官方道路里程的测量。因为道路是弯曲的，这些描述或测量的结果，往往夸大了两地之间的直线距离。

　　地球大小及两地距离这两种误差，使得托勒密地图中的地中海东西向横跨 62 度，而不是该有的 42 度。前文也提过托勒密的欧亚大陆东西向经度差更是夸张，使得哥伦布深信从大西洋向西几千千米就是亚洲的东部（见 1.3 节）。

海上行不由径

纬度比较好决定，经度较难。地理大发现初期，航海者在大海中就常常沿着固定的纬度东西向航行，或沿着某经线南北向航行。沿着经线走，纬度较没问题；沿着纬线走，可利用船速估计所行的距离，再换算成经度的差。

哥伦布第一次西航，从加那利群岛出发，想维持加那利群岛的纬度（28.5°）西行，只是因为海流的影响，走向稍为偏南。哥伦布会到达西印度群岛，而不是其他的地方，其实是沿纬线航行的必然结果。

海难

梭贝尔（Dava Sobel）的书《寻找地球刻度的人》，谈的就是人类测量经度的历史。她提到一次海难事件，强调经度的难以捉摸。

这是英国海军元帅夏威尔（Shovell）的故事。1707年，夏威尔在地中海打败法国的舰队，出了地中海后沿经线北行。经过十二天的大雾航行，结果迷失了。他以为舰队在法国西北角布列塔尼半岛外的威珊岛（Ile d'ouessant）的西边安全海域上，于是勇敢继续北行，却

一下子发现英格兰西南角的锡利群岛（Scilly）就出现在眼前，四艘军舰撞沉海底，二千士兵陪葬着元帅的一世英名。

威珊与锡利两群岛经度相差1度，东西相距约80千米。

国王的赎金

海难不只这一件，相继的海难迫使英国国会于1714年通过"经度法案"（Longitude Act），要奖赏发明实际测定经度方法的人。标准及奖金如下：能准到二分之一度者，奖金2万英镑；三分之二者1万5千英镑；一度者1

万英镑。2 万英镑在当时是个大数目，所以又称为"国王的赎金"（King's ransom）。

木卫法

当时的竞争者都从天文入手。一种是木卫法，起源于伽利略。伽利略发现木星的四颗卫星，测得这些卫星被木星遮蔽到出现再到遮蔽的周期。不过被遮蔽的时刻和观测者所在的经度有关；反过来，观测这些卫星被遮蔽的时刻，就可推得所在地的经度。

可惜，在颠簸的船只上用望远镜观测木卫被遮蔽的时刻，谈何容易，何况天气不好时什么都看不到了，只有在陆地上慢慢观测慢慢算，才能把经度算得准。被请到法国的意大利天文学家卡西尼就用木卫法，确定了法国海岸线的正确位置。可惜经度法案要的是海上也通用的方法。

月距法

另一种天文方法是月距法，亦即月亮在天空运行时，和太阳或某些参考星星间在观测者所张的角度，它和观测者所在的地点及观测的年月日时间都有关。英国皇家天文台长，从第一任开始就对月距法感兴趣，每位天文台长都为此法之精进而努力。可惜月亮的运行轨道太复杂,虽历经数任天文台长,但月距法的进展缓慢。

钟表法

经度法案之后,加入竞争的是钟表法。方法很简单:带一只标示伦敦时间的钟表上船,到某地正午时(可观测太阳的仰角变化来决定),看这只钟表是几点几分,就知道该地与伦敦的时间差。以 1 小时等于经度差 15 度换算,就知道该地的经度。

不晕船的钟表

这种方法天文学家很瞧不起,因为它没有深奥的天文理论与观测,纯粹是机械的研制。偏偏就有一位技艺高超的钟表匠哈里森(John Harrison, 1693—1776 年),倾全力要制造一只超准又"不会晕船"的钟表。

当时的钟用的是钟摆,稍微一晃就停摆了。换用弹簧,又有热胀冷缩及潮湿干燥的问题,海上气候变化多端,普通钟表一下子就晕船失常。

经度法案要求要有多准呢? 15 度相当于 1 小时,所以 1 度(赤道上距离 111 千米)相当于 4 分钟,半度相当于 2 分钟。当时从英国到美洲大概要 6 个星期,所

以一天之快慢不能超过 3 秒钟，否则累积起来就会超过

2 分钟——其实这是赤道上的要求。若在纬度 30 度，则

要打 7 折（cos 30° ≈ 0.7），为 2 秒钟；纬度愈高，要求愈严。

哈里森花了一辈子的时间，于 1759 年完成他自认满意且经过测试的杰作。但在那些天文学家的挑剔阻挠之下，直到接近生命的尾声，才于 1773 年得到应有的承认。

有了不晕船的钟表，海上定位的问题就解决了。

4.2 大圆

还不知道怎样精确测定所在的经纬度之前，航海总是沿着经度或纬度而行，就像在城里棋盘式街道上走路一样。

学会了测经（纬）度，当然就不必"君子行不由径"，而要改成"行由径"，亦即找一条捷径，在最短的时间内抵达目的地。地球上两点之间的捷径是什么？这是航海与航空的共同问题。

哪条航线最近

我们以台北到旧金山的航线为例，来探讨这个问题。台北的经纬度约为（121E, 25N），旧金山约为（122W, 38N）。

如下图，如果坚持"行不由径"，有两种航线：其一是从台北 *T* 开始，一直沿着北纬 25 度的纬线飞，到经度为西经 122 度的 *U* 点时，转向北飞，直到旧金山 *S*；另一航线则从台北沿着东经 121 度向北飞，到北纬 38 度的 *V* 点时，转而东飞，直到旧金山。

这两条航线哪条近？答案是第二条较近，因为 *TV* = *SU*，而 *VS* < *TU*（第一条约 13230 千米，第二条约 11690 千米）。那么，*S*、*T* 两点之间的捷径是两者之间的连线了？问题是，我们考虑的点都在球面上，两点之间的连线是什么意思呢？

如果坐过从台北直飞旧金山的飞机，并且注意机上电视屏幕所显示的航线，你一定会吓一跳：因为航线是往东北走，直到阿拉斯加半岛的南方，约北纬 50 度的地方，才转向东南，往旧金山飞去，

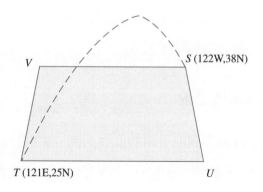

如上图中的虚线所示。

什么是大圆

这就是台北到旧金山的捷径？是的，在球面上，两点之间的捷径，是在含此两点的大圆上。此大圆即为过此两点及球心的平面（三点决定一平面），在球面上的截痕。

任一平面与球面相截，都得一圆，而当平面也通过球心时，此圆最大，称为大圆；平面不过球心时，就得大小不等的小圆。赤道是大圆，所有的经线都是大圆的一半；赤道之外的纬线都是小圆，纬度愈大，圆愈小。

大圆为捷径

为什么大圆是联结球面上两点的捷径呢？我们可用下面的看法，得到粗略的了解。

如图，假定 K、L 为球面上两点，我们"相信"联结 K、L 的捷径应该也会在某一平面上，而此平面与球面相截的圆，就是我们要的捷径。

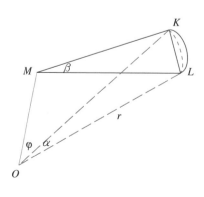

假定此圆非大圆，而为小圆。重新定义地轴，我们可以把此小圆看成某一纬线，其纬度设为 φ。设球心为 O，小圆的圆心为 M。如果半径为 r，则两等腰三角形 $\triangle KOL$、$\triangle KML$ 的腰长各为 r、$r\cos\varphi$，而由共同的底 KL，可建立两顶角 α（$\angle KOL$）、β（$\angle KML$）之间的关系。联结 K、L 的小圆弧长为 $r\beta\cos\varphi$，大圆弧长为 $r\alpha$（α、β 以弧度计）。

由上面所建立的 α、β 关系，就可推得小圆弧长 $r\beta\cos\varphi$，要大于大圆弧长 $r\alpha$。

球面上的"直线"

所以大圆才是球面上的捷径；它可看成为球面上的"直线"。航海航空的航线大致都取起点与终点间的大圆。大圆有最北的点，也有最南的点；台北到旧金山的航线包含了此最北点，但不包含最南点。飞机越过终点的纬度，还继续往北飞，确实让人吓一跳，但这是必然的结果。

台北—旧金山的大圆航线约有 10400 千米，比"行不由径"省下 1300 千米。美国西岸大城西雅图与洛杉矶大约也在此大圆上，离台北由近而远依次为西雅图、旧金山，然后才是洛杉矶，与平面地图上看到的顺序正好相反。

北极航线

几年前，美国的航空公司与俄罗斯协商，开放飞越西伯利亚到中国的航线。你拿地球仪来看，就知道其中的奥妙了。纽约到北京的传统航线，是经由美西海岸的，大致沿着纬线飞，全程约为 13000 千米。如果走纽约—加拿大—北极—西伯利亚—北京的大圆，则可省下约 2000 千米；为什么不省呢？

这条航线还可直下曼谷。几年前我搭飞机从欧洲要回台北，旁边坐了一位要从纽约回曼谷的泰国人，他把空姐送来的食物推在一旁，一副疲惫不堪、食不下咽的样子。快到曼谷时，他说飞机换了两趟，共吃了八餐，总算要到了。有了北极航线，他顶多换一趟飞机（在北京），也可以少吃三餐。

在地球仪上，怎样找到两点之间的大圆呢？你可把皮尺放在地球仪上，盖住这两点，这时若皮尺与地球仪不密合，就移动皮尺，直到密合，不会外翻；皮尺所盖住的就是大圆。

证明大圆为捷径

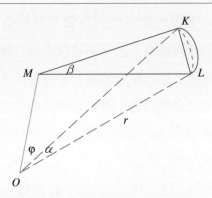

  K、L 为球上两点，O 为球心，M 为小圆圆心，小圆的纬度设为 φ，球半径设为 $r\,(=OK=OL)$，则 $MK=ML=r\cos\varphi$。设两等腰三角形 $\triangle\,KOL$、$\triangle\,KML$ 的顶角各为 α、β，而 KL 为共同的底边，因此：

$$KL=\frac{1}{2}r\,\sin\frac{\alpha}{2}=\frac{1}{2}r\,\cos\varphi\,\sin\frac{\beta}{2}$$

由此可得：

$$\alpha<\beta$$

  大圆为捷径的意思是说，$\angle\,\alpha$ 所对的大圆弧（图中的虚线弧）长 $r\alpha$，要小于 $\angle\beta$ 所对的小圆弧（实线弧）长 $r\beta\cos\varphi$，即：

$$r\alpha<r\beta\cos\varphi$$

把这个不等式除以前面的等式，就得：

$$\frac{\frac{\alpha}{2}}{\sin\frac{\alpha}{2}} < \frac{\frac{\beta}{2}}{\sin\frac{\beta}{2}}$$

反之，若能证得最后这个不等式，大圆为捷径就得到证明。我们用视图法来说明上面的不等式。

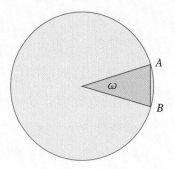

考虑半径等于 1 的圆，以及一圆心角 ω，及其相应的弦 AB，则弧长 $\overset{\frown}{AB}$ 与弦长 AB 之比值为：

$$\frac{\overset{\frown}{AB}}{AB} = \frac{\omega}{2\sin\frac{\omega}{2}} = \frac{\frac{\omega}{2}}{\sin\frac{\omega}{2}}$$

看图就知，此比值大于 1（弧比弦长），而随着

角度 ω 变小，此比值也变小（弧长愈接近弦长），
且往 1 跑。因为 α<β，所以：

$$\frac{\frac{\alpha}{2}}{\sin\frac{\alpha}{2}} < \frac{\frac{\beta}{2}}{\sin\frac{\beta}{2}}$$

4.3　半球

　　以地球上任一点为中心，离它一万千米处的各点，就围成一个大圆，该点到此大圆的范围内，就是以该点为中心的半球。对这一点的人而言，这个半球就是"我半球"——以我为中心离我最近的半球。离我一万千米以上的地方属于另一个半球，是"他半球"——以离我最远的地方，即我的对跖点，为中心的半球。

　　各半球可能还有其他的地理意义，如南半球、北半球；东半球、西半球，这些是我们已经熟悉的。这一节就要更进一步，介绍旧世界半球、新世界半球；海半球、陆半球；中国台湾的我半球、他半球；日半球、夜半球等。

　　对跖点

　　南北极是互为对跖的：从北极出发的所有大圆（经

线），最后都会收束到南极；反之亦然。一点及其对跖点是球面上彼此相距最远（二万千米）的两点。地球上任何一点都有对跖点；你所在的对跖点在哪里呢？你可在地球仪上找，也可用经纬度换算得对跖点的经纬度。

在新西兰东南方一千千米的海上有一群岛，名字就叫对跖群岛（Antipode Islands）。为什么这么叫呢？由它的经纬度 (178.52E, 49.42S)，大概可猜想到谁给它取了这样的名字。

互相对跖的南北两极，各决定了一个半球，也就是南、北半球，以赤道为界。赤道上东西经各为 90 度的两点，也互为对跖点，它们决定了东、西两半球，以经度 0 及 180 度这一大圆为界。我们也可以把这两点在赤道上稍做移动，使得所决定的两半球，一个含欧亚非三洲，另一个含南北美洲。这就是旧世界与新世界两个半球。

任何互相对跖的两点，决定了一个"赤道"大圆，把地球分成两半球，分别以此两点为中心。

海陆两半球

以对跖群岛为中心的半球称为海半球，它是所有半球中海洋面积占最大者（90%）。以对跖群岛的对跖点为中心的半球，并不是陆地面积占最大者；不过陆半球的中心

离此对跖点并不远，它是法国的南特（Nates），经纬度为
(1.35W, 47.14N)。

陆半球有 50% 为陆地，亦即含有全球陆地的 84%
（地球表面约 30% 为陆地，70% 为海洋）。陆半球与海半
球重叠的部分很少，海半球所含的陆地大概就是陆半球
不含的地方，包括菲律宾、印度尼西亚、新西兰、澳大
利亚、南极洲，及南美洲的南端等。

中国台湾刚好在陆半球之外，也刚好在海半球之外，
就海陆两半球而言，是个很特别的地方。

以中国台湾为极点

地球是圆的，任何地方都可以作为世界的中心。以
海陆两半球都不含的中国台湾为极点，其相应的半球包
括哪些地方呢？它自然不会含有陆半球的中心南特、海
半球的中心对跖群岛。此半球包含非洲的东北部、欧洲
的大部分、英国、冰岛、格陵兰的大部分（南端除外）、
整个北极圈、阿拉斯加、加拿大的西北部、美国本土的
西北角、新西兰、澳大利亚及整个亚洲。也就是说，这
些地区都在中国台湾的一万千米范围内。

最值得注意的是，冰岛和英国都在此半球内，但冰
岛比英国更近于中国台湾；另外，法国的西部，还有西
班牙及葡萄牙，反而在半球外。格陵兰似乎比法国还远，

不过经过北极就反而更近。

美国的西雅图在此半球内，而旧金山则否，由此可见含在此半球内的美国本土之西北角，真的只有一角角而已；台北—旧金山航线先到西雅图也就不稀奇了。

中国台湾的对跖点

不在此半球内的地方，就可算是离中国台湾很远的地方，那是属于台湾对跖点的另一个半球。台湾的对跖点是阿根廷东北部一个叫作福尔摩沙（Formosa）的省——多么巧合啊！它和台湾正好相反，既在海半球内，又在陆半球内。

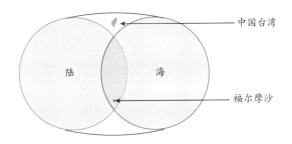

去阿根廷，有人先飞美国西部，再转往南美洲，但也有人先飞南非，再转阿根廷。其实，大致沿着通过台湾的任何大圆，都可到达阿根廷，因为它大致就在台湾的对跖地方；两者相距不能再远（二万千米），但条条道路（大圆）都可通达。

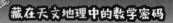

日照时间

太阳距地球很远，射来的光线可视为平行，因此任何时候，阳光都照到半个地球，这是日半球；另一半照不到阳光的就是夜半球。

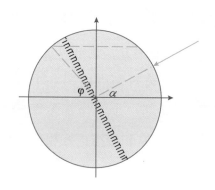

如上图，假定阳光与赤道成 α 角入射，通过球心与阳光垂直的平面，就决定了日夜两半球间的大圆。纬度 φ 的纬线在日半球部分所相应的角度，可换成该纬度的日照时间（15 度等于 1 小时），其公式为：

$$日照时间 = 4\left(\tan^{-1}\sqrt{\frac{\cos(\varphi-\alpha)}{\cos(\varphi+\alpha)}}\right)\bigg/ 15° \text{（小时）}$$

检视公式

阳光直射赤道时，$\alpha = 0$，根号部分等于 1，其反正切值为 45°，所以日照时间为 12 小时，正是春分或秋分，日夜等长的时候。

当纬度 $\varphi = 0$，亦即在赤道上，则一样得日照时间为 12 小时。也就是说，在赤道上，常年都日夜等长。

台北的纬度为 $\varphi = 25°$，日照时间最长发生在夏至，亦即 $\alpha = 23.5°$，此时：

$$日照时间 = 4\left(\tan^{-1}\sqrt{\frac{\cos 1.5°}{\cos 48.5°}}\right)\Big/15° = 13.56\ 小时$$

日照最短则发生在冬至，亦即 $\alpha = -23.5°$，此时：

$$日照时间 = 4\left(\tan^{-1}\sqrt{\frac{\cos 48.5°}{\cos 1.5°}}\right)\Big/15° = 10.44\ 小时$$

请注意，最长及最短日照时间之和为 24 小时；无论纬度是多少都一样。

当 $\varphi + \alpha$ 达到 90° 以上，其余弦值为 0 或为负，日照时间的公式就不适用，因为此时日夜两半球间之大圆与纬度 α 的纬线是不相交的，是为永昼。α 的最大值为 23.5°，所以 φ 达到 66.5° 以上，就会发生永昼的现象。纬度 66.5° 以上属北极区；北极区也会发生永夜的现象。有北极区，当然也有相应的南极区。

等时距经纬线

北半球还不到北极圈，日照时间最长的日子都发生在夏至（$\alpha = 23.5°$），而此最长日照时间会随着纬度而增加。托勒密画地图时，经纬线网的纬度线并不做等间距相隔，而用的是最长日照时间做等时距分割所对应的纬线。譬如赤道（日照时间为 12 小时）以北的第一条纬线度数为 4° 15′，最长日照时间为 12 时 15 分，第二条纬线度数为 8° 25′，最长日照时间为 12 时 30 分。第十条纬线为托勒密地图的主要纬线，度数为 36°，最长日照时间为 14 时 30 分。时间是等间距的，以 15 分钟相隔，但纬度则否：到第十条纬线，平均度数间距为 3.6°，但一开始的间距为 4° 15′。

托勒密认为冰岛是最北的陆地，有最后一条纬线通过，设为 63°，最长日照时间为 19 小时。其实冰岛的纬度从 63.5° 到 66.5°，最北刚好碰到北极圈。

托勒密各纬度所相应的最长日照时间，用我们的日照时间公式验算，除了 63° 稍有出入外（63° 应该相应于 19.8 小时），大致是对的。

托雷多的日出

有一次我去西班牙的托雷多（Toledo），发现到晚上八点才天黑。那时候是一月下旬，我想夜很长才对，那么第二天早上要很晚才会天亮啰。当时我就用日照公式

来估计：一月下旬，阳光入射角 α 大约为 $-23.5°$ 的三分之二，即 $\alpha = -15.7°$ 。而托雷多的纬度 $\varphi = 40°$ ，代入公式得：

$$日照时间 = 4\left(\tan^{-1}\sqrt{\dfrac{\cos(40°+15.7°)}{\cos(40°-15.7°)}}\right)\bigg/15° = 10.18\ 小时$$

所以我估计第二天大概要到九点半之后才会天亮。果然，第二天早上开车环绕城墙一圈，向此文化古城道别时，虽已过九点，但天还没有亮。

月亮上的大圆

在托雷多估算日照时间时，我看到旅馆外有大圆，它是月亮上的大圆：理论上我看得到的是月亮的一个半球，而太阳光照得到的是另一个半球，所以我实际上看到的是这两个半球的共同部分。这就是月形（或称为梭形），它的边缘是两条月亮上的大圆，这两条大圆交于互相对跖的两点。

4.4　球面三角

我们说过了，航海航空要走的捷径是大圆，而此大圆就是含起点与终点，并通过球心的平面与球面相截的圆。那么大圆航线的距离与方向要怎么决定？

距离与方向

粗略的方法可用地球仪。4.2 节中已经说过，怎样用皮尺在地球仪上找到两点之间的大圆。找到大圆，记下起点与终点在皮尺上的位置，然后把皮尺重新放到赤道上，看起点终点之间所张的经度差，再以 1 度等于 $(\frac{40000}{360})$ 111 千米，换成距离就可以了。至于方向，就看大圆与经线所成的角度；这个角度称为航角，它随着航程而改变。

导出日照时间公式

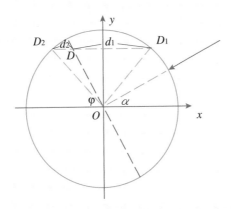

假设图中的圆为一经度圈，x 轴为赤道在含此经度的平面上的投影，y 轴为地轴。假设阳光与赤道成 α 角，与它相垂直的平面交纬度为 φ 的小圆的直径 D_1D_2 于 D。设 $d_1 = D_1D$，$d_2 = D_2D$。因为：

$$\angle D_1OD = 90° - \varphi + \alpha, \quad \angle D_2OD = 90° - \varphi - \alpha$$

而：

$$d_1 : d_2 = \sin \angle D_1OD : \sin \angle D_2OD$$

所以：

$$d_1 : d_2 = \cos (4 - \alpha) : \cos (\varphi + \alpha)$$

以 D_1D_2 为直径的小圆可图解如下：

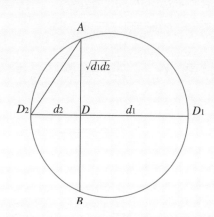

纵线 AB 的右边属阳光照射区，相应的弧 $\overset{\frown}{AD_1B}$，其角度为：

$$4\angle AD_2D = 4\,tan^{-1}\frac{\sqrt{d_1d_2}}{d_2}$$

$$= 4\,tan^{-1}\sqrt{\frac{d_1}{d_2}} = 4\,tan^{-1}\sqrt{\frac{\cos(\varphi-\alpha)}{\cos(\varphi+\alpha)}}$$

以 15° 相当于 1 小时换算，就得：

$$日照时间 = 4\left(tan^{-1}\sqrt{\frac{\cos(\varphi-\alpha)}{\cos(\varphi+\alpha)}}\right)\bigg/15°（小时）$$

球面三角形

细算则要用球面三角的方法。我们还是以中国台北到旧金山的大圆航线来说明。如下图，假设 N 为北极，T、

S 分别为台北及旧金山。$\overset{\frown}{TN}$、$\overset{\frown}{SN}$ 都是经线，也是大圆；另外，$\overset{\frown}{TS}$ 就是 T 与 S 之间的大圆。我们说过，大圆可看成直线，所以球面上的三点及两两之间的大圆，合起来就是一个球面三角形。

设 O 为球心，地球的半径为 1（单位），则三边 $\overset{\frown}{TN}$、$\overset{\frown}{SN}$、$\overset{\frown}{TS}$ 的长度（圆弧长）分别等于 $\angle TON$、$\angle SON$、$\angle TOS$ 所相应的弧长；通常我们把大圆弧（如 $\overset{\frown}{TN}$）等同于所张的角（如 $\angle TON$）。

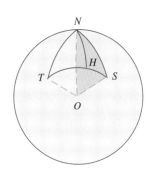

这三个角中，$\angle TON$、$\angle SON$ 分别为台北、旧金山的余纬度，即（两地的纬度分别为 25°、38°）：

$$\overset{\frown}{TN} = \angle TON = 90° - 25° = 65°$$
$$\overset{\frown}{SN} = \angle SON = 90° - 38° = 52°$$

第三个角 $\angle TOS$ 正是我们想要知道的。知道了它的大小，就可换算成长度。

由台北、旧金山两地的经度，东经121°及西经122°，可知两地之间的经度差为：

$$360° - 121° - 122° = 117°$$

此即∠*TNS*的大小。它就是含$\overset{\frown}{TN}$、$\overset{\frown}{SN}$两平面的交角，也是大圆弧$\overset{\frown}{TN}$、$\overset{\frown}{SN}$于*N*点之两切线的交角。∠*NTS*、∠*NST*也都可定义为某两平面或某两切线的交角。

余弦律

球面三角形△*TNS*，我们已经知道两边$\overset{\frown}{TN}$、$\overset{\frown}{SN}$之长，及此两边的夹角∠*TNS*，而我们想知道的是第三边$\overset{\frown}{TS}$之长。如果是平面三角形，我们马上就想到余弦律。球面三角形有余弦律吗？有的，用于△*TNS*的余弦律公式及其计算为：

$$\cos \overset{\frown}{TS} = \cos \overset{\frown}{TN} \cos \overset{\frown}{SN} + \sin \overset{\frown}{TN} \sin \overset{\frown}{SN} \cos \angle TNS$$

即：

$$
\begin{aligned}
\cos \angle TOS &= \cos \angle TON \cos \angle SON + \sin \angle TON \sin \angle SON \cos \angle TNS \\
&= \cos 65° \cos 52° + \sin 65° \sin 52° \cos 117° \\
&= -0.064
\end{aligned}
$$

亦即∠*TOS* = 93.67°，换成长度，$\overset{\frown}{TS} \approx 10400$千米。

任何一个球面三角形△*ABC*，都有余弦律：

$$\cos a = \cos b \cos c + \sin b \sin c \cos A$$

这里的 a、b、c 表示三边 $\overset{\frown}{BC}$、$\overset{\frown}{CA}$、$\overset{\frown}{AB}$（所对应的圆心角分别就是：$\angle BOC$、$\angle COA$、$\angle AOB$）。

正弦律

回到 $\triangle TNS$，我们已求得航线的距离 $\overset{\frown}{TS}$，那么一开始起飞的航角 $\angle NTS$ 该是多少呢？检查已知与未知，当然希望有正弦律。对任一三角形 ABC，球面三角的确有正弦律：

$$\frac{\sin a}{\sin A} = \frac{\sin b}{\sin B} = \frac{\sin c}{\sin C}$$

用到 $\triangle TNS$，则：

$$\sin \angle NTS = \frac{\sin \angle NTS}{\sin \overset{\frown}{TS}} \cdot \sin \overset{\frown}{SN} = \frac{\sin 117°}{\sin 93.67°} \sin 52° = 0.704$$

亦即，航角 $\angle NTS = 44.7°$（北偏东 $44.7°$）。

内角和

我们可用同样的方法，得 $\angle NST = 54°$。$\triangle TNS$ 的三内角和为：

$$117° + 44.7° + 54° = 215.7°$$

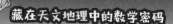
它超过 180°。这是球面三角形与平面三角形大不同的地方；球面三角形的内角和一定超过 180°。

航线的最北

我们也要关心，循此航线，最北会到哪里。设最北之点为 H，则经线 $\overset{\frown}{NH}$ 要与大圆弧 $\overset{\frown}{TS}$ 相垂直，亦即，$\overset{\frown}{NH}$ 为 △TNS 的高，高 $\overset{\frown}{NH}$ 之长即为 H 的余纬度。

把正弦律用到 △THN 上，则：

$$\sin \overset{\frown}{HN} = \sin \angle NTH \cdot \frac{\sin \overset{\frown}{TN}}{\sin 90°} = \sin 44.7° \sin 65° = 0.6375$$

即 $\overset{\frown}{NH} = 39.6°$，亦即 H 的纬度为 90° − 39.6° = 50.4°。

那么 H 的经度呢？只要知道 $\angle TNH$ 就可以了；它加上台北的经度就是了。把正弦律及余弦律分别用到直角三角形 △THN 上，可得：

$$\sin \overset{\frown}{TH} = \sin \angle TNH \sin \overset{\frown}{TN}$$

$$\cos \overset{\frown}{TH} = \cos \overset{\frown}{TN} \cos \overset{\frown}{HN} + \sin \overset{\frown}{TN} \sin \overset{\frown}{HN} \cos \angle TNH$$

将此两式平方后相加，经整理成 $\cos \angle TNH$ 的二次方程式之后，可得：

$$\cos \angle TNH = \tan \overset{\frown}{HN} \cot \overset{\frown}{TN} = \tan 39.6° \cot 65° = 0.386$$

即 $\angle TNH = 67.3°$。因：

$$121° + 67.3° = 180° + 8.3°, \quad 180° - 8.3° = 171.7°$$

所以 H 的经度为西经 $171.7°$。

在地球仪（或地图）上检查一下，看看最北点 H $(171.7°\ \text{W}, 50.4°\ \text{N})$ 是否在阿拉斯加半岛最尖端的南方海面上。

天球

球面三角除了用来解决地球的数学问题外，还可用到天球上。其实古希腊研究三角学，主要是要解决天文的问题，他们在发展天文所需要的球面三角学的同时，顺便为平面三角学奠下基础。

把地轴延伸出去，交天球于两点，一为北天极，一为南天极。有了南北天极，自然就有天球赤道，它是地球赤道平面延伸与天球所交的大圆。有了天球赤道，就可定义天球上的纬度，称为赤纬。

地球上一位直立的观测者可以决定天球上的一点，称为该观测者的天顶，它就是由脚到头的方向延伸到天球的交点。天顶的赤纬就是观测者在地球上的纬度。

相对于天球赤道，天球上当然也有经度，称为赤经。因为地球的自转，地球的经度与天球的赤经，就不可能有固定的关系。通常以赤道与黄道（太阳在天球上的轨道投影）的一个交点比如春分点，为参考点，向东计算赤经。有赤经有赤纬，天上的星星就可以标定了。

天文三角形

观测者在观测一颗星 S 时，可考虑相对于 S 的天文三角形，它以 S、天顶 Z 及天极 P 三点为顶点。假设观测者所在的地球为 E。大圆 $\overset{\frown}{PZ}$ 在观测者所在经线的正上方，其在 E 所张的角度即为天顶 Z 的余纬度。$\overset{\frown}{SP}$、$\overset{\frown}{SZ}$ 各称为天极距及天顶距，实际上也是以其在 E 所张的角度来衡量。$\overset{\frown}{PS}$ 就是 S 的余纬度，其度数可查表得知。
$\angle SPZ$ 对应于 S 通过观测者的经线后所累积的时间，称
为时间角。

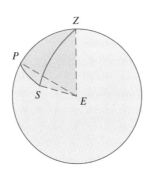

$\overset{\frown}{SZ}$ 可以直接测得；若能确定北边方向，则 $\angle PZS$ 也
可测得；若知道天极所在，则 $\overset{\frown}{SP}$、$\overset{\frown}{SZ}$ 都可测得。如果 S
为太阳，则由时间角可知当地的时间；若 $\overset{\frown}{SZ}$ 的张角为 90
度，则由时间角可知当地日出或日落的时间。

天文三角形 $\triangle PZS$ 由观测者所在的位置及观测时间
决定。我们由观测或查表，可得此三角形一些边角的大
小，再用球面三角的公式，若可解得其他边角的大小，
则观测者所在的位置与时间就可确定了。观测天象以决
定地理，天文地理相关，这是最好的范例。

球面三角公式

球面三角形也有正弦律及余弦律，虽然公式与平面三角的略有不同，但平面的公式，再加上一点立体几何，就足以得到球面的公式。

立体几何中有一重要的垂足引理，有点神奇，但抓住要点，就不难理解。

垂足引理说，由空间中一点 P，向不含 P 之一平面 E，作垂线 PQ，从垂足 Q 向平面 E 上不含 Q 点的一直线 L 作垂线 QR，R 为垂足，则 PR 要垂直于 L。

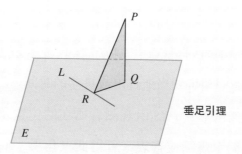

垂足引理

因为 L 含于 E 内，而 PQ 垂直于 E，所以 PQ 也垂直于 L。另外 QR 又垂直于 L，所以 L 垂直于 PQ、QR 所在的平面，而 PR 就在这一平面上，所以与 L 互相垂直。

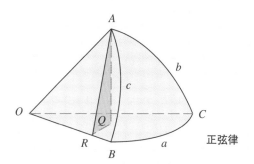

正弦律

假定△ABC为一球面三角形，a、b、c为相应三边在球心O所张的角度，则正弦律的公式为：

$$\frac{\sin a}{\sin A} = \frac{\sin b}{\sin B} = \frac{\sin c}{\sin C}$$

正弦律的证明如下：从A点作平面BOC的垂线AQ，从Q作直线OB的垂线QR，则根据垂足引理，AR与OB垂直。由于QR、AR都垂直于OB，它们分别平行于$\overset{\frown}{BC}$、$\overset{\frown}{AB}$在B点的切线，所以$\angle ARQ = \angle B$。因此：

$$\sin B = \sin \angle ARQ = \frac{AQ}{AR} = \frac{\dfrac{AQ}{AO}}{\dfrac{AR}{AO}} = \frac{\dfrac{AQ}{AO}}{\sin c}$$

同理：

$$\sin C = \frac{\dfrac{AQ}{AO}}{\sin b}$$

两式相除就得正弦律。

余弦律的公式如下：

$$\cos a = \cos b \cos c + \sin b \sin c \cos A$$

其证明为（假设地球半径取为 1 单位）：在 A 点分别作 AB、AC 之切线，各交 OB、OC 之延线于 D、E。将平面的余弦公式分别用到 $\triangle ADE$、$\triangle ODE$，则：

$$DE^2 = AD^2 + AE^2 - 2AD \cdot AE \cos A$$

$$= \tan^2 c + \tan^2 b - 2 \tan c \tan b \cos A$$

$$DE^2 = OD^2 + OE^2 - 2OD \cdot OE \cos a$$

$$= \sec^2 c + \sec^2 b - 2 \sec c \sec b \cos a$$

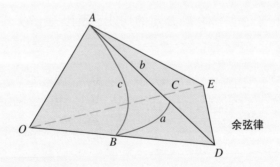

余弦律

两式相减得：

$$0 = 2 - 2 \sec c \sec b \cos a + 2 \tan c \tan b \cos A$$

整式乘以 $\dfrac{1}{2}\cos c \cos b$，再移项，就得余弦公式。

当三角形三边 a、b、c 与半径相比很小时，$\triangle ABC$ 几乎是一个平面三角形，而 $\sin a \approx a$，$\sin b \approx b$，$\sin c \approx c$，球面的正弦律就差不多变成平面的正弦律。我们说球面正弦律的极限就是平面正弦律。

同理，球面余弦律的极限就是平面余弦律，此因 a、b、c 很小时，$\cos a \approx 1 - \dfrac{1}{2}a^2$，$\cos b \approx 1 - \dfrac{1}{2}b^2$，$\cos c \approx 1 - \dfrac{1}{2}c^2$，代入球面余弦律，得：

$$1 - \frac{1}{2}a^2 \approx \left(1 - \frac{1}{2}b^2\right)\left(1 - \frac{1}{2}c^2\right) + bc \cos A$$

$$a^2 \approx b^2 + c^2 - \frac{1}{2}b^2 c^2 - 2bc \cos A$$

因为 $\dfrac{1}{2}b^2 c^2$ 比其他四项更小，所以：

$$a^2 \approx b^2 + c^2 - 2bc \cos A$$

4.5 船长的抉择

从台北到旧金山的捷径，我们已经知道是它们之间的大圆。航线开始的航角为北偏东 44.7°，而到达旧金山的航角变成南偏东 54°。亦即飞机要不断顺时针方向旋转，前后共转了 81.3°（180° – 44.7° –54°）。

要走定向，还是要省时

不论航海或航空，随时转向总是不方便，况且沿着大圆转向的大小要随时算得准，相当不容易。自从有了罗盘，航行尽量采用固定方向，会带来最大方便；当然

远洋航行不能一个方向到底。与各经度成固定方向的航线，称为恒向线。

沿着恒向线航行，会到哪里去呢？如果朝东或朝西航行，自然在同一纬度上绕圈子。如果方向偏北或偏南（不必朝北或朝南），拿个地球仪来观察，就知道航线会往北极或南极跑。

除了赤道及经线，大圆都不是恒向线。赤道之外的纬线都是恒向线，但不是大圆。你看，方向与省时，或者恒向线与大圆，是船长（或机长）所要面对的两难选择。

曲线的表法

我们用 θ 表经度，φ 表纬度。如果 θ、φ 各自变动，则（θ, φ）可表球面上任一点。如果随着 θ 的变动，φ 依某种规律跟着变动，亦即 φ 为 θ 的函数 $\varphi(\theta)$，那么（$\theta, \varphi(\theta)$）就表球面上的一条曲线，譬如大圆的 φ 与 θ 关系为 $\tan\varphi = a\cos\theta + b\sin\theta$。我们要找寻代表恒向线的 $\varphi(\theta)$。

恒向线的数学

如下图，假设 $P(\theta, \varphi(\theta))$ 为恒向线上一点，如果 θ 变动了一点点 $\Delta\theta$ 而成为 $\theta+\Delta\theta$ 时，恒向线上的点就由 P 变成 $Q(\theta+\Delta\theta, \varphi(\theta+\Delta\theta))$。

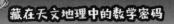

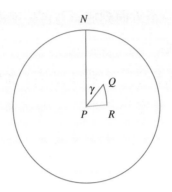

设 R 的经纬度为（$\theta+\Delta\theta$, $\varphi(\theta)$），则 R 与 P 同纬度，与 Q 同经度，且 PR 之长为 $\cos\varphi \cdot \Delta\theta$，$QR$ 之长为 $\varphi(\theta+\Delta\theta) - \varphi(\theta) \approx \varphi'(\theta)\Delta\theta$。假定 γ 为航角；当 $\Delta\theta$ 很小时，PQR 可看成为平面上的一个直角三角形。如此则：

$$\tan\gamma = \frac{PR}{QR} = \frac{\cos\varphi\Delta\theta}{\varphi'(\theta)\Delta\theta} = \frac{\cos\varphi}{\varphi'(\theta)}$$

因为是恒向线，$c = \cot\gamma$ 为固定常数，所以恒向线之 $\varphi(\theta)$ 要满足如下的关系式：

$$\sec\varphi\varphi'(\theta) = c$$

用积分的技术，由此关系式可得：

$$c\theta+k=\int\sec\varphi\varphi'(\theta)\,d\theta=\int\sec\varphi d\varphi$$

$$=\ln|\sec\varphi+\tan\varphi|$$

此处的 ln 表自然对数，由此可解得 φ 作为 θ 的函数

$\varphi(\theta)$。与大圆的函数相比较，两者是非常不同的。

等待墨卡托

在航海或航空中，恒向线与大圆似乎很难相容。16 世纪的制图家墨卡托（Gerhardus Mercator, 1512—1594 年）利用恒向线的数学式子，绘制后人所称之墨卡托地图，在其上恒向线就是直线。另外，他又绘制大圆为直线的另类地图，两种地图合用，解决了船长既要省时、又要走定向的困境。

第  篇

地图的绘制

有道理的东西，
终究还是会被世人接受。
墨卡托就像阿特拉斯，
是一位顶天立地的巨人。

　　人的活动范围超出一定程度，各地方的相对位置，就不可能靠指指点点说得清楚，于是会画个地图。

　　画地区图，如果不要求很准，那么注意一下相对的大小、位置与远近即可；若进一步要求，则要处理地表起伏、方位正斜、道路曲直的问题。这些是晋朝裴秀所提的"制图六体"。

　　如果要画广域的地图，那么球形地面如何表示成平面图就成了大问题。公元 2 世纪的托勒密在其著作《地理学》中，介绍了几种锥面投影法；后人又领会投影的精神，创设各种投影法，以适用不同的目的。

　　就数学观点而言，依原始投影面的不同，地图可略分为平面、锥面与柱面三大类（后两类都可展成平面），而依照投影可保留的性质，又可分为保形、保积、保长（局部距离）等。

&

这之中贡献最大的是 17 世纪的墨卡托，他发明了墨卡托投影法，把恒向线投影成直线，同时绘制把大圆投影成直线的地图，两者合用，解决了船长既要走定向，又要走捷径的困境。

托勒密在《地理学》中曾经给了 8000 个地方的经纬度，这是标定位置的好想法，可惜托勒密的经纬度并不准确，因为当时没有很好的测量办法。这要到 17 世纪大规模实施三角测量后，才把问题解决。

托勒密还定了一个规矩：地图的上方应该朝北。不过从托勒密之后到 16 世纪，地图制作者并没有遵守这样的规矩，地图的上方朝东、朝西、朝南都有；这一段时期的地图发展史非常有趣，后文会做介绍。等到用指北针做大规模测量，自然会以北方朝上，又回到了托勒密的规矩。

5.1 图穷匕见

秦王对荆轲说："把舞阳所持的地图拿过来！"荆轲拿过地图呈给秦王，秦王把地图展开，结果图尽之处，出现一把匕首。

于是《史记》中荆轲刺秦王的故事进入了高潮。后世将此高潮抽象化，"图穷匕见"成了成语：图谋露底，真相显现。图变成了图谋，于是大家都忘了那张图到底是什么。

督亢之图

荆轲为了使秦王见他，说动了避难在燕国的秦王叛将樊於期自杀，捧其头，并由副手秦舞阳捧着燕国督亢的地图，欲献头与图。秦王看到头有什么反应，《史记》并没有描述，反而将故事迅速转到秦王对地图的兴趣。

燕太子丹要把燕国督亢之地献给秦王，口说无凭，于是让人画了督亢之图献之，以示诚意。秦王急着看地图，表示他急着想拥有督亢，急着想知道他要拥有的地方的相对大小、位置与远近。地图本身不等于督亢之地，但它代表了督亢之地。

这卷督亢地图的质料是什么？《史记》没说。质料一定不是纸，因为纸还没有发明。质料一定可以卷起来，因为它藏了一把匕首，而且秦王将之展开。我猜它一定是绢布。因为，西汉初期长沙侯国留下的马王堆汉墓中，就有绢布地图。

督亢地图上除了用一些线条，表示相对大小、位置与远近外，一定少不了都市、山河之名，来确定地图所涵盖的范围。

有了地图才表示真正拥有。汉入秦都咸阳，萧何马上去接收图籍，说不定督亢之图也在其中。

谋图到图谋

人学会了数目，进一步学会了计算。再进一步，由具体的计算而抽象化成算计。太子丹要人画督亢的地图，需要用到计算，计算大小、位置与远近，这些可说是具体的谋图。不过整个谋图，要从抽象化的图谋观点，才能看出其意义。

计算与谋图属技术层次，算计与图谋属策略层次。《史记》写荆轲，"图"字做地图的意思，只与督亢有关；作为图谋的意思却到处可见："请入图之"（请进内室密谈）；"乃可图也"（这样才是办法）；"太子愿图国事于先生也……光不敢以图国事"（太子想以国事请教田光先生……田光自谓年老不中用，无法献身国家大事）。

制图六体

在这个"图穷匕现"的故事中，具体的谋图与抽象的图谋相伴出现，可见古代中国，地图已是常用之物。

不过根据晋朝的一位司空裴秀的评估，这些地图的相对大小、位置与远近都不准确。

裴秀用绢布画了一幅超大型的禹贡地域图，每边20米见方。他在序文中提出了"制图六体"的理论。这六体为分率、准望、道里、高下、方邪、迂直。用现在的话来说，前三者为比例、方位与距离，可确定相对的大小、位置与远近；后三者则要处理地表起伏、方位正斜、道路曲直的问题。

方格眼

唐朝以后广为使用方格眼法，使得地图的比例、方位与距离大致不差。不过，一旦范围扩大，地球是球而不是平面的影响显著呈现，方格眼画地图就会失准。

禹迹图与华夷图

禹贡地域图太大了，阅览不方便，后世（1136年）刻石禹迹图，用方格眼，并注明"每方折百里"，是为当时中国全图。石碑的背面则刻有华夷图，包括西域、印度、朝鲜等地，算是世界地图。此石碑现存于西安的碑林博物馆。

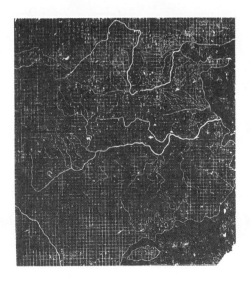

禹迹图

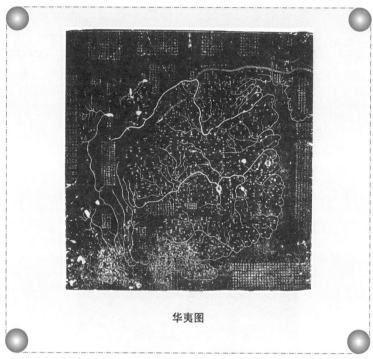

华夷图

5.2 东西南北

亚历山大时期，公元 2 世纪的托勒密写下八大册的《地理学》，其中谈到绘制地图的方法。他用了经纬度、投影法，并规定图的上方朝北，算是为现代大范围地图立下了规范。

不过大量采用托勒密制图法，却是在地理大发现开始之后。在托勒密与地理大发现之间，世人的眼光内缩，地图的发展可说是在找寻方向。

东

2002 年 8 月 21 日，几家报纸都刊登荷兰古董商兰伯特（Lambertvan der Aalsvoort），捐出中国台湾古籍两百多件的新闻。其中最引人注意的是一些荷兰人画的中国台湾地图；它们的上方朝东，与常见的上方朝北的印象很不一样。如果那时候就有了铁路，我们一定不会说往南走为下行，往北走为上行。

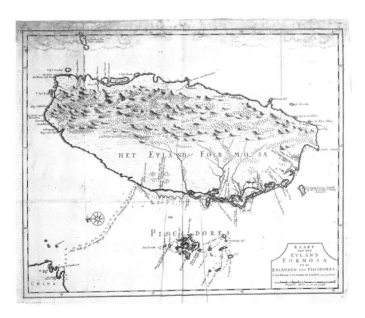

17 世纪荷兰人的中国台湾地图，东方朝上。（《经典》杂志提供）

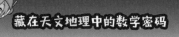

西

其实，地理大发现初期的地图，方向没有统一的规定。譬如欧提留斯（Ortelius, 1527—1598 年）在 1584 年版的《寰宇概观》中收有的中国地图，上方是朝西的。

南

在地理大发现之前，阿拉伯人相当活跃，他们的地图通常是南方在上的。最近有些澳大利亚人，认为现代的地图都是北方在上，让他们南半球的人，总是屈居人下，所以主张南方在上；地图一旦上下颠倒，整个世界观也会跟着改变。有这样主张的人倒是该研究阿拉伯人的地图史。还有，请注意马王堆出土的长沙侯国南部的地图，也是南方在上的。

TO 图

中世纪基督教的地图方向，则深受教义的影响，以东方朝上。基督教认为人类的根源在伊甸园，它在已知世界的东方，于是把地图尊贵的上方留给东方，把伊甸园放在东方的最远处，也就是地图的最上方。

那时候的地图称为 TO 图，大体上像是由英文字母 T

16世纪欧提留斯的中国地图，西方朝上。中国在中央，孟加拉国、马六甲在左上方。

与O组成，如下图所示。

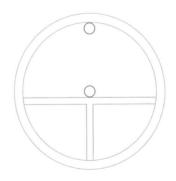

　　T字的一竖是地中海，一横是顿河、黑海经地中海与红海的连线；T字的右下为非洲，左下为欧洲，上方为亚洲。O字表包围三大洲的世界海。在大圆（O）的中心有个小圆圈，代表耶路撒冷，是世界的中心。最上方的小圆圈就是伊甸园了。这就是中世纪欧洲人心中的世界图。

对准东方

欧洲人称东方为 Oriental，用 TO 图时，要把图的方向对准 Oriental，这样方向才不会弄错。所以 orientation 就表示方向（弄对了）。你到新学校上学，最重要的是先弄清楚学校的地理环境，还有学校的各种资源、各种规定，让你的身心都有方向感。orientation 的另一引申意义就是新生训练、新人训练。

海港图

欧洲人的海上航行，以前大致局限于地中海及欧洲、非洲的大西洋沿岸。海上航行若没有地标可寻，方位变得最重要。指北针在 12 世纪传入欧洲，到了 13 世纪，就用来帮助航海，方位就确认得较为准确。而相应的称为 Portlano（意为寻找海港之图）的航海图就出现了。

以现存最早的 Portlano 比萨图为例，它是长方形的地图。在地图上画有两个相切的大圆圈，把图上的地中海及其沿岸都涵盖在内。每个大圆圈上各有 16 个等分点，圆心的正东西南北方都在内。16 个等分点的任两点之间都连有直线，共有 120 条。同一圆内的任两个海港大致都会在其中的一条直线上，而这些直线的方位都是已知的。

如果两海港在不同的圆圈内，亦即一个在东地中海，一个在西地中海，则航海可从一海港先到两圆的切点，再到另一海港。切点正好在意大利半岛的南端，是地中海最窄的地方，是东西地中海之间必经之处。

远洋航海

地理大发现是远洋航海的时代，所以为近海航行找方位的 Portlano 就不管用。远洋航海更是靠指北针，于是地图就画有箭头表示北方。北方成了尊贵的方向，地图就渐渐统一成北方朝上，重新回到托勒密的规范。

5.3 三角化测量

1693 年，第一幅经过准确测量的法国海岸图，呈给了法国科学院。与以往的地图相比，新地图整体的经度向东缩了 1.5 度，纬度向南缩了 0.5 度。路易十四知道了之后表示，就是一次战争的失败，也不会丢掉这么广大的土地——他东征西讨所得的领土还比这次失去的少。

木卫法

我们知道一个地点的纬度容易测得准，经度就难得多了。以往的经验，距离往往估算得过大，譬如地中海的东西宽度，托勒密认定是 62 度，后人修正成 53 度，直到能够精确测量，才确定为 42 度。

1669 年，路易十四从意大利请来了天文学家卡西尼（第一代）。他曾经仔细观察木星诸卫星（简称木卫），知道由一地点观测它们被木星掩遮的开始或结束的时刻，可以决定该地点的经度。在第 4.1 节中，我们说过木卫法在海上很难用，但在不会摇晃的陆地上，卡西尼用得很好，完成了法国海岸图的测量。

我们在第 1 篇谈地球的大小时，曾提过法国天文学家皮卡尔测量纬度 1 度长，以决定地球的大小，也提过法国科学院派两队人马，分别到赤道区及极区，测量纬度 1 度长的故事，以验证牛顿认为前者要比后者短的理论。他们用的是比木卫法简单的三角测量法。往后要大规模测量地面上各地的经纬度，以绘制准确的地图，都是用这种方法。在进一步介绍三角测量法之前，先回顾一下画地图求准确的历史。

没想到地是弯的

在 5.1 节中我们提过晋朝的裴秀，他知道地图要画得准，必须讲究方法，所以提出"制图六体"。裴秀的制图六体于画地区图是很有用的，但要画广域的地图，"地是弯的"这个因素就不得不考虑进去。

里程碑

俗语说"条条道路通罗马"，当然在罗马兴盛时期，从罗马出发，有许多道路通向四面八方，上面都有里程碑。奥古斯都大帝要他的女婿 Agrippa 大将军，根据道路的方向及远近，制成了罗马帝国的地图。这样的地图自然不会太准——大帝国的领土大到在地球仪上都看得出是弯曲的。

不经实测

托勒密接受希腊先贤的想法，以经纬度来标定地球上的地点。在他的《地理学》中列有 8000 个地点的经纬度，但可惜这些经纬度都不是经过实测而得的。

托勒密根据的是前人对各地方位与远近的记述，包括罗马大帝国的地图，加以汇整，再推算成经纬度。没经过仔细测量，记述当然失准。托勒密的《地理学》还出现了虚有其地的地方，譬如南方大陆。古希腊人认为北半球包括了欧亚两大洲，还有非洲的极大部分。南半球一定也要有大陆块，使得地球能够南北"平衡"。于是在托勒密的地图上，非洲大陆往南延伸后，转向东方，一直到亚洲的正南方，再转向北，使得印度洋成了内海。

想象的消失

这些想象要分两阶段来消除。1488年迪亚士（B. Dias，1450—1500年）到达好望角，看到印度洋，往后的地图非洲就是非洲，与南方大陆不相连，印度海变成印度洋；航海家库克（James Cook, 1728—1779 年）刻意寻找南方大陆，在南纬 60 度绕南极三圈，才确定没有南方大陆；但南方小陆倒是有的，那就是澳大利亚；澳大利亚的名字 Australia 就是南方陆地的意思。

没想到的出现

除了想象的会逐渐消失外，有些没想到的，也会出现。南北美洲是最好的例子。起先总是把美洲当作亚洲的一部分。意大利航海家维斯普奇继哥伦布之后也到美洲四次，不过他不像哥伦布一样总是执迷于亚洲，反而宣称南美洲是个新大陆。

华德西穆勒在 1507 年的地图中，就以维斯普奇的名字 Amerigo，称南美洲为美洲（America）——哥伦布先到的地方，却取了别人的名字。北美洲是后来才加进来的，使美洲成了复数（Americas），而有南北之分。

除了南美洲，北美洲也是逐渐出现，渐渐定形，好像洗照片那样。起先以为只不过是一些岛屿而已，渐渐才知道它是大片土地，而且认为它是亚洲往东延伸的部分，最后才确定亚洲与美洲之间有一片广大的海洋——太平洋。

实测

历来的探险会使想象的地方消失，会使陆地及海洋的轮廓逐渐清晰。但要走向精准，当然非得实测不可。实测包括经度、纬度、方位与距离等。星盘、四分仪（六分仪、八分仪）、指北针、罗盘、有刻度的望远镜等，都会使各种角度测得更准，纬度与方位就相对没问题。经度与距离最难，要靠经纬仪（钟表），还有三角测量法才能尽其功。

三角法的发端

墨卡托的老师弗里希斯（Gemma Frisius, 1508—1555年），在 1524 年于其著作中阐述了三角测量法的原理。最早用三角测量法进行实测的是荷兰人 Sneillius（1591—1626 年），他在 1615 年用这种方法测量了莱登—哈格（Leiden-Haag）之间的经线长，得到纬度 1 度长为 107.4千米（误差约 3%）。

让三角测量法发挥最大功能的却是 17、18 世纪的法国。天文学家皮卡尔，于 1669 年，用有刻度的望远镜量角度，利用三角测量法测得 1 纬度的长度，推算出地球的大小，使得牛顿的困惑得以解除。

卡西尼家族

在皮卡尔之后继任天文台长的卡西尼（第一代），继续皮卡尔的工作，从 1683 年开始，要把 1 纬度长量得更为精准，但中间发生了财务支持问题。在其过世后，由其儿子 J·卡西尼（Jacques，第二代）继任，直到 1718 年才完成。其结果是愈往北方，纬度 1 度长愈短，与牛顿的推测正好相反，引发了法国科学院于 1730 年代派远征队分别前往芬兰及秘鲁再测的事件。

另一方面，科学院也决定把法国的纬度长重测，而且更进一步建立全国三角网。这个工作交给了卡西尼家族的第三代 C·F·卡西尼（César- François），他从 1740 年开工，到 1744 年完工，全法国共计分成 200 个三角形。路易十五要他用测得的资料，制作法国全境的地图册，这个工作一直到卡西尼家族第四代的 J·D·卡西尼（Dominique）（1748—1845 年），才于 1818 年完成，共计 182 幅，比例尺为 1 : 864000。

卡西尼家族在法国很有名，一方面他们使法国在地理测量方面领先全世界，另一方面此家族对宇宙论持着很保守的态度，使得法国在天文学方面逐渐失去优势。

第一代的卡西尼接受哥白尼的日心说，但反对开普勒

的新天文；第二代因为亲自参与测量纬度长，反对牛顿关
于地球形状的推论；直到第三代又因亲自重测，才拥抱牛
顿的理论。

三角测量法

三角测量法的想法很简单：假定有 A、B 两点，它们
的经纬度都知道，它们之间彼此看得到，其间的距离经
过多次的测量可测得很准。设 C 为另外一点，从 A、B 都
看得到。从 A 测量 $\angle CAB$，从 B 测量 $\angle CBA$，于是我们已
经知道 $\triangle ABC$ 的两角（$\angle A$ 及 $\angle B$）及一夹边（AB），这
个三角形就确定了；也就是说 AC、BC 之长用三角形的正

弦律就可以算得，不必辛苦去测量。

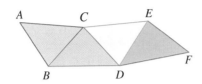

同样的道理，B、C 已知，BC 外可看到的一点 D，也可只测量两个角（$\angle CBD$ 及 $\angle BCD$），就知其方位与距离（相对于 B、C）。这样的方法可一直延伸出去，得由许多

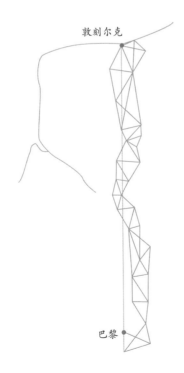

测巴黎—敦刻尔克（Dunkerque）纬线之三角网

237

三角形组成的三角网。三角网上各顶点与原始点之 A、B 的方位关系及距离都可推得；另一方面，网中任何一点，只要确定其与邻近顶点的方位与距离关系，就可借由三角网确定其位置。如此就可画出全局的地图。

细节尚待补充

三角测量法的想法虽然简单，但有些细节还待补充。首先，我们用平面三角的正弦律推算地球表面上的测量结果，会不会产生误差呢？当然会，但是三角网的每边很短（相较于地球半径），误差可略去不计。

另外，网内各点与原始点 A、B 之方位与距离关系虽可确定，但其位置必须用经纬度表示，这之间的转换就得靠球面三角的公式。再者是高度的问题，如果网中各顶点有不同的高度，又会如何？

如下图，我们可从 A 分别测到 B、C 的仰角 $\angle BAH$、$\angle CAK$。由 AB、AC 之长，可得 AH、AK 之长，加上 $\angle HAK$ 也可测得，于是 H、K 的位置与高度（也就是 A 的高度）就确定，而 B 与 H 同位置（C 与 K 同位置），只是高度还要加上 BH（或 CK）就好了。

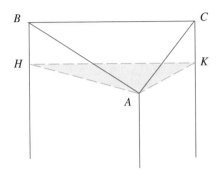

三角测量的好处

我们知道角度比较容易测得，尤其是用有刻度的望远镜，而距离则因两点之间路面不平，很难测得准确。三角测量法的好处就是专测角度，而长度只用心测基线 AB 就好了。

测量是很花钱的，全局中选少数的点，形成三角网，将其好好地测量，作为控制参考点。在实际绘制地图时，其他的点就可少费神，省点钱，相对而言一样测得准。

有了法国为范例，往后各国纷纷用三角测量法，设置三角网，来绘制准确的地图。

5.4　顶天立地的巨人

托勒密写了八大册的《地理学》，谈到绘制地图的方法，又记录了 8000 个地方的经纬度，照理说应该有相伴的地图集才对。可惜地图集（若有的话）并没有留传下来。一直到大航海时代，才有人根据他的方法与资料，以及新近的发现，制作一系列的地图。5.2 节中提到欧提留斯的《寰宇概观》，就是现存最早期的一种地图集。

巨人 Atlas

"地图集"欧洲的语义中叫作 Atlas；但 Atlas 原是希腊神话中巨人族的一员——阿特拉斯。

宙斯率领奥林匹亚诸神，反叛其父亲克洛诺斯（Cronus）的统治，打败克洛诺斯所率领的巨人族，成为众神之主。巨人族之一的阿特拉斯被罚到北非直布罗陀海峡附近，已知世界的西端，地狱门之旁，用双肩托住天空，使天不会塌下来。

宙斯生性风流，和许多人间女子生下小孩，其中一位儿子叫作赫拉克勒斯（Heracles）。宙斯的妻子赫拉（Hera），嫉妒心非常强，设法让赫拉克勒斯发疯，杀了自己的妻儿。赫拉克勒斯回神之后，满心悔恨，跑到德尔菲（Delphi）去请示神谕，女祭司告诉他，必须以苦行洗清罪孽，要他到迈锡尼的国王那里，听从吩咐，做十二件苦差事，一年一件。

第十一件是要去寻找三只金苹果，那是赫拉结婚时所收到的礼物，寄存在阿特拉斯的女儿赫丝珀里德斯（Hesperides）那里，而且还有一条龙守护着。赫拉克勒斯不知道赫丝珀里德斯在哪里，于是去找阿特拉斯。

Atlas 山脉

双肩托着天空的阿特拉斯见到机会来了，就自愿去拿苹果，只请赫拉克勒斯暂时代为托着天空，还说道：只怕天空太重了……受此一激，赫拉克勒斯两手就把天空接了过来。阿特拉斯拿了金苹果回来，告诉赫拉克勒斯说，还可以代劳帮他去送苹果。

赫拉克勒斯一听吓坏了，认定阿特拉斯要把天空永远赖在他的肩膀上，于是灵机一动说道，他需要在肩膀上垫些东西，来好好肩负着天空，所以暂时请阿特拉斯托负一下。阿特拉斯不怀疑他，就把天空接了过去。结果阿特拉斯还是肩负着天空，一直到现在。

阿特拉斯一直站在非洲的西北角，时间久了，整个身体石化，成了阿特拉斯山脉。此山脉最高峰 4160 米，高耸入云，使人相信它的双肩还一直托着天空。

地图集 Atlas

16 世纪的墨卡托，是托勒密以来最伟大的地图学家，

他制造天球仪、地球仪，发明绘图的新方法，绘制一系列的地图，想在封面画上阿特拉斯双肩托负着圆球的图画，象征着把天地的图像都揽在自己的身上。墨卡托的地图集就取名为 Atlas；从此以后地图集就叫作 Atlas。

Atlas 至少还有两种引申的用法，其一为脊椎的第一节，它支撑了球形的脑袋；另一为建筑墙面上的石柱人像，像是负担了建筑物上半部的重量。

墨卡托

墨卡托（Gerhardus Mercator, 1512—1594 年），出生于现在的荷兰。其时地理大发现正展开序幕，荷兰地区逐渐成了绘制地图的中心，前面提到的欧提留斯也是当时此中心的一员。

墨卡托早年时数学、地理、天文无所不读，更培养了图版雕刻、书法、仪器制作的精细技巧，25 岁之前就决定走上绘制地图之路，以完成地图集作为自己的志向。

墨卡托在鲁汶（Louvain）工作时，曾因言论遭到宗教裁判入狱。后来为了安全起见，于 1552 年移住北方现今德国的杜伊斯堡（Duisburg），在那里一直到老死，都为他的志业而努力。

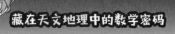

地图上的罗盘方向

以前航海的范围很小，航海图上有够多的方位线，就能引导船只从一个港口驶向另一个港口。到了远洋航海的时代，固定方位航海会走到哪里，成了问题。地图要怎么画，使得任何两点之间的连线方向就是罗盘的方向？用托勒密所描述的制图方法，都无法解决这个问题；要得到广域的航海图，就必须要解决这个问题。这就是墨卡托努力思考的问题。

在球面上与各经线成固定角的曲线，称为恒向线（又称为斜驶线）；这是固定罗盘方向所走的曲线。墨卡托的问题就是：怎样把球面上的点对应到平面地图上的点，使得球面上的恒向线对应成地图上的直线。

困境的成因

在球面上的纬线都是固定的东西向，所以对应到平面，自然会想到以互相平行的直线来代表；在球面上的经线都是固定的南北向，自然也会想到，在平面上以互相平行的直线来代表。而且这两组平行线应该互相垂直，因为东西向与南北向是互相垂直的。

那么，依据纬度与经度做等间距相隔所得的地图，是不是就是所要的？不是。譬如，下面上方右图的斜线，有固定的方向，但左图相应的曲线，却一再往北方弯曲，与经线的夹角愈来愈小，并不是一条恒向线。

 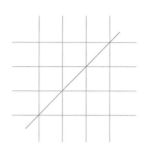

在球面上，南北方向实际上并不平行；随着纬度的增加，两经线之间的宽度一再减少，这是造成困境的原因。

解决方法

球面上，纬度为 φ 的一圈长为 $2\pi\cos\varphi$（设地球半径为 1），它对应到平面的线段，却和赤道一样长，同为 2π，因此东西向放大的比例为 $\sec\varphi$。如果经线依照度数等距离隔开，则南北向的比例保持不变，与东西向不齐一，造成了方向上的扭曲。

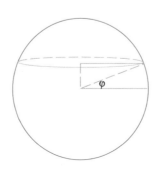

墨卡托想到,那么在纬度 φ 的地方,就让经线长度也放大 $\sec\varphi$ 倍吧!地图上经线在纬度 φ 的地方放大 $\sec\varphi$ 倍,意思就是说:纬线 φ 到赤道的距离应为 $\sec\varphi$ 的积分 $\int_0^\varphi \sec\varphi d\varphi$。这就是日后所称的墨卡托投影法,它使恒向线投影成直线:把球面上一点 (θ, φ) 投影到平面上的 (x, y),使得 $x = \theta$,$y = \int_0^\varphi \sec\varphi d\varphi$。依 4.5 节的结果,恒向线的投影为直线 $y = cx + k$。

墨卡托的投影把地球上等间距排开的经线与纬线,变成平面上等间距的纵线与往两极散开的横线,如下图所示。

墨氏地图集

墨卡托用他的投影法,于 1569 年出版了由 18 幅图拼成的世界图,宽 1.32 米,长 1.98 米,并注明为航海用。墨卡托投影法解决了定向航海会走到哪里去的问题,是托勒密以来最具创新的一种世界地图的画法。这一成就使得墨卡托一跃成为托勒密之后最重要的制图学家。

发表了世界图之后，墨卡托的余生就用来绘制地图集。他在 1585 年出版了 51 幅图，涵盖法国、比利时、德国；在 1589 年出版了 23 幅图，涵盖了意大利、斯堪的纳维亚、希腊。墨卡托死后一年的 1595 年，由他儿子鲁莫尔德·墨卡托出版了 107 幅图，涵盖了英国、其他欧洲国家、非洲、亚洲、美洲。

而在这最后一册地图集，他儿子实现了墨卡托的遗愿，在此地图集的封面上印有肩负着地球仪、把玩着两脚规的巨人，从此使 Atlas 与地图集画上了等号。

墨卡托投影法

回头看墨卡托的成就，他的地图集影响是暂时的——后来的人有更多的制图投影法可选用，有更精准的测量数据做基础；但他的投影法是永恒的——航海走恒向线，一定要用墨卡托投影法的地图。

墨卡托投影法虽然使恒向线投影成直线，但一时也没流行起来。老水手不懂此投影法的奥妙，只靠传统的航海图，再加上老经验来航海。制图人难以了解相关的数学，尤其是积分 $\int_0^\varphi \sec\varphi\, d\varphi$，当时并没有公式可用，只

能用复杂的计算，取得近似值。

不过有道理的东西，终究还是会被世人接受。墨卡托就像阿特拉斯，是一位顶天立地的巨人。

$\int_0^{\varphi}\sec\varphi\, d\varphi$ 怎么求？

墨卡托时代没人知道 $\int_0^{\varphi}\sec\varphi\, d\varphi$ 的公式是什么，所以只得用逼近的方法求近似值。

$\int_0^{\varphi}\sec\varphi\, d\varphi$ 表示曲线 $y=\sec\varphi$ 之下，φ 轴之上，0 到 φ 之间的面积，如下图所示：

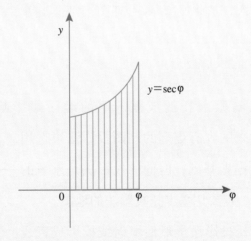

今以 $\varphi=60°=\dfrac{\pi}{3}$ 弧度为例，来求此面积的近似值。

如下图，将 0 到 φ 之间 6 等分，每一等份为（$10°$）$\dfrac{\pi}{18}$

弧度。在每等份上，立一长方形，使左上方的顶点在曲线上，则此 6 个长方形的面积和可作为 $\int_0^{\pi/3} \sec\varphi d\varphi$ 的近似值。

每个长方形的宽为 $\dfrac{\pi}{18}$，高分别为 $\sec 0°$、$\sec 10°$、$\sec 20°$、$\sec 30°$、$\sec 40°$、$\sec 50°$，所以面积和为

$$\frac{\pi}{18}\left(\sec 0° + \sec 10° + \sec 20° + \sec 30° + \sec 40° + \sec 50°\right)$$
$$\approx 1.24$$

它是 $\int_0^{\pi/3} \sec\varphi d\varphi$ 的一个近似值；看图就知道这个值要比真实值小些。

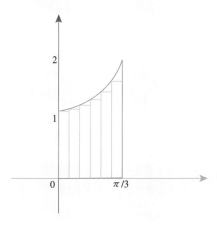

如下页上图，我们也可以使各长方形的右上方顶点在曲线上，则面积和变成：

$$\frac{\pi}{18}\left(\sec 10° + \sec 20° + \sec 30° + \sec 40° + \sec 50° + \sec 60°\right)$$
$$\approx 1.41$$

由图可知，它是一个比 $\int_0^{\pi/3} \sec\varphi d\varphi$ 大些的近似值。

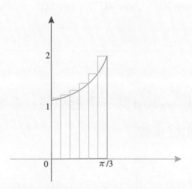

将这两个近似值做算术平均，得另一近似值 1.325，它代表下图折线下方的面积和，更接近 $\int_0^{\pi/3} \sec\varphi d\varphi$ 之值。

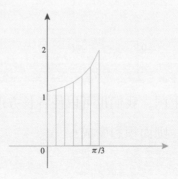

如果将 0 到 φ 之间做更多份的等分，我们可得更接近的近似值。当等分的份数趋向无穷大，就得到 $\int_0^\varphi \sec\varphi\,d\varphi$ 的真值。这是微积分中积分的意义与求法。

　　对每个 φ 值，都可用类似的方法求得 $\int_0^\varphi \sec\varphi\,d\varphi$ 的近似值。

　　当然，要制作墨氏投影图，可就要花很多时间一直做这类的计算。无怪乎很多人视之为畏途。

　　1599 年，有位数学家莱特（Edward Wright）猜到，$\int_0^\varphi \sec\varphi\,d\varphi$ 要等于 $\ln|\sec\varphi + \tan\varphi|$，$\ln$ 为自然对数，就造了一个 $\int_0^\varphi \sec\varphi\,d\varphi$ 的数值表，供制图者使用。这个等式是对的，譬如：

$$\int_0^{\pi/3} \sec\varphi\,d\varphi = \ln\left|\sec\varphi\,\frac{\pi}{3} + \tan\varphi\,\frac{\pi}{3}\right| \approx 1.317$$

　　与我们所得的近似值 1.325 很近。由图可知，真值要比我们的近似值略小。

　　猜归猜，真正能直接证明这个公式，还在许久以后。现在的微积分常用下面的简单证法：

$$\int_0^\varphi \sec\varphi\,d\varphi = \int_0^\varphi \frac{\sec\varphi\,(\sec\varphi + \tan\varphi)}{\sec\varphi + \tan\varphi}\,d\varphi$$

$$= \int_0^\varphi \frac{d\,(\sec\varphi + \tan\varphi)}{\sec\varphi + \tan\varphi}$$

$$= \ln|\sec\varphi + \tan\varphi|$$

但学生大概很难了解，为什么分子分母要同样乘以 $\sec\varphi+\tan\varphi$（恐怕会认为是先知道答案，才会想到这样做）。其实，更让学生困惑的是，这样的积分到底有什么用？

5.5　为船长解困

我们说过，方向与省时，或者恒向线与大圆，是船长所要面对的两难选择。

两张地图

要为船长解困，我们除了需要一张墨卡托投影地图，还需要另一张不同于墨卡托投影的地图。在另外这张地图上，两点间的连线正好对应于经过这两点的大圆，也就是船只为了省时，理论上该走的路线，如下面左图的实线所示。

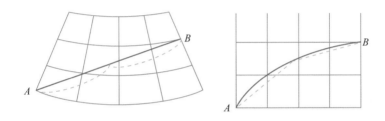

把左图实线所经过的地方，重新描在右边的墨氏投影图上，就得到一条弯曲的大圆曲线。为船长解困的方法是这样的：把大圆曲线分成几段（右图只分成两段表示），每段以弦（图中之虚线）代替曲线。船只就照虚线的方向行驶，其中只转了几次方向，既方便，又省时——不会离大圆太远。上面左图的虚线与右图的相应，都是船只实际所走的路线。

平面球心投影法

在另一张地图的帮助下，船长的难题解了。但是，有这样的地图吗？地图上两点之间的连线，正好相应于经过此两点的大圆！有的，它是一种平面球心投影地图，其制作原理与方法都很简单。

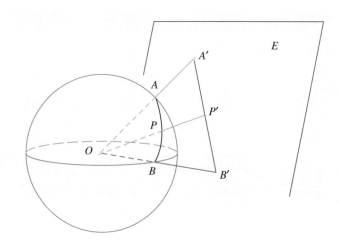

假设 O 为地球仪之球心，E 为不含 O 点的一个平面。若 P 为球面上一点，连接 OP 并使 OP（延线）交平面 E 于 P' 点。P 和 P' 的对应，就称为平面球心投影。这就像有个光源在球心，把地球仪上的真实地图，投影到平面 E，得到平面上的相应地图。

大圆成直线

假设 $\overset{\frown}{APB}$ 为地球仪上的大圆，那么 $\overset{\frown}{APB}$ 要在过球心 O 的平面 OAB 上。所以球心 O 与大圆上任一点 P 的连

线，都要在这个平面上，因此其（延线）与平面 E 的交点 P′，要在两平面 OAB 及 E 的交线上，亦即大圆 $\overset{\frown}{APB}$ 经投影后都落在这条交线上。

从球心把球面上的点投影到平面上，就得大圆为直线（直线也为大圆）的地图。

看天球

天球是以地球（看成一点）为球心的圆球。你站在地球上看天球，就等于从天球球心看天球。当你用照相机朝着天球的某方向摄影，你就是在绘制天球一部分的平面球心投影图，因为照相机的底片就是投影的平面。

夜间航海，船长要观察星象，参考星空图，来决定自己的位置，他看的星空图正是一张平面球心投影地图——不过是天球的！航海要决定方向，船长需要两张地球的地图，一张上的直线是地球上的大圆，另一张上的直线是地球上的恒向线。

5.6　不同的投影

我们介绍了两种把球面地图转成平面地图的方法，一种是墨卡托投影法，另一种是平面球心投影法；前者的最大优点是把球面上的恒向线变成平面上的直线，而后者则把大圆变成直线。

视线投影法及变形

平面球心投影法是一种视线投影法：把眼睛放在球心，把眼睛与球面一点所形成的视线，投影到平面上，其原理和绘画的透视法完全相同。

数学投影法

墨卡托投影法也是视线投影法吗？不是，它是柱面球心投影法的一种数学变形，而柱面球心投影法本身的确是一种视线投影法。凡是视线投影法的数学变形，就称为数学投影法，或简称为投影法。亦即，作为绘制地图的方法，投影法有两种意义：狭义的，指的是视线投影法；广义的，指的是一般的数学投影法（包括狭义的视线投影法）。

柱面投影法

我们来看看，作为墨卡托投影法未变形之前身的柱面球心投影法到底是什么。

假设球面的半径为1，我们用半径等于1的圆柱把球套住，两者在赤道相切，如下图所示。

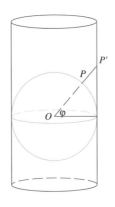

假设 P 为球面上一点，连球心 O 与 P，其延线交圆柱面于 P' 点。这就是柱面球心投影法：投影中心为球心，投影面为柱面。有了柱面的地图，沿着平行于地轴方向的某经线投影，把它剪开、摊平，就得到一平面地图。

在此平面地图上，所有的经线成为互相平行的纵线，彼此之间依经度的大小变化，间距成比例散开来。球面上的纬度圈，经投影后，变成柱面上平行于赤道的圆圈。柱面展成平面后，这些圆圈变成为平行于赤道的直线。

根据上面的图，纬度为 φ 的纬度圈，在此平面地图上，变成与赤道相距为 $\tan\varphi$ 的平行线。如此，球面上的经纬线网，就变成平面的经纬线网，如下图。

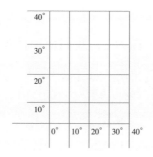

调整成墨卡托投影

这样的经纬线网，经线等间距排开，纬线随着纬度增加而拉开。这不是和墨卡托投影地图的经纬线网很像吗？是的，唯一不同的是，墨卡托投影地图的纬线

（到赤道的）距离，是从柱面球心投影的 $\tan\varphi$，调整为 $\ln|\sec\varphi+\tan\varphi|$。因为 $\tan\varphi$ 比 $\ln|\sec\varphi+\tan\varphi|$ 大，距离是调短了。我们说柱面球心投影是一种视线投影，而墨卡托投影则为其数学变形。

锥面投影法

除了柱面外，锥面也可以沿着某条母线剪开，而展成平面。托勒密的《地理学》就提到锥面投影法及其数学变形。这一锥面与地球仪在某纬线相切，然后从球心把球面上的点投影到锥面上，就是锥面投影。

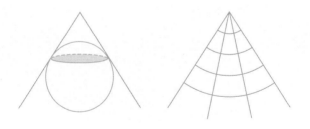

剪开摊成平面后，所有的经线变成由某点射出的直线群，彼此之间的夹角，依经度的大小变化成比例散开来，而所有的纬线，则变成以该点为圆心的同心圆弧。这些同心圆弧不依纬度成等间距排列，与球面上是不相同的。托勒密就把它们调整成等间距，得到一种锥面类的（数学）投影法。

哥伦布第一次西航所携带的托斯卡内利地图，就是用这种投影法制作的。托勒密的等时距纬线是另一种数学投影法（见 4.3 节）。

后人重制托勒密的世界图，最有名的是 1482 年在德国乌尔姆（Ulm）出版的。此世界图的纬线还是圆弧形的，但经线不再是直线，也是圆弧形的。它也可看成是锥面投影的一种变形，有点像是从某个角度透视地球仪的结果。见下图。

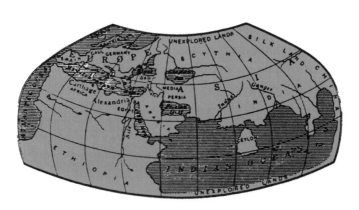

托勒密的锥面类投影世界图

透视地球

拿个地球仪，放在眼前，使得北半球稍微向前倾，原来球面上的圆形纬度圈，经投影到一平面，就成了椭圆；经线也一样，成了椭圆。如下图。这样的投影图很有球形的立体感，非常适合作为教学之用。

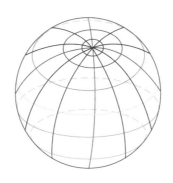

平面类投影图

平面类的投影图，可用投影中心的位置，做进一步的区分。上面的例子，投影中心为球外一点；前面谈过的平面球心投影，投影中心在球心，投影的结果，球面上的大圆变成平面图的直线。

我们也可以把投影中心放在球面上的一点，而投影到其对跖点的切平面上。这种平面极点投影法，有个非常重要的性质：球面上任一不含此极点的圆，其投影仍然是一个圆。

我们也可以把球面垂直投影到某一平面上，此时投影中心可以说是在此平面之垂直方向的无穷远处。这样的投影法统称为平面垂直投影法。

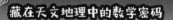

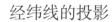
经纬线的投影

假定切点是南极，投影中心无论是球心、北极或无穷远，投影的结果，经线都变成以南极为始点的射线，彼此之间的夹角，依经度的相等间隔，做等间距散开。纬线都变成以切点为圆心的同心圆。同心圆愈往外散得愈开，而以球心投影的散开程度最大，北极投影次之，垂直投影最小。制图者常用这些投影法来绘制南极（或北极）附近的地图。

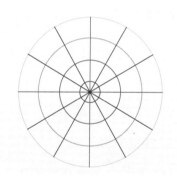

假定切点是在赤道之上，则经纬线的投影，依投影中心的不同，做如下的变化：

球心投影图的经线为直线，纬线为双曲线；对跖点（极）投影的经纬线都是椭圆；而无穷远点（垂直）投影的经线为椭圆，纬线则为直线。

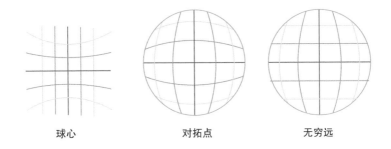

球心 对拓点 无穷远

切点放在赤道上的平面投影，通常用来绘制半球面（或其一部分）的地图，譬如东半球或西半球；两半球合并就成世界图。

切点当然也可以放置在球面上的任何一点。由直觉知，愈靠近切点，地图会愈准。如果地图想以某地为中心，自然会想到以该地为切点，用平面投影法来绘制。

一种保积的柱面投影

平面投影法可选取不同的投影中心，柱面投影法也一样，投影中心可为球心、赤道上一点或赤道面延伸到无穷处的任一点。

相应于无穷远点的柱面垂直投影法，其投影的原理很简单：设球面上一点 P 的纬度为 φ，则其投影 P' 与赤道的距离等于 P 点与赤道面的距离 $\sin\varphi$（设半径为 1）。亦即，球面上一点 (θ, φ) 到展开平面上一点 (x, y) 的对应为 $x = \theta$，$y = \sin\varphi$。

263

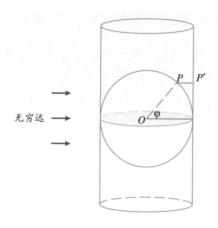

无穷远

这样的投影法有一个特别的性质，称为保积：在球面上介于赤道与纬度 φ 之间的带状，其面积为 $2\pi\sin\varphi$。而此带状投影到柱面的展开平面，其范围为一长方形，它的长为经度的总变化 2π（弧度），宽则为 $\sin\varphi$，因此面积一样是 $2\pi\sin\varphi$。

由此可以导出：球面上的任意一块区域，投影到平面之后，面积保持不变。这种性质称为保积。如果世界图的主题是各国的人口密度，用保积的投影法是自然的选择。

柱面投影的柱面也可以与球面相割，相割在南北纬 45 度是常见的一种，它在各地的误差会比较均匀，比较少，不像相切的柱面，离开赤道一远，误差就大。

各种锥面投影

锥面投影一样，离开相切的纬度圈一远，误差就大。所以东西向很长的国家，其地图所用的投影法，可使锥面与球面相割，相割之间及两旁不远的纬度带状，得以涵盖整个国家。这样所得的地图会相对准确。

另一种变通的方法，是把地图就南北方向，分成好几个纬度带，每带用相切或相割的投影法来处理。这种称为多锥投影的投影法，已经不是视线投影，而是数学投影。

像智利这个国家，南北细长，大致在西经 70 度这条经线的两旁，就可以把这条经线当作赤道，采用柱面投影法来绘制全国的地图。这是柱面投影的一种变通。

地图集

投影法的选择有多种，平面的、柱面的及锥面的，它们与球面可相切也可以相割，投影中心可以是球心、球面上一点、球面外一点，或者无穷远点；还有许多变通的视线投影，甚至考虑人工的数学变形。地图集里，因需达到各种不同的目的，常用到十几种不同的投影法。

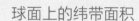

球面上的纬带面积

半径为 r 的球面上，纬度 φ 与赤道之间的带状面积为 $2\pi r^2 \sin\varphi$。如此则半球面的面积为 $2\pi r^2$，全球面积为 $4\pi r^2$，而南北纬 30 度之间的面积为（$4\pi r^2 \sin 30°$）$2\pi r^2$，刚好是全球面积的一半。假设让 $r = 1$。

要证明带状面积公式，我们把 0 与 φ 之间等分成 n 段，如此则带状可剪成 n 条小带状，每条小带状几乎是长方条形，宽都为 $\dfrac{\varphi}{n}$，而长从含赤道那条小带状往纬度增加的方向算起，分别为 2π、$2\pi\cos\dfrac{\varphi}{n}$、$2\pi\cos\dfrac{2\varphi}{n}$、……、$2\pi\cos\dfrac{(n-1)\varphi}{n}$。所以整个带状的面积大约等于：

$$S_n = 2\pi \cdot \frac{\varphi}{n}\left(1+\cos\frac{\varphi}{n}+\cos\frac{2\varphi}{n}+\cdots+\cos\frac{(n-1)\varphi}{n}\right)$$

由直觉知，当 n 愈大，S_n 与带状面积之间的误差就愈小，而当 n 趋向无穷大时，S_n 就趋近于带状面积：

$$\text{带状面积} = \lim_{n\to\infty} S_n$$

另一方面，从积分的观点，S_n 表示函数 $2\pi\cos\varphi$ 在 0 与 φ 之间积分的近似值，即

$$\lim_{n\to\infty} S_n = \int_0^{\varphi} 2\pi\cos\varphi\, d\varphi = 2\pi\sin\varphi$$

它就是球面上纬带的面积公式。

5.7 投影法的选用

有些大富人家、大办公室挂着有学问的墨卡托投影世界图，为了显示主人很有学问。

格陵兰问题

墨卡托投影世界图虽然对航海很有用，挂在客厅也很有气派，但它本身也有问题。

在纬度 φ 的地方，这种地图在东西向与南北向都放大了 $\sec\varphi$ 倍，所以加拿大、俄罗斯这些原本版图就很大的国家，在地图上看起来更是巨无霸。这种夸大的结果称为"格陵兰问题"。因为格陵兰在这种地图上看起来和南美洲一样大，但实际上仅有九分之一大。

如果很在意相对面积大小的保持，我们可用上文提到的柱面垂直投影法；它是保积的。但这种保积的地图却不能用来航海——无法两全其美！

各种投影法的特性

我们把已经介绍过，且有明显良好性质的投影法，列成下表，以便做进一步的讨论。

投影法	良好性质
平面球心投影法	大圆成为直线
平面极点投影法	不过极点的圆投影仍为圆，保形
柱面垂直投影法	保积
墨卡托投影法	恒向线成为直线，保形
托勒密锥面投影法	保长

保形、保积与保长

平面极点投影能够保圆，就表示能够保形。所谓保形，就是局部保持形状，也就是说球面上相交两曲线的交角大小，在投影下是不变的。墨卡托投影法也是保形的，因为任一点的投影附近，在东西向与南北向，都做了同倍率的放大。不过要注意，保形只能保局部，全局是不可能保形的，因为由球面投影到平面，非变形不可。

其实墨卡托也是第一位把平面极点投影法用于地图上的人，所以他提供了两种（局部）保形投影法。

有了墨卡托的创举，各种投影法就相继出笼。18世纪的数学家兰伯特（J. H. Lambert, 1728—1777年），就从数学的观点，来研究各种投影法的特色。他提出了保形、保积、保长等观念，也发明了好几种保积或保长的投影法。

一种投影法不可能又保形又保积。保长也只能做到相对于某一定点而言。

保长与保向

以平面投影为例，假设切点为南极，则不论投影中心是球心、北极或无穷远，经线都投影成由南极射出去的直线，而纬线都投影成以南极为圆心的同心圆，只是这些同心圆的间距，与纬度差并不成正比。

我们可以把这些同心圆调整成等间距，就得到一数学投影法。在此地图上，从南极出发，沿着经线走，不但方向是对的，距离也是对的。这种地图是（局部）保向及保长的。但离开了南极，其他点的附近就不可能保向又保长。

我们可以把南极换成球面上任一点，一样有局部保向又保长的地图。以该点为中心的航空路线图及地震震波图，都可采用这样的投影法。

托勒密的锥面投影法，相对于极点是保长的，但并不保向，因为锥面展开成扇形，而不是全圆。

兰伯特等积投影

回到平面投影法。我们可调整同心圆的间距，使得从赤道到纬度 φ 的纬带面积为 $2\pi\sin\varphi$（假设半径为 1）。就像柱面投影法，我们得到另一种保积的投影法，是兰伯特发明的。兰伯特还有一种锥面与球面相割的投影法的变形,它是保形的,地图集经常使用。

穆尔威投影

等积投影还有很多,我们先介绍穆尔威(Mollweid)投影法。考虑平面垂直投影,切点在赤道上的东西经交会处。我们知道经线的投影为椭圆,纬线的投影为直线。

我们要把经线、纬线的对应做数学式的调整:这些椭圆与赤道的交点,并不因为原来经线之为等间距,而成等间距;我们就将之调整为等间距。譬如说,原45度经线经过投影,与赤道相交于距原点 $\sin 45° = \dfrac{\sqrt{2}}{2}$ 处,现在重新做数学式的认定:认定45度经线要投影成与赤道相交于距原点 $\dfrac{1}{2}$ 处的椭圆(45° 为 90° 的 $\dfrac{1}{2}$)。

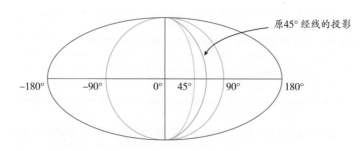

原45° 经线的投影

−180° −90° 0° 45° 90° 180°

穆尔威(Mollweide)投影图

经线投影做了这种数学式的调整之后,再来调整纬

线的投影（直线）。调整的机制，在使赤道与代表 φ 度
纬线间的面积，与球面上相应部分的面积，成固定比例
的正比。这样就得一种等积投影，因为在这样的地图上，
所有等角距的经线会把任一条纬线等分，和球面上一样。

我们把赤道左右各延长至 ±180°，一样等分割，一
样做椭圆代表经线，就得到名为穆尔威的投影图，它是
保积的。把同样的原理用在锥面投影上，以相切的纬线
代替赤道，就得保积的波氏投影（Bonne's projection）。

正弦式投影

另一种有趣的保积投影，称为正弦式投影。想象一
半径为 1 的球面，把每一纬度圈剪下来，从经度 ±180°
的地方剪开、摊平。把所有的纬线依纬度上下相排，经
度 0° 的地方对齐，就成正弦式投影。

由于纬度 φ 的纬度圈长为 $2\pi\cos\varphi$，所以地图四象限
的边缘线其实是余弦曲线；但余弦曲线也是正弦曲线，
只是变量做了移动而已。

我们让经度、纬度各做微小的变化 $\Delta\theta$、$\Delta\varphi$，则相应
的小面积（下图中的阴影部分，长为 $\Delta\theta \cdot \pi\cos\varphi$，宽为
$\Delta\varphi$）为 $\pi\cos\varphi\Delta\theta\Delta\varphi$，它和球面上相应部分之面积，成固
定比值的正比。所以，这种投影是保积的。

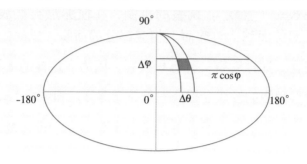

古特投影

另外还有一种扯断型的投影法，下图是个例子。

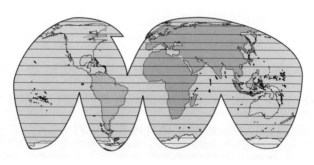

古特（Goode）投影地图

它就像剥橘子，只扯断几个地方，把整个皮剥下来，摊平。扯断的方向是沿着几条没有陆地的经线，摊平投影，每块用的是穆尔威投影法。所以就陆地而言，它是保积的。

优点

介绍过了种种的投影法，下面我们以优点为主，列表说明用途及投影法的例子；其实任一种投影，球面与投影面相交的地方，附近的地图总不会太失真，称之为有局部拟准确性。

优点	用途	投影法
大圆变直线	航行走捷径	平面球心
恒向线变直线	航行定向	墨卡托
保形	保持局部形状	墨卡托、平面极点
保积	人口、物产之密度	柱面垂直、兰伯特、穆尔威、波氏
保长	以点为中心的航线	平面数学、锥面数学
局部拟准确性	局部地图	任一种

地球仪的制造

扯断型的投影法，灵感来自地球仪的制造。在地球仪的球面上要画地图，是件不容易的事，于是想到剥柚子的方法：把球面剥成一片一片的梭形，再把梭形摊平后画上地图就好了。1492年贝罕制作（见第47页）的地球仪就是个例子。

273

他用的是船底形的纸张，共 12 张，每张相当于经度宽为 30 度的梭形，不过把梭形的两头去掉。在各船底形的纸张画上该有的地图后，再贴到地球仪上。南北两极没贴到的地方，则用画有南北极地图的两张圆纸补上。

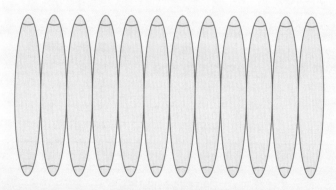

摊平后的贝罕地球仪。在此地球仪上，欧亚陆块再延伸到日本共占有 255 度，这是当时相当普遍的认知；哥伦布所带的地图也一样。